Franz Zach

Technisches Optimieren

Springer-Verlag
Wien New York

Dipl.-Ing. Dr. techn. FRANZ ZACH
Technische Hochschule Wien

Softcover reprint of the hardcover 1st edition 1974
Library of Congress Catalog Card Number 73-76817

Mit 92 Abbildungen

ISBN-13:978-3-7091-8340-3 e-ISBN-13:978-3-7091-8339-7
DOI: 10.1007/978-3-7091-8339-7

„Vieles, was sich streng beweisen läßt,
ist nicht sehr wichtig.
Das wirklich Wichtige ist oft
unbeweisbar.“
Nach dem französischen
Philosophen Gabriel Marcel.

Vorwort

Regelungs- und Steuerungstechnik waren bis etwa 1950 im wesentlichen ein Teilgebiet anderer Fachrichtungen (z. B. Elektrotechnik und Maschinenbau) und wurden vorher nur vereinzelt als eigener Problemkreis angesehen. Seit Mitte der fünfziger Jahre haben sie aber einen bis dahin unerwarteten Aufschwung genommen und sind nunmehr ein eigenständiges Wissensgebiet. Dieser Fortschritt wurde auf der theoretischen Seite durch die Entwicklung neuer mathematischer Optimierungsmethoden bewirkt, auf der praktischen Seite motiviert durch die kritischen Anforderungen der modernen Technik (chemische Prozesse, Weltraumfahrt usw.) an optimale, d. h. möglichst schnelle, genaue und wirtschaftliche Arbeitsweise der regelnden und steuernden Systeme.

Die Theorie der Optimierung von Regelungs- und Steuerungssystemen hat heute einen derart hohen Stand erreicht, daß nunmehr eine verstärkte Untersuchung der einzelnen Anwendungsfälle angebracht ist. Hier liegen für den interessierten Wissenschaftler und Ingenieur viele erfolgversprechende und lohnende Aufgaben.

Da in Fachkreisen immer wieder der Wunsch nach einer engeren Kopplung zwischen Theorie und Praxis laut geworden ist, dem Praktiker aber oft die Theorie infolge vieler Details für die Anwendung zu unhandlich ist und dem Theoretiker praktische Lösungen und Methoden meist zu wenig exakt erscheinen, wurde dieses Buch geschrieben. Es behandelt die optimale Auslegung technischer Kontrollsysteme (wie Regelungs- und Steuerungssysteme im Interesse der Kürze zusammenfassend genannt werden mögen) im Hinblick auf ihre praktische Anwendbarkeit eingehend und umfassend. Dies wird erreicht durch kurze Erklärungen der Theorie und durch charakteristische, anwendungsorientierte und im Detail durchgerechnete Beispiele.

Ein weiteres wichtiges Ziel des Buches ist die Klärung von Sinn und Zweck der Optimierungsziele. Die Literatur befaßt sich fast immer nur mit dem Problem, wie man optimiert, bietet aber kaum Aussagen, warum bzw. wofür ein zu entwerfendes Kontrollsystem optimal — z. B. zeitoptimal — arbeiten soll. Wenn man allerdings neue Methoden entwirft, berechnet oder konstruiert, sollte man zu allererst den Zweck klären, wie dies in vorliegendem Buch versucht wird.

Für viele der gebrachten Resultate und Anwendungsbeispiele wurde die Basis gelegt bei einer etwa vierjährigen Forschungstätigkeit an industriellen Kontrollsystemen am Institut für Industrielle Elektronik der Technischen Hochschule Wien und einem fast dreijährigen Forschungsaufenthalt am NASA Goddard

Space Flight Center (Greenbelt, Maryland, USA). In diesem Zusammenhang ist der Autor Herrn Prof. Dr. H. v. BERTELE (Technische Hochschule Wien) und Mr. W. ISLEY (NASA) zu großem Dank verpflichtet, da sie auf Grund ihrer praktischen Erfahrung den Autor immer auf das Wesentliche in Theorie und Anwendung hinweisen konnten. Dank gilt auch Prof. Dr. A. V. BALAKRISHNAN (University of California, Los Angeles), Prof. Dr. V. W. EVELEIGH (Syracuse University, New York), Prof. Dr. A. WEINMANN (Technische Hochschule Wien) und Prof. Dr. H. ZEMANEK (Technische Hochschule Wien) für hilfreiche Diskussionen bzw. die freundliche Überlassung von Forschungsergebnissen. Der Autor dankt weiters Herrn Prof. Dr. B. KRITT (University of Baltimore, Maryland), Mr. M. SCHNEEBAUM, Prof. H. PRICE, Dr. J. GATLIN, Mr. D. ENDRES, Mr. K. DUCK, Mr. C. SCHERER, Dr. A. GUHA (NASA) und Dr. P. TILL (Technische Hochschule Wien) für wertvolle Hinweise bzw. kritische Durchsicht des Manuskripts, sowie dem Springer-Verlag in Wien für die vorzügliche Ausstattung des Werkes.

Wien, im Dezember 1973

FRANZ ZACH

Inhaltsverzeichnis

Einleitung

Der Begriff „Technisches Optimieren“

Wenn wir von technischem Optimieren sprechen, meinen wir damit die optimale Auslegung von technischen Systemen. Im speziellen erfolgt die optimale Auslegung so, daß charakteristische Größen (z. B. physikalischer oder chemischer Natur) an ausgezeichneten Punkten dieser Systeme solche Werte annehmen, daß das Gesamtsystem hinsichtlich vorgegebener Kriterien optimal arbeitet. Weiters soll aber auch jedes Teilsystem und jeder Einzelkreis für sich und im Hinblick auf das Gesamtsystem optimal ausgelegt sein.

Diese Überlegungen führen unmittelbar zu den beiden Hauptthemenkreisen dieses Buches:

a) Bestimmung der optimalen Werte (Sollwerte) der charakteristischen Größen technischer Systeme,

b) Optimierung der Arbeitsweise des Gesamtsystems, jedes Teilsystems und Einzelkreises, um die Sollwerte nach a) auf optimale Weise zu erreichen, bzw. einzuhalten.

Um eine allgemeine Bezeichnungsweise einzuführen, wollen wir alle jene Systeme, die auf die beiden Themenkreise a) und b) Anwendung finden, entsprechend dem in der angloamerikanischen Literatur üblichen Ausdruck „control“ als Kontrollsysteme bezeichnen. Dieser Begriff beinhaltet also sowohl Steuergesetze zur optimalen Bestimmung von Sollwerten, als auch die Steuer- und Regelkreise selbst, die das Erreichen und Einhalten der Sollwerte bewirken.

Da in der modernen Technik und vor allem in der Theorie die Grenze zwischen Steuerungen und Regelungen oft gar nicht mehr eindeutig definierbar ist, erhält der Ausdruck „Kontrolle“ besondere Berechtigung.

Geschichte und heutiger Stand der technischen Optimierung

Die hohen Anforderungen an das Flugverhalten von Überschallflugzeugen und die großen Anstrengungen in der Raumfahrt, in der chemischen, metallurgischen, elektrischen und in anderen Industrien haben die Entwicklung von hochwertigen, modernen Kontrollsystemen und die Optimierung ihres Arbeitsverhaltens notwendig gemacht. Die Einführung von Digitalrechnern hat viele Optimierungstheorien der praktischen Anwendung zugänglich gemacht.

Tatsächlich hätten die meisten Erfolge der modernen Technik ohne verfeinerte Kontrollmethoden nie erzielt werden können. Bekannte Beispiele dazu sind die Lagekontrolle von Raketen speziell nach dem Start, die Lagekontrolle von Satelliten und die Kontrolle kritischer Variabler in chemischen Prozessen. In Gebieten dieser Art eröffnen sich für den interessierten Wissenschaftler und Ingenieur viele lohnende Aufgaben.

Die Methoden der Optimierung wurden bis ca. 1956 von sogenannten klassischen Verfahren dominiert, die auf Übertragungsfunktionen, Nyquistdiagrammen und ganz allgemein auf Laplacetransformationen aufbauten. Die Entwicklung des Maximumprinzips, erstmals 1957 beschrieben, und des dynamischen Programmierens machte das Gebiet der technischen Optimierung mehr analytischen, sogenannten „modernen“ Methoden zugänglich, die fast durchwegs eng mit der Variationsrechnung verwandt sind. Allerdings können nur wenige Probleme durch solche analytische Methoden gelöst werden, wodurch der Anstoß zur Herleitung numerischer Methoden gegeben wurde.

Parallel zu diesen mathematischen Verfahren wurden mehr ingenieurmäßige bzw. experimentell orientierte Methoden, wie adaptive und lernende Systeme, entwickelt und zur praktischen Anwendung vorgeschlagen.

Theoretische und praktische Aspekte der Optimierung

Wie in der Physik gibt es auch im Gebiet der Optimierung von Kontrollsystemen zwei ausgeprägte Richtungen: die eine ist mehr praktisch orientiert und basiert auf Experimenten, Ingenieurkunst und Erfahrung; die andere Richtung ist theoretischer Natur und gründet sich fast ausschließlich auf mathematische Methoden. Offensichtlich sollten beide Richtungen eng zusammenarbeiten: theoretische Methoden bringen ein tieferes Verständnis vieler Optimierungs- und Kontrollprobleme und können auch als Entwicklungsgrundlage dienen. Auch kann die Theorie oft angeben, wie weit ein praktisch arbeitendes System vom (theoretischen) Optimum entfernt ist, und dadurch Hinweise auf weitere Bemühungen zur Optimierung geben. Praktische Experimente zeigen auf der anderen Seite, daß sich wirkliche Systeme oft sehr verschieden von ihren mathematischen, idealisierten Modellen verhalten, die die Grundlage theoretischer Überlegungen bilden. Deshalb müssen die theoretischen Optimierungsmethoden durch solche praktischer Natur, wie adaptive oder organisatorische Methoden, ergänzt werden, wobei letztere geeignete Strukturen bei der Behandlung multivariabler Systeme erzeugen.

Wir sind überzeugt, daß, wie allgemein in den technischen Wissenschaften, die besten Ergebnisse durch geeignete Kombination von theoretischen und praktischen Methoden erzielt werden. Ein derartiges Vorgehen wird der optimalen Kontrolle auch jene Gebiete eröffnen, die ihr bis heute wegen der Überbetonung theoretischer Aspekte verschlossen geblieben sind.

Zielsetzung vorliegenden Buches

Bei Durcharbeiten der Literatur über Optimierung, einschließlich adaptiver und lernender Systeme, findet man vorwiegend theoretische Abhandlungen. Der Mangel an Literatur, die eine Brücke zur praktischen Anwendung schlägt, war der Grund zur Ausarbeitung des vorliegenden Buches.

Da der Prüfstein jeder Theorie ihre Anwendung ist, war es unser Ziel, den Aspekt der Anwendbarkeit von Optimierungsmethoden zu betonen; dies geschieht dadurch, daß nach einer kurzen Erklärung der Theorie jeweils typische Beispiele gebracht und solche Probleme diskutiert werden, die bei einer Anwendung auf praktisch arbeitende Systeme auftreten. Diese Vorgangsweise gewinnt auch dadurch Berechtigung, daß in der Fachliteratur immer wieder festgestellt wird, welch allzu großen Abstand die Theorie von der Praxis, speziell bei der Optimierung von Kontrollsystemen, erlangt hat. Die verwendeten Beispiele stammen aus verschiedenen Gebieten, um zu zeigen, daß die optimale Kontrolle auf viele Bereiche Anwendung finden kann.

Wir betrachten die Aufgabe dieses Buches dann als erfüllt, wenn gezeigt werden konnte, wie auf dem Gebiet der Optimierung theoretische und praktische Methoden zusammenwirken können und sollen.

Einteilung der Optimierungsmethoden und Organisation des Buches

Die ersten drei Kapitel legen das Fundament für die darauffolgenden Kapitel 4 bis 12. Hiebei wird in Kapitel 1 die Terminologie für die verschiedenen Gebiete der Optimierung von Kontrollsystemen gebracht. Kapitel 2 ist ein Überblick über mathematische Grundlagen, die oft nicht im Rahmen der üblichen Hochschulmathematik gebracht werden, aber für die Optimierungsmethoden wesentlich sind. In Kapitel 3 werden die Optimierungskriterien diskutiert. Diese Kriterien definieren die Ziele der Optimierung und sind deshalb von grundlegender Bedeutung.

Um die theoretischen und praktischen Methoden der Optimierung von Kontrollsystemen am wirkungsvollsten zu kombinieren, haben wir diese Methoden und Kapitel 4 bis 12 wie folgt organisiert:

1. Mathematische Methoden

a) Analytische Methoden

Alle hier bekannten Verfahren sind eng mit der Variationsrechnung verwandt. Die für die Optimierung von Kontrollsystemen bedeutungsvollen Verfahren sind:

α) die Variationsrechnung (siehe Kapitel 4),

β) das Maximumprinzip (siehe Kapitel 5) und

γ) das dynamische Programmieren in der stetigen Form (siehe Kapitel 8).

b) Numerische Methoden

Die analytischen Probleme, die bei Anwendung der Methoden unter a) auftreten, haben den Anstoß zur Entwicklung numerischer Methoden gegeben. Wir denken, daß die wichtigsten Verfahren gegeben sind durch α) die Gradientenmethode und die Epsilon-Methode; beide sind in Kapitel 7 behandelt, und

β) die diskrete Form des dynamischen Programmierens (siehe Kapitel 8).

c) Meßmethoden

Da die Güte des Arbeitsverhaltens eines Kontrollsystems durch die Meßgenauigkeit begrenzt ist, wird dem Meßproblem besondere Beachtung geschenkt. Das erfolgversprechendste Verfahren zur Verbesserung der Meßgenauigkeit ist neben dem technologischen Fortschritt des Meßgerätebaues gegeben durch optimale Schätzmethoden, wie sie in Kapitel 9 beschrieben werden.

2. Ingenieurmäßige und organisatorische Methoden

a) Methoden, die auf Experimenten und praktischen Gesichtspunkten beruhen

Da mathematisch exakte Lösungen nach den bisher erwähnten Methoden oft nicht gefunden werden können, müssen verschiedene Vereinfachungen getroffen werden, die zu gut brauchbaren, aber nur näherungsweise optimalen Lösungen führen. Solche Vereinfachungen basieren entweder auf praktischen Ingenieurüberlegungen oder mathematischen Näherungen und sind in Kapitel 6 behandelt. Insbesondere aber für nichtlineare und zeitvariable Systeme kann kaum jemals eine optimale Lösung exakt gefunden werden. Es ist deshalb naheliegend, solche Probleme zu linearen Problemen zu machen, um lineare Optimierungsmethoden anwenden zu können. Das adaptive Prinzip bietet die Möglichkeit zur automatischen Überführung in lineare Probleme. Dieses Prinzip ist in Kapitel 10 erklärt, wobei auch eine neue Klassifikationsmethode und praktisch ausgeführte Anwendungen beschrieben werden.

b) Organisatorische Methoden

In Systemen großen Umfangs, wo viele Variable zu berücksichtigen sind, müssen Strukturen derart gewählt werden, daß die komplexen Beziehungen und Kopplungen zwischen allen Systemvariablen auf ein erträgliches Maß reduziert werden. Dies erfolgt vorteilhafterweise in Anlehnung an Strukturen der menschlichen Gesellschaft, wo der Informations- und Kommandofluß zwischen verschiedenen Ebenen sorgfältig ausgewählt und hierarchisch strukturiert wird. Die Anwendung solcher Strukturfragen auf die Optimierung von Kontrollsystemen wird in Kapitel 11 beschrieben.

c) Lernmethoden

Betrachtet man alle Aspekte der Kontrollsysteme im Menschen und bei Tieren, so sieht man, daß die höchsten Formen der Optimierung von Kontrollsystemen auch das Prinzip des Lernens beinhalten müssen. Die Lernprozesse im Menschen und bei Tieren werden zusammen mit entsprechenden Anwendungen auf die Optimierung in Kapitel 12 diskutiert. Der Hauptvorteil der Lernsysteme in Weiterentwicklung adaptiver Systeme ist, daß sie das Kontrollverhalten während des Betriebes automatisch optimieren.

1. Grundlegende Definitionen

1.1 Einführung

Die Aufgabe von Steuerungen und Regelungen[1] ist es, zu erreichen, daß charakteristische Variable eines Systems (z. B. einer chemischen Anlage, eines Flugzeuges oder eines Erdsatelliten) mit vorgegebenen Sollwerten übereinstimmen. Hiebei kann auch die Bestimmung der Sollwerte an sich ein Problem der Steuer- und Regeltechnik darstellen. Die folgenden Beispiele illustrieren diesen Sachverhalt.

a) In einer chemischen Anlage müssen die Temperaturen an vorgegebenen Stellen konstant auf festgelegten Werten T_{0i} gehalten werden. Diese T_{0i} müssen in den meisten Fällen so gewählt werden, daß der chemische Prozeß in ökonomischer Hinsicht optimal verläuft.

b) Ein weiteres, typisches Beispiel ist die Kontrolle von Flugzeugen, wo unter anderem Höhe und Fluggeschwindigkeit auf im allgemeinen zeitvariablen Sollwerten gehalten werden müssen. Hier ist nicht nur die Einhaltung der zeitvariablen Sollwerte, sondern auch deren Bestimmung ein Kontrollproblem. So kann z. B. gefordert sein, ein zeitabhängiges Gesetz für Höhe und Geschwindigkeit derart zu finden, daß die Flugzeit zwischen zwei Punkten minimisiert wird. (Dieses spezielle Problem der Luft- und Raumfahrt wird im englischsprachigen Schrifttum oft als „optimal guidance" bezeichnet.)

1.2 Definition der Kontrollprobleme

An Hand der oben gebrachten Beispiele wurde die zweifache Aufgabenstellung der Kontrolltechnik (Steuer- und Regeltechnik) gezeigt: 1) Bestimmung der Sollwerte, i. a. zeitabhängig; 2) Erzielung und Einhaltung dieser Sollwerte durch entsprechende Beeinflussung des zu kontrollierenden Systems. Abb. 1 gibt das allgemeine Blockschema eines Kontrollsystems. In diesem Bild ist für die Erzielung und Einhaltung des Sollwertes ein geschlossener Kreis (Regelkreis) vorgesehen. Die praktische Erfahrung hat nämlich gezeigt, daß für diese Aufgabe, z. B. infolge der im allgemeinen unbekannten Störeinflüsse und nicht genau bekannter mathematischer Modelle der zu kontrollierenden Anlagen, nur geschlossene Kreise zufriedenstellend arbeiten. Durch das Rückkopplungsprinzip, nämlich durch die Messung der kontrollierten Variablen $x(t)$ und Vergleich mit dem Soll-

[1] Steuerungen und Regelungen werden, wie erwähnt, in vorliegendem Buch häufig mit dem zusammenfassenden Ausdruck Kontrolle bezeichnet.

wert (Referenzwert) $x_r(t)$, werden unbekannte Störungen und Unexaktheiten in den mathematischen Modellen automatisch ausgeglichen [9].

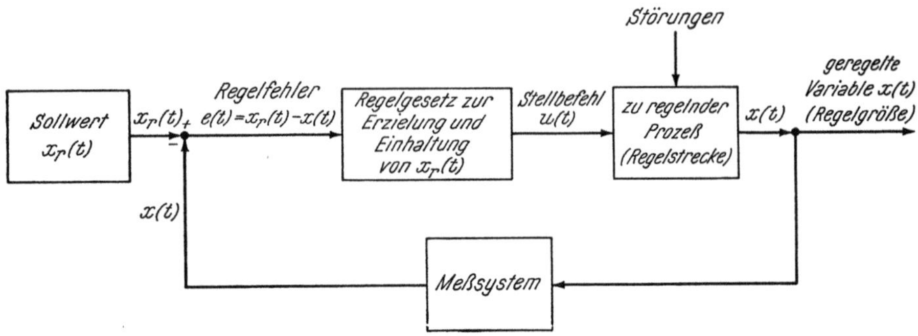

Abb. 1. Prinzipielles Blockdiagramm für Kontrollsysteme. $x_r(t)$ = Soll-(Referenz-)Wert

Auf der anderen Seite wurde in Abb. 1 bei dem Block für die Erzeugung des Sollwertes keine Rückkopplung vom Prozeß her vorgesehen. Dies entspricht der am häufigsten vorkommenden Variante, wo der Sollwert nur eine Funktion der Zeit ist. In der Literatur wurden aber auch Methoden vorgeschlagen, bei denen die Sollwertbestimmung auf der Messung der Zustandsvariablen des Systems beruht. Dies wurde insbesondere bei der Kontrolle chemischer Prozesse getan [5].

Auf Grund der obigen Überlegungen erscheint es sinnvoll, das gesamte Kontrollproblem in zwei Hauptgruppen einzuteilen:

1) Optimierung von Sollwerten,

2) Optimierung des Verhaltens des geschlossenen Regelkreises.

Diese beiden Gruppen werden im folgenden diskutiert.

1.3 Sollwertoptimierung

Eine bekannte Art der Sollwertoptimierung ist durch Suchmethoden [7] gegeben. Ihre Anwendung erfolgt z. B. in einem chemischen Prozeß derart, daß die gesamte Anlage hinsichtlich eines vorgegebenen Kriteriums durch gezielte Variation der Sollwerte von Einzelregelkreisen optimiert wird. In der Literatur häufiger anzutreffen ist die Methode, $x_r(t)$ mit Hilfe von Variationsrechnung (siehe Kapitel 4) und verwandten Methoden (z. B. das Maximumprinzip, siehe Kapitel 5) oder mit Hilfe von numerischen Methoden (siehe Kapitel 7 und [1, 8, 10]) zu optimieren. In all jenen Fällen, wo eine Größe (z. B. der Sollwert $x_r(t)$) eines Kontrollsystems unabhängig von den anderen Variablen vorgegeben bzw. ermittelt wird, spricht man von Steuerungen [9] oder offenen Wirkungskreisen [2].

1.4 Optimierung des Verhaltens geschlossener Regelkreise

Die Optimierung des Verhaltens des geschlossenen Regelkreises befaßt sich mit dem Problem, ein Kontrollsystem hinsichtlich der Erzielung und darauffolgenden Einhaltung vorgegebener Sollwerte bestmöglich zu entwerfen und zu betreiben. Dabei hat die Optimierung nach vorgegebenen Optimierungskriterien (z. B. Zeitminimisierung oder Energieminimisierung, siehe Kapitel 3) zu erfolgen.

Sowohl für das optimale Erreichen eines Sollwertes wie auch für dessen nachfolgende optimale Einhaltung sind verschiedene Methoden entwickelt worden.

Die sogenannten klassischen Methoden (siehe Einleitung) der Optimierung geschlossener Regelkreise werden in Kapitel 6 behandelt. Die sogenannten modernen Methoden (basierend auf dem Zustandsraum unter Verwendung der Variationsrechnung verwandter Methoden) werden in den Kapiteln 5 und 8 beschrieben. Automatische Optimierungsmethoden, vielfach adaptive und lernende Verfahren genannt, sind in großteils neuer Betrachtungsweise in den Kapiteln 10 und 12 dargestellt.

1.5 Weitere Optimierungsprobleme

Wir wollen zunächst einen etwas näheren Blick auf die Einzelelemente eines geschlossenen Regelkreises werfen und dazu Abb. 1 durch Abb. 2 ersetzen.

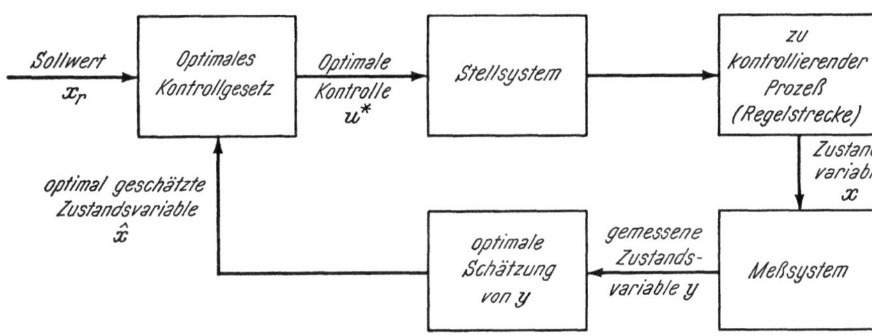

Abb. 2. Blockdiagramm eines geschlossenen Regelkreises mit besonderer Berücksichtigung der für die Optimierung wesentlichen Einzelprobleme

Abb. 2 läßt erkennen, daß neben dem optimalen Kontrollgesetz noch mehrere andere Probleme behandelt werden müssen, um zu einem optimalen Verhalten des Gesamtsystems zu gelangen. Als erstes dieser Gebiete soll die optimale Schätzung der Zustandsvariablen beleuchtet werden. Dieses Gebiet wird oft als optimale Filterung bezeichnet, eine Bezeichnung, die wegen der Verwechslungsmöglichkeit mit nachrichtentechnischem Filtern hier nicht verwendet werden soll.

Die optimale Schätzung der gemessenen Zustandsvariablen erweist sich als notwendig, weil Messungen immer durch Störungen und Ungenauigkeiten beeinflußt sind. Eine grundlegende Forderung an die optimale Schätzung ist die Elimination von vollkommen aus der Reihe fallenden Meßwerten und von extremen Störeinflüssen. Diese Vorstufe kann häufig durch Filter, wie sie in der Nachrichtentechnik üblich sind, erreicht werden.

Die weitere Verfeinerung der optimalen Schätzung wird durch mathematische Verfahren erreicht, die im Prinzip mit der bereits von C. F. GAUSS entwickelten Methode der kleinsten Quadrate verwandt sind [6]. Die Verfahren befassen sich grundsätzlich mit dem Problem, wie mehrere Messungen derselben Variablen und die Kenntnis der stochastischen Kennwerte der Störungen kombiniert werden können, um den wahrscheinlichsten Wert der betrachteten Variablen zu erzielen. Optimale Schätzmethoden werden in Kapitel 9 näher behandelt.

Das Meßsystem selbst ist stark von der jeweiligen Anwendung abhängig. Weiters ist die Konstruktion der Meßsysteme ein mehr technologisches Problem, weshalb der interessierte Leser auf die Spezialliteratur verwiesen wird (z. B. [2] für industrielle und chemische Anwendungen, [4] für Meßgeräte der Luft- und Raumfahrt). Ähnliches, wie das für Meßsysteme Gesagte, trifft auch auf die Stellsysteme [2] zu. Hier sollte beachtet werden, daß die Güte eines Kontrollsystems sehr häufig durch die Qualität des Stellsystems und durch die vielfach nicht mögliche Messung wichtiger Systemvariabler in entscheidender Weise beeinträchtigt wird, obwohl das optimale Kontrollgesetz vorliegt.

Ein weiterer Problemkreis, der, wie die Meß- und Stellsysteme, in der Literatur ebenfalls zu wenig Beachtung findet, ist die Aufstellung von mathematischen Modellen (d. h. der formelmäßigen Beschreibung) von zu kontrollierenden Systemen. Das mathematische Modell ist zwar bei vielen mechanischen Systemen (z. B. in der Raumfahrt) meist leicht herzuleiten, stößt aber speziell bei chemischen Prozessen auf vielfach unüberwindliche Schwierigkeiten. In einigen Fällen kann dann eine angenäherte mathematische Beschreibung gefunden werden [3]. Die Auffindung des mathematischen Modells ist ein äußerst vielfältiges Problem, das immer vom jeweiligen Anwendungsgebiet abhängt und daher in diesem Buch nur durch charakteristische Beispiele erläutert werden kann (siehe Kapitel 5, 10 und 11).

1.6 Offene und geschlossene Wirkungskreise

Einige zusammenfassende Worte über die Begriffe ,,offener Kreis" (open loop) und ,,geschlossener Kreis" (closed loop) scheinen am Platz. Ein geschlossener Kreis (vgl. Abb. 2) ist gekennzeichnet durch Messung bzw. Schätzung des tatsächlichen Systemzustandes $\mathbf{x}$ und Vergleich mit dem Sollwert $\mathbf{x}_r$. Dies bedeutet, daß der Kontrollbefehl $\mathbf{u}$ von $\mathbf{x}$ und von $\mathbf{x}_r$ abhängt. Bei offenen Kreisen hingegen ist $\mathbf{u}$ nur von der Zeit t und von $\mathbf{x}_r$ abhängig. Die Wirkungsweise offener Kreise wird oft als Steuerung, jene der geschlossenen Kreise als Regelung definiert.

In praktischen Anwendungen wird sich allerdings oft eine Kombination von offenem und geschlossenem Wirkungskreis als günstigste Lösung anbieten, d. h. $\mathbf{u} = \mathbf{u}(\mathbf{x}, \mathbf{x}_r, t)$. Man kann dann sagen, daß $\mathbf{u}$ von k Komponenten $x_1, \ldots, x_k$ des Systemzustandes $\mathbf{x}$ nach Art einer geschlossenen Wirkungskette und von den Komponenten $x_{k+1}, \ldots, x_n$ nach Art einer offenen Wirkungskette abhängt. Hiebei sei n die Dimension von $\mathbf{x}$.

1.7 Zusammenfassung

In diesem Abschnitt wurden die verschiedenen Kontrollprobleme (d. h. Steuer- und Regelprobleme) unter besonderer Berücksichtigung der Optimierung dargelegt. Hiebei wurde im speziellen eine Unterscheidung nach Optimierung der Sollwerte und Optimierung des Verhaltens von geschlossenen Regelkreisen eingeführt. Als weiterer wichtiger Punkt wurde die optimale Schätzung des Systemzustandes erörtert.

Literatur

[1] BALAKRISHNAN, A. V., und L. V. NEUSTADT (Hrsg.): Conference on Computing Methods in Optimization Problems. Proceedings, Los Angeles, **1964**. New York: Academic Press. **1964**.

[2] BERTELE, H. v.: Industrielle Elektronik und Automation. Braunschweig: R. C. Schmidt & Co. **1965**.

[3] HARDERS, M., et al.: Computer Control of the Oxo-Synthesis Process, pp. 89—112, in: MILLER, W. E. (Hrsg.), Digital Computer Applications to Process Control. Proceedings of the First International Conference, Stockholm, **1964**. Plenum Press. **1965**.

[4] NEWMAN, D. B.: Space Vehicle Electronics. Princeton, N. J.: Van Nostrand. **1964**.

[5] SAVAS, E. S.: Computer Control of Industrial Processes. New York: McGraw-Hill. **1965**.

[6] SORENSON, H. W.: Least-Squares Estimation: from Gauss to Kalman. IEEE Spectrum, Juli **1970**, 63—68.

[7] WILDE, D. J.: Optimum Seeking Methods. Englewood Cliffs, N. J.: Prentice-Hall. **1964**.

[8] LEITMANN, G.: Optimization Techniques with Applications to Aerospace Systems. New York: Academic Press. **1962**.

[9] OPPELT, W.: Kleines Handbuch technischer Regelvorgänge, 4. Aufl. Weinheim: Verlag Chemie. **1964**.

[10] LEITMANN, G. (Hrsg.): Optimization Techniques with Application to Aerospace Systems. New York: Academic Press. **1962**.

2. Grundlegende mathematische Hilfsmittel der Optimierung

2.1 Einführung

Für die — wie sie in der Literatur häufig genannt werden — klassischen Optimierungsmethoden werden die Übertragungsfunktionen des zu optimierenden Systems herangezogen, also das Verhältnis der Laplacetransformierten des Systemausganges zu der des Einganges. Laplacetransformationen und Übertragungsfunktionen sollen hier ihrem Wesen nach als bekannt vorausgesetzt werden.

2.2 Zustandsvariable

Für die Optimierungsmethoden, die auf der Variationsrechnung und verwandten Prinzipien (z. B. dem Maximumprinzip) aufbauen, hat es sich durchgesetzt, die Beschreibung des zu optimierenden Systems mit Hilfe von Zustandsvariablen durchzuführen. Bei dieser Methode wird das System im Zeitbereich in Form eines Satzes von Differentialgleichungen erster Ordnung dargestellt. Mathematisch gesprochen spannt die Gesamtheit der Zustandsvariablen den sogenannten Zustandsraum auf.

Wir wollen den Begriff der Zustandsvariablen an einem Beispiel erläutern. Wir betrachten das System nach Abb. **3**, das durch seine Übertragungsfunktion charakterisiert ist. Das System nach Abb. **3** kann auch durch die Differentialgleichung

$$\ddot{x} + b\dot{x} + ax = u(t) \tag{2.1}$$

beschrieben werden.

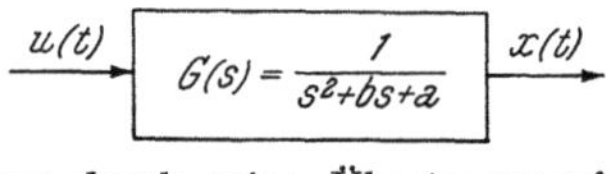

Abb. 3. Blockdiagramm eines durch seine Übertragungsfunktion $G(s)$ charakterisierten Systems

Mit Einführung der neuen Variablen

$$x_1 = x \qquad \text{und} \qquad x_2 = \dot{x} \tag{2.2}$$

bekommen wir aus Gl. (2.1) den Satz von Differentialgleichungen erster Ordnung

$$\begin{aligned} \dot{x}_1 &= x_2, \\ \dot{x}_2 &= u - bx_2 - ax_1, \end{aligned} \tag{2.3}$$

der in Matrixform

$$\dot{\mathbf{x}} = \mathbf{f}(\mathbf{x}, u) \tag{2.4}$$

$$= \mathbf{A}\mathbf{x} + \mathbf{B}u \tag{2.5}$$

geschrieben werden kann, wobei

$$\mathbf{A} = \begin{bmatrix} 0 & 1 \\ -a & -b \end{bmatrix}, \qquad \mathbf{B} = \begin{bmatrix} 0 \\ 1 \end{bmatrix}. \tag{2.6}$$

Die beiden Variablen x_1 und x_2 sind die erwähnten Zustandsvariablen des Systems, die die Zustandsebene (x_1, x_2) bilden. Für diesen speziellen Fall mit $n = 2$ wird oft auch der Ausdruck Phasenebene verwendet. Bei manchen Autoren bezeichnet allerdings „Phase" die Gesamtheit der Zustandsvariablen mit der Zeit t als zusätzliche Variable.

Die zeitliche Aufeinanderfolge der Zustandsvariablen kann als Trajektorie im Zustandsraum bzw. in der Zustandsebene dargestellt werden. Abb. 4 zeigt die Trajektorie entsprechend Gl. (2.1) bzw. (2.3).

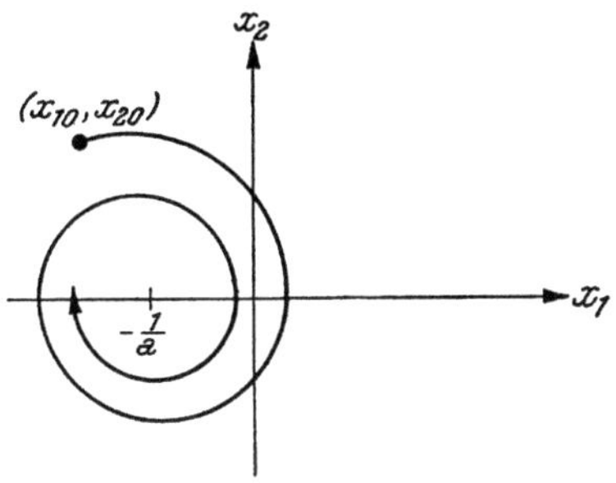

Abb. 4. Trajektorie des Systems nach Gl. (2.3) in der Zustandsebene (x_1, x_2) für $b^2/4 < a$ und $u = -1$. (x_{10}, x_{20}) sind die Anfangsbedingungen

Im allgemeinen Fall des n-dimensionalen Systems gilt die Darstellung durch die Differentialgleichung (z. B. [9])

$$\frac{d^n x}{dt^n} + a_{n-1}\frac{d^{n-1}x}{dt^{n-1}} + \cdots + a_0 x = b_m \frac{d^m u}{dt^m} + b_{m-1}\frac{d^{m-1}u}{dt^{m-1}} + \cdots + b_0 u, \tag{2.7}$$

wobei ein m-dimensionaler Kontrollvektor angenommen wurde. Wir definieren nun Zustandsvariable $x_1, \ldots, x_n$ durch

$$x_1 = x - c_0 u, \tag{2.8}$$

$$x_2 = \dot{x}_1 - c_1 u, \tag{2.9}$$

$$x_3 = \dot{x}_2 - c_2 u, \tag{2.10}$$

$$\vdots$$

$$x_n = \dot{x}_{n-1} - c_{n-1} u \tag{2.11}$$

und

$$\dot{x}_n = -a_{n-1}x_n - a_{n-2}x_{n-1} - \cdots - a_0x_1 + c_nu, \tag{2.12}$$

wo die c_i $(i = 1, \ldots, n)$ im folgenden bestimmt werden. Wir differenzieren Gl. (2.8) bis zu n mal und verwenden jeweils die entsprechenden Gleichungen (2.9) bis (2.11):

$$\dot{x} = \dot{x}_1 + c_0\dot{u} = x_2 + c_1u + c_0\dot{u}, \tag{2.13}$$

$$\vdots$$

$$\frac{d^{n-1}x}{dt^{n-1}} = x_n + c_{n-1}u + c_{n-2}\dot{u} + \cdots + c_0\frac{d^{n-1}u}{dt^{n-1}}, \tag{2.14}$$

$$\frac{d^nx}{dt^n} = \dot{x}_n + c_{n-1}\dot{u} + c_{n-2}\ddot{u} + \cdots + c_0\frac{d^nu}{dt^n}. \tag{2.15}$$

Gl. (2.15) läßt sich unter Verwendung von Gl. (2.8)—(2.12) schreiben als

$$\frac{d^nx}{dt^n} = -a_{n-1}x_n - a_{n-2}x_{n-1} - \cdots - a_0x_1$$

$$+ c_nu + c_{n-1}\dot{u} + \cdots + c_0\frac{d^nu}{dt^n} \tag{2.16}$$

und

$$\frac{d^nx}{dt^n} = -a_{n-1}\left(\frac{d^{n-1}x}{dt^n} - c_{n-1}u - \cdots - c_0\frac{d^{n-1}u}{dt^{n-1}}\right)$$

$$- a_{n-2}(\cdots) - \cdots - a_0(x - c_0u)$$

$$+ c_nu + c_{n-1}\dot{u} + \cdots + c_0\frac{d^nu}{dt^n} \tag{2.17}$$

Durch Koeffizientenvergleich von Gl. (2.7) und (2.17) erhält man

$$c_0 = b_n,$$

$$c_1 = b_{n-1} - a_{n-1}c_0,$$

$$c_2 = b_{n-2} - a_{n-1}c_1 - a_{n-2}c_0,$$

$$\vdots$$

$$c_{n-1} = b_1 - a_{n-1}c_{n-2} - \cdots - a_2c_1 - u_1c_0 \tag{2.18}$$

und

$$c_n = b_0 - a_{n-1}c_{n-1} + \cdots - a_1c_1 - a_0c_0,$$

wobei

$$b_{m+1} = b_{m+2} = \cdots = b_n = 0.$$

Als Beispiel betrachten wir ein System, das der Differentialgleichung

$$\dddot{x} - 5\ddot{x} + 3\dot{x} + 4x = 2\dot{u} + u \tag{2.19}$$

gehorcht. Hier zeigt sich eine häufig als vorteilhaft erscheinende Eigenschaft der Darstellung durch Zustandsvariable, daß nämlich die Kontrollvariable nur in nicht differenzierter Form aufscheinen wird. Anwendung der Gl. (2.18) gibt mit $a_3 = 1$, $a_2 = -5$, $a_1 = 3$, $a_0 = 4$, $b_3 = 0$, $b_2 = 0$, $b_1 = 2$ und $b_0 = 1$

$$c_0 = b_3 = 0,$$

$$c_1 = b_2 - a_2 c_0 = 0,$$

$$c_2 = b_1 = 2,$$

und

$$c_3 = b_0 - a_2 c_2 = 11.$$

Damit werden Gl. (2.9) bis (2.12) zu

$$\dot{x}_1 = x_2,$$

$$\dot{x}_2 = x_3 + 2u$$

und

$$\dot{x}_3 = 5x_3 - 3x_2 - 4x_1 + 11u,$$

wobei

$$x_1 = x$$

die (hier sehr einfache) Beziehung zwischen den Zustandsvariablen x_i und der ursprünglichen Variablen x herstellt. Weitere Details und eine eingehende mathematische Behandlung des Konzeptes der Zustandsvariablen können in der Literatur gefunden werden (z. B. [1, 2, 4, 11]).

2.3 Messung des Systemausganges

Oft können die Zustandsvariablen $x_1, \ldots, x_n$ nicht selbst, sondern nur über andere Systemgrößen $y_1, \ldots, y_m$ gemessen werden. Die allgemeine Beziehung zwischen $\mathbf{x}$, $\mathbf{y} = (y_1, \ldots, y_m)$ und $\mathbf{u}$ wird geschrieben als

$$\mathbf{y} = \mathbf{C}\mathbf{x} + \mathbf{D}\mathbf{u}, \tag{2.20}$$

wo $\mathbf{C}$ eine $m \times n$-Matrix und $\mathbf{D}$ eine $m \times r$-Matrix ist. Hiebei ist wieder ein lineares System vorausgesetzt, oder, wie häufig in der Literatur, zumindest eine Linearisierbarkeit um den betrachteten Arbeitspunkt gefordert. Die Darstellung nach Gl. (2.20) wird besonders in Kapitel 9 Verwendung finden.

2.4 Die Übergangsmatrix

Verwendung der Übergangsmatrix $\mathbf{\Phi}$ ermöglicht eine explizite Lösung der Gl. (2.5) für $\mathbf{u} = 0$. $\mathbf{\Phi}$ wird definiert durch

$$\mathbf{\Phi} = \exp(t\mathbf{A}) = \mathbf{I} + t\mathbf{A} + \frac{t^2\mathbf{A}^2}{2!} + \frac{t^3\mathbf{A}^3}{3!} + \cdots. \tag{2.21}$$

Durch direkte Anwendung auf Gl. (2.21) ist leicht zu beweisen, daß

$$\frac{d}{dt}\exp(t\mathbf{A}) = \mathbf{A}\exp(t\mathbf{A}) = \exp(t\mathbf{A})\,\mathbf{A}. \tag{2.22}$$

Somit ist eine Lösung für

$$\dot{\mathbf{x}} = \mathbf{A}\mathbf{x} \tag{2.23}$$

mit der Anfangsbedingung $\mathbf{x}(0) = \mathbf{x}_0$ gegeben durch

$$\mathbf{x}(t) = \mathbf{x}_0 \exp(\mathbf{A}t), \tag{2.24}$$

die infolge der Sätze über die Eindeutigkeit der Lösung linearer Differentialgleichungssysteme auch die einzige und somit eindeutige Lösung ist.

Wenn $\mathbf{\Phi}$ zeitabhängig ist, so schreibt man $\mathbf{\Phi}(t, t_0)$, wobei der Zeitursprung als $t = t_0$ bezeichnet wurde. Somit ergibt sich die Definition

$$\mathbf{x}(t) = \mathbf{\Phi}(t, t_0)\mathbf{x}(t_0) \tag{2.25}$$

und für $t_0 = 0$

$$\exp(\mathbf{A}t) = \mathbf{\Phi}(t, 0). \tag{2.26}$$

2.4.1 Lösung der vollständigen Systemgleichung

Die vollständige Gl. (2.5) (d. h. bei $\mathbf{u} \neq \mathbf{0}$) hat die Lösung

$$\mathbf{x}(t) = \exp(t\mathbf{A})\,\mathbf{x}_0 + \int_0^t \exp[(t-\tau)\mathbf{A}]\,\mathbf{B}\mathbf{u}(\tau)\,d\tau. \tag{2.27}$$

Dies ist leicht zu verifizieren, da

$$\begin{aligned}\dot{\mathbf{x}}(t) &= \mathbf{A}\exp(t\mathbf{A})\,\mathbf{x}_0 + \int_0^t \mathbf{A}\exp[(t-\tau)\mathbf{A}]\,\mathbf{B}\mathbf{u}(\tau)\,d\tau + \mathbf{B}\mathbf{u}(t)\\ &= \mathbf{A}\mathbf{x}(t) + \mathbf{B}\mathbf{u}(t).\end{aligned} \tag{2.28}$$

2.4.2 Berechnung der Übergangsmatrix

Es gibt eine größere Anzahl von Methoden zur Berechnung der Übergangsmatrix $\mathbf{\Phi}$, von denen die in der Praxis am brauchbarsten im folgenden erläutert werden. Die erste Methode bedient sich der Laplacetransformation, die — auf Gl. (2.5) angewendet —

$$s\mathbf{x}(s) - \mathbf{x}(0_+) = \mathbf{A}\mathbf{x}(s) + \mathbf{B}\mathbf{u}(s) \tag{2.29}$$

ergibt, oder

$$\mathbf{x}(s) = (s\mathbf{I} - \mathbf{A})^{-1}[\mathbf{x}(0_+) + \mathbf{B}\mathbf{u}(s)]. \tag{2.30}$$

Für $\mathbf{u} = 0$ erhalten wir

$$\exp(t\mathbf{A}) = \boldsymbol{\Phi}(t, 0) = \mathscr{L}^{-1}[(s\mathbf{I} - \mathbf{A})^{-1}] \tag{2.31}$$

als direkte Lösung für $\boldsymbol{\Phi}$. $\mathscr{L}^{-1}$ bedeutet inverse Laplacetransformation, $\mathbf{I}$ ist die Identitäts-(Einheits-)Matrix.

Eine zweite Methode ist durch Berechnung nach Gl. (2.21) durch Einsetzen von $\mathbf{A}$ möglich. Es sei z. B.

$$\mathbf{A} = \begin{bmatrix} 0 & 1 \\ 0 & 0 \end{bmatrix},$$

somit

$$\mathbf{A}^2 = \begin{bmatrix} 0 & 0 \\ 0 & 0 \end{bmatrix} = \mathbf{A}^k \quad \text{für} \quad k \geqslant 2.$$

Dann wird

$$\exp(t\mathbf{A}) = \begin{bmatrix} 1 & 0 \\ 0 & 1 \end{bmatrix} + t\begin{bmatrix} 0 & 1 \\ 0 & 0 \end{bmatrix} = \begin{bmatrix} 1 & t \\ 0 & 1 \end{bmatrix}. \tag{2.32}$$

Weitere Methoden, die z. B. auf Eigenvektoren des Systems aufbauen, sind mehr für den Theoretiker interessant und können in der Literatur (u. a. [6, 10]) nachgelesen werden.

2.5 Kontrollierbarkeit und Beobachtbarkeit

Diese in der angloamerikanischen Literatur als controllability und observability bezeichneten Theorien dienen zur Untersuchung, ob die Zustandsvariablen eines Systems gemessen und kontrolliert werden können. Da die beiden Theorien weite Verbreitung gefunden haben und im Prinzip wichtige Aussagen ermöglichen können, sollen sie hier kurz beschrieben werden. Grob gesehen entspricht die Bedeutung der beiden Konzepte für die praktische Anwendung etwa der in der Mathematik gern zitierten Bedingung, daß bei einer Division der Nenner nicht null sein darf: eine Division durch 0 ist ebenso unmöglich wie die Kontrolle eines nicht kontrollierbaren Systems oder die Beobachtung eines nicht beobachtbaren Systems. Diese im Prinzip selbstverständliche Aussage lautet wissenschaftlich formuliert im Fall der Kontrollierbarkeit (z. B. [2]): „Ein System S ist kontrollierbar bezüglich der Zustandsvektoren $\mathbf{x}_1$ und $\mathbf{x}_2$ im Intervall t_1, t_2 dann und nur dann, wenn der

Systemzustand durch geeignete Wahl eines Kontrollvektors $\mathbf{u}(t)$ im Zeitintervall t_1, t_2 vom Zustand $\mathbf{x}_1$ zum Zustand $\mathbf{x}_2$ gebracht werden kann. Das System ist vollständig kontrollierbar im Zeitpunkt t_1, wenn jedes beliebige $\mathbf{x}_2$ in endlicher Zeit von $\mathbf{x}_1$ aus erreicht werden kann".

Die Definition der Beobachtbarkeit ist analog: ,,Ein System S ist beobachtbar dann und nur dann, wenn alle Elemente des Systemzustandes in eindeutiger Weise auf Grund der Zeitvariationen der verfügbaren Ausgangsvariablen in einem beschränkten Zeitintervall bestimmt werden können."

Wir geben zunächst ein Kriterium für die Kontrollierbarkeit. Es sei angenommen, daß Gl. (2.5) und (2.20) gelten:

$$\dot{\mathbf{x}} = \mathbf{A}\mathbf{x} + \mathbf{B}\mathbf{u}, \tag{2.5}$$

$$\mathbf{y} = \mathbf{C}\mathbf{x} + \mathbf{D}\mathbf{u}, \tag{2.20}$$

wobei $\mathbf{x}$ die Dimension n, $\mathbf{u}$ die Dimension r und $\mathbf{y}$ die Dimension m habe. $\mathbf{A}$, $\mathbf{B}$, $\mathbf{C}$ und $\mathbf{D}$ sind Matrizen mit passender Zeilen- und Spaltenanzahl. Dann gilt als Kriterium für die Kontrollierbarkeit, daß die $n \times nr$-Matrix

$$\bar{\mathbf{M}} = [\mathbf{B}, \mathbf{A}\mathbf{B}, \mathbf{A}^2\mathbf{B}, \ldots, \mathbf{A}^{n-1}\mathbf{B}] \tag{2.33}$$

den Rang n haben muß [6, 8].

Die Beobachtbarkeit ist gegeben dann und nur dann, wenn $\mathbf{C}\mathbf{Z}$ keine Spalten mit allen Elementen $= 0$ hat. Hiebei ist $\mathbf{Z}$ definiert durch

$$\mathbf{Z}^{-1}\mathbf{A}\mathbf{Z} = \begin{bmatrix} \lambda_1 & \cdots & 0 \\ \vdots & \lambda_2 & \vdots \\ 0 & \cdots & \lambda_n \end{bmatrix}, \tag{2.34}$$

wobei die $\lambda_1, \ldots, \lambda_n$ die Eigenwerte der Matrix $\mathbf{A}$ sind, d. h. durch

$$\det(\mathbf{A} - \lambda\mathbf{I}) = 0 \tag{2.35}$$

bestimmt werden. $\mathbf{I}$ ist die Einheitsmatrix, det bedeutet Determinante.

Die Aussage, daß $\mathbf{C}\mathbf{Z}$ keine Spalten mit allen Elementen $= 0$ haben darf, leuchtet ein durch die Umformung von Gl. (2.20) mit

$$\dot{\mathbf{h}} = \mathbf{\Lambda}\mathbf{h} + \mathbf{Z}^{-1}\mathbf{B}\mathbf{u} \tag{2.36}$$

in

$$\mathbf{y} = \mathbf{C}\mathbf{Z}\mathbf{h} + \mathbf{D}\mathbf{u}; \tag{2.37}$$

hiebei ist

$$\mathbf{h} = \mathbf{Z}^{-1}\mathbf{x} \tag{2.38}$$

und

$$\mathbf{\Lambda} = \mathbf{Z}^{-1}\mathbf{A}\mathbf{Z}, \tag{2.39}$$

was bei nichtsingulärer Matrix **Z** möglich ist. Hätte nämlich die $k$te Spalte von **CZ** lauter Elemente $= 0$, so würde der Zustand h_k nach Gl. (2.37) das Meßergebnis **y** nicht beeinflussen, der Zustand h_k wäre also nicht meßbar.

Der Vollständigkeit halber soll erwähnt werden, daß Gl. (2.36) auf eine notwendige Bedingung der Kontrollierbarkeit schließen läßt. Hätte nämlich die $k$te Zeile von $\mathbf{Z}^{-1}\mathbf{B}$ lauter Elemente $= 0$, so wäre der Zustand h_k durch **u** nicht beeinflußbar, was gleichbedeutend mit nicht gegebener Kontrollierbarkeit des Gesamtzustandes ist.

Beispiele

Als erstes Beispiel betrachten wir den elektrischen Kreis nach Abb. 5.

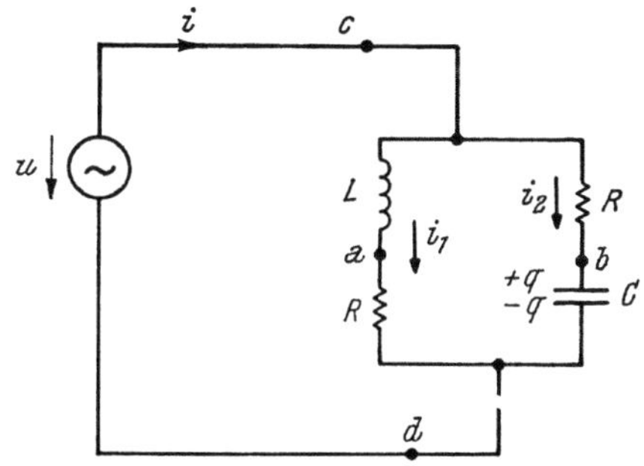

Abb. 5. Parallelresonanzkreis, dessen Kontrollierbarkeit überprüft werden soll. u = Spannung, i, i_1, i_2 = Ströme, q = Ladung, R = Widerstand, L = Induktivität, C = Kapazität

Der elektrische Kreis nach Abb. 5, der auch als Wheatstonesche Brücke aufgefaßt werden kann, wird beschrieben durch

$$u = Ri_1 - L\frac{di_1}{dt}, \qquad u = Ri_2 + \frac{q}{C} \qquad \text{und} \qquad i_2 = \frac{dq}{dt}. \tag{2.40}$$

Wir wählen

$$x_1 = i_1 \qquad \text{und} \qquad x_2 = q; \tag{2.41}$$

damit wird

$$\dot{x}_1 = -\frac{R}{L}x_1 + \frac{u}{L} \qquad \text{und} \qquad \dot{x}_2 = -\frac{x_2}{RC} + \frac{u}{R}. \tag{2.42}$$

Mit den Definitionen

$$\mathbf{x} = \begin{bmatrix} x_1 \\ x_2 \end{bmatrix}, \qquad \mathbf{A} = \begin{bmatrix} -R/L & 0 \\ 0 & -1/RC \end{bmatrix}, \qquad \mathbf{B} = \begin{bmatrix} 1/L \\ 1/R \end{bmatrix}, \tag{2.43}$$

können die Gl. (2.42) in der Form der Gl. (2.5) angeschrieben werden.

Zur Bestimmung der Eigenwerte $\lambda_{1,2}$ lösen wir die charakteristische Gleichung

$$\left(\frac{R}{L} + \lambda\right)\left(\frac{1}{RC} + \lambda\right) = 0, \tag{2.44}$$

womit

$$\lambda_1 = -\frac{R}{L}, \qquad \lambda_2 = -\frac{1}{RC}. \tag{2.45}$$

Die korrespondierenden Eigenvektoren sind gegeben durch

$$\begin{bmatrix} 0 & 0 \\ 0 & -\frac{1}{RC} + \frac{R}{L} \end{bmatrix} \mathbf{x}_1 = 0 \tag{2.46}$$

und

$$\begin{bmatrix} -\frac{R}{L} + \frac{1}{RC} & 0 \\ 0 & 0 \end{bmatrix} \mathbf{x}_2 = 0. \tag{2.47}$$

Gl. (2.46) und (2.47) können befriedigt werden durch

$$\mathbf{x}_1 = \begin{bmatrix} 1 \\ 0 \end{bmatrix}, \qquad \mathbf{x}_2 = \begin{bmatrix} 0 \\ 1 \end{bmatrix}, \tag{2.48}$$

womit

$$\mathbf{Z} = \begin{bmatrix} 1 & 0 \\ 0 & 1 \end{bmatrix} = \mathbf{I} \tag{2.49}$$

und

$$\mathbf{Z}^{-1}\mathbf{B} = \mathbf{B} = \begin{bmatrix} \frac{1}{L} \\ \frac{1}{R} \end{bmatrix}. \tag{2.50}$$

Wenn die Eigenwerte verschieden sind, d. h. $R/L \neq 1/RC$, so kann $\mathbf{Z}^{-1}$ überhaupt erst gebildet werden. Da die einzige Spalte von $\mathbf{Z}^{-1}\mathbf{B}$ nicht alle Elemente $= 0$ hat, ist Kontrollierbarkeit gegeben. Dies läßt sich sehr einfach auch durch das erste in diesem Abschnitt angegebene Kriterium beweisen. Hiezu bilden wir

$$\bar{\mathbf{M}} = [\mathbf{B}, \mathbf{AB}] = \begin{bmatrix} \frac{1}{L} & -\frac{R}{L^2} \\ \frac{1}{R} & -\frac{1}{R^2C} \end{bmatrix}. \tag{2.51}$$

$\bar{\mathbf{M}}$ hat nur dann den Rang 2 — gleichbedeutend mit Kontrollierbarkeit —, wenn det $\bar{\mathbf{M}} \neq 0$. Somit muß gelten

$$\frac{1}{LR}\left[\frac{R}{L} - \frac{1}{RC}\right] \neq 0, \tag{2.52}$$

d. h.

$$\frac{R}{L} \neq \frac{1}{RC}.$$

Wir wollen die Unkontrollierbarkeit bei $R/L = 1/RC$ noch physikalisch deuten. Aus der Elektrotechnik ist bekannt, daß für den Kreis nach Abb. 5 im abgestimmten Fall bei Anlegen einer Wechselspannung mit Kreisfrequenz ω zwischen c und d keine Spannung zwischen a und b auftritt. Die Bedingung für Abstimmung lautet

$$\frac{j\omega L}{R} = \frac{R}{1/j\omega C}, \tag{2.53}$$

was äquivalent zu Gl. (2.52) ist. In diesem Fall ist somit die Spannung zwischen a und b durch die Spannung zwischen c und d nicht kontrollierbar, und zwar für jede Frequenz ω.

Ein sehr interessantes Beispiel ist auch die von PARKUS [7] angegebene Unkontrollierbarkeit des Doppelpendels (Abb. 6) bei bestimmten Trägheitsmomenten der Einzelpendel P_1 und P_2. P_1 kann um die Achse Q, P_2 um die Achse R rotieren, wobei sich P_1 und P_2 in derselben Ebene bewegen. Eine Unkontrollierbarkeit möge dann gegeben sein, wenn das Pendel P_2 nicht durch Auslenkungen des Pendels P_1 in eine Relativdrehung bezüglich P_1 gebracht werden kann.

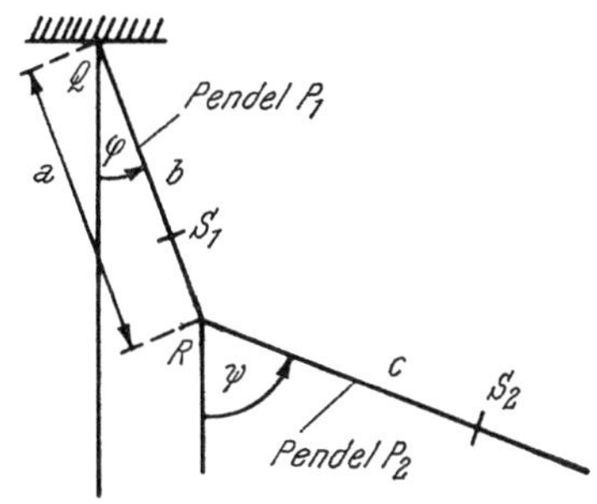

Abb. 6. Doppelpendel. $S_{1,2}$ = Schwerpunkte, $m_{1,2}$ = Massen der Pendel P_1 bzw. P_2 (siehe Text), I_1 = Trägheitsmoment von P_1 bezüglich Q, I_2 = Trägheitsmoment von P_2 bezüglich R, I_{S_1} = Trägheitsmoment von P_1 bezüglich S_1, I_{S_2} = Trägheitsmoment von P_2 bezüglich S_2, g = Gravitätskonstante

Nach Anwendung des Prinzips von LAGRANGE gelten die Bewegungsgleichungen für P_1 [7]

$$(I_1 + m_2 a^2)\ddot{\varphi} + acm_2\ddot{\psi}\cos(\varphi - \psi) + acm_2\dot{\psi}^2\sin(\varphi - \psi)$$
$$+ g(m_1 b + m_2 a)\sin\varphi = 0 \tag{2.54}$$

und für P_2

$$I_2\ddot{\psi} + acm_2\ddot{\varphi}\cos(\varphi - \psi) - acm_2\dot{\varphi}^2\sin(\varphi - \psi) + m_2 gc\sin\varphi = 0. \tag{2.55}$$

Wenn also $\varphi = \psi = \gamma$, so ergibt sich keine Relativbewegung von P_2 bezüglich P_1. Diese Bedingung führt, eingesetzt in Gl. (2.54) und (2.55), zu

$$\ddot{\gamma} + \frac{g(m_1 b + m_2 a)}{I_1 + m_2 a^2 + a c m_2} \sin \gamma = 0 \tag{2.56}$$

und

$$\ddot{\gamma} + \frac{m_2 g c}{I_2 + a c m_2} \sin \gamma = 0. \tag{2.57}$$

Durch Koeffizientenvergleich erhalten wir

$$\frac{m_1 b + m_2 a}{I_1 + m_2 a^2 + a c m_2} = \frac{m_2 c}{I_2 + a c m_2}. \tag{2.58}$$

Dies ist eine notwendige Bedingung für Unkontrollierbarkeit. Interessanterweise hat sich so ein Fall tatsächlich zugetragen, als nämlich ein Doppelpendel für eine Glocke des Kölner Domes verwendet wurde. Das Pendel mußte entsprechend abgeändert werden. Der Vollständigkeit halber muß erwähnt werden, daß eine genauere Untersuchung der Gl. (2.54) und (2.55) Lösungen höherer Ordnung ergibt, unter denen sich z. B. eine Bewegungsform mit 180° Relativbewegung zwischen P_1 und P_2 befindet [3, 7].

Die beiden eben gebrachten Beispiele illustrieren auch das Konzept der Beobachtbarkeit. So ist z. B. im Falle des elektrischen Kreises nach Abb. 5 die Spannung u bei $R/L = 1/RC$ nicht beobachtbar durch Messung der Spannung zwischen a und b. Die Beispiele zeigen auch die prinzipielle Bedeutung der Untersuchung von Kontrollierbarkeit bzw. Beobachtbarkeit. Die hier gebrachten Sätze gelten für lineare bzw. linearisierte Systeme, wie auch die in der Literatur existierenden einschlägigen Theorien immer wieder auf Linearisierungen führen [5].

Als praktische Folgerung kann gesagt werden, daß bei Feststellung einer Unkontrollierbarkeit bzw. Unbeobachtbarkeit entweder die Konstruktion geändert werden muß (in Beispiel nach Abb. 5 so, daß $R/L \neq 1/RC$), oder daß an einer anderen Stelle gemessen bzw. kontrolliert werden muß.

2.6 Adjungierte Gleichungen

Mathematische Verfahren der Optimierung stützen sich häufig auf sogenannte adjungierte Gleichungen. Diese Methode ermöglicht eine übersichtliche Behandlung von Systemen, die durch Gleichungen von der Form

$$\dot{\mathbf{x}}(t) = \mathbf{A}(t)\mathbf{x}(t) + \mathbf{B}\mathbf{u}(t) \tag{2.59}$$

beschrieben sind, d. h. wo die Systemmatrix $\mathbf{A}$ zeitabhängig ist. Da die sich durch den Kontrollterm $\mathbf{B}\mathbf{u}(t)$ ergebende Teillösung bereits früher bestimmt wurde, wollen wir jetzt nur die Gleichung

$$\dot{\mathbf{x}}(t) = \mathbf{A}(t)\mathbf{x}(t) \tag{2.60}$$

untersuchen. Die zu Gl. (2.60) adjungierte Gleichung ist definiert durch

$$\dot{\mathbf{p}}(t) = -\mathbf{A}^T(t)\mathbf{p}(t), \tag{2.61}$$

wobei T Transponierung bedeutet. Wie früher wird die Lösung von Gl. (2.60) mit Hilfe der Übergangsmatrix geschrieben:

$$\mathbf{x}(t) = \mathbf{\Phi}(t, t_0)\mathbf{x}(t_0). \tag{2.62}$$

Ebenso ergibt sich für Gl. (2.61):

$$\mathbf{p}(t) = \mathbf{\Psi}(t, t_0)\mathbf{p}(t_0). \tag{2.63}$$

Substitution von Gl. (2.62) in Gl. (2.60) und von Gl. (2.63) in Gl. (2.61) ergibt

$$\frac{d}{dt}\mathbf{\Phi}(t, t_0) = \mathbf{A}(t)\mathbf{\Phi}(t, t_0) \tag{2.64}$$

und

$$\frac{d}{dt}\mathbf{\Psi}(t, t_0) = -\mathbf{A}^T(t)\mathbf{\Psi}(t, t_0). \tag{2.65}$$

Mit

$$\begin{aligned} \frac{d}{dt}(\mathbf{p}^T\mathbf{x}) &= \dot{\mathbf{p}}^T\mathbf{x} + \mathbf{p}^T\dot{\mathbf{x}} \\ &= -\mathbf{p}^T\mathbf{A}\mathbf{x} + \mathbf{p}^T\mathbf{A}\mathbf{x} = 0 \end{aligned} \tag{2.66}$$

erhalten wir

$$\mathbf{p}^T\mathbf{x} = \text{konstant}. \tag{2.67}$$

Ebenso gilt

$$\begin{aligned} \frac{d}{dt}(\mathbf{\Psi}^T\mathbf{\Phi}) &= \dot{\mathbf{\Psi}}^T\mathbf{\Phi} + \mathbf{\Psi}^T\dot{\mathbf{\Phi}} \\ &= -\mathbf{\Psi}^T\mathbf{A}\mathbf{\Phi} + \mathbf{\Psi}^T\mathbf{A}\mathbf{\Phi} = 0. \end{aligned} \tag{2.68}$$

Da, wie aus der Definition unmittelbar ersichtlich,

$$\mathbf{\Psi}(t_0, t_0) = \mathbf{I}, \quad \text{und} \quad \mathbf{\Phi}(t_0, t_0) = \mathbf{I},$$

wird

$$\mathbf{\Psi}^T(t, t_0)\mathbf{\Phi}(t, t_0) = \mathbf{I}. \tag{2.69}$$

Weil

$$\begin{aligned} \mathbf{x}(t_0) &= \mathbf{\Phi}^{-1}(t, t_0)\mathbf{x}(t) \\ &= \mathbf{\Phi}(t_0, t)\mathbf{x}(t), \end{aligned} \tag{2.70}$$

erhalten wir

$$\mathbf{\Phi}^{-1}(t, t_0) = \mathbf{\Phi}(t_0, t). \tag{2.71}$$

Substitution von Gl. (2.71) in Gl. (2.69) ergibt

$$\boldsymbol{\Psi}^T(t_0, t) = \boldsymbol{\Phi}(t, t_0), \tag{2.72}$$

eine Beziehung, die häufig von Vorteil ist für die Lösung der Gl. (2.60), wie sie durch Gl. (2.62) gegeben ist. Auf Grund von Gl. (2.72) besteht nämlich die Möglichkeit, mit der Lösung für $\boldsymbol{\Psi}(t_0, t)$ auf Grund der adjungierten Gleichung zu beginnen. Dies ermöglicht eine Integration in negativer Zeitrichtung zwischen Zeit t und Zeit t_0, wobei $\boldsymbol{\Psi}^T(t_0, t_0) = \mathbf{I}$. Diese Integration in negativer Zeitrichtung ist z. B. von Vorteil bei Suchmethoden, bei denen der Wert einer Funktion nur im Endpunkt (t in Gl. (2.72)) fixiert ist [6].

2.7 Wichtige Sätze über Differentialgleichungen

Wir wollen hier einige Sätze über Differentialgleichungsprobleme angeben, wie sie bei Anwendung der Methode der Zustandsvariablen häufig vorkommen. Betrachten wir zunächst das allgemeine Differentialgleichungssystem

$$\dot{\mathbf{x}}(t) = \mathbf{f}(\mathbf{x}, \mathbf{u}, t), \tag{2.73}$$

wo $\mathbf{x} = n$-dimensionaler Zustandsvektor, $\mathbf{u} = r$-dimensionaler Kontrollvektor, t = Zeit und $\mathbf{f} = n$-dimensionale Vektorfunktion. Üblicherweise wird ein System nach Gl. (2.73) nichtautonom genannt, wenn die Zeit t darin explizit vorkommt; andernfalls wird das System autonom genannt, obwohl $\mathbf{x}$ und $\mathbf{u}$ selbst normalerweise Funktionen der Zeit t sind. Ein nichtautonomes System kann durch Einführung einer neuen Zustandsvariablen $x_{n+1} = t$ in ein autonomes System übergeführt werden. Somit ist als $(n + 1)$te Gleichung

$$\dot{x}_{n+1} = f_{n+1}(\mathbf{x}, \mathbf{u}) = 1 \tag{2.74}$$

zusätzlich zum Gleichungssystem (2.73) zu berücksichtigen, wo t durch x_{n+1} zu ersetzen ist. Es muß allerdings bemerkt werden, daß die Einführung von Gl. (2.74) aus einem linearen Gleichungssystem (2.73) ein nichtlineares System machen kann.

Wir wollen hier eine Forderung an den Kontrollvektor $\mathbf{u}$ festhalten, die nur auf Grund praktischer Überlegungen notwendig erscheint: der Kontrollvektor $\mathbf{u}$ sollte nämlich nie direkt eine Funktion der Zeit, sondern nur des Zustandsvektors $\mathbf{x}$ sein. Dies ist deshalb notwendig, weil in praktischen Systemen immer Unsicherheiten des mathematischen Modells und unvorhersagbare Störungen auftreten, sodaß der Kontrollvektor immer auf Messungen des tatsächlichen Systemzustandes beruhen muß und nicht eine starre Funktion der Zeit sein darf; dies wird später in diesem Buch durch Beispiele veranschaulicht.

2.8 Die Riccatische Differentialgleichung

Die in diesem Buch später behandelten optimalen Kontroll- und Schätzprobleme mit quadratischem Gütekriterium verlangen meist die Lösung von Riccatischen Differentialgleichungen. Wir wollen deshalb kurz die Lösung dieser nichtlinearen

Differentialgleichung erster Ordnung behandeln. Die allgemeine Form der Riccatischen Differentialgleichung lautet

$$\dot{x}(t) = P(t)x^2 + Q(t)x + R(t). \tag{2.75}$$

Es existieren drei Methoden zur Lösung dieser Gleichung:

Methode A — Lösung bei Kenntnis von partikulären Integralen

Wenn eine spezielle Lösung (partikuläres Integral) x_1 der Riccati-Gleichung bekannt ist, kann es zur Reduktion der Gleichung zu einer linearen Differentialgleichung benutzt werden. Mit der Substitution

$$x = x_1 + \frac{1}{z} \tag{2.76}$$

erhalten wir

$$\dot{z} + z[2x_1P(t) + Q(t)] + P(t) = 0. \tag{2.77}$$

Bei Kenntnis zweier partikulärer Integrale x_1 und x_2 für Gl. (2.75) ist automatisch ein partikuläres Integral für Gl. (2.77) gegeben durch

$$z_1 = \frac{1}{x_2 - x_1}. \tag{2.78}$$

Bei Kenntnis schließlich von drei partikulären Integralen x_1, x_2 und x_3 kann die allgemeine Lösung der Riccatischen Differentialgleichung unmittelbar angeschrieben werden als

$$\frac{x - x_2}{x - x_1}\frac{x_3 - x_1}{x_3 - x_2} = C, \tag{2.79}$$

wobei C durch die Anfangsbedingung gegeben ist.

Methode B — Anwendung einer vereinfachenden Substitution

Wenn kein partikuläres Integral bekannt ist, so führt die Substitution

$$x(t) = \frac{z(t)}{P(t)} + \alpha(t) \tag{2.80}$$

zur Normalform

$$\dot{z}(t) = z^2(t) + R(t). \tag{2.81}$$

$\alpha(t)$ muß so gewählt werden, daß der Koeffizient von $z(t)$ zu Null wird. Für Gl. (2.81) kann oft leicht eine Lösung gefunden werden (siehe z. B. Gl. (2.86) ff.).

Methode C — Anwendung einer linearisierenden Substitution

Die Substitution

$$x(t) = \frac{-\dot{y}(t)}{P(t)y(t)} \tag{2.82}$$

transformiert die Riccati-Gleichung in eine lineare Differentialgleichung zweiter Ordnung

$$P(t)\ddot{y}(t) - [\dot{P}(t) + P(t)Q(t)]\dot{y}(t) + P^2(t)R(t)y(t) = 0. \tag{2.83}$$

Beispiel

Gegeben sei die Riccatische Differentialgleichung

$$\dot{x} = x^2 + \frac{2x}{t} - \frac{4}{t^2}. \tag{2.84}$$

Mit $z(t) = x(t) - \alpha(t)$ nach Methode B erhalten wir

$$\dot{z} = z^2 + z\left(2\alpha + \frac{2}{t}\right) - \dot{\alpha} + \alpha^2 + \frac{2\alpha}{t} - \frac{4}{t^2}. \tag{2.85}$$

Um den Koeffizienten von z zu Null zu machen, setzen wir $\alpha = -1/t$, was nach Substitution in Gl. (2.85) ergibt

$$\dot{z} = z^2 - \frac{6}{t^2}. \tag{2.86}$$

Dies ist die Normalform der Riccatischen Differentialgleichung, für die ein partikuläres Integral leicht gefunden werden kann mit Hilfe der Substitution

$$z = \frac{a}{t}. \tag{2.87}$$

Dies ergibt nach Einsetzen in Gl. (2.86)

$$a^2 + a - 6 = 0 \tag{2.88}$$

und somit die partikulären Integrale

$$z_1(t) = \frac{2}{t} \quad \text{und} \quad z_2(t) = -\frac{3}{t}. \tag{2.89}$$

Nun verwenden wir Methode A. Indem wir z_1 als partikuläres Integral nehmen, substituieren wir gemäß Gl. (2.76)

$$z = \frac{2}{t} + \frac{1}{u} \tag{2.90}$$

und erhalten

$$\dot{u} + 4\frac{u}{t} + 1 = 0. \tag{2.91}$$

Gl. (2.91) hat gemäß Gl. (2.78) das partikuläre Integral

$$u_1 = \frac{1}{z_2 - z_1} = -\frac{t}{5}. \tag{2.92}$$

Dies führt zum vollständigen Integral der Gl. (2.91)

$$u = -\frac{t}{5} + \frac{c}{t^4} \tag{2.93}$$

und weiter zur Lösung

$$x(t) = \frac{7t^5 + 15c}{10ct - 2t^6} \tag{2.94}$$

der Gl. (2.84).

Literatur

[1] ATHANS, M., und P. L. FALB: Optimal Control. New York: McGraw-Hill. 1966.

[2] EVELEIGH, V. W.: Adaptive Control and Optimization Techniques. New York: McGraw-Hill. 1967.

[3] HAMEL, G.: Elementare Mechanik. Leipzig: B. G. Teubner. 1912.

[4] KOPPEL, L. B.: Introduction to Control Theory with Applications to Process Controls. Englewood Cliffs, N. J.: Prentice-Hall. 1968.

[5] LEE, E. B., und L. MARCUS: Foundations of Optimal Control Theory. New York: Wiley. 1967.

[6] MCCAUSLAND, I.: Introduction to Optimal Control. New York: Wiley. 1969.

[7] PARKUS, H.: Mechanik der festen Körper. Wien: Springer. 1960.

[8] ZADEH, L. A., und C. A. DESOER: Linear System Theory: The State Space Approach. New York: McGraw-Hill. 1963.

[9] OPPELT, W.: Kleines Handbuch technischer Regelvorgänge, 4. Aufl. Weinheim: Verlag Chemie. 1964.

[10] ZACH, F.: Basic Mathematical Background for Optimal Control Theory. Document X-733-71-352, NASA-GSFC, 1971.

[11] KOPPEL, L. B.: Introduction to Control Theory. Englewood Cliffs, N. J.: Prentice-Hall. 1968.

3. Optimierungskriterien

3.1 Einführung

Die Festlegung, welche Variable oder sonstige Charakteristiken in einem zu kontrollierenden System (z. B. in einem Flugzeug oder einer chemischen Anlage) optimiert werden sollen, hängt stark vom jeweiligen Anwendungsfall ab. Zum Beispiel wird ein Chemiker meist zufrieden sein, wenn die Temperaturregelung eines chemischen Reaktors verläßlich arbeitet und geringe Anschaffungs-, Wartungs- und Betriebskosten verursacht. Meist können sogar Oszillationen der Temperatur zugelassen werden, solange vorgegebene Grenzwerte nicht überschritten werden. Dies bedeutet, daß aus der Sicht des Chemikers die Optimierung der Präzision des Reglers wenig interessant ist und vielmehr die Verläßlichkeit und die Kosten optimiert werden müssen.

Für den Regelungstechniker, der mit klassischen Methoden arbeitet, ist wiederum die Optimierung des geregelten Temperaturverlaufes hinsichtlich Überschwingen und Dämpfungsverhalten von Interesse. Der mit mathematischen Methoden arbeitende Regelungstheoretiker würde hingegen ein mathematisches Gütekriterium definieren, wie sie später in diesem Kapitel gebracht werden, und dann z. B. das Zeitintegral des Regelfehlers oder der zur Regelung benötigten Energie minimisieren.

Die Optimierung von Verläßlichkeit und Kosten erfordert einschlägige Erfahrung, praktisches Experimentieren mit dem Kontrollsystem und eingehende Kostenanalyse; speziell das letztere ermöglicht eine Aussage, wie stark eine, wenn prozentuell auch nur geringe Verbesserung des Arbeitsverhaltens eines kostspieligen Prozesses den Preis für ein kompliziertes Kontrollsystem aufwiegen würde. Da diese Faktoren so stark von Fall zu Fall verschieden sind, geht ihre Behandlung weit über den Rahmen dieses Buches hinaus.

Wir werden im folgenden zunächst die empirischen Gütekriterien, die zu den klassischen Regelungsmethoden verwandt sind, und sodann die mathematischen Gütekriterien, verwandt zur mathematischen Regelungstheorie, besprechen.

3.2 Empirische Gütekriterien

Die hier zu besprechende Klasse von Gütekriterien soll empirisch genannt werden, weil diese Kriterien aus dem Verfahren entstanden sind, das Kontrollsystem z. B. mit einer Sprungfunktion als Sollwertveränderung oder als Störung zu beaufschlagen und als Kriterium des Arbeitsverhaltens die Auswirkungen auf die geregelte Größe (z. B. Dämpfung und Überschwingen) durch Messung, d. h. empirisch, zu ermitteln. Neben Sprungfunktionen werden als Testfunktion z. B. auch Impulsfunktionen oder stochastische Funktionen angewandt. Grundsätzlich ist natürlich zu sagen, daß die für den jeweiligen Anwendungsfall charakteristischeste Testfunktion ausgewählt werden soll, was meist für die eingangs erwähnte Sprungfunktion zutrifft. Deshalb wollen wir im folgenden die brauchbarsten Optimierungskriterien für den Fall, daß am Eingang (= Sollwertveränderung oder Störung) eine Sprungfunktion angelegt wird, erklären.

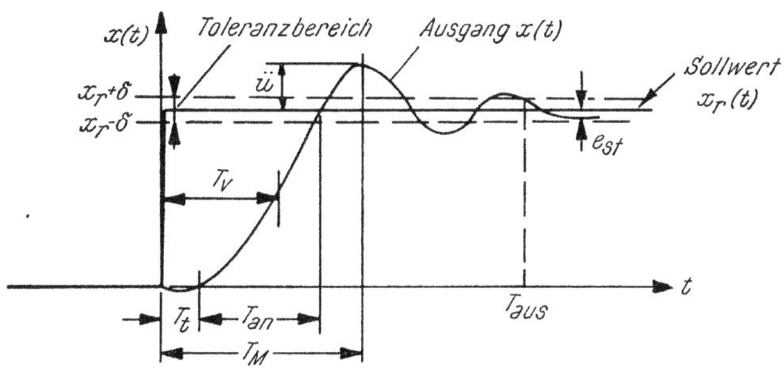

Abb. 7. Typische Antwort $x(t)$ eines kontrollierten Systems auf eine Änderung des Sollwertes in Form einer Sprungfunktion. 2δ = Toleranzbereich. T_v = Verzögerungszeit; die Zeit, die benötigt wird, um $x_r/2$ zu erreichen. T_{an} = Anregelzeit; die Zeit nach T_t bis zum Erreichen von x_r. T_t = Totzeit; die Zeit, die vergeht, bis $x(t) > 0$ wird. T_M = Zeit bis zum Erreichen des ersten Maximums. T_{aus} = Ausregelzeit; die Zeit, die vergeht, bis $x(t)$ den Toleranzbereich nicht mehr verläßt. $ü$ = Überschwingweite; üblicherweise in Prozent von x_r angegeben. e_{st} = stationärer Regelfehler; Regelfehler für $t \to \infty$

Abb. 7 zeigt einen typischen Systemausgang als Antwort auf einen Sprung-Eingang und dient auch zur Definition der charakteristischen Größen, die einer Optimierung zugrunde gelegt werden können.

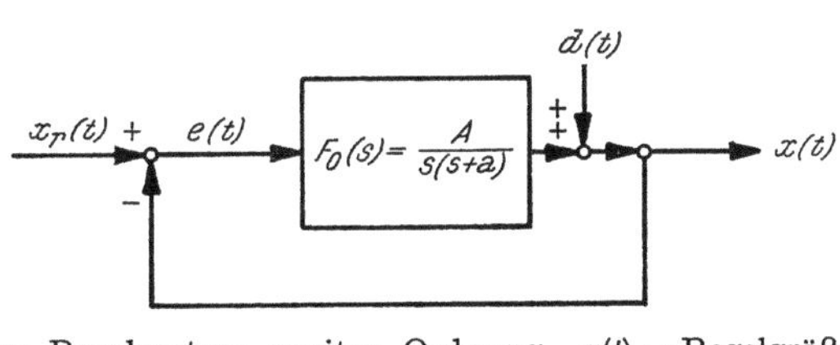

Abb. 8. Geschlossenes Regelsystem zweiter Ordnung. $x(t)$ = Regelgröße (= kontrollierte Variable). $x_r(t)$ = Sollwert. $e(t)$ = Regelfehler. $d(t)$ = Störung

Die Sprungantwort nach Abb. 7 ist typisch für ein System zweiter Ordnung mit Anfangsverzögerung. Abb. 8 zeigt das Blockdiagramm eines Systems zweiter Ordnung, das wir näher untersuchen wollen.

Für das System nach Abb. 8 gilt bei $d(t) = 0$

$$X(s) = F_0(s)E(s), \tag{3.1}$$

wobei die Großbuchstaben X und E die Laplacetransformierten der Systemvariablen x und e bezeichnen. Weiters ist

$$E(s) = X_r(s) - X(s) \tag{3.2}$$

und somit

$$X(s) = \frac{F_0(s)}{1 + F_0(s)} X_r(s), \tag{3.3}$$

was nach Einsetzen von $F_0(s)$ nach Abb. 8

$$X(s) = \frac{A}{s^2 + as + A} X_r(s) \tag{3.4}$$

ergibt. Wir setzen

$$F_r(s) = \frac{A}{s^2 + as + A}, \tag{3.5}$$

oder, in der häufig üblichen Form geschrieben,

$$F_r(s) = \frac{\omega_0^2}{s^2 + 2\zeta\omega_0 s + \omega_0^2}, \tag{3.6}$$

wobei

$$a = 2\zeta\omega_0 \quad \text{und} \quad A = \omega_0^2. \tag{3.7}$$

Wir wollen jetzt noch die Verhältnisse bei einem von Null verschiedenen Störungseingang untersuchen, wobei $x_r(t) = 0$ angenommen wird. Unter Berücksichtigung von Abb. 8 erhalten wir

$$X(s) = D(s) + F_0(s)E(s) \tag{3.8}$$

und

$$E(s) = -X(s), \tag{3.9}$$

woraus man erhält

$$X(s) = \frac{1}{1 + F_0(s)} D(s). \tag{3.10}$$

Wir setzen

$$F_D(s) = \frac{1}{1 + F_0(s)} \tag{3.11}$$

und können analog wie früher schreiben

$$F_D(s) = \frac{s^2 + as}{s^2 + as + A} \tag{3.12}$$

oder

$$F_D(s) = \frac{s^2 + as}{s^2 + 2\zeta\omega_0 s + \omega_0^2}. \tag{3.13}$$

Ein Vergleich von Gl. (3.7) und (3.13) zeigt, daß beide dasselbe Nennerpolynom aufweisen. Das bedeutet, daß die Systemantworten auf Sollwertveränderungen und Störungen eng miteinander verwandt sind. Abb. 9 zeigt eine typische Antwort eines geschlossenen Regelkreises zweiter Ordnung auf eine Sprungfunktion $d(t)$.

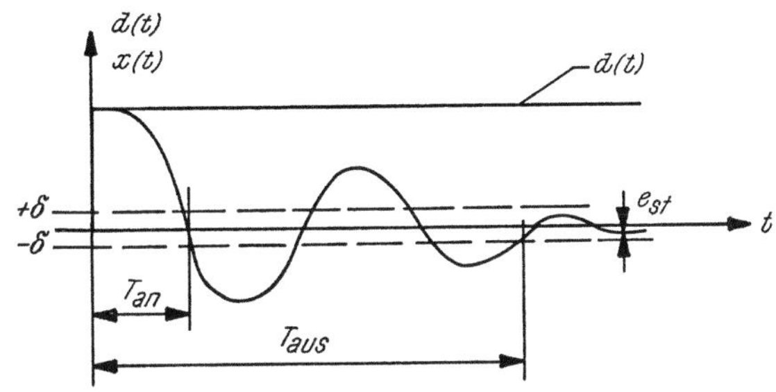

Abb. 9. Typische Antwort eines Regelkreises zweiter Ordnung auf eine Sprungfunktion der Störung. T_{aus} = Ausregelzeit. T_{an} = Anregelzeit. e_{st} = stationärer Regelfehler

Prinzipieller Verlauf

Weil $F_S(s)$ und $F_D(s)$ so eng verwandt sind, werden wir unsere Untersuchungen auf die Antwort eines Regelkreises zweiter Ordnung auf einen Einheitssprung im Sollwert $x_r(t)$ konzentrieren. In diesem Falle gilt

$$X_r(s) = \frac{1}{s}. \tag{3.14}$$

Mit Gl. (3.4)—(3.6) erhalten wir

$$X(s) = \frac{A}{s(s^2 + 2\zeta\omega_0 s + \omega_0^2)}. \tag{3.15}$$

Es ist vorteilhaft, zu untersuchen, wie sich der Systemausgang $x(t)$ bei $t \to +0$ und $t \to \infty$ verhält. ($t \to +0$ bedeutet, daß t von positiven Werten her gegen null strebt.) Aus der Theorie der Laplacetransformationen ist bekannt, daß unter gewissen Voraussetzungen, die in praktisch angewandten Systemen nahezu immer erfüllt sind, gilt [1]

$$\lim_{t \to +0}\{x(t)\} = \lim_{s \to \infty} sX(s) \tag{3.16}$$

und

$$\lim_{t \to \infty}\{x(t)\} = \lim_{s \to 0} sX(s). \tag{3.17}$$

Durch Anwendung von Gl. (3.16) und (3.17) auf Gl. (3.15) erhalten wir

$$x(t \to +0) = 0 \tag{3.18}$$

und

$$x(t \to +\infty) = \frac{A}{\omega_0^2} = 1, \tag{3.19}$$

womit

$$e_{st} = 0. \tag{3.20}$$

Vollständige Zeitfunktion

Weil für $x_r(t)$ die Einheitssprungfunktion angenommen wurde, gilt

$$X_r(s) = \frac{1}{s}, \tag{3.21}$$

und mit Gl. (3.4)

$$X(s) = \frac{\omega_0^2}{s(s^2 + 2\zeta\omega_0 s + \omega_0^2)}. \tag{3.22}$$

Die inverse Laplacetransformation liefert [2]

$$x(t) = 1 - \frac{1}{\beta}\exp(-\zeta\omega_0 t)\sin(\omega_0\beta t + \varphi), \tag{3.23}$$

wobei

$$\beta = \sqrt{1 - \zeta^2} \tag{3.24}$$

und

$$\varphi = \arc\tan\frac{\beta}{\zeta}. \tag{3.25}$$

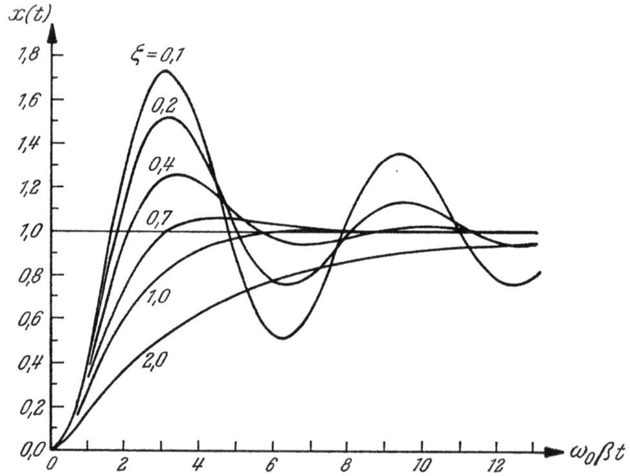

Abb. 10. Antwort $x(t)$ eines Systems zweiter Ordnung auf einen Eingangssprung für verschiedene Dämpfungsparameter ζ

Aus den in Abb. 10 dargestellten Zeitfunktionen gemäß Gl. (3.23) ist zu sehen, daß kleines ζ geringe Anregelzeit T_{an}, aber große Überschwingweite $\ddot{u}$ ergibt. $\zeta = 1$ ergibt $\ddot{u} = 0$, aber längeres T_{an} relativ zum Fall mit $\zeta < 1$. Da $\ddot{u}$ für $\zeta > 1$ nicht mehr definiert ist, wird T_v (die Zeit, die zum Erreichen von $x_{r/2}$ benötigt wird) als Kriterium herangezogen.

$\zeta = 0{,}7$ gibt $\ddot{u} \approx 5\%$ und wird besonders in der Regelung chemischer Prozesse und bei Meßgeräten als optimal gewertet. $\zeta = 0{,}5$ wird bei Servomechanismen wegen des geringeren T_v bevorzugt.

Es ist einleuchtend, daß die Optimierung von Systemen, bei denen nur ζ variiert werden kann, immer ein Kompromiß zwischen geringem $\ddot{u}$ und kleinem T_v sein wird. In manchen Fällen aber sind strikte Grenzen einzuhalten. So darf z. B. bei Werkzeugmaschinen überhaupt kein Überschwingen eines Schneidmessers vorkommen. Auf der anderen Seite sind Oszillationen und daher relativ hohes $\ddot{u}$ oft belanglos, z. B. bei Zuflußregelungen für chemische Reaktoren, da hier nur wesentlich ist, wieviel von einem bestimmten Rohstoff in einer gegebenen Zeitspanne insgesamt in den chemischen Reaktor gelangt.

3.3 Gütekriterien basierend auf Integralen des Regelfehlers

Speziell im Interesse der mathematischen Exaktheit ist es vorteilhaft, die im vorhergehenden Abschnitt eingeführten Kennwerte für die Güte einer Regelung durch Zeitintegrale über Funktionen des Regelfehlers zu ersetzen. Wir definieren im folgenden solche Zeitintegrale, die sich als Gütekriterien bewährt haben.

3.3.1 Die mittlere quadratische Regelfläche

Dieses Gütekriterium wird definiert durch

$$P_{mf} = \frac{1}{t_e - t_a} \int_{t_a}^{t_e} e^2(t)\, dt, \tag{3.26}$$

wobei $e(t) = x_r(t) - x(t) =$ Regelfehler, $t_a =$ Anfang der Regelung, $t_e =$ Ende der Regelung.

In der Regelungstheorie wird fast immer der Fall $t_e - t_a \to \infty$ angenommen. Wegen der in der Praxis beschränkten Beobachtungszeit ist dies nur dann brauchbar, wenn $e^2(t)$ für großes t rasch so klein wird, daß die Obergrenze des Integrals nach Gl. (3.26) durch $t_e \to \infty$ angenähert werden kann.

Das Kriterium P_{mf} wird gerne bei stochastischen Untersuchungen wegen der leichten Handhabung verwendet. Der Nachteil von P_{mf} liegt darin, daß nicht berücksichtigt wird, wann die Regelfehler nach dem Regelungsbeginn t_a auftreten. Ein Kontrollsystem ist aber offensichtlich dann besser, wenn der Regelfehler nach einer Störung oder einem Sollwertsprung rasch abklingt. Deshalb wurden weitere Gütekriterien

$$P = \int_{t_a}^{t_e} f(e)\, dt \tag{3.27}$$

definiert, bei denen $f(e)$ durch Multiplikation von Potenzen von t und Funktionen von $e(t)$ gebildet wird. Wir wollen in Abschnitt **3.3.3** f. die wichtigsten derartigen Kriterien definieren, wobei der Einfachheit halber der Anfang der Kontrolle (d. h. auch der Anfang der Störung oder der Sollwertveränderung) bei $t_a = 0$ angenommen wird.

3.3.2 Das *ISE*-Gütekriterium

Der Begriff *ISE* stammt von „*i*ntegral *s*quared *e*rror" und ist definiert durch

$$P_{ISE} = \int_{0}^{t_e} e^2(t)\, dt. \tag{3.28}$$

Es ist leicht zu sehen, daß P_{ISE} eng mit P_{mf} verwandt ist. Deshalb gelten die oben gemachten Bemerkungen auch hier.

3.3.3 Das *ITSE*-Gütekriterium

ITSE ist die Abkürzung für „*i*ntegral of *t*ime multiplied by *s*quared *e*rror" und bezieht sich auf

$$P_{ITSE} = \int_{0}^{t_e} te^2(t)\, dt. \tag{3.29}$$

Noch stärkere Betonung auf später auftretende Regelfehler kann durch Verwendung von $f(e) = t^n e^2(t)$ mit $n = 2, 3, \ldots$ erzielt werden. Im Fall $n = 2$ erhält man P_{ISTSE}, wobei *ISTSE* von „*i*ntegral of *s*quared *t*ime multiplied by *s*quared *e*rror" herrührt. Das Ergebnis der Optimierung mit $f(e) = t^n e^2(t)$ zeigt geringer werdende Ausregelzeit für wachsendes n, erhöht allerdings den Rechenaufwand stark.

3.3.4 Gütekriterien basierend auf dem Absolutbetrag des Regelfehlers

Statt wie im vorigen Abschnitt $e^2(t)$, kann ebenso $|e(t)|$ verwendet werden. Als dem Gütekriterium P_{ISE} entsprechend definieren wir hier

$$P_{IAE} = \int_{0}^{t_e} |e(t)|\, dt, \tag{3.30}$$

wobei *IAE* für „*i*ntegral of *a*bsolute value of *e*rror" steht. Ebenso wird definiert

$$P_{ITAE} = \int_0^{t_e} t|e(t)|\, dt, \tag{3.31}$$

mit *ITAE* als Abkürzung für „*i*ntegral of *t*ime multiplied by *a*bsolute value of *e*rror", und weiters Gütekriterien mit $f(e) = t^n|e(t)|$ $(n \geqslant 2)$. Im Prinzip lassen sich hier dieselben Aussagen über den Einfluß von n machen wie im vorigen Abschnitt. Der Vorteil gegenüber Verwendung von $e^2(t)$ ist, daß hier kleine Werte von $e(t)$ stärker gewogen werden, der Nachteil ist die durch den Absolutwert stark erschwerte analytische Behandlung.

In Kapitel 6 werden Beispiele für den Entwurf von Kontrollsystemen nach den verschiedenen Gütekriterien gebracht. Hier wollen wir zunächst an Hand des Systems zweiter Ordnung

$$\frac{x(s)}{x_r(s)} = \frac{1}{s^2 + a_1 s + 1} \tag{3.32}$$

demonstrieren, wie sich die Antworten auf Sollwertsprünge nach Optimierung, basierend auf verschiedenen Optimierungskriterien, verhalten (siehe Abb. 11).

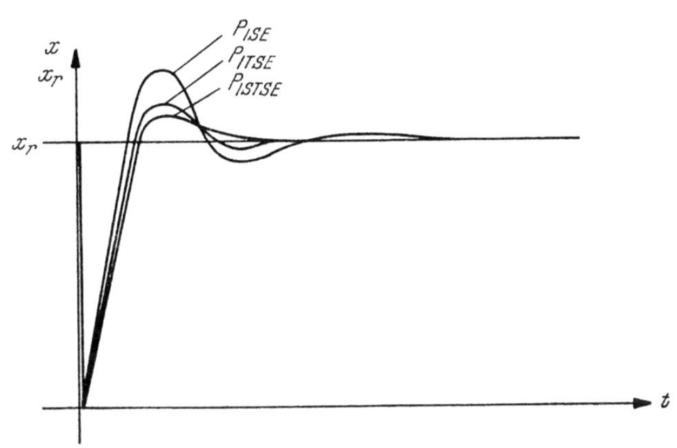

Abb. 11. Antwort x des Systems nach Gl. (3.32) auf einen Sprung im Sollwert x_r, wobei auf Grund verschiedener Gütekriterien optimiert wurde

Abb. 12 zeigt die analogen Kurven für das System 6. Ordnung

$$\frac{x(s)}{x_r(s)} = \frac{1}{s^6 + a_5 s^5 + a_4 s^4 + a_3 s^3 + a_2 s^2 + a_1 s + 1}. \tag{3.33}$$

Aus Abb. 11 und 12 ist deutlich zu erkennen, daß eine Optimierung mit P_{ISE} etwas stärkere Oszillationen für größeres t ergibt als eine Optimierung mit P_{ITSE} oder P_{ISTSE}.

Der Vollständigkeit halber soll hier erwähnt werden, daß in der Literatur noch Gütekriterien vorkommen, die noch mehr Gewicht auf später auftretende Oszillationen legen. Dies wird meist durch Einführung von

$$f(e) = \exp(2nt)\, e^2(t) \tag{3.34}$$

in Gl. (3.27) mit n wahlweise gleich 1, 2, 3,... erreicht, wobei wieder größeres n schnelleres Abklingen der Schwingung ergibt.

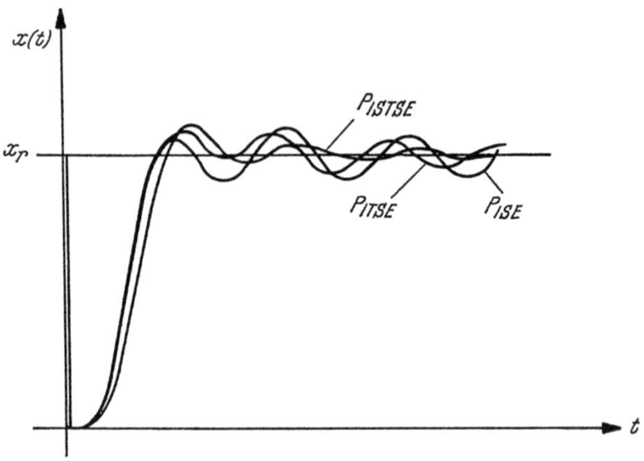

Abb. 12. Antwort x des Systems nach Gl. (3.33) unter denselben Bedingungen wie in Abb. 11

Es ist wichtig, darauf hinzuweisen, daß das Ergebnis der Optimierung stets an Hand der in Abschnitt 3.2 aufgestellten Kriterien, wie An- und Ausregelzeit und Überschwingweite $\ddot{u}$, überprüft werden muß und daß gewisse Einschränkungen gelten. So kann z. B. die Forderung nach $\ddot{u} = 0$ durch die in Integralform erscheinenden Gütekriterien nicht zielführend erfaßt werden.

3.4 Gütekriterien zur Optimierung von Zeitaufwand und von Energie- und Treibstoffverbrauch

Im vorhergehenden wurde im Prinzip zugelassen, daß die kontrollierte Größe $x(t)$ unendlich lang um den Sollwert $x_r(t)$ herumpendelt. Mit der modernen Theorie der optimalen Kontrolle[2] ist es gelungen, bei vielen Systemen exakte Zeitintervalle zwischen Kontrollbeginn und Erreichen des Sollwertes anzugeben. Aufgabe der Optimierung ist es dann zum Beispiel, entweder dieses Zeitintervall zu minimisieren, oder unter Berücksichtigung der während des Kontrollvorganges verbrauchten Energie eine vorgegebene Kombination aus Kontrollzeit und benötigter Energie zum Minimum zu machen. Es muß bemerkt werden, daß in der Theorie der optimalen Kontrolle meist vorausgesetzt wird, daß nach einmaligem Erreichen des Sollwertes dieser dauernd eingehalten wird. Wie auch später an Hand von Beispielen deutlich wird, beschäftigt sich die Theorie mit idealen Systemen, bei denen das mathematische Modell bekannt ist und Störungen entweder nicht

[2] Dieser in der angloamerikanischen Literatur als „optimal control" bezeichnete Begriff wird heute oft ausschließlich für Optimierungsmethoden benutzt, die auf der Variationsrechnung und verwandten Methoden, z. B. dem Maximumprinzip, und auf numerischen Methoden beruhen.

vorhanden oder zumindest genau bekannt sind. Deshalb ist das Ergebnis der optimalen Kontrolle primär eine offene Wirkungskette (Steuerung). Wir werden aber später darlegen, daß wegen der in der Praxis immer vorhandenen unbekannten Größen stets geschlossene Wirkungsketten (= Regelkreise) angestrebt werden müssen. Wir werden uns auch mit den entsprechenden Methoden zu deren Verwirklichung befassen.

Während die analytischen und numerischen Methoden zur Optimierung in den Kapiteln 4, 5, 7 und 8 behandelt werden, wollen wir uns hier mit den bei diesen Methoden verwendeten Optimierungskriterien beschäftigen.

Es muß vorausgeschickt werden, daß bei diesen Kriterien das zu kontrollierende System gewöhnlich mit Hilfe der Zustandsvariablen (siehe Kapitel 2) beschrieben wird. Es werden sowohl die Zustandsvariablen x_i in Form eines Zustandsvektors $\mathbf{x}$, als auch die Kontrolleingänge u_i in Form eines Kontrollvektors $\mathbf{u}$ notiert. Die allgemeinste Form des Gütekriteriums (im Sinne der optimalen Kontrolltheorie) lautet dann

$$P = G(\mathbf{x}, \mathbf{u}, t)\Big|_{t_a}^{t_e} + \int_{t_a}^{t_e} L(\dot{\mathbf{x}}, \mathbf{x}, \mathbf{u}, t)\, dt, \tag{3.35}$$

wobei t_a = Anfang des Kontrollvorganges, t_e = Ende des Kontrollvorganges, G, L = zu definierende Funktionen (siehe die folgenden Beispiele).

Wir wollen im folgenden die Gütekriterien, d. h. die speziellen Fälle von G und L anführen, die physikalisch von Bedeutung sind.

3.4.1 Zeit- und Treibstoff-Optimalität

Das Gütekriterium für Zeit- und Treibstoffoptimalität wird im eindimensionalen Fall definiert durch

$$P = \int_{t_a}^{t_e} (\lambda_t + \lambda_f |u|)\, dt, \tag{3.36}$$

wobei λ_t = Zeit-Gewichtsfaktor, λ_f = Treibstoff-Gewichtsfaktor.

Die Verwendung des Wortes Treibstoff rührt davon her, daß dieses Gütekriterium z. B. bei der Lageregelung von Satelliten und Raketen verwendet wird, wo der Kontrolleingang $|u|$ proportional dem Treibstoffverbrauch pro Zeiteinheit ist (siehe Kapitel 5).

Für $\lambda_f = 0$ entsteht reine Zeitoptimierung, für $\lambda_t = 0$ reine Treibstoffoptimierung. Letzterer Fall führt allerdings gewöhnlich zu unendlich langen Kontrollzeiten, soferne nicht von vornherein eine Zeitbeschränkung auferlegt wurde. Deshalb wird üblicherweise $\lambda_t \neq 0$ gewählt. In diesem Falle wird dann Gl. (3.36) meist umgeformt in

$$P = \lambda_t \int_{t_a}^{t_e} (1 + \lambda |u|)\, dt, \tag{3.37}$$

wobei

$$\lambda = \lambda_f / \lambda_t.$$

Es ist jetzt leicht zu sehen, daß der einzig signifikante Optimierungsparameter durch λ gegeben ist. Es muß darauf hingewiesen werden, daß die Wahl von λ auf einem Kompromiß zwischen reiner Zeit- und reiner Treibstoffminimisierung beruht und in praktischen Anwendungen oft erst auf Grund der erhaltenen Zeit- und Treibstoffwerte ausgesagt werden kann, welches λ im speziellen Fall als optimal zu definieren ist. Außerdem kann es sich als notwendig erweisen, λ auf Grund der sich ergebenden Antworten auf charakteristische Testfunktionen (z. B. An- und Ausregelzeiten nach Sprungfunktionen als Störeingang) zu bestimmen.

Im allgemeinen, mehrdimensionalen Fall wird Gl. (3.37) zu

$$P = \int_{t_a}^{t_e} (1 + \boldsymbol{\lambda}^T |\mathbf{u}|)\, dt, \tag{3.38}$$

wobei gegenüber Gl. (3.37) $\lambda_t = 1$ normiert wurde und $\boldsymbol{\lambda} = r$-dimensionaler Gewichtsvektor mit allen Elementen $\geqslant 0$, $\boldsymbol{\lambda}^T$ = transponierter Vektor $\boldsymbol{\lambda}$, $|\mathbf{u}| =$ r-dimensionaler Vektor, dessen Elemente die Absolutbeträge der Elemente des Vektors $\mathbf{u}$ sind.

3.4.2 Zeit- und Energie-Optimalität

Da bei elektrischen Systemen die verbrauchte Energie dem Quadrat der Spannung bzw. des Stromes als Kontrolleingang proportional ist, wird für derartige Fälle das Gütekriterium verwendet, wobei

$$P = \int_{t_a}^{t_e} (\lambda_t + \lambda_u u^2)\, dt, \tag{3.39}$$

λ_u = Energie-Gewichtsfaktor. Es können hier analoge Aussagen über die Wahl von λ_u und λ_t gemacht werden wie in Abschnitt 3.4.1 für λ_t und λ_f. Im mehrdimensionalen Fall gilt

$$P = \int_{t_a}^{t_e} (1 + \mathbf{u}^T \mathbf{R} \mathbf{u})\, dt, \tag{3.40}$$

wobei $\lambda_t = 1$ normiert sei und $\mathbf{u}^T$ = transponierter Kontrollvektor, $\mathbf{R}$ = Energie-Gewichtsmatrix mit allen Elementen $\geqslant 0$; meist wird eine Diagonalmatrix oder zumindest eine symmetrische Matrix gewählt.

3.4.3 Wägen von Abweichungen des Systemzustandes

Zusätzlich zur Optimierung von Zeit, Treibstoff und Energie kann auch, analog zu den in Abschnitt 3.3 gebrachten Gütekriterien, der Kontrollfehler $e = x - x_r$ gewogen werden. Dies geschieht meist in der Form

$$P = \int_{t_a}^{t_e} (\lambda_t + \lambda_x(x - x_r)^2 + \lambda_f u^2)\, dt, \tag{3.41}$$

da die Verwendung von quadratischen Integranden zu relativ bequemen Lösungen führt (siehe Kapitel 8). Im mehrdimensionalen Fall schreiben wir

$$P = \int_{t_a}^{t_e} (\mathbf{x}^T\mathbf{Q}\mathbf{x} + \mathbf{u}^T\mathbf{R}\mathbf{u})\, dt, \tag{3.42}$$

wobei $\mathbf{Q}$ und $\mathbf{R}$ positiv semidefinite Matrizen sind. Wir haben Gl. (3.42) in der in der Literatur üblichen Form angeschrieben. Ein Vergleich mit Gl. (3.41) zeigt, daß in Gl. (3.42) $\mathbf{x}_r = \mathbf{0}$ angenommen wurde. Für $\mathbf{x}_r \neq \mathbf{0}$ müßte der Term $\mathbf{x}^T\mathbf{Q}\mathbf{x}$ durch $(\mathbf{x} - \mathbf{x}_r)^T\mathbf{Q}(\mathbf{x} - \mathbf{x}_r)$ ersetzt werden. Ferner wurde $\lambda_t = 0$ gesetzt: dies ist dadurch zu erklären, daß t_e dann erreicht ist, wenn $\mathbf{x} = \mathbf{x}_r$; da nun $\mathbf{x} - \mathbf{x}_r$ ohnehin gewogen wird, ist automatisch auch $t_e - t_a$ mitberücksichtigt (der Wert von $t_e - t_a$, der mit λ_t in Gl. (3.41) gemessen wird, ist nämlich in erster Linie in seiner Auswirkung auf das Integral über $\mathbf{x} - \mathbf{x}_r$ von Bedeutung, das hier mit λ_x bzw. $\mathbf{Q}$ gemessen wird).

Der Vollständigkeit halber muß erwähnt werden, daß es oft von Bedeutung ist, die durch Meßsysteme hervorgerufenen Transformationen des Zustandsvektors $\mathbf{x}$ in den gemessenen Vektor $\mathbf{y}$ zu berücksichtigen. Im Falle eines linearen Meßprozesses kann ganz allgemein geschrieben werden

$$\mathbf{y} = \mathbf{M}\mathbf{x}, \tag{3.43}$$

wobei $\mathbf{y} = m$-dimensionaler Meßvektor, $\mathbf{M}$ = Meßmatrix mit Rang $m \times n$. Üblicherweise wird Gl. (3.42) in solchen Fällen ersetzt durch

$$P = \int_{t_a}^{t_e} (\mathbf{x}^T\mathbf{M}^T\mathbf{Q}\mathbf{M}\mathbf{x} + \mathbf{u}^T\mathbf{R}\mathbf{u})\, dt. \tag{3.44}$$

Die tatsächlichen Methoden zur Optimierung nach diesen Gütekriterien werden in den Kapiteln 4, 5, 7 und 8 behandelt. Die Wahl von $\mathbf{Q}$ und $\mathbf{R}$ muß in der Praxis meist so erfolgen, daß die Elemente dieser Matrizen zunächst durch mehr oder weniger beliebige Werte vorgegeben werden und das Ergebnis der Optimierung überprüft wird. Sollte dieses Ergebnis z. B. hinsichtlich verbrauchter Energie nicht den Erwartungen entsprechen, müssen beim nächsten Optimierungsversuch die Elemente von $\mathbf{R}$ entsprechend verändert werden.

In den Kapiteln 5 und 10 wird an Hand von praktischen Beispielen gezeigt, daß die Optimierung nach den hier gebrachten Gütekriterien mit Hilfe eines linearen mathematischen Modells des zu kontrollierenden Systems meist nur die Grundlage für die optimale Kontrollstrategie gibt, welche dann meist auch adaptive Methoden aufweisen muß, um nichtlineare und (oder) zeitvariable Elemente und nicht voraussagbare Störungen beherrschen zu können.

3.5 Zusammenfassung

In diesem Kapitel wurden die verschiedenen Aspekte der Optimalität der Kontrolle von Systemen erörtert und geeignete Gütekriterien definiert. Die erste Klasse der Gütekriterien bezieht sich auf Elemente der Antwort des Systems auf charakteristische Eingangsfunktionen, die zweite Klasse verwendet Integrale über Funktionen des Regelfehlers und die dritte Klasse bezieht sich neben Optimierung der Kontrollzeit auch auf eine Optimierung der Kontrollenergie oder des Treibstoffverbrauches. Es ist notwendig, darauf hinzuweisen, daß infolge einer großen Variationsmöglichkeit in der Auswahl des verwendeten Gütekriteriums die Intuition, die Erfahrung und ein gewisses Experimentieren mit den verschiedenen Gütekriterien zu einer optimalen Auslegung des Systems führen. Die Anwendung wird in den folgenden Kapiteln, auch an Hand von Beispielen, gezeigt werden.

Literatur

[1] DiStefano, J. J., III, A. R. Stubberud und I. J. Williams: Schaum's Outline of Theory and Problems of Feedback and Control Systems. New York: McGraw-Hill. 1967.

[2] Dorf, R. C.: Modern Control Systems. Reading, Mass.: Addison-Wesley. 1967.

4. Optimierung mit Hilfe der Variationsrechnung

4.1 Einführung

Da die Variationsrechnung die Grundlage für mehrere moderne Optimierungsverfahren bildet, soll hier eine kurze Zusammenfassung mit Beispielen zur Optimierung von Kontrollsystemen gebracht werden.

Man kann sagen, daß die Variationsrechnung eine Stufe über der Berechnung der Extrema einer Funktion $y = f(x)$ liegt. Während bei letzterer die Funktion $f(x)$ bereits gegeben ist, wird bei der Variationsrechnung erst diese Funktion bestimmt, und zwar auf Grund eines vorgegebenen Kriteriums, das ein im vorigen Kapitel definiertes Gütekriterium sein kann. Die folgenden Beispiele werden diesen Sachverhalt verdeutlichen.

4.2 Variationsrechnung bei festen Endpunkten

Wir beginnen mit einem einfachen Beispiel. Es sei jene Kurve $y = g(x)$ zu finden, die zwei Punkte $P(x_0, y_0)$ und $Q(x_1, y_1)$ in der x-y-Ebene auf kürzestem Wege verbindet. Die Länge ist gegeben durch

$$L = \int_{x_0}^{x_1} \sqrt{1 + [g'(x)]^2}\, dx. \tag{4.1}$$

L wird oft als Funktional bezeichnet. Ganz allgemein ist ein Funktional dadurch gekennzeichnet, daß es jeder Funktion (hier $g(x)$) einer vorgegebenen Klasse (d. h. allen differenzierbaren Funktionen, die P und Q verbinden), eine feste Zahl (hier die Länge) zuordnet. Hier ist also jenes $g(x)$ gesucht, das L minimisiert.

Für die Lösung dieses speziellen Problems wollen wir jetzt die allgemeine Rechenvorschrift herleiten. Ganz allgemein wird das Problem so formuliert: Ein Funktional F, das definiert ist auf der Menge aller differenzierbaren Funktionen g, die P und Q verbinden, sei gegeben durch

$$F = \int_{x_0}^{x_1} f[x, g(x), g'(x)]\, dx, \tag{4.2}$$

wobei f eine differenzierbare Funktion in drei Variablen ist. Es soll nun jenes g gefunden werden, für das F sein Minimum (bzw. Maximum) annimmt.

Die Lösung erfolgt durch die Annahme, es sei bereits das gesuchte $g(x)$ gefunden. Dann wird F einen höheren (bzw. geringeren) Wert für alle benachbarten Funktionen

$$y(x) = g(x) + \alpha\eta(x) \tag{4.3}$$

annehmen, wobei $\eta(x)$ eine differenzierbare Funktion mit $\eta(x_0) = \eta(x_1) = 0$ und α eine reelle Zahl sei. Für ein einmal gewähltes $\eta(x)$ bekommen wir durch Variation von α eine zu $g(x)$ benachbarte Kurvenfamilie. Das Funktional F wird somit abhängig von α und kann geschrieben werden als

$$F(\alpha) = \int_{x_0}^{x_1} f[x, g(x) + \alpha\eta(x), g'(x) + \alpha\eta'(x)]\, dx, \tag{4.4}$$

wobei auf Grund obiger Annahme $F(\alpha)$ ein Extremum bei $\alpha = 0$ aufweist. Dies ist gleichbedeutend mit

$$\left.\frac{dF(\alpha)}{d\alpha}\right|_{\alpha=0} = 0. \tag{4.5}$$

Anwendung von Gl. (4.4) und nachfolgende partielle Integration liefert

$$\frac{dF(\alpha)}{d\alpha} = \int_{x_0}^{x_1} \frac{d}{d\alpha} f(x, y, y')\, dx \tag{4.6}$$

$$= \int_{x_0}^{x_1} \left(\frac{\partial f}{\partial y}\frac{dy}{d\alpha} + \frac{\partial f}{\partial y'}\frac{dy'}{d\alpha}\right) dx \tag{4.7}$$

$$= \int_{x_0}^{x_1} \left[\frac{\partial f}{\partial y}\eta(x) + \frac{\partial f}{\partial y'}\eta'(x)\right] dx \tag{4.8}$$

$$= \int_{x_0}^{x_1} \left[\frac{\partial f}{\partial y}\eta(x) - \eta(x)\frac{d}{dx}\frac{\partial f}{\partial y'}\right] dx + \left.\frac{\partial f}{\partial y'}\eta(x)\right|_{x_0}^{x_1}. \tag{4.9}$$

Der letzte Term verschwindet, weil $\eta(x_1) = \eta(x_0) = 0$ angenommen wurde. Wir erhalten nun mit Gl. (4.5)

$$\int_{x_0}^{x_1} \left[\frac{\partial f}{\partial y} - \frac{d}{dx}\frac{\partial f}{\partial y'}\right]_{\alpha=0} \eta(x)\, dx = 0. \tag{4.10}$$

Überlegt man den Gang der Ableitung, so sieht man, daß $\eta(x)$ bis auf die Bedingung $\eta(x_1) = \eta(x_0) = 0$ vollkommen beliebig ist. Da nun Gl. (4.10) für jedes solche $\eta(x)$ gelten muß, ist dies nur möglich, wenn

$$\frac{\partial f}{\partial y} - \frac{d}{dx}\frac{\partial f}{\partial y'} = 0 \tag{4.11}$$

für alle x im Intervall $[x_0, x_1]$. Wäre Bedingung (4.11) nämlich für ein oder mehrere endliche Intervalle in x nicht erfüllt, könnte man $\eta(x)$ dort z. B. so wählen, daß der Integrand in Gl. (4.10) stets positiv ist, womit auch Gl. (4.10) nicht mehr erfüllt wäre. Gl. (4.11) wird oft als Euler-Lagrange-Gleichung bezeichnet. Aus dem Gang der Ableitung wird klar, daß Gl. (4.11) nur eine notwendige Bedingung für die Existenz eines Extremums darstellt. Obwohl mathematische Sätze zur Überprüfung des tatsächlichen Vorhandenseins eines Extremums existieren, wird bei praktischen Anwendungen die physikalische Deutung der Lösung vorzuziehen sein.

Für das Beispiel nach Gl. (4.1) erhalten wir durch Anwendung von Gl. (4.11)

$$\frac{d}{dx}\frac{d}{dy'}\sqrt{1+(y')^2} = \frac{d}{dx}\frac{y'}{\sqrt{1+(y')^2}} = 0 \tag{4.12}$$

oder

$$\frac{y''}{\sqrt{1+(y')^2}} - \frac{(y')^2 y''}{(1+y'^2)^{3/2}} = \frac{y''}{(1+(y')^2)^{3/2}} = 0, \tag{4.13}$$

womit

$$y'' = 0. \tag{4.14}$$

Dies führt zu $y = ax + b$; somit bildet eine Gerade die kürzeste Verbindung. a und b werden aus den Endpunkten P und Q bestimmt.

4.3 Variationsrechnung bei variablen Endpunkten

In diesem Abschnitt wollen wir den Fall untersuchen, daß die Endpunkte der zu suchenden Funktion (oder Kurve) nicht starr vorgegeben sind, sondern in einem vorgegebenen Bereich variieren können. So ist es denkbar, daß die gesuchte Kurve auf einem noch zu bestimmenden Punkt einer vorgegebenen Kurve c_0 anfangen und auf einem ebenfalls zu bestimmenden Punkt einer Kurve c_1 enden soll.

Bevor wir in Abschnitt 4.5 auf praktische Probleme der Regel- und Steuertechnik eingehen, wollen wir hier eine geometrische Illustration bringen. Es sei der Anfang der gesuchten Kurve fest durch $P(x_0, y_0)$ vorgegeben, der Endpunkt sei völlig frei. In diesem Fall kehren wir wieder zu Gl. (4.3) zurück, wobei die Bedingung

$$\eta(x_1) = 0 \tag{4.15}$$

hier nicht mehr erfüllt sein muß. Da hier daher noch mehr Spielraum für die Wahl von $\eta(x)$ vorhanden ist, gilt Gl. (4.11) genauso. Hingegen gilt nun

$$\left.\frac{\partial f}{\partial y'}\right|_{x=x_1} = 0, \tag{4.16}$$

was durch Substitution von Gl. (4.11) in Gl. (4.9) ersichtlich ist: das Integral verschwindet und es bleibt

$$\left.\frac{\partial f}{\partial y'}\eta(x)\right|_{x=x_1} = 0. \tag{4.17}$$

Dies führt direkt zu Gl. (4.16).

Eine weitere Möglichkeit ist durch die Beschränkung der Freiheit des Endpunktes $Q(x_1, y_1)$ auf eine vorgegebene Kurve c_1 gegeben (siehe Abb. 13). Wir bezeichnen die Abszisse des Schnittpunktes der Kurven $y(x)$ und c_1 als x_2.

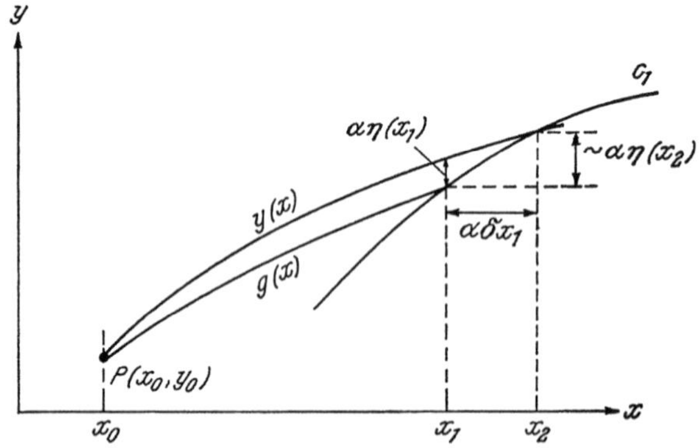

Abb. 13. Optimale Trajektorie $g(x)$ und deren Variation $y(x)$, deren Endpunkte auf c_1 liegen

Mit den Bezeichnungen aus Abb. 13 erhalten wir für Gl. (4.4)

$$F(\alpha) = \int_{x_0}^{x_1+\alpha\delta x_1} f(x, y, y')\, dx, \tag{4.18}$$

so daß

$$\frac{dF(\alpha)}{d\alpha} = \int_{x_0}^{x_1+\alpha\delta x_1} \left(\frac{\partial f}{\partial y}\frac{\partial y}{\partial \alpha} + \frac{\partial f}{\partial y'}\frac{\partial y'}{\partial \alpha}\right) dx + \delta x_1 \cdot f(x_1 + \alpha\,\delta x_1, y, y'). \tag{4.19}$$

Hiebei wurde berücksichtigt, daß in Gl. (4.18) auch die obere Integrationsgrenze von α abhängig ist. Die allgemeine Formel für derartige Differentiationen lautet

$$\frac{d}{d\nu}\int_{f(\nu)}^{g(\nu)} h(\sigma, \nu)\, d\sigma = \int_{f(\nu)}^{g(\nu)} \frac{\partial h(\sigma, \nu)}{\partial \nu}\, d\sigma + \frac{dg(\nu)}{d\nu} h[g(\nu), \nu] - \frac{df(\nu)}{d\nu} h[f(\nu), \nu]. \tag{4.20}$$

Partielle Integration von Gl. (4.19) liefert

$$\frac{dF(\alpha)}{d\alpha} = \int_{x_0}^{x_1} \left[\frac{\partial f}{\partial y}\eta(x) - \frac{d}{dx}\left(\frac{\partial f}{\partial y'}\right)\cdot \eta(x)\right] dx$$

$$+ \frac{\partial f}{\partial y'}\eta(x)\Big|_{x_0}^{x_1} + \delta x_1 f(x_1 + \alpha\,\delta x_1, y, y'). \tag{4.21}$$

Aus Abb. **13** ist zu ersehen, daß

$$c_1'(x_1)\alpha\,\delta x_1 = \alpha\eta(x_1) + y'(x_1)\alpha\,\delta x_1$$

$$+ \text{ Glieder höherer Ordnung in } \alpha. \tag{4.22}$$

Somit wird unter Vernachlässigung der Terme der Ordnung $\geqslant 2$ in α

$$\eta(x_1) = [c_1'(x_1) - y'(x_1)]\,\delta x_1. \tag{4.23}$$

Substitution von Gl. (4.23) in Gl. (4.21) liefert

$$\frac{dF(\alpha)}{d\alpha} = \int_{x_0}^{x_1} \left[\frac{\partial f}{\partial y} - \frac{d}{dx}\left(\frac{\partial f}{\partial y'}\right)\right]\eta(x)\,dx - \frac{\partial f}{\partial y'}\Big|_{x=x_0}\cdot \eta(x_0)$$

$$+ \delta x_1 \left\{\frac{\partial f}{\partial y'}\Big|_{x=x_1}\cdot [c'(x_1) - y'(x_1)] + f(x_1 + \alpha\,\delta x_1, y, y')\right\}. \tag{4.24}$$

Wegen der geforderten Optimalität der Trajektorie für $\alpha = 0$ setzen wir

$$\frac{dF(\alpha)}{d\alpha}\Big|_{\alpha=0} = 0.$$

Somit ergibt sich für Gl. (4.24)

$$\int_{x_0}^{x_1} \left[\frac{\partial f}{\partial y} - \frac{d}{dx}\left(\frac{\partial f}{\partial y'}\right)\right]_{\alpha=0} \eta(x)\,dx + \delta x_1 \left\{[c_1'(x_1) - y_1']\,\frac{\partial f}{\partial y'}\Big|_{x=x_1,\alpha=0}\right.$$

$$\left. + f(x_1, y_1, y_1')\right\} = 0, \tag{4.25}$$

wobei $\eta(x_0) = 0$ berücksichtigt wurde und die Abkürzungen

$$y_1 = g(x_1), \qquad y_1' = g'(x_1) \tag{4.26}$$

Verwendung fanden.

Da $\eta(x)$ wieder frei wählbar ist und nur im ersten Term der Gl. (4.25) vorkommt, muß unabhängig von den anderen Termen dieser Gleichung gelten, daß

$$\left[\frac{\partial f}{\partial y} - \frac{d}{dx}\left(\frac{df}{dy'}\right)\right]_{\alpha=0} = 0, \tag{4.27}$$

was somit wieder die Euler-Lagrange-Gleichung darstellt.

Da weiters δx_1 eine frei wählbare Variation von x_1 ist, schließen wir aus Gl. (4.25) auch

$$f(x_1, y_1, y_1') = [y_1' - c_1'(x_1)] \frac{\partial f}{\partial y'}\bigg|_{x=x_1, \alpha=0} . \tag{4.28}$$

Diese Beziehung wird als Transversalitätsbedingung für den Endpunkt $Q(x_1, y_1)$ bezeichnet.

Die hier abgeleiteten Beziehungen wollen wir im folgenden auf die optimale Kontrolle anwenden. Weil dabei immer die Zeit als unabhängige Variable auftritt, substituieren wir wie folgt:

$$x \to t, \qquad y \to x, \qquad y' \to \dot{x}. \tag{4.29}$$

Dies gibt für die Euler-Lagrange-Gleichung

$$\frac{\partial f}{\partial x} = \frac{d}{dt}\left(\frac{\partial f}{\partial \dot{x}}\right), \tag{4.30}$$

für die Transversalitätsbedingung bei vollkommen freiem Endpunkt

$$\frac{\partial f}{\partial \dot{x}} = 0, \quad \text{für} \quad t = t_e \tag{4.31}$$

und für den Fall, daß der Endpunkt auf der Kurve $c_1(t)$ liegen muß,

$$f[t_e, x(t_e), \dot{x}(t_e)] = [\dot{x}(t_e) - \dot{c}_1(t_e)] \frac{\partial f}{\partial \dot{x}}\bigg|_{t=t_e} . \tag{4.32}$$

4.4 Erweiterung auf Systeme *n*ter Ordnung

Wir wollen hier Systeme betrachten, die durch einen Satz von Differentialgleichungen erster Ordnung

$$\dot{\mathbf{x}} = \mathbf{f}(\mathbf{x}, \mathbf{u}, t) \tag{4.33}$$

beschrieben werden (siehe Kapitel 2). Der Kontrollvektor $\mathbf{u}$ soll derart bestimmt werden, daß das System von seinem Anfangszustand $\mathbf{x}(t_0)$ in seinen Endzustand $\mathbf{x}(t_1)$ (der z. B. vollkommen frei sein kann oder auf einer vorgegebenen Kurve, bzw. Fläche, liegen soll) in optimaler Weise übergeführt werde. Die Optimalität basiere auf einem Gütekriterium, dessen allgemeine Form lauten soll

$$P = \int_{t_a}^{t_e} f_0(\mathbf{x}, \mathbf{u})\, dt. \tag{4.34}$$

Es ist vorteilhaft, eine neue Zustandsvariable x_0 zu definieren mit

$$\dot{x}_0 = f_0(\mathbf{x}, \mathbf{u}). \tag{4.35}$$

Wir erhalten nun den erweiterten Zustandsvektor

$$\bar{\mathbf{X}} = \begin{bmatrix} x_0 \\ \mathbf{x} \end{bmatrix}. \tag{4.36}$$

Weiters definieren wir eine Funktion F durch

$$F = \sum_{i=0}^{n} \lambda_i [\dot{x}_i - f_i(\mathbf{x}, \mathbf{u})], \tag{4.37}$$

wobei die λ_i, x_i und u_j zeitabhängige Variable sind. Es wird z. B. in [2] gezeigt, daß die Kontrolle durch die Lösung der folgenden Euler-Lagrange-Gleichungen optimiert wird:

$$\frac{\partial F}{\partial x_i} = \frac{d}{dt}\frac{\partial F}{\partial \dot{x}_i}, \qquad (i = 0, 1, \ldots, n); \tag{4.38}$$

$$\frac{\partial F}{\partial \lambda_i} = \frac{d}{dt}\frac{\partial F}{\partial \dot{\lambda}_i} = 0, \qquad (i = 0, 1, \ldots, n); \tag{4.39}$$

und

$$\frac{\partial F}{\partial u_j} = \frac{d}{dt}\frac{\partial F}{\partial \dot{u}_j} = 0, \qquad (j = 0, 1, \ldots, r). \tag{4.40}$$

Gl. (4.39) ist identisch mit Gl. (4.33) und (4.35). Gl. (4.38) bis (4.40) haben unter Berücksichtigung der Transversalitätsbedingung [1, 2]

$$\left[\delta x_0 + \left(F - \sum_{k=0}^{n} \frac{\partial F}{\partial \dot{x}_k}\dot{x}_k\right)\delta t + \sum_{k=0}^{n} \frac{\partial F}{\partial \dot{x}_k}\delta x_k\right]_a^e = 0 \tag{4.41}$$

gelöst zu werden. Hiebei wurde die Notation

$$[z(t)]_a^e = z(t_e) - z(t_a) \tag{4.42}$$

verwendet.

Gl. (4.41) ist die erweiterte Form der Gl. (4.28). δ in Gl. (4.41) bezeichnet die Variationen in den Variablen; die Variationen sind $= 0$ bei festen Endpunkten bzw. beliebig, wenn die Endpunkte frei sind. Für Endpunkte hingegen, die auf vorgegebenen Kurven liegen sollen, muß die Gleichung dieser Kurven in Gl. (4.41) berücksichtigt werden. Dies führt zu analogen Formen wie Gl. (4.32).

4.5 Beispiele

4.5.1 Beispiel 1: Optimale Kontrolle eines doppelt integrierenden Systems

Wir betrachten ein zu kontrollierendes System nach Abb. 14 mit Kontrolleingang u und Ausgang x.

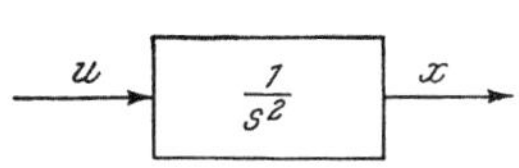

Abb. 14. Blockdiagramm eines doppelt integrierenden Systems

Es sei nun angenommen, daß der optimale Eingang $u(t)$ gefunden werden soll, der $x(t)$ von

$$x(0) = 3 \tag{4.43}$$

in optimaler Weise nach

$$x(t_e) = 0 \qquad \text{mit} \qquad \dot{x}(t_e) = 0 \tag{4.44}$$

bringt. Hiebei soll das Gütekriterium

$$P = \int_0^{t_e} (x^2 + \alpha u^2)\, dt \tag{4.45}$$

minimisiert werden. Es scheint notwendig, zu bemerken, daß ein Gütekriterium wie

$$P = \int_0^{t_e} x^2\, dt \tag{4.46}$$

bei nicht vorgegebener Beschränkung von u zu $u \to \infty$ führt und somit für praktische Fälle bedeutungslos ist. Deshalb setzen wir hier $\alpha > 0$ voraus.

Das hier untersuchte Problem hat also einen festen Ausgangspunkt, während der Endpunkt nach Gl. (4.44) durch

$$\mathbf{c}_1(t_e) = \mathbf{0} \tag{4.47}$$

vorgegeben ist. Wir definieren nun

$$x_1 = x, \tag{4.48}$$

$$x_2 = \dot{x}_1 = f_1(\mathbf{x}, \mathbf{u}), \tag{4.49}$$

$$\dot{x}_2 = u = f_2(\mathbf{x}, \mathbf{u}), \tag{4.50}$$

$$\dot{x}_0 = x_1^2 + \alpha u^2 = f_0(\mathbf{x}, \mathbf{u}) \tag{4.51}$$

und bilden

$$F = \lambda_0(\dot{x}_0 - x_1^2 - \alpha u^2) + \lambda_1(\dot{x}_1 - x_2) + \lambda_2(\dot{x}_2 - u). \tag{4.52}$$

Anwendung von Gl. (4.38)—(4.40) liefert

$$\dot{\lambda}_0 = 0, \tag{4.53}$$

$$\dot{\lambda}_1 = -2\lambda_0 x_1, \tag{4.54}$$

$$\dot{\lambda}_2 = -\lambda_1 \tag{4.55}$$

und

$$\lambda_2 = -2\lambda_0 \alpha u. \tag{4.56}$$

Die Randbedingung (Gl. (4.41)) gibt, zusammen mit Gl. (4.53),

$$\lambda_0(t) = -1, \tag{4.57}$$

weil t_e, $x_1(t_e)$ und $x_2(t_e)$ als fest vorausgesetzt wurden. Deshalb gilt

$$\dot{\lambda}_1 = 2x_1, \tag{4.58}$$

$$\lambda_2 = 2\alpha u = 2\alpha \ddot{x}_1, \tag{4.59}$$

$$\dot{\lambda}_1 = -2\alpha \ddddot{x}_1 \tag{4.60}$$

und

$$\ddddot{x}_1 + \frac{x_1}{\alpha} = 0 \tag{4.61}$$

mit der Lösung

$$x_1 = A_1 \exp(\gamma t) \sin(\gamma t + \varphi_1) + A_2 \exp(-\gamma t) \sin(\gamma t + \varphi_2). \tag{4.62}$$

Der Kontrolleingang u kann nun leicht mittels Gl. (4.49) und (4.50) ermittelt werden. Die Konstanten A_1, A_2, φ_1 und φ_2 können durch Einsetzen der vorgegebenen Werte für x_1 und x_2 bei $t = 0$ und $t = t_e$ ermittelt werden. Wegen der Kürze der Darstellung soll hier jedoch auf die tatsächliche Durchführung verzichtet werden.

4.5.2 Beispiel 2: Optimales Manöver für Landungen auf dem Mars

Wir wollen nun das Problem der weichen Landung auf dem Planeten Mars mit minimalem Treibstoffverbrauch betrachten. Es soll angenommen werden, daß das Raumschiff, wie bei solchen Unternehmungen üblich, vor der Landung in eine kreisförmige Umlaufbahn um den Planeten gebracht worden ist. Um die prinzipiellen Zusammenhänge klar aufzeigen zu können, wollen wir hier auf umfangreiche numerische Rechnungen verzichten und machen daher folgende vereinfachende Annahmen:

1) Die Krümmung der Oberfläche des Mars werde vernachlässigt, wodurch die Anziehungskraft während des ganzen Manövers gleichbleibende Richtung behält. Die Berechtigung dieser Annahme kann erst nach erhaltener Lösung überprüft werden.

2) Die Höhe der Kreisbahn über der Marsoberfläche sei klein gegenüber dem Planetenradius. In diesem Fall kann auch der Betrag der Anziehungskraft während des ganzen Landemanövers als konstant angesehen werden.

3) Eine Atmosphäre sei nicht vorhanden, womit die aerodynamischen Kräfte vernachlässigt werden können.

4) Die verbrauchte Treibstoffmenge sei gering im Vergleich zum Gesamtgewicht des Raumschiffes.

5) Die Schubkraft des Triebwerkes habe während des gesamten Manövers konstanten Betrag.

Abb. 15 zeigt die prinzipiellen Verhältnisse bei der Landung.

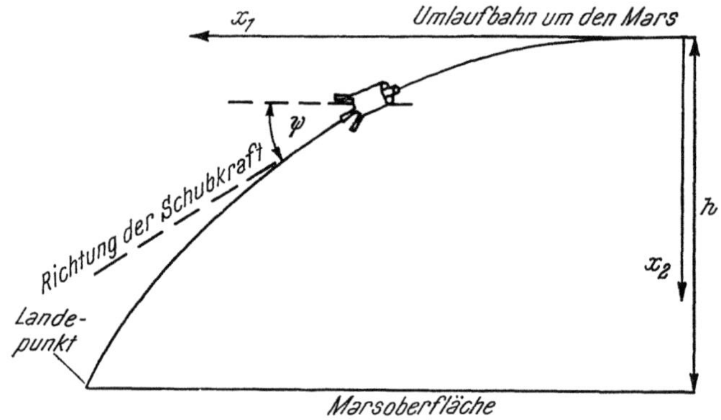

Abb. 15. Prinzipielle geometrische Verhältnisse bei der Landung

Mit den durch Abb. 15 bereits definierten Zustandsvariablen erhalten wir die Bewegungsgleichungen

$$m\ddot{x}_1 = -T\cos\psi \tag{4.63}$$

und

$$m\ddot{x}_2 = mg - T\sin\psi, \tag{4.64}$$

wobei m = Masse des Raumschiffes, g = Gravitationskonstante des Mars, T = Betrag der Schubkraft, ψ = Winkel zwischen Schubkraftrichtung und Marsoberfläche. Das zu minimisierende Gütekriterium ist gegeben durch

$$P = \int_0^{t_e} T\,dt,$$

was wegen der Annahme konstanten Schubkraftbetrages durch

$$P = \int_0^{t_e} dt \tag{4.65}$$

ersetzt werden kann.

Wir definieren als weitere Zustandsvariable

$$x_3 = \dot{x}_1 \qquad \text{und} \qquad x_4 = \dot{x}_2, \tag{4.66}$$

und setzen als Kontrollvariable

$$u_1 = T/m, \qquad u_2 = \psi. \tag{4.67}$$

Nun können wir mit Gl. (4.34), (4.35) und (4.63)—(4.67) schreiben:

$$\dot{x}_0 = f_0(\mathbf{x}, \mathbf{u}) \equiv 1, \tag{4.68}$$

$$\dot{x}_1 = f_1(\mathbf{x}, \mathbf{u}) \equiv x_3, \tag{4.69}$$

$$\dot{x}_2 = f_2(\mathbf{x}, \mathbf{u}) \equiv x_4, \tag{4.70}$$

$$\dot{x}_3 = f_3(\mathbf{x}, \mathbf{u}) \equiv - u_1 \cos u_2 \tag{4.71}$$

und

$$\dot{x}_4 = f_4(\mathbf{x}, \mathbf{u}) \equiv g - u_1 \sin u_2. \tag{4.72}$$

Als Randbedingungen haben wir

$$\begin{aligned} \text{bei} \quad t = 0, \quad & x_1 = 0, \\ & x_2 = 0, \\ & x_3 = v, \\ & x_4 = 0 \\ \text{und bei} \quad t = t_e, \quad & x_1 \quad \text{nicht spezifiziert}, \\ & x_2 = h, \\ & x_3 = 0, \\ & x_4 = 0. \end{aligned} \tag{4.73}$$

Gl. (4.37) liefert nun

$$F = \lambda_0(\dot{x}_0 - 1) + \lambda_1(\dot{x}_1 - x_3) + \lambda_2(\dot{x}_2 - x_4) + \lambda_3(\dot{x}_3 + u_1 \cos u_2) + \lambda_4(\dot{x}_4 - g + u_1 \sin u_2). \tag{4.74}$$

Mit Gl. (4.38) und (4.40) erhalten wir

$$\begin{aligned} \dot{\lambda}_0 &= 0, \\ \dot{\lambda}_1 &= 0, \\ \dot{\lambda}_2 &= 0, \\ \dot{\lambda}_3 &= - \lambda_1, \\ \dot{\lambda}_4 &= - \lambda_2 \end{aligned} \tag{4.75}$$

und

$$\lambda_3 \sin u_2 - \lambda_4 \cos u_2 = 0,$$

sodaß

$$\lambda_0 = A_0,$$

$$\lambda_1 = A_1,$$

$$\lambda_2 = A_2,$$

$$\lambda_3 = -A_1 t + A_3,$$

$$\lambda_4 = -A_2 t + A_4, \tag{4.76}$$

und bei $\lambda_3 \neq 0$,

$$\tan u_2 = \frac{\lambda_4}{\lambda_3}. \tag{4.77}$$

Daher wird

$$\sin u_2 = \frac{|\lambda_4|}{\lambda_3^2 + \lambda_4^2} \tag{4.78}$$

und

$$\cos u_2 = \frac{|\lambda_3|}{\lambda_3^2 + \lambda_4^2}. \tag{4.79}$$

Hieraus sieht man, daß λ_3 nur null sein könnte, falls $u_2 = \psi = 90°$. Eine Betrachtung von Abb. 15 zeigt, daß dieser Fall aus physikalischen Gründen im Verlauf des Manövers nicht auftritt, was auch später durch die erhaltene Lösung (Abb. 16) bestätigt werden wird. Da aus physikalischen Gründen immer $u_2 \geqslant 0$ sein muß, konnten in Gl. (4.78) und (4.79) die Absolutbeträge von λ_3 und λ_4 eingeführt werden.

Nun muß noch die Transversalitätsbedingung (Gl. (4.41)) angewendet werden. Da

$$\delta t_0 = \delta x_i(0) = 0 \quad \text{für} \quad i = 0, 1, 2, 3, 4 \tag{4.80}$$

und $\delta x_2 = \delta x_3 = \delta x_4 = 0$ bei $t = t_e$, erhalten wir

$$[(1 + \lambda_0)\, \delta x_0 + \lambda_1\, \delta x_1 + (-\lambda_0 + \lambda_3 u_1 \cos u_2 - \lambda_4 g + \lambda_4 u_1 \sin u_2)\, \delta t]_{t=t_e} = 0. \tag{4.81}$$

Da δx_0, δx_1 und δt voneinander unabhängig sind, muß gelten

$$\lambda_0 = -1, \qquad \lambda_1 = 0 \tag{4.82}$$

und

$$1 + \lambda_3 u_1 \cos u_2 - \lambda_4 g + \lambda_4 u_1 \sin u_2 = 0 \tag{4.83}$$

bei $t = t_e$.

Gl. (4.76) und (4.82) geben

$$\lambda_0 = -1, \quad \lambda_1 = 0, \quad \lambda_2 = A_2, \quad \lambda_3 = A_3, \quad \lambda_4 = -A_2 t + A_4. \tag{4.84}$$

Nun wird Gl. (4.77) zu

$$\tan u_2 = B_1 t + B_2, \tag{4.85}$$

wobei

$$B_1 = -A_2/A_3$$

und

$$B_2 = A_4/A_3.$$

Gl. (4.78) und (4.79) werden zu

$$\sin u_2 = \frac{|B_1 t + B_2|}{[1 + (B_1 t + B_2)^2]^{1/2}} \tag{4.86}$$

und

$$\cos u_2 = \frac{1}{[1 + (B_1 t + B_2)^2]^{1/2}}. \tag{4.87}$$

Substitution von Gl. (4.86) und (4.87) in Gl. (4.69)—(4.72) ergibt

$$\dot{x}_1 = x_3, \tag{4.88}$$

$$\dot{x}_2 = x_4, \tag{4.89}$$

$$\dot{x}_3 = -u_1[1 + (B_1 t + B_2)^2]^{-1/2} \tag{4.90}$$

und

$$\dot{x}_4 = g - u_1(|B_1 t + B_2|)[1 + (B_1 t + B_2)^2]^{-1/2}. \tag{4.91}$$

Bei Betrachtung von Abb. 15 und Gl. (4.85) ist zu sehen, daß während des ganzen Manövers $B_1 t + B_2 > 0$ sein muß. Daher kann $|B_1 t + B_2|$ durch $B_1 t + B_2$ ersetzt werden. Somit liefert Integration von Gl. (4.88)—(4.91)

$$x_1 = -\frac{u_1}{B_1^2}\{(B_1 t + B_2)\operatorname{Arsh}(B_1 t + B_2) - [(B_1 t + B_2)^2 + 1]^{1/2}\} + c_3 t + c_1, \tag{4.92}$$

$$x_2 = \frac{-u_1}{2B_1^2}\{(B_1 t + B_2)[1 + (B_1 t + B_2)^2]^{1/2} + \operatorname{Arsh}(B_1 t + B_2)\} + g\frac{t^2}{2} + c_4 t + c_2, \tag{4.93}$$

$$x_3 = \frac{-u_1}{B_1}\operatorname{Arsh}(B_1 t + B_2) + c_3 \tag{4.94}$$

und

$$x_4 = gt - \frac{u_1}{B_1}[1 + (B_1 t + B_2)^2]^{1/2} + c_4. \tag{4.95}$$

Die Integrationskonstanten werden mit Hilfe der Anfangs- und Endbedingungen bestimmt. Dies wurde ausgeführt für die Zahlenwerte

$$h = 415\,\text{km},$$

$$g = 3{,}82\,\text{m/s}^2,$$

$$v = 4030\,\text{m/s}$$

und

$$u = 5{,}71\,\text{m/s}^2.$$

Dies ergibt

$$B_1 = 0{,}0022\,\text{s}^{-1},$$

$$B_2 = 0{,}035$$

und

$$t_e = 1050\,\text{s}.$$

Die erhaltene Landungstrajektorie ist in Abb. 16 dargestellt.

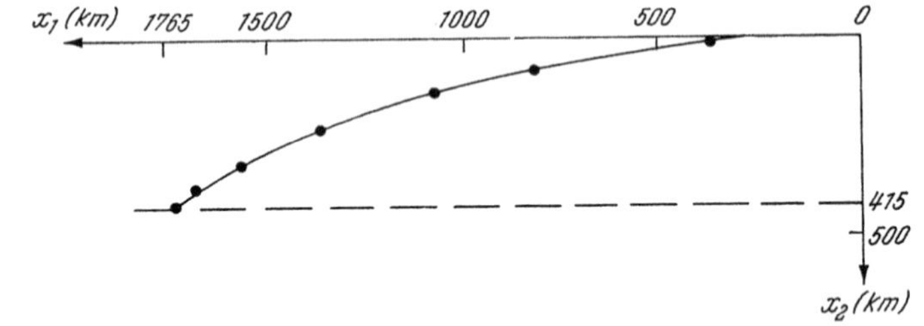

Abb. 16. Treibstoffoptimale Trajektorie für eine Landung auf dem Mars

4.6 Zusammenfassung

Wir haben gezeigt, daß die Variationsrechnung Methoden für die Optimierung von linearen Systemen, deren Verhalten analytisch vollkommen bekannt ist, liefert. Auch Anfangs- und Endbedingungen müssen in entsprechender Vollständigkeit vorhanden sein. Die praktischen Beispiele verdeutlichen, daß auch schon bei einfachen Systemen nur in Ausnahmefällen analytische Lösungen erhalten werden können. Der Kreis der lösbaren Probleme wird aber durch die in den folgenden Kapiteln gebrachten Methoden wesentlich erweitert.

Literatur

[1] Greensite, A. L.: Analysis and Design of Space Vehicle Flight Control Systems: Volume IX — Optimization Methods. NASA Contractor Report 828, Washington, D.C., 1967.

[2] McCausland, I.: Introduction to Optimal Control. New York: Wiley. 1969.

5. Das Maximumprinzip

5.1 Einführung

Das Maximumprinzip, eng mit der Variationsrechnung verwandt, eröffnet die Möglichkeit, auch Systeme zu optimieren, deren Zustands- und Kontrollvariable Beschränkungen unterliegen. Im Gegensatz zur klassischen Variationsrechnung werden solche Beschränkungen schon der Ableitung des Verfahrens zugrunde gelegt.

5.2 Beschränkungen der Kontrollvariablen

Wir betrachten wieder das Problem, ein System zu optimieren, das durch einen Satz von Differentialgleichungen beschrieben wird. Letzteren wollen wir in vektorieller Form notieren

$$\dot{\mathbf{x}} = \mathbf{f}(\mathbf{x}, \mathbf{u}), \tag{5.1}$$

wobei $\mathbf{x}$ die Dimension n und $\mathbf{u}$ die Dimension r haben möge. Für den Fall $r = 2$ gibt Abb. 17 die gewöhnlich auftretende Form von Beschränkungen der Kontrollvariablen.

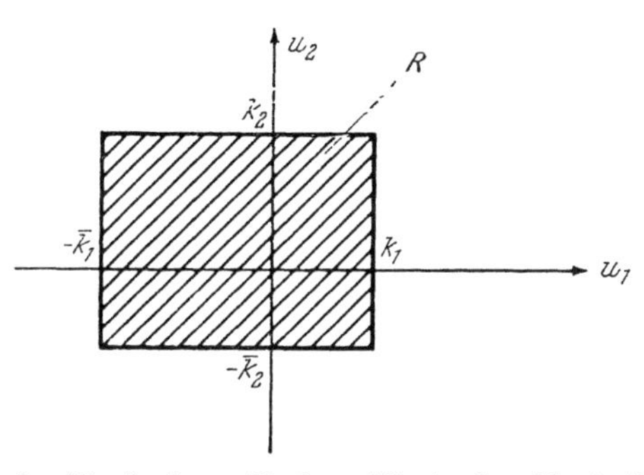

Abb. 17. Bereich **R** (schraffiert) der zulässigen Werte der Kontrollvariablen u_1 und u_2

u_1 und u_2 gehorchen also den Ungleichungen

$$-\bar{k}_1 \leqslant u_1 \leqslant k_1, \qquad -\bar{k}_2 \leqslant u_2 \leqslant k_2. \tag{5.2}$$

5.3 Beispiel einer charakteristischen Problemstellung

Es sei angenommen, daß der zeitliche Verlauf des zulässigen Kontrollvektors zu finden sei, der das Gütekriterium

$$P = \int_{t_a}^{t_e} f_0(\mathbf{x}, \mathbf{u})\, dt \tag{5.3}$$

bei der Kontrolle des Systems nach Gl. (5.1) optimiert. Das System soll vom Anfangszustand $\mathbf{x}_a$ zur Zeit t_a in einen vorgegebenen Endzustand $\mathbf{x}_e$ zur Zeit t_e gebracht werden. t_a und t_e seien fest angenommen. Es ist nun vorteilhaft, die neue Variable

$$\dot{x}_0 = f_0(\mathbf{x}, \mathbf{u}) \qquad \text{mit} \qquad x_0(t_0) = 0 \tag{5.4}$$

einzuführen. Optimierung von P ist nun gleichbedeutend mit Optimierung von $x_0(t_e)$.

5.4 Die Methode des Maximumprinzips und stufenweise Zusammenfassung

Zur Anwendung des Maximumprinzips wird das zu kontrollierende System meist durch Gleichungen in Form von Gl. (4.37) beschrieben:

$$F = \sum_{i=0}^{n} p_i \dot{x}_i - H, \tag{5.5}$$

wobei

$$H = \sum_{i=0}^{n} p_i f_i(\mathbf{x}, \mathbf{u}). \tag{5.6}$$

Die früher verwendeten Größen λ_i werden hier p_i benannt, um die in der Literatur häufigste Bezeichnungsweise beim Maximumprinzip beizubehalten. Der Vektor $\mathbf{p}$, gebildet aus $(p_0, p_1, \ldots, p_n)$, wird oft als adjungierter Vektor (oder: co-state vector, in der angloamerikanischen Literatur) bezeichnet. Gl. (4.38) und (4.39) können nun geschrieben werden als

$$\frac{dp_i}{dt} = -\frac{\partial H}{\partial x_i} \qquad (i = 0, 1, \ldots, n) \tag{5.7}$$

und

$$\frac{dx_i}{dt} = \frac{\partial H}{\partial p_i} \qquad (i = 0, 1, \ldots, n), \tag{5.8}$$

wobei Gl. (5.8) wieder Gl. (5.1) liefert.

Wir schreiten nun zur Modifikation von Gl. (4.40). Dazu ist zu bemerken, daß Gl. (4.40) eine notwendige Bedingung für optimales $\mathbf{u}$ im Sinne der Variationsrechnung mit nicht beschränktem $\mathbf{u}$ war. Jetzt darf aber $\mathbf{u}$ nur im zulässigen Bereich $\mathbf{R}$ liegen.

Es ist nun in [1] bewiesen, daß bei beschränktem $\mathbf{u}$ die Zeitfunktion $\mathbf{u}(t)$ derart gefunden werden muß, daß H zu jedem Zeitpunkt ein Maximum[3] — durch entsprechende Wahl von $\mathbf{u}$ aus dem zulässigen Bereich — einnimmt.

---

[3] Das Maximumprinzip wird von manchen Autoren Minimumprinzip genannt. Da Gl. (5.7) linear in den p_i ist, ist mit einer Lösung $\mathbf{p}(t)$ auch $\mathbf{q}(t) = -\mathbf{p}(t)$ eine Lösung, die nun H minimisiert. Deshalb erfordert die Suche nach dem Minimum und dem Maximum von H denselben Aufwand und die Bezeichnungen Minimumprinzip und Maximumprinzip bedeuten nichts wesentlich verschiedenes.

Die *Transversalitätsbedingung,* für die Variationsrechnung durch Gl. (4.41) gegeben, lautet nun

$$\left[\delta x_0 - H\,\delta t + \sum_{i=0}^{n} p_i\,\delta x_i\right]_a^e = 0, \tag{5.9}$$

wobei die Notation

$$[x]_a^e = x(t_e) - x(t_a)$$

benützt wurde.

Wir wollen nun einige häufig vorkommende Spezialfälle der Transversalitätsbedingungen betrachten:

A) Feste Anfangszeit und feste Anfangsbedingungen.

Hier haben wir

$$\delta x_0 = \delta x_1 = \cdots = \delta x_n = \delta t = 0 \quad \text{für} \quad t = t_a$$

und somit für Gl. (5.9)

$$\left[\delta x_0 - H\,\delta t + \sum_{i=0}^{n} p_i\,\delta x_i\right]_e = 0 \tag{5.10}$$

mit der Notation

$$[x]_e = x(t_e).$$

Zusätzlich sollen noch Bedingungen für die Variablen bei $t = t_e$ gegeben sein:

1. Wenn t_e und $x_1(t_e), \ldots, x_n(t_e)$ fest sind, reduziert sich Gl. (5.10) zu

$$\delta x_0(1 + p_0) = 0 \tag{5.11}$$

und somit, da x_0 nicht vorgegeben ist,

$$p_0 = -1. \tag{5.12}$$

Gl. (5.12) gilt im gesamten Intervall $[t_a, t_e]$, da mit Gl. (5.7) $dp_0/dt = 0$, weil H nach Gl. (5.6) und (5.1) unabhängig von x_0 ist.

2. Wenn t_e nicht fixiert ist, aber $x_1(t_e), \ldots, x_n(t_e)$ fest sind, gilt zusätzlich zu Gl. (5.12)

$$H(t_e) = 0. \tag{5.13}$$

Diese Gleichung kompensiert für die Unbestimmtheit von t_e.

3. Wenn t_e und $x_1(t_e), \ldots, x_n(t_e)$ durch eine Funktion verbunden sind, dann müssen die Variationen δt, δx_0, $\delta x_1, \ldots, \delta x_n$ bei $t = t_e$ diese Abhängigkeit berücksichtigen. Dies wurde schon in Abschnitt 4.3 bzw. 4.4 gezeigt. Wir wollen hier das Resultat für den eindimensionalen Fall in Erinnerung bringen, wobei die optimale Lösung für $x_1(t)$ auf der Kurve $c(t)$ zur Zeit $t = t_e$ enden soll. Dann muß für $t = t_e$ gelten:

$$\delta x_1 = \dot{c}(t)\,\delta t. \tag{5.14}$$

4. Wenn t_e und einige bzw. alle der $x_1(t_e), \ldots, x_n(t_e)$ frei sind, dann gilt zufolge Gl. (5.10), zusätzlich zu Gl. (5.12) und (5.13), daß jene $p_j(t_e) = 0$, bei denen der Index j zu einem x_j gehört, das bei $t = t_e$ frei ist.

B) Freie Anfangszeit und freie Anfangsbedingungen.

Wenn auch t_a und einige $x_1(t_a), \ldots, x_n(t_a)$ frei sind, gelten genau dieselben Gleichungen wie in den Fällen A1) bis A4), müssen aber jetzt natürlich auch für t_a angeschrieben werden. In Fällen, wo keine Beziehung besteht zwischen $t_a, x_1(t_a), \ldots, x_n(t_a)$ auf der einen Seite und $t_e, x_1(t_e), \ldots, x_n(t_e)$ auf der anderen Seite, kann Gl. (5.9) in zwei selbständige Gleichungen aufgespalten werden, von denen eine durch Gl. (5.10) gegeben ist und die andere dieselbe Form hat, aber nur für t_a angeschrieben werden muß.

Wir haben nun die wesentlichen Aussagen über das Maximumprinzip gemacht und die entsprechenden Formeln angegeben. Wir wollen hier von einem exakten Beweis Abstand nehmen, da dieser schon in mehreren Büchern über Regelungstheorie (z. B. [1], [4]) gebracht wird und ungewöhnlich umfangreich ist. (Siehe weiters [3, 5, 6, 10].)

Für den praktisch orientierten Leser dürfte hingegen die folgende Zusammenfassung des Optimierungsverfahrens mit dem Maximumprinzip von weitaus größerem Nutzen sein.

Stufenweise Zusammenfassung des Maximumprinzips

1. Die Gleichungen für das zu kontrollierende System werden geschrieben in der Form

$$\dot{x}_i = f_i(x_1, \ldots, x_n, u_1, \ldots, u_r) \qquad (i = 1, \ldots, n). \tag{5.15}$$

2. Der Integrand des Gütekriteriums (Gl. (5.3)) wird notiert als

$$\dot{x}_0 = f_0(x_1, \ldots, x_n, u_1, \ldots, u_r). \tag{5.16}$$

3. Eine Funktion H wird definiert durch

$$H = \sum_{i=0}^{n} p_i f_i(x_1, \ldots, x_n, u_1, \ldots, u_r). \tag{5.17}$$

4. Man berechne die p_i so weit als möglich aus Gl. (5.7):

$$\frac{dp_i}{dt} = -\frac{\partial H}{\partial x_i} \quad \text{für} \quad (i = 0, 1, \ldots, n). \tag{5.7}$$

5. Man substituiere die so erhaltenen p_i in Gl. (5.17) und wähle so viele der $u_1, \ldots, u_r$ als möglich aus der Menge der zulässigen Werte derart, daß H in jedem Zeitpunkt seinen größtmöglichen Wert einnimmt.

6. Die Transversalitätsbedingungen (Gl. (5.9) zusammen mit den Spezialfällen A1) bis A4) und B) mit Gl. (5.10)—(5.14)) werden angeschrieben. Dies ergibt zusammen mit 4. und 5. die Gesamtheit der $p_i(t)$ und der $u_i(t)$, die H im Intervall $[t_a, t_e]$ zum Maximum machen.

7. Die so gewonnenen $u_i(t)$ werden in die Systemgleichungen (5.15) eingesetzt, welche sodann unter Beachtung der Randbedingungen gelöst werden.

Die Anwendung dieser Prozedur wird im folgenden an einigen charakteristischen Beispielen gezeigt. Es muß betont werden, daß trotz der bestechenden Vorgangsweise des Maximumprinzips auch schon bei sehr einfach zu kontrollierenden Systemen unüberwindliche analytische Schwierigkeiten auftreten. Daher sind in der Literatur überraschend wenige praktische Anwendungen des Maximumprinzips aufgeschienen. Einen Ausweg bilden jedoch häufig numerische Methoden, wie sie in Kapitel 7 behandelt werden.

5.5 Minimalzeitprobleme

Das Gütekriterium ist definiert durch Gl. (5.3) mit

$$f_0(\mathbf{x}, \mathbf{u}) = 1. \tag{5.18}$$

Mit Gl. (5.12) und (5.13) erhalten wir $p_0(t) = -1$ und $H(t_e) = 0$. Somit lautet die allgemeine Form für H:

$$H = -1 + \sum_{i=1}^{n} p_i f_i(\mathbf{x}, \mathbf{u}). \tag{5.19}$$

5.5.1 Einfach integrierendes System

Wir betrachten ein System, das der Gleichung

$$\dot{x}_1 = u \qquad \text{mit} \qquad -k \leqslant u \leqslant k \qquad (k \geqslant 0) \tag{5.20}$$

gehorcht. Das System soll vom Zustand $x_1(0) = 0$ in den Zustand $x_1(t_e) = 5$ gebracht werden, wobei t_e zum Minimum werden möge. Mit Gl. (5.19) erhalten wir

$$H = -1 + p_1 u. \tag{5.21}$$

Aus Gl. (5.7) folgt $p_1 = c$, wobei c eine Konstante ist. Gl. (5.21) wird nun zu $H = -1 + cu$. H wird zum Maximum gemacht mit

$$u = k \operatorname{sgn} c, \tag{5.22}$$

wobei

$$\operatorname{sgn} c = +1 \quad \text{für} \quad c > 0$$

und

$$\operatorname{sgn} c = -1 \quad \text{für} \quad c < 0.$$

Somit erhalten wir

$$H = -1 + ck \operatorname{sgn} c \tag{5.23}$$

und mit Gl. (5.13)

$$c \operatorname{sgn} c = \frac{1}{k}. \tag{5.24}$$

Dies liefert nach Einsetzen in Gl. (5.20)

$$\dot{x}_1 = k \operatorname{sgn} c = \frac{1}{c} \tag{5.25}$$

und somit

$$x_1 = (k \operatorname{sgn} c)t + d. \tag{5.26}$$

Die Randbedingungen ergeben

$$d = 0 \qquad \text{und} \qquad (k \operatorname{sgn} c)t_e = 5 \tag{5.27}$$

und, da $k > 0$ und $t_e > 0$,

$$\operatorname{sgn} c = 1.$$

Man erhält nun aus Gl. (5.22)

$$u = k \tag{5.28}$$

im ganzen Intervall $[0, t_e]$. Somit wird mit Gl. (5.27)

$$t_e = \frac{5}{k}. \tag{5.29}$$

Die Befolgung der oben gebrachten stufenweisen Vorschrift (Zusammenfassung des Maximumprinzips) ist bei dem eben gebrachten Beispiel leicht zu erkennen.

5.5.2 System mit zweifacher Integration

5.5.2.1 Grundlegende Lösung

Wir betrachten nun das in Abb. 18 dargestellte System.

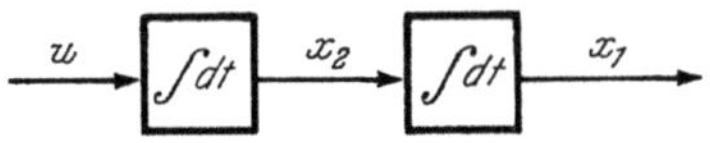

Abb. 18. Blockschema des zweifachen Integrators

Die Systemgleichungen lauten gemäß Abb. 18

$$\dot{x}_1 = x_2 = f_1(\mathbf{x}, \mathbf{u}), \qquad \dot{x}_2 = u = f_2(\mathbf{x}, \mathbf{u}). \tag{5.30}$$

Es sei gefordert, den Systemzustand $(x_1, \dot{x}_1)$ von (5, 0) nach (0, 0) in minimaler Zeit zu bringen, wobei

$$-k \leqslant u \leqslant +k \tag{5.31}$$

gelten muß.

Wir wollen in diesem Beispiel den Punkten 1. bis 7. der Zusammenfassung des Maximumprinzips folgen:

1. Die Systemgleichungen sind mit Gl. (5.30) schon in der geforderten Form angeschrieben.

2. Der Integrand des Gütekriteriums ist mit Gl. (5.18) bereits gegeben zu $\dot{x}_0 = 1$.

3. Gl. (5.19) gibt

$$H = -1 + p_1 x_2 + p_2 u. \tag{5.32}$$

Hiezu ist zu bemerken, daß durch Anwendung von Gl. (5.19) teilweise bereits Punkt 6. berücksichtigt wurde.

4. Gl. (5.7) liefert

$$\dot{p}_1 = 0 \quad \text{und} \quad \dot{p}_2 = -p_1 \tag{5.33}$$

mit der Lösung

$$p_1(t) = c \quad \text{und} \quad p_2(t) = -ct + d. \tag{5.34}$$

5. H wird nach Gl. (5.17) zu

$$H = -1 + cx_2 + (d - ct)u, \tag{5.35}$$

was mit

$$u = k \operatorname{sgn}(d - ct) \tag{5.36}$$

sein Maximum erhält.

6. Die Transversalitätsbedingungen (siehe Abschnitt 5.4), die hier als Gl. (5.12) und (5.13) Anwendung finden, liefern $p_0(t) = -1$, was schon in Gl. (5.32) eingesetzt wurde, und $H(t_e) = 0$; dies ergibt mit dem geforderten $x_2(t_e) = 0$ und Gl. (5.36)

$$(d - ct_e)k \operatorname{sgn}(d - ct_e) = 1. \tag{5.37}$$

Daraus erhält man

$$|d - ct_e| = \frac{1}{k}. \tag{5.38}$$

7. Einsetzen von Gl. (5.36) in Gl. (5.30) und Integration liefert

$$x_1 = k\frac{t^2}{2}\operatorname{sgn}(d - ct) + et + f \quad \text{und} \quad x_2 = kt\operatorname{sgn}(d - ct) + e. \tag{5.39}$$

Die Form der Gl. (5.39) ist typisch für Ergebnisse bei Verwendung des Maximumprinzips: es sind Konstanten (wie hier c, d, e, f) vorhanden, die nicht alle durch die Randbedingungen gelöst werden können. Im vorliegenden Fall z. B. wissen wir nicht, wann $d - ct$ das Vorzeichen ändert. Deshalb müssen wir im folgenden in der Zustandsebene (x_1, x_2) alle möglichen Trajektorien angeben, die zum Zustand (0, 0) führen und Gl. (5.39) gehorchen. Die einzelnen Trajektorien werden sich dabei durch die Zeitpunkte des Vorzeichenwechsels von $d - ct$ unterscheiden.

Aus Gl. (5.39) geht hervor, daß, solange $d - ct$ konstantes Vorzeichen hat, die Trajektorien durch Parabeln gebildet werden. Ferner kann zufolge der Linearität von $d - ct$ in t ausgesagt werden, daß nach Gl. (5.36) u sein Vorzeichen entweder einmal oder überhaupt nicht ändert. Deshalb werden alle Trajektorien entweder aus einem oder aus zwei parabelförmigen Stücken bestehen.

Die folgenden beiden Abbildungen zeigen die Parabeln für die beiden Vorzeichen von $d - ct$.

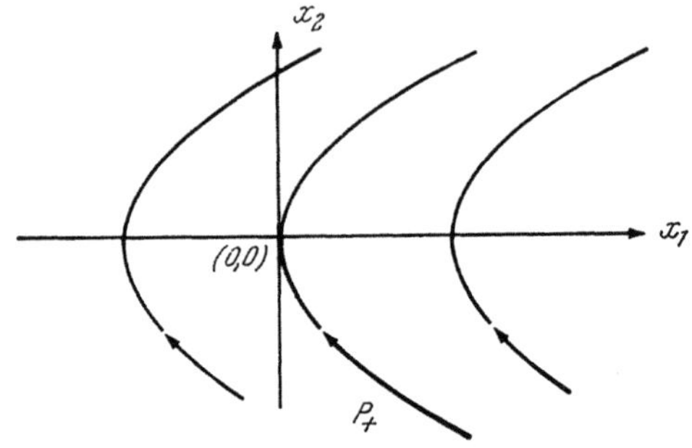

Abb. 19. Trajektorien nach Gl. (5.39) für $\operatorname{sgn}(d - ct) = +1$. P_+ führt zum Zustand (0, 0)

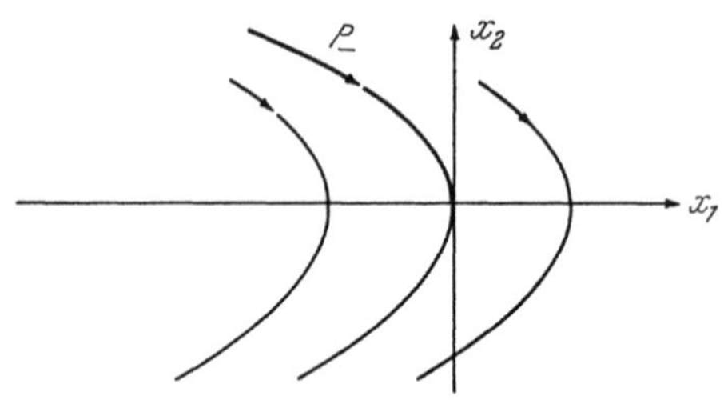

Abb. 20. Trajektorien nach Gl. (5.39) mit $\operatorname{sgn}(d - ct) = -1$. P_- führt zum Ursprung (Zustand (0, 0))

Wir sehen aus Abb. 19 und 20, daß alle Zustände $(x_1(0), x_2(0))$, die auf P_+ liegen, durch Anwendung von $u = +k$ in den Ursprung (0, 0) gebracht werden können; analoges gilt für alle Zustände auf P_- bei Anwendung von $u = -k$. Wir sehen weiters, daß P_+ und P_- den geometrischen Ort aller Punkte bilden, die ohne Vorzeichenwechsel in u (d. h. ohne Umschalten) in den Ursprung gebracht werden können. Alle anderen Punkte, die nicht auf P_+ bzw. P_- liegen, würden ohne Umschalten von u an (0, 0) vorbeigehen und sich gegen (∞, ∞) bzw. $(-\infty, -\infty)$ bewegen. Daher muß für alle diese Punkte genau *ein* Umschalten von u erfolgen, da $d - ct$ nicht mehr als einmal das Vorzeichen wechseln kann.

Es ist nun unmittelbar zu sehen, daß die einzige Lösung für alle die Punkte, die weder auf P_+ noch auf P_- liegen, wie folgt gegeben ist: Ausgehend vom Anfangspunkt wird mit $u = -k$ begonnen bis P_+ erreicht ist, oder, falls dies nicht möglich ist, wird mit $u = +k$ begonnen bis P_- erreicht ist. Im ersten Fall wird beim Erreichen von P_+ auf $u = +k$, im zweiten Fall beim Erreichen von P_- auf $u = -k$ umgeschaltet. P_+ und P_- werden daher Schaltkurven genannt.

Aus Abb. 21 ist ersichtlich, daß durch diese Vorgangsweise alle Punkte der (x_1, x_2)-Ebene erfaßt sind.

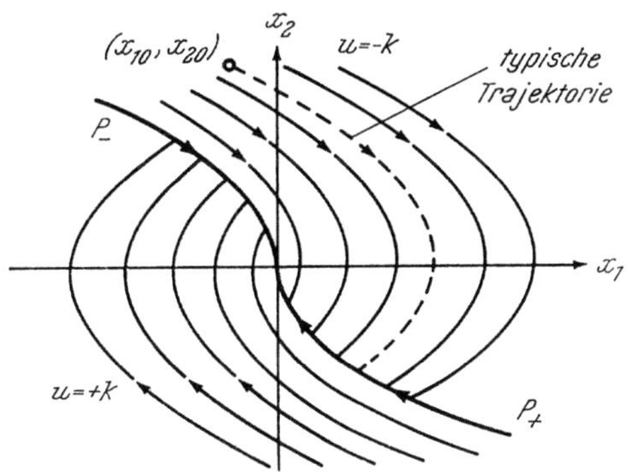

Abb. 21. Trajektorien für zeitoptimale Überführung von Anfangszuständen wie (x_{10}, x_{20}) in den Zustand (0, 0)

Für die häufig vorkommende Anfangsbedingung $(x_{10}, 0)$ läßt sich die benötigte Zeit bei optimaler Kontrolle leicht berechnen zu

$$t_{e\min} = 2\sqrt{x_{10}/k}. \tag{5.40}$$

Ein Vorteil der Verwendung von Zustandsebenen bzw. -räumen ist, daß in jedem Augenblick beurteilt werden kann, ob $u = +k$ oder $-k$ angewendet werden muß. u ist somit abhängig vom jeweiligen Systemzustand und nicht eine reine Zeitfunktion. Dies ist wichtig, da in realen Systemen immer Störungen auftreten, die die Verwendung vorprogrammierter Zeitfunktionen (wie z. B. in Gl. (5.36)) für u nicht zielführend erscheinen lassen.

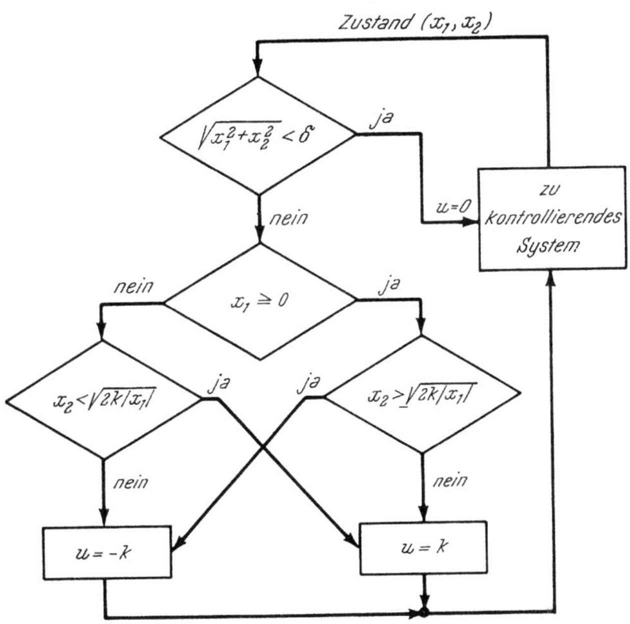

Abb. 22. Flußdiagramm der zeitoptimalen Kontrolle eines doppelt integrierenden Systems; δ = Schwellwert [2]

Das eben abgeleitete Kontrollgesetz kann leicht als Computerprogramm für die Kontrolle von praktischen Systemen angewendet werden [2]. Das Flußdiagramm nach Abb. 22 beweist diese Aussage. Für praktische Anwendungen ist es oft wichtig, einen Schwellwert δ (siehe Abb. 22) vorzusehen, da immer vorhandene kleine Störungen das System auch nach Erreichen des Zustandes (0, 0) beeinflussen. Um Kontrollenergie zu sparen, sollen solche kleine Störungen dabei nicht gleich eine neue Kontrolle des Systems verlangen [2]. Bei größeren Störungen wird der Schwellwert überschritten und die Kontrolle beginnt, wie wenn eine neue Anfangsbedingung vorläge.

In Abschnitt 5.5.3 werden weitere Gesichtspunkte diskutiert, die sich bei der praktischen Anwendung optimaler Kontrollgesetze ergeben.

5.5.2.2 Veränderung der Sollwerte

Bisher wurde angenommen, daß das System in den Zustand (0, 0), der also den Sollzustand oder Sollwert darstellte, gebracht werden sollte. Nun wollen wir annehmen, daß der Sollwert durch $(x_{1r}, 0)$ gegeben sei. Wir führen nun die neuen Variablen

$$y_1 = x_1 - x_{1r} \quad \text{und} \quad y_2 = x_2 \tag{5.41}$$

ein. Substitution in Gl. (5.30) liefert

$$\dot{y}_1 = y_2 = f_1(\mathbf{y}, \mathbf{u}) \quad \text{und} \quad \dot{y}_2 = u = f_2(\mathbf{y}, \mathbf{u}). \tag{5.42}$$

Da Gl. (5.42) dieselbe Form wie Gl. (5.30) aufweisen, gilt dieselbe Ableitung der zeitoptimalen Kontrolle für y_1, y_2 in der (y_1, y_2)-Ebene wie für x_1, x_2 in der (x_1, x_2)-Ebene. Nach Wiedereinführung der (x_1, x_2)-Koordinaten in die (y_1, y_2)-Ebene erhalten wir Abb. 23.

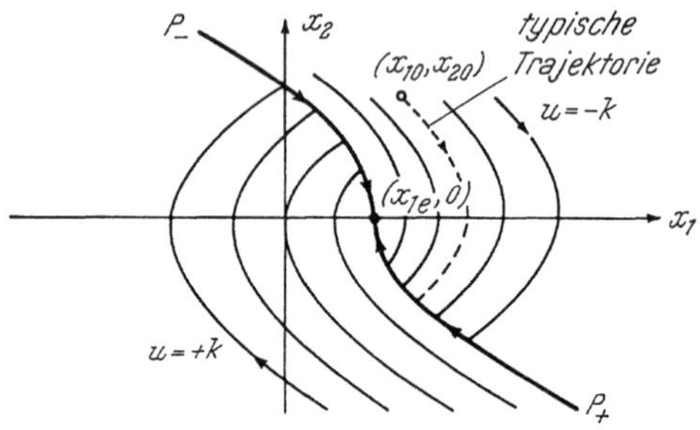

Abb. 23. Schaltkurven P_+ und P_- und Trajektorien für zeitoptimales Transferieren von Anfangszuständen wie (x_{10}, x_{20}) in den Sollwert $(x_{1e}, 0)$

5.5.3 Systeme zweiter Ordnung mit harmonischen Schwingungen

5.5.3.1 Grundlegende Lösung

Wir betrachten das System

$$\ddot{x} + ax = u \tag{5.43}$$

mit

$$-k \leqslant u \leqslant +k. \tag{5.44}$$

Es sei gefordert, das System vom Anfangszustand $x_{10} = x\ (t = 0)$ und $x_{20} = \dot{x}$ $(t = 0)$ zum Sollwert (0, 0) in minimaler Zeit zu überführen. Wir wollen wieder den Punkten 1. bis 7. der Zusammenfassung des Maximumprinzips folgen.

1. Mit der Benennung $x = x_1$ und $\dot{x} = x_2$ können wir schreiben

$$\dot{x}_1 = x_2 = f_1(\mathbf{x}, \mathbf{u}) \quad \text{und mit Gl. (5.43)} \quad \dot{x}_2 = -ax_1 + u = f_2(\mathbf{x}, \mathbf{u}). \tag{5.45}$$

2. Für Zeitoptimalität erhalten wir aus dem Gütekriterium

$$\dot{x}_0 = 1 = f_0(\mathbf{x}, \mathbf{u}). \tag{5.46}$$

3. Mit Gl. (5.19) erhalten wir

$$H = -1 + p_1 x_2 + p_2(-ax_1 + u), \tag{5.47}$$

wobei wieder Punkt 6. durch Berücksichtigung von $p_0 = -1$ schon teilweise angewendet wurde.

4. Gl. (5.7) ergibt

$$\dot{p}_1 = ap_2 \quad \text{und} \quad \dot{p}_2 = -p_1. \tag{5.48}$$

Dies führt zu

$$\ddot{p}_2 + ap_2 = 0 \tag{5.49}$$

mit der Lösung

$$p_2 = A_1 \exp(\beta t) + A_2 \exp(-\beta t), \tag{5.50}$$

wobei A_1 und A_2 Integrationskonstanten sind und

$$\beta = i\sqrt{a}. \tag{5.51}$$

Somit erhalten wir

$$p_2 = A \sin(\sqrt{a}\, t - \varphi) \quad \text{und mit Gl. (5.48)} \quad p_1 = -A\sqrt{a} \cos(\sqrt{a}\, t - \varphi), \tag{5.52}$$

wobei A_1 und A_2 durch A und φ ersetzt wurden.

5. Unter Beachtung von Gl. (5.47) sehen wir, daß H sein Maximum erhält mit

$$u = k \operatorname{sgn} p_2 = k \operatorname{sgn}[\sin(\sqrt{a}\, t - \varphi)]. \tag{5.53}$$

Dies bedeutet, daß hier keine unmittelbare Beschränkung der Zahl der Vorzeichenwechsel für u gegeben ist.

6. Ähnlich wie im Fall des zweifach integrierenden Systems wurde $p_0(t) = -1$ schon berücksichtigt. Die zweite Transversalitätsbedingung, $H(t_e) = 0$, ergibt hier analog zu Gl. (5.38) keine wesentliche Aussage. Wir müssen daher im folgenden wieder zu geometrischen Betrachtungsmethoden greifen.

7. Einsetzen der mit Gl. (5.53) gewonnenen Aussagen über u ergibt, wobei φ erst zu bestimmen ist,

$$x_1(t) - \frac{\pm k}{a} = \left(x_{10} - \frac{\pm k}{a}\right) \cos \sqrt{a}\, t + \frac{x_{20}}{\sqrt{a}} \sin \sqrt{a}\, t,$$

$$\frac{x_2(t)}{\sqrt{a}} = -\left(x_{10} - \frac{\pm k}{a}\right) \sin \sqrt{a}\, t + \frac{x_{20}}{\sqrt{a}} \cos \sqrt{a}\, t. \tag{5.54}$$

Hiebei wurden die Anfangsbedingungen

$$x_{10} = x_1(t = 0) \quad \text{und} \quad x_{20} = x_2(t = 0) = \dot{x}_1(t = 0) \tag{5.55}$$

berücksichtigt.

x_{10} und x_{20} sind neu einzuführen, wenn u sein Vorzeichen wechselt. Es ist dann der jeweilige Systemzustand, wo der Vorzeichenwechsel erfolgt, als (x_{10}, x_{20}) anzunehmen und auch t neu zu beginnen.

Wir wollen nun wieder die Trajektorien in der (x_1, x_2)-Ebene betrachten, um Aussagen über die Vorzeichenwahl von u machen zu können. Für u = konstant erhalten wir Ellipsen für Gl. (5.54) in der (x_1, x_2)-Ebene, deren Zentrum in $(\pm k/a, 0)$ liegt. Das Verhältnis der Länge der zweiten Ellipsenhauptachse (in x_2-Richtung liegend) zur Länge der ersten Ellipsenhauptachse (in x_1-Richtung liegend) ist $\sqrt{a} : 1$. Wir verwenden daher eine $(x_1, x_2/\sqrt{a})$-Zustandsebene, in der die Trajektorien kreisförmig verlaufen (siehe Abb. 24 und 25).

Aus Abb. 24 und 25 ist zu sehen, daß jeder Anfangszustand, der auf Γ_+ oder Γ_- liegt, ohne Vorzeichenwechsel in u in den Ursprung gebracht werden kann.

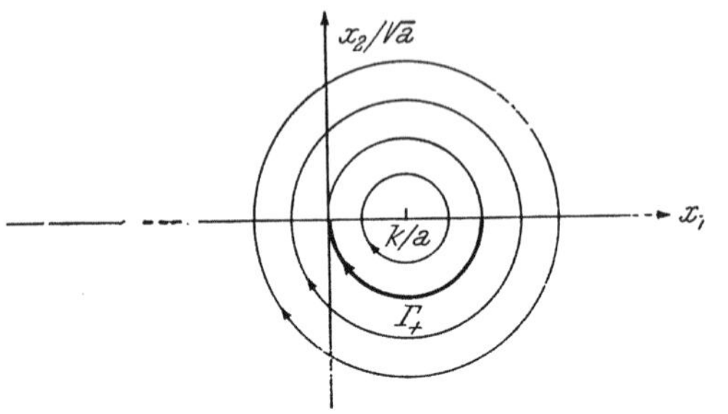

Abb. 24. Trajektorien des Systems $\ddot{x}_1 + a x_1 = -k$. Γ_+ führt zum Ursprung

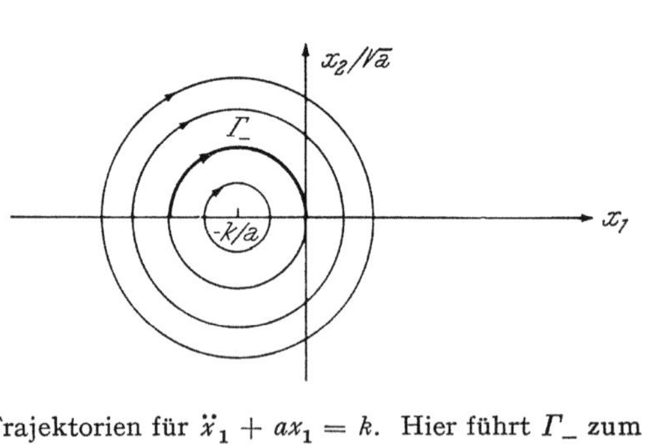

Abb. 25. Trajektorien für $\ddot{x}_1 + a x_1 = k$. Hier führt Γ_- zum Ursprung

Hiebei ist aber zu beachten, daß das optimale Kontrollgesetz nach Gl. (5.53) eine Begrenzung setzt hinsichtlich der Zeitdauer, während der u konstantes Vorzeichen beibehalten kann. Diese maximale Zeit ist gegeben durch

$$\Delta t = \frac{\pi}{\sqrt{a}}. \tag{5.56}$$

Eine sich somit ergebende typische Schaltfolge ist in Abb. 26 dargestellt.

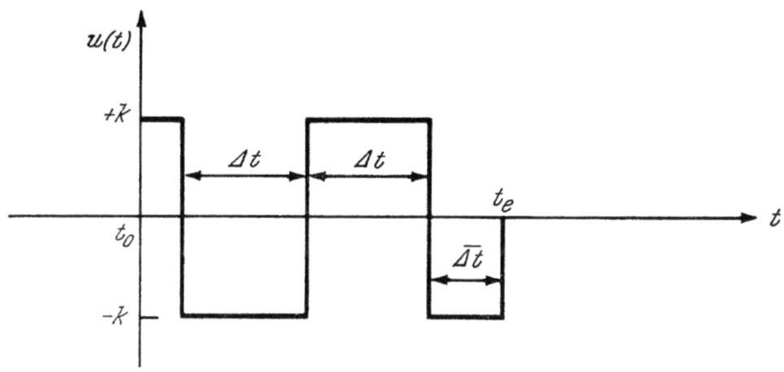

Abb. 26. Typische Schaltfolge für zeitoptimale Kontrolle des Systems $\ddot{x}_1 + ax_1 = u$

Gl. (5.56) besagt, daß der Systemzustand bis zu einer halben Umdrehung auf Γ_+ oder Γ_- bleiben kann. Die Halbkreise Γ_+ und Γ_- sind aber der geometrische Ort aller Anfangszustände, die ohne Vorzeichenwechsel in u mit $u = k$ bzw. $-k$ in den Ursprung gebracht werden können. Damit haben wir für alle Punkte auf Γ_+ und Γ_- die Vorschrift zur optimalen Kontrolle gefunden, die allen oben angegebenen Bedingungen genügt.

Wir wollen nun wieder Abb. 26 betrachten. Wir haben für $\overline{\Delta t}$ bis jetzt nur die Aussage, daß es zwischen 0 und Δt liegen muß. Es soll nun ein Fall mit einem Vorzeichenwechsel in u betrachtet werden, und zwar sei zuerst $u = +k$ und am Ende $u = -k$. Wir wollen alle möglichen Fälle der Länge des zweiten, d. h. letzten Intervalls

$$0 \leqslant \overline{\Delta t} \leqslant \Delta t \tag{5.57}$$

heranziehen und auch alle möglichen Fälle des Anfangsintervalls Δt_1, welches ebenfalls nach Gl. (5.53) die Bedingung

$$0 \leqslant \Delta t_1 \leqslant \Delta t \tag{5.58}$$

zu erfüllen hat.

Wir können alle diese Fälle in Abb. 27 einzeichnen: der Vorzeichenwechsel in u hat beim Erreichen von Γ_- zu erfolgen, um die Überführung in den Ursprung im letzten Kontrollintervall zu garantieren. Die Trajektorien im ersten Kontrollintervall Δt_1 haben daher auf Γ_- zu enden. Weiters müssen die Trajektorien Kreissegmente mit dem Zentrum in $(k/a, 0)$ sein, wie aus Gl. (5.54) folgt. Wenn man alle Möglichkeiten nach Gl. (5.57) und (5.58) ausschöpft, bekommt man somit die in Abb. 27 schraffierte Fläche als geometrischen Ort aller Punkte, die zeitoptimal in zwei Kontrollintervallen in den Ursprung gebracht werden können. Hiebei ist zuerst $u = +k$ und dann $u = -k$ anzuwenden.

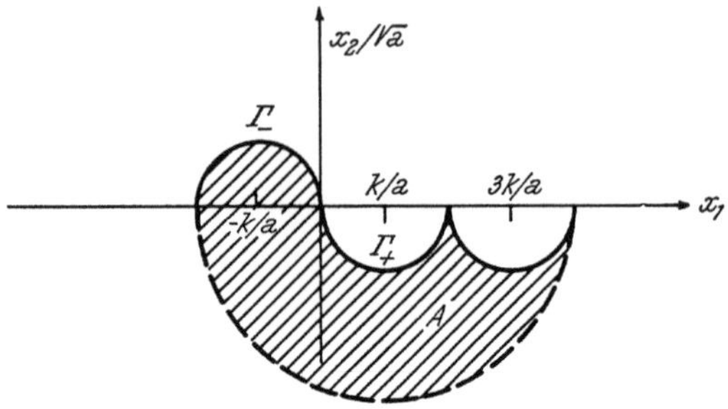

Abb. 27. Bereich A (schraffiert) als geometrischer Ort aller Anfangszustände, die zeitoptimal durch Anwendung von zuerst $u = +k$ und dann $u = -k$ in den Ursprung gebracht werden können

Wir wollen uns jetzt dem Fall mit drei Kontrollintervallen zuwenden. Aus Abb. 26 bzw. Gl. (5.53) ist zu ersehen, daß das vorletzte Kontrollintervall jetzt genau $\Delta t = \pi/\sqrt{a}$ zu dauern hat. Wieder ist das letzte Kontrollintervall $\overline{\Delta t}$ von vornherein nicht bekannt. Deshalb müssen wir wieder alle möglichen Fälle $0 \leqslant \overline{\Delta t} \leqslant \Delta t$ in Betracht ziehen. In Abb. 28 wird zur Illustration eine typische Trajektorie mit einem speziellen Wert für $\overline{\Delta t}$ dargestellt.

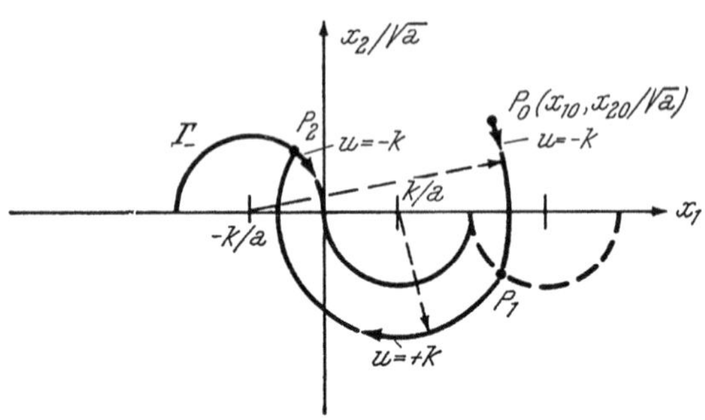

Abb. 28. Trajektorie mit drei Kontrollintervallen. Die beiden Schaltpunkte sind P_1 und P_2

Es ist auf jeden Fall klar, daß die letzte Umschaltung von u stets auf Γ_- erfolgen muß, um das Erreichen des Ursprungs im letzten Intervall zu garantieren. Wir wollen nun alle $\overline{\Delta t}$ mit $0 \leqslant \overline{\Delta t} \leqslant \Delta t$ betrachten. Wie aus Abb. 28 zu ersehen ist, bedeutet die Tatsache, daß das vorletzte Kontrollintervall genau $\Delta t = \pi/\sqrt{a}$ lang sein muß, daß die Trajektorie dieses vorletzten Intervalls auf dem in Abb. 28 ganz rechts gezeichneten Halbkreis beginnen muß. Dieser Halbkreis wird gebildet durch Drehung jedes einzelnen Punktes von Γ_- um einen Winkel π um das Zentrum $(k/a, 0)$. Auf diesem so entstandenen Halbkreis hat somit das Schalten von $u = -k$ zu $u = +k$ zu erfolgen.

Wenn wir dieselben Überlegungen auch in dem Fall, wo die Trajektorie im letzten Intervall auf Γ_+ liegt, anstellen, bekommen wir eine Schaltkurve vom ersten auf das zweite (= vorletzte) Intervall, die durch einen Halbkreis links von Γ_- liegend gebildet wird (siehe Abb. 29).

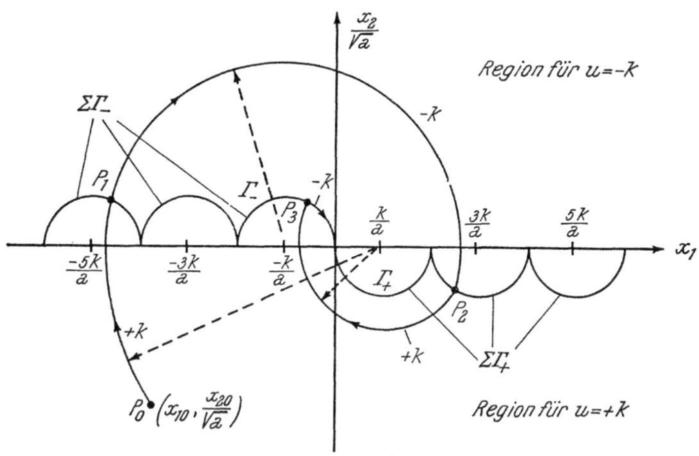

Abb. 29. Schaltkurven $\Sigma\Gamma_+$ für Umschalten von $u = -k$ auf $u = +k$ und $\Sigma\Gamma_-$ für Umschalten von $u = +k$ auf $u = -k$ für zeitoptimale Kontrolle des Systems $\ddot{x} + ax = u$. Eine typische optimale Trajektorie mit den Schaltpunkten P_1, P_2 und P_3 und den dazwischen gültigen Radien ist zur Illustration angegeben

Dieselben Überlegungen können wiederholt werden mit optimalen Trajektorien, die 4 Kontrollintervalle benötigen, dann für 5 Intervalle, usw. Wir erhalten schließlich Abb. 29 mit den Schaltkurven für den Wechsel zwischen $u = +k$ und $u = -k$ und umgekehrt.

In der Region der Zustandsebene oberhalb $\Sigma\Gamma_-$ und $\Sigma\Gamma_+$ ist $u = -k$, für die Region unterhalb ist $u = +k$ zur optimalen Kontrolle anzuwenden.

5.5.3.2 Spezielle Anforderungen bei praktischer Anwendung

Die bisher angestellten mathematischen und geometrischen Betrachtungen hatten zur Voraussetzung, daß Γ_+ bzw. Γ_- den Systemzustand genau zum Ursprung bringen, wo sodann $u = 0$ gesetzt wird und dauernd null bleibt. In praktischen Anwendungen treten aber immer Störungen auf, die das System von der vorberechneten Trajektorie oder vom Ursprung wegbringen. Ferner wird es auch nur selten gelingen, das zu kontrollierende System mathematisch so exakt zu beschreiben, daß die vorausberechnete Trajektorie im störungsfreien Fall genau eingehalten würde.

Als Modifikation des vorher abgeleiteten idealisierten optimalen Kontrollgesetzes führen wir — wie schon im Falle des zweifachen Integrators erwähnt — einen Schwellwert δ um den Ursprung ein mit

$$\delta = \sqrt{x_1^2 + \frac{x_2^2}{a}}. \tag{5.59}$$

Dieser Schwellwert bildet einen Kreis mit dem Radius δ um den Ursprung in der $(x_1, x_2/\sqrt{a})$-Ebene. Systemzustände innerhalb δ sollen $u = 0$ ergeben; bewegt sich der Systemzustand jedoch durch Störungen aus diesem Kreis heraus, so soll die Kontrolle von neuem beginnen, wobei der Austrittspunkt als neue Anfangsbedingung gilt.

Wir wollen nun ein Flußdiagramm für die entwickelte optimale Kontrolle angeben. Dazu muß als wesentlicher Punkt für die praktische Anwendung beachtet werden, daß die Wahl von u jederzeit auf dem augenblicklichen Systemzustand basiert. Um dies zu ermöglichen, verwenden wir die Schaltkurven nach Abb. 29 und teilen die $(x_1, x_2/\sqrt{a})$-Ebene in Streifen gleicher Breite (siehe Abb. 30).

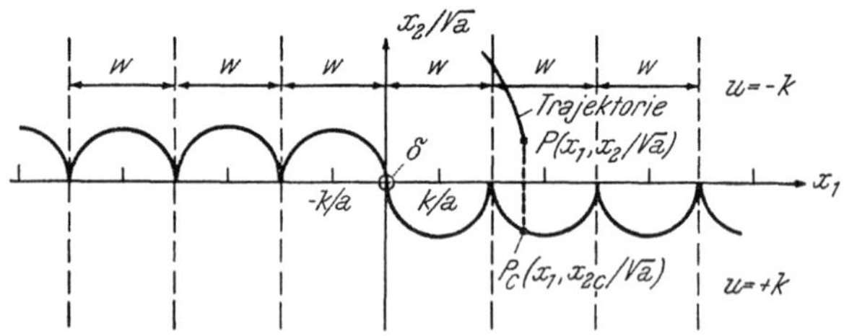

Abb. 30. Schaltkurven und Unterteilung der Zustandsebene in Streifen der Breite $w = 2k/a$. P = momentaner Systemzustand. P_c = Punkt mit gleichem x_1 wie P, auf zugehörigem Schalt-Halbkreis liegend. δ = Schwellwert

Während P längs der Trajektorie wandert, wird fortlaufend geprüft, ob P oberhalb oder unterhalb P_c liegt. Die entsprechende Aussage ergibt das Vorzeichen von u. Abb. 31 zeigt das derart entwickelte Flußdiagramm. Hiebei ist angenommen, daß ein Digitalrechner die Nachbildung des Systems nach Gl. (5.54) übernimmt und die Systemzustände in Zeitabständen von ΔT verfügbar sind. Statt dessen können auch Messungen an einem kontrollierten System, das Gl. (5.54) gehorcht, verwendet werden.

Die Ergebnisse der praktischen Anwendung auf Lageregelungen von Erdsatelliten, die durch Gl. (5.54) je nach Bereich verschieden gut angenähert werden, sind in [2] beschrieben und diskutiert.

5.5.3.3 Veränderung der Sollwerte

Wir wollen nun den Fall betrachten, daß der Systemzustand nicht in den Ursprung, sondern nach $(x_{1e}, 0)$ gebracht werden soll. Zu diesem Zweck betrachten wir Gl. (5.43) und sehen, daß bei $\dot{x} = \ddot{x} = 0$ eine Kraft ax_{1e} vorhanden ist, die das System vom einmal erreichten x_{1e} wegzubringen versucht. Das heißt also, daß dieser Kraft nach Erreichen von x_{1e} stets entgegengewirkt werden muß. Wir schreiben also Gl. (5.43) in der Form

$$\ddot{x} + ax = u_1 + u_2 = u_1 + ax_{1e} \tag{5.60}$$

und erhalten mit der Bezeichnung

$$x_1 - x_{1e} = y_1 \tag{5.61}$$

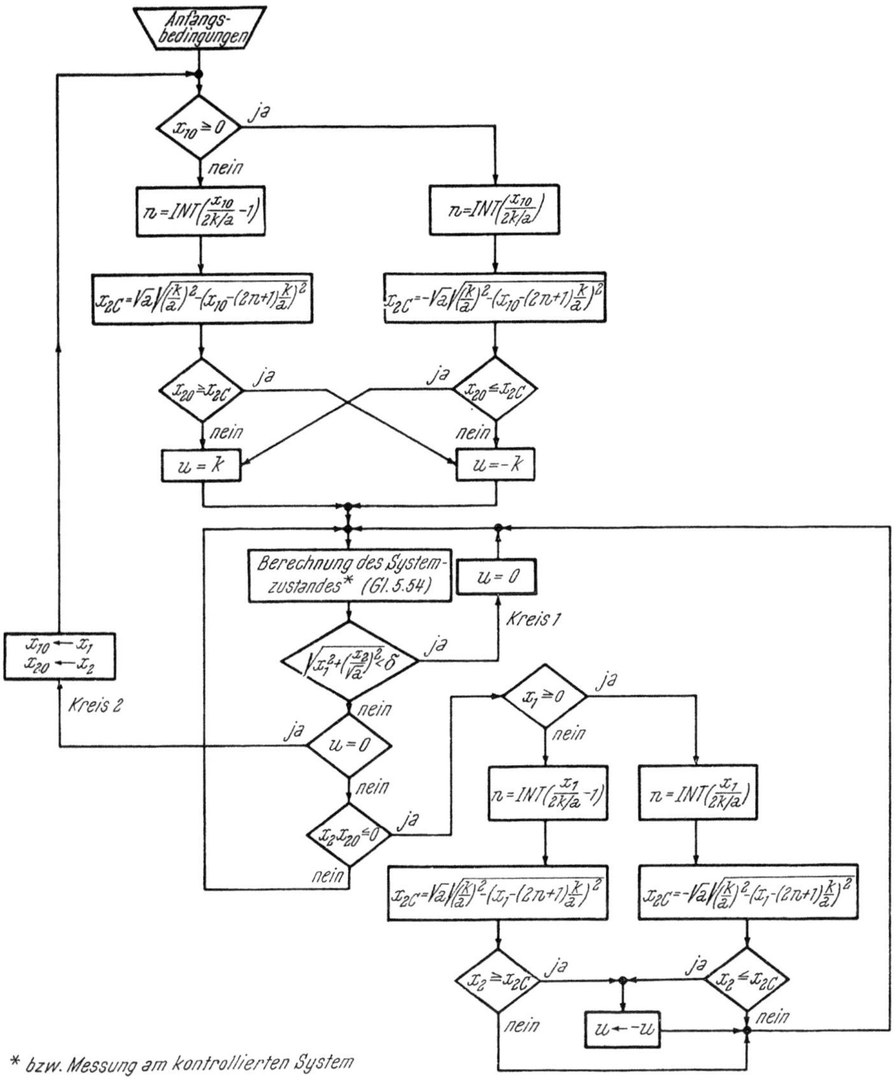

Abb. 31. Vereinfachtes Flußdiagramm zur praktischen Anwendung der zeitoptimalen Kontrolle für $\ddot{x} + ax = u$. Kreis 1 wird verwendet, solange der Systemzustand innerhalb des Schwellwertkreises liegt. Kreis 2 wird unmittelbar nach Verlassen des Schwellwertkreises verwendet

die Gleichung

$$\ddot{y}_1 + a y_1 = u_1, \tag{5.62}$$

die in zwei Differentialgleichungen erster Ordnung

$$\dot{y}_1 = y_2 \quad \text{und} \quad \dot{y}_2 = -\,a y_1 + u_1 \tag{5.63}$$

aufgespalten werden kann. Gl. (5.63) haben dieselbe Form wie Gl. (5.45). Wir sehen also, daß genau dieselbe Ableitung der zeitoptimalen Kontrolle wie für

Gl. (5.45) gilt, mit dem Unterschied, daß jetzt (y_1, y_2) in den Zustand $y_1 = 0$, $y_2 = 0$ gebracht wird. Die ständige Aufbringung von $u_2 = ax_{1e}$ soll während des ganzen Kontrollvorganges in Kauf genommen werden, da dieses u_2 auch nach Erreichen von x_{1e} ständig vorhanden sein muß.

Wir könnten nun dieselben Schaltkurven in der $(y_1, y_2/\sqrt{a})$-Ebene, wie in Abb. **29** für die $(x_1, x_2/\sqrt{a})$-Ebene geschehen, zeichnen. Statt dessen wollen wir unmittelbar die $(x_1, x_2/\sqrt{a})$-Ebene verwenden und erhalten Abb. **32**.

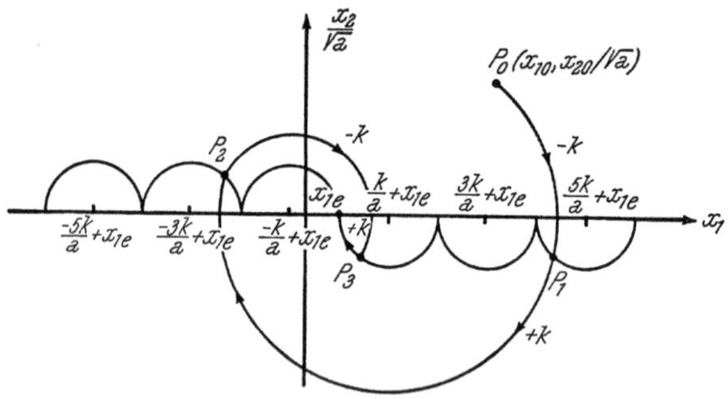

Abb. 32. Schaltkurven analog zu Abb. 29, aber für Transferieren eines Anfangszustandes (wie x_{10}, x_{20}) in den Sollwert $(x_{1e}, 0)$

5.5.3.4 Berücksichtigung von konstanten Störungen

Bisher wurden nur kleine Störungen angenommen, die durch Einführung eines Schwellwertes δ nicht zu unnötig häufigen Reaktionen der Systemkontrolle führten.

Es kommt in praktischen Anwendungen, wie z. B. bei der Lageregelung von Satelliten, häufig vor, daß die Störgrößen d in die Größenordnung der Systemkontrolle u kommen. In solchen Fällen muß Gl. (5.43) ersetzt werden durch

$$\ddot{x}_1 + ax_1 = u + d. \tag{5.64}$$

Wir betrachten zunächst den Fall mit d = konstant.

Es soll angenommen werden, daß d entweder bekannt ist, oder durch Messung der Verschiebung der Trajektorien gegenüber dem Fall $d = 0$ gemessen wird. (Trajektorien mit $d \neq 0$ bilden Kreise, die im Falle $u = 0$ ihr Zentrum in $(d/a, 0)$ in der $(x_1, x_2/\sqrt{a})$-Ebene haben.) Es existieren nun zwei Varianten zur Behandlung dieses Problems:

Variante a): Der Störung d wird laufend entgegengewirkt durch eine Kontrolle $u_3 = -d$. Dies führt somit wieder auf den reinen einfachen Fall der Gl. (5.43) und den dafür optimalen Kontrollvorschriften. Diese Variante ist dadurch gerechtfertigt, daß auch nach Erreichen des Zustandes (0, 0) stets $u_3 = -d$ angewendet werden muß.

Variante b): In vielen Anwendungen ist es unangenehm, zusätzliche Kontrollmöglichkeiten wie $u_3 = -d$ in Variante a) einzuführen. Wir betrachten daher wieder den Fall, wo $-k \leqslant u \leqslant k$ sein muß und schreiben Gl. (5.64) in der Form

$$\dot{x}_1 = x_2, \qquad \dot{x}_2 = -ax_1 + u + d. \tag{5.65}$$

Dies ergibt

$$H = -1 + p_1 x_2 + p_2(-ax_1 + u + d). \tag{5.66}$$

H erreicht sein Maximum bei

$$u = k \operatorname{sgn} p_2 = k \operatorname{sgn}[\sin(\sqrt{a}\, t - \varphi)],$$

was mit Gl. (5.53) identisch ist.

Die Zeitfunktionen des Systemzustandes werden nach Lösung von Gl. (5.65) zu

$$x_1(t) - \frac{d \pm k}{a} = \left(x_{10} - \frac{d \pm k}{a}\right) \cos \sqrt{a}\, t + \frac{x_{20}}{\sqrt{a}} \sin \sqrt{a}\, t,$$

$$\frac{x_2(t)}{\sqrt{a}} = -\left(x_{10} - \frac{d \pm k}{a}\right) \sin \sqrt{a}\, t + \frac{x_{20}}{\sqrt{a}} \cos \sqrt{a}\, t, \tag{5.67}$$

$$x_{10} = x_1(t = 0), \qquad x_{20} = \dot{x}_1(t = 0) = x_2(t = 0). \tag{5.68}$$

Bei Vergleich von Gl. (5.67) und (5.54) sehen wir, daß die Radien der Halbkreise Γ_+ und Γ_-, die zum Ursprung führen, geändert sind. Wenn wir wie vorher alle Fälle mit zwei Kontrollintervallen, bei denen im ersten Kontrollintervall $u = +k$ und im zweiten Intervall $u = -k$ gilt, betrachten, erhalten wir Abb. **33** als Ersatz für Abb. 27.

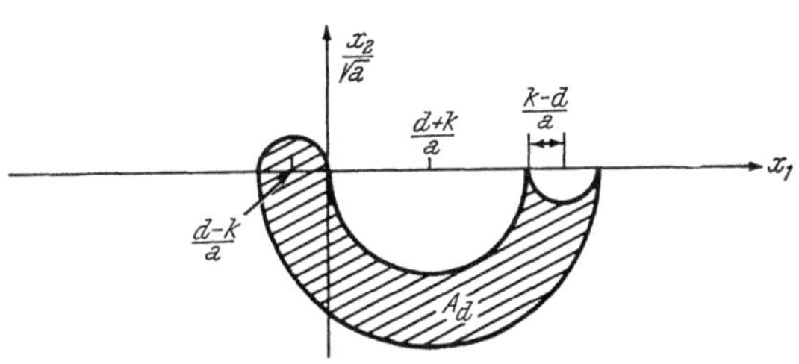

Abb. 33. Fläche A_d (schraffiert) als geometrischer Ort aller Systemzustände, die durch Anwendung von zuerst $u = +k$ und dann $u = -k$ zeitoptimal in den Ursprung gebracht werden können

Die Ableitung der Schaltkurven würde nun analog zum störungsfreien Fall erfolgen und soll hier wegen der Kürze der Darstellung weggelassen werden. Das Resultat ist in Abb. **34** gezeigt.

Sowohl aus Abb. **34** wie aus physikalischen Gründen ist klar, daß stets $-k \leqslant d \leqslant +k$ sein muß.

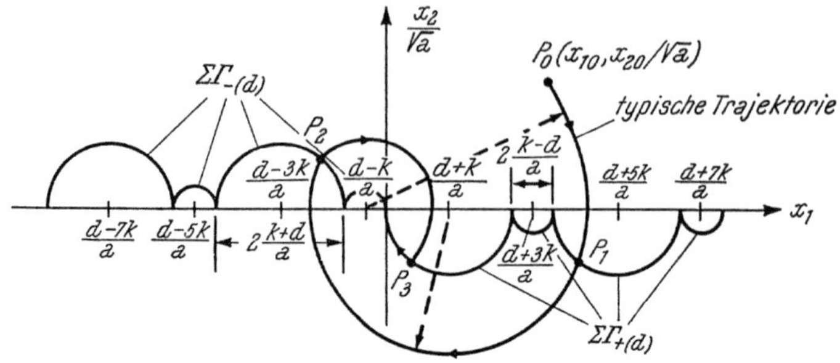

Abb. 34. Schaltkurven $\Sigma\Gamma_{+(d)}$ für Umschalten von $u = -k$ auf $+k$ und $\Sigma\Gamma_{-(d)}$ für Umschalten von $u = +k$ auf $-k$ für zeitoptimales Transferieren von Anfangszuständen (wie x_{10}, x_{20}) in den Ursprung für das System $\ddot{x} + ax = u + d$ [2]

5.5.3.5 *Berücksichtigung von veränderlichen Störungen*

Es kommt bei vielen Anwendungen vor, daß sich während der Kontrollanwendung die Störung d verändert. Dann verändern sich auch die optimalen Schaltkurven nach Abb. 34. Nehmen wir zunächst an, daß die Störung zunächst $d_1 < 0$ beträgt und dann plötzlich auf $d_2 > 0$ springt. Abb. 35 zeigt die Schaltkurven für beide Störungswerte und eine typische Trajektorie.

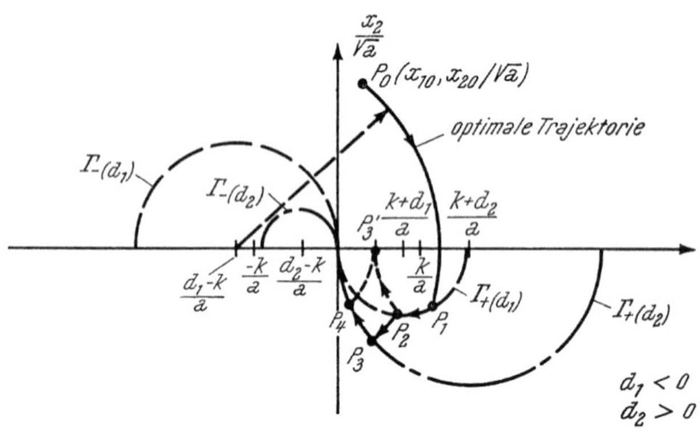

Abb. 35. Schaltkurven für zeitoptimales Transferieren von Systemzuständen wie (x_{10}, x_{20}) in den Ursprung (nach [2]). Strichliert: Schaltkurven für d_1. Strichpunktiert: Schaltkurven für d_2

In Abb. 35 ist angenommen, daß bei P_0 die Störung d_1 wirkt. Umschalten von $u = -k$ auf $+k$ erfolgt in P_1, wobei noch immer d_1 gelten soll. Ab hier wird dem Halbkreis $\Gamma_{+(d_1)}$ in Richtung Ursprung gefolgt. Bei Erreichen von P_2 soll angenommen werden, daß die Störung auf d_2 springt. Der Systemzustand müßte also ab jetzt dem Halbkreis $\Gamma_{+(d_2)}$ folgen, um den Ursprung zu erreichen. Die Erreichung des Ursprungs ist nun auf zwei Arten möglich:

Variante 1: Theoretisch richtig ist es, bei Auftreten von d_2 die neuen optimalen Schaltkurven sofort zu berücksichtigen. Das heißt, daß in P_2 wieder auf $u = -k$ geschaltet und dann beibehalten werden muß, bis $\Gamma_{+(d_2)}$ erreicht ist. Dort wird wieder auf $+ k$ geschaltet. Die Trajektorie folgt nun den Punkten $P_0P_1P_2P_3$-Ursprung.

Variante 2: In praktischen Fällen kann es vorteilhaft sein, nicht sofort wie in Variante 1 in P_2 auf $u = -k$ umzuschalten. d_2 könnte nämlich nur vorübergehend gelten und es könnten später, bevor der Ursprung erreicht wird, auch andere Störungen auftreten, die die Wirkung von d_2 aufheben. Es ist meist auch nicht erwünscht, u allzu häufig umzuschalten, da in praktischen Systemen dann meist zu große Abnützung der Kontrollgeräte entsteht.

Wenn wir also entscheiden, die Wirkung von d_2 zu beobachten, so kann in einem ungünstigen Fall — wenn d_2 längere Zeit bestehen bleibt — nach P_2 die Trajektorie zu P_3' führen. Dort muß auf jeden Fall auf $u = -k$ umgeschalten werden, da sich sonst (x_1, x_2) wieder von $(0, 0)$ entfernen würde. Die gesamte sich so ergebende Trajektorie ist in Abb. 35 mit $P_0P_1P_2P_3'P_4$-Ursprung angedeutet.

Die Entscheidung, welche der beiden Varianten angewendet werden soll, hängt vom jeweiligen Anwendungsfall ab. Hier muß wieder die mathematische Kontrolltheorie durch die Kunst des Ingenieurs ergänzt werden.

Wir haben bisher angenommen, daß durch den Sprung von d_1 auf d_2 eine neue optimale Schaltlinie $\Gamma_{+(d_2)}$ gebildet wurde, die unmittelbar vom eben eingenommenen Systemzustand (P_2 auf $\Gamma_{+(d_1)}$ in Abb. 35) erreicht werden konnte.

Betrachten wir nun den umgekehrten Fall des Sprunges von d_2 auf d_1 (siehe dazu Abb. 36).

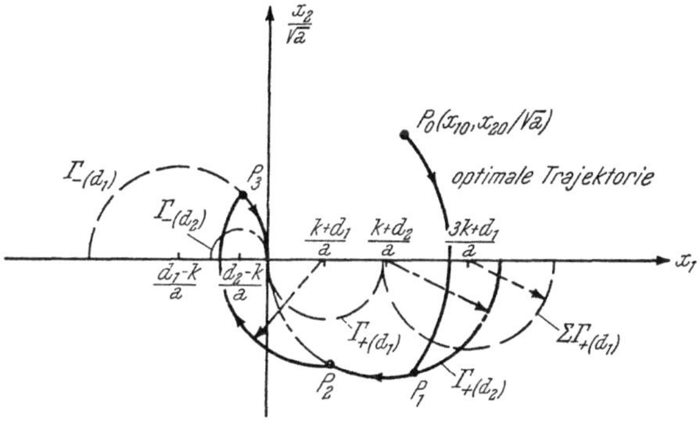

Abb. 36. Schaltkurven wie in Abb. 35 und typische Trajektorie bei Störungssprung von d_2 auf d_1 in P_2

Wie aus Abb. 36 ersichtlich ist, wurde die für d_1 gültige Schaltlinie $\Sigma\Gamma_{+(d_1)}$ schon gekreuzt, wenn d_1 in P_2 auftritt. Daher muß die Trajektorie nun bis P_3 gehen, wo erst wieder auf $u = -k$ umgeschaltet werden kann.

Um besonders zu verdeutlichen, wie wichtig die Kenntnis der Störungen sein kann, wollen wir einen Fall betrachten, wo diese nicht bestimmt werden können. Das bedeutet, daß die Schaltkurven nicht an die jeweils auftretende Störung angepaßt werden können. Abb. 37 zeigt eine Trajektorie für einen solchen Fall.

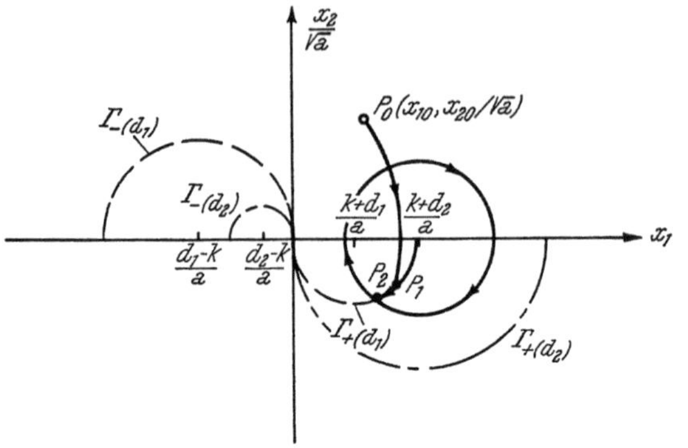

Abb. 37. Beispiel einer Trajektorie für den Fall, daß die Schaltlinien nicht an den jeweiligen Störungsfall angepaßt werden

Für Abb. **37** wurde wieder angenommen, daß d_1 in P_2 auf d_2 springt. Die Trajektorie bildet nunmehr einen Kreis mit dem Mittelpunkt in $(k + d_2)/a$ und schneidet nie mehr eine Schaltlinie, die ein Umschalten von u bewirken würde. Es ist somit klar, daß stets der jeweilige Systemzustand und die Störungen bekannt sein müssen.

Für sehr kleine Störungen kann näherungsweise das optimale Kontrollgesetz des störungsfreien Falles angewendet werden. Abb. **38** illustriert diesen Fall für $d < 0$. Wir erhalten sogenannte suboptimale Trajektorien, wobei der in der Literatur oft verwendete Ausdruck „suboptimal" näherungsweise optimal bedeutet.

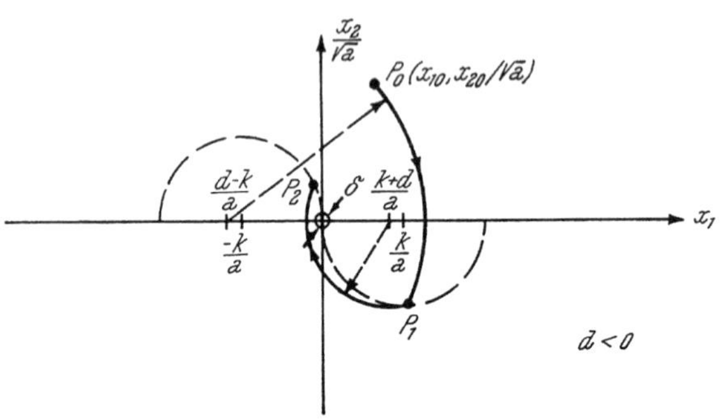

Abb. 38. Suboptimale Trajektorien für absolut kleine Störungen d; $d < 0$ (nach [2])

Abb. **39** zeigt den analogen Fall für $d > 0$. Wir sehen, daß zusätzliche Vorsichtsmaßnahmen getroffen werden müssen, da die Trajektorie wie in Abb. **37** in einen Kreis übergehen könnte.

Es muß also u umgeschalten werden, z. B. wenn die x_1-Achse geschnitten wird (P_2 in Abb. 39).

Aus den vorhergehenden Überlegungen ist klar zu ersehen, daß die grundlegende Lösung der zeitoptimalen Kontrolle für den Oszillator, wie sie in Abb. 29

dargestellt ist, durch umfangreiche Modifikationen erweitert werden muß, wie sie sich erst im praktischen Betrieb als notwendig herausstellen. Dies wird z. B. in [2] an Hand einer Satelliten-Lageregelung demonstriert. Wie in Kapitel 10 gezeigt wird, ist häufig eine weitere Modifikation, die in der Verkleinerung der Kontrolle u in der Nähe des Sollwertes besteht, notwendig. Hiedurch wird das häufig auftretende „chattering", das Pendeln um den Sollwert, vermieden.

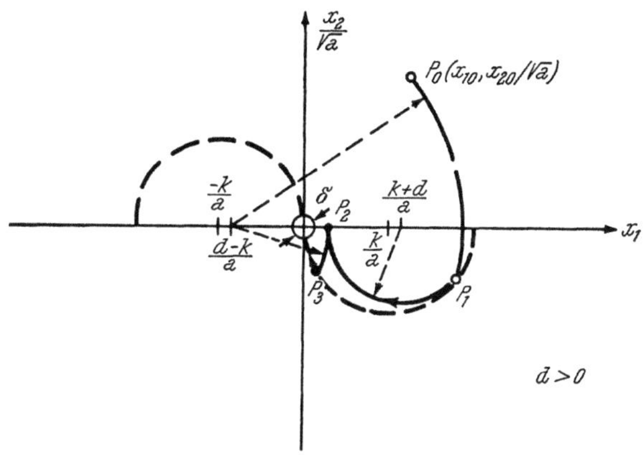

Abb. 39. Suboptimale Trajektorien für kleine Störungen $d > 0$ (nach [2])

5.5.4 Gedämpfter harmonischer Oszillator

Wir betrachten nun die zeitoptimale Kontrolle des Systems

$$\ddot{x}_1 + b\dot{x}_1 + ax_1 = u \quad \text{mit} \quad -k \leqslant u \leqslant k, \qquad k \geqslant 0 \tag{5.69}$$

und schreiben

$$\dot{x}_1 = x_2 = f_1(\mathbf{x}, \mathbf{u}), \qquad \dot{x}_2 = -bx_2 - ax_1 + u = f_2(\mathbf{x}, \mathbf{u}). \tag{5.70}$$

Dies ergibt analog zu Gl. (5.47)

$$H = -1 + p_1 x_2 + p_2(-bx_2 - ax_1 + u). \tag{5.71}$$

Gl. (5.7) liefern

$$\dot{p}_1 = ap_2, \qquad \dot{p}_2 = -p_1 + bp_2 \tag{5.72}$$

und somit

$$\ddot{p}_2 - b\dot{p}_2 + ap_2 = 0 \tag{5.73}$$

mit der Lösung

$$p_2 = \exp\left(\frac{b}{2}t\right)[A_1 \exp(\beta t) + A_2 \exp(-\beta t)] \quad \text{für} \quad \frac{b^2}{4} > a, \tag{5.74}$$

wobei A_1 und A_2 Integrationskonstanten sind und

$$\beta = \sqrt{\frac{b^2}{4} - a}\,. \tag{5.75}$$

Für $b^2/4 < a$ erhalten wir

$$p_2 = A \exp\left(\frac{b}{2} t\right) \sin(\omega t - \varphi), \tag{5.76}$$

wo nun A und φ Integrationskonstanten sind und

$$\omega = \sqrt{a - \frac{b^2}{4}}\,. \tag{5.77}$$

H erhält sein Maximum mit

$$u = k \operatorname{sgn} p_2. \tag{5.78}$$

Im Falle $b^2/4 > a$ kann p_2 sein Vorzeichen höchstens einmal wechseln. Deshalb ist die Konstruktion der Schaltlinien ähnlich wie im Fall $\ddot{x} = u$. Für $b^2/4 < a$ sind die Überlegungen ähnlich wie im ungedämpften Fall. Man erhält Abb. 40.

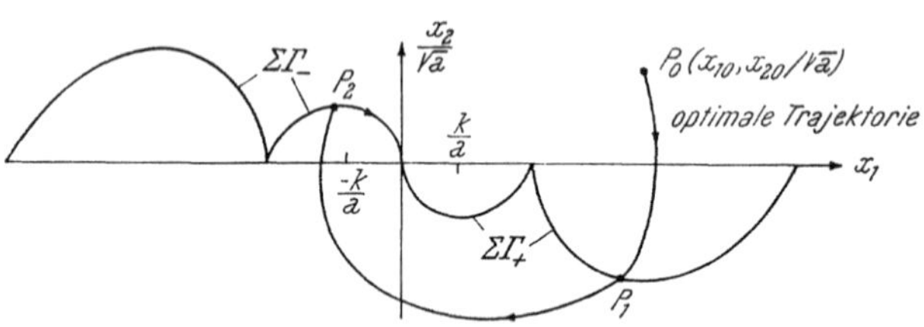

Abb. 40. Schaltkurven für die zeitoptimale Kontrolle des Systems $\ddot{x}_1 + b\dot{x}_1 + ax_1 = u$. P_1, P_2 = Schaltpunkte

Als einziger Unterschied bei der Konstruktion der Schaltkurven im Vergleich zum ungedämpften Fall ist zu beachten, daß hier die Trajektorien nicht mehr Kreise sind, sondern Spiralen mit dem erzeugenden Faktor $\exp[(b/2)\alpha]$, wobei $\alpha = \omega t$. Der Bezugspunkt für die Zeit t muß bei jedem Umschalten von u neu festgesetzt werden.

5.6 Kombinierte Zeit-Treibstoff-optimale Kontrolle

In vielen Anwendungsfällen ist es neben einer zeitoptimalen Kontrolle wesentlich, auch den Treibstoffverbrauch (z. B. bei Rückstoßdüsen auf Satelliten) minimal zu halten. Wie bereits in Kapitel 3 ausgeführt, wird im allgemeinen nur ein Kompromiß zwischen Zeitoptimalität und Treibstoffoptimalität zu erreichen sein. Das Gütekriterium lautet, wie in Kapitel 3 definiert,

$$P = x_0(t) = \int_{t_a}^{t_e} (\lambda_t + \lambda_f |u|)\, dt \tag{5.79}$$

mit

$$\lambda_t, \lambda_f \geqslant 0.$$

Wir wollen hier wieder die beiden häufig vorkommenden Fälle des zweifachen Integrators und des harmonischen Oszillators betrachten. Es soll angenommen werden, daß der Anfangszustand vollkommen bekannt ist, daß t_e und $x_0(t_e) = P$ unbekannt sind, wohl aber die geforderten Endwerte der Systemvariablen $x_1(t_e), \ldots, x_n(t_e)$, wobei hier $n = 2$. In diesem Fall lassen sich Gl. (5.12) und (5.13) anwenden, wodurch wir $p_0 = -1$ und $H(t_e) = 0$ erhalten.

Da die Befolgung der Punkte 1. bis 7. der eingangs in diesem Kapitel gebrachten Zusammenfassung des Maximumprinzips hier genauso wie im Falle der reinen Zeitoptimalität aussehen würde und die Hauptschwierigkeit wieder in der geometrischen Deutung der Ergebnisse liegt, wollen wir die Anwendung des Maximumprinzips hier in etwas mehr gestraffter Form bringen.

5.6.1 System mit zweifacher Integration

Wir betrachten das System

$$\ddot{x}_1 = u \tag{5.80}$$

mit

$$-k \leqslant u \leqslant +k, \qquad k \geqslant 0 \tag{5.81}$$

und schreiben Gl. (5.80) mit Hilfe von Zustandsvariablen x_1 und x_2

$$\dot{x}_1 = x_2, \qquad \dot{x}_2 = u. \tag{5.82}$$

Mit

$$\dot{x}_0 = \lambda_t + \lambda_f|u| \tag{5.83}$$

erhalten wir

$$H = p_1 x_2 + p_2 u - \lambda_t - \lambda_f|u| \tag{5.84}$$

und mit Gl. (5.7)

$$\dot{p}_1 = 0, \qquad \dot{p}_2 = -p_1 \tag{5.85}$$

mit dem Resultat

$$p_1 = a_1 \tag{5.86}$$

und

$$p_2 = -a_1 t + a_2. \tag{5.87}$$

H erlangt sein Maximum mit

$$u = k \qquad \text{wenn} \qquad p_2 > \lambda_f,$$

$$u = 0 \qquad \text{wenn} \qquad -\lambda_f < p_2 < \lambda_f,$$

$$u = -k \quad \text{wenn} \qquad p_2 < -\lambda_f. \tag{5.88}$$

Wir sehen aus Gl. (5.87), daß p_2 eine lineare Zeitfunktion ist und daß daher u nach Gl. (5.88) eine Folge $-k, 0, +k$ oder $+k, 0, -k$ oder eine Teilfolge daraus annehmen kann. Dies richtet sich im Prinzip nach den Werten a_1 und a_2 in Gl. (5.86) und (5.87). Die Trajektorien für $u = +k$ und $-k$ wurden bereits in Abb. 19 und 20 angegeben, während die Trajektorien für $u = 0$ einfach Gerade parallel zur x_1-Achse sind. Eine wesentliche Aussage für die Konstruktion der Trajektorien ist wieder, daß der letzte Abschnitt zum Sollwert (hier angenommen der Ursprung) führen muß. Um die Geometrie der optimalen Kontrolle in der (x_1, x_2)-Zustandsebene zu verstehen, wollen wir in Abb. 41 für die Anfangsbedingung $(x_{10}, 0)$ mögliche Zeit-Treibstoff-optimale Trajektorien einzeichnen.

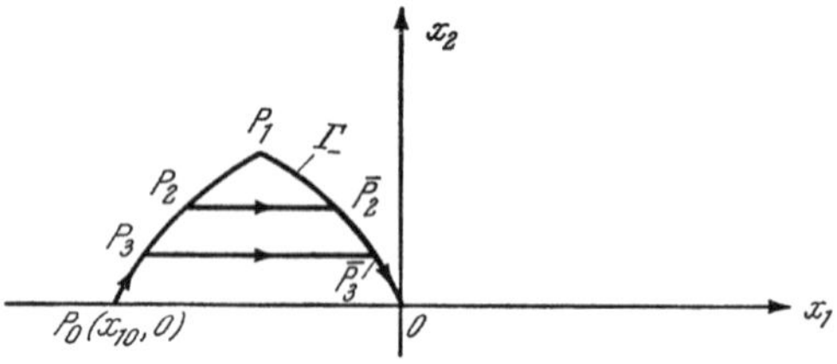

Abb. 41. Zeit-Treibstoff-optimale Trajektorien für das System $\ddot{x} = u$ (nach [7])

Die Konstruktion der Trajektorien in Abb. 41 erfolgte auf Grund der bisher gemachten Schlüsse, wobei hier die Kontrollfolge $u = +k, 0, -k$ angenommen wurde. Da $u = 0$ horizontale Gerade ergibt, müssen, wie aus Abb. 41 zu ersehen ist, die Abschnitte für $u = +k$ und $u = -k$ gleich lang sein und daher, wie leicht gezeigt werden kann, auch dieselbe Zeit t_{ein} dauern. t_{ein} hängt selbstverständlich vom Verhältnis λ_f/λ_t ab. $\lambda_f = 0$ ergibt den zeitoptimalen Fall mit der Trajektorie P_0P_10. Je größer λ_f/λ_t wird, desto weniger Treibstoff wird verbraucht und desto geringere $\dot{x}$ werden erreicht. Dies ergibt die Trajektorien $P_0P_2\bar{P}_20$ für kleines λ_f/λ_t und $P_0P_3\bar{P}_30$ für größeres λ_f/λ_t. Für $\lambda_t \to 0$ erhalten wir den treibstoffoptimalen Fall, d. h. der Treibstoffverbrauch geht gegen 0 und die Trajektorie nähert sich der Geraden P_00. Da dann $\dot{x}_1 = 0$, braucht das Transferieren in den Ursprung unendlich lange.

Aus dem bisher gesagten dürfte es klar sein, daß das Maximumprinzip sehr wertvolle prinzipielle Aussagen über den Verlauf der Trajektorien macht. In praktischen Anwendungen dürfte dann auf Grund dieser Erkenntnisse die Wahl einer Obergrenze der Manöverzeit von Vorteil sein. Der Treibstoffverbrauch wird sich dann automatisch auf einen günstigen Wert einstellen, wenn die Manöverzeit an die vorgegebene Obergrenze heranreicht. Eine praktische Anwendung auf die Lagekontrolle von Erdsatelliten wird in [7] beschrieben.

5.6.2 Harmonischer Oszillator

5.6.2.1 Allgemeine Lösung

Die Systemgleichungen lauten

$$\ddot{x}_1 + a x_1 = u \tag{5.89}$$

bzw.

$$\dot{x}_1 = x_2, \qquad \dot{x}_2 = -\,a x_1 + u \qquad \text{mit} \qquad -\,k \leqslant u \leqslant +\,k, \qquad k \geqslant 0. \tag{5.90}$$

Das Gütekriterium ist bereits durch Gl. (5.79) definiert. Somit erhalten wir

$$H = p_1 x_2 - a p_2 x_1 + p_2 u - \lambda_t - \lambda_f |u|. \tag{5.91}$$

H erreicht sein Maximum bei

$$u = k \operatorname{sgn} p_2 \quad \text{für} \quad |p_2| \geqslant \lambda_f$$

und

$$u = 0 \qquad\qquad \text{für} \quad |p_2| < \lambda_f. \tag{5.92}$$

Mit Gl. (5.7) erhalten wir

$$\dot{p}_1 = -\,a p_2, \qquad \dot{p}_2 = -\,p_1 \tag{5.93}$$

mit dem Ergebnis

$$p_2 = A \sin(\sqrt{a}\, t + \varphi), \tag{5.94}$$

wobei A und φ Integrationskonstanten sind. Wegen der relativ komplizierten geometrischen Herleitung der Schaltkurven in der (x_1, x_2)-Ebene wollen wir die bisher gewonnenen Ergebnisse in mehreren Teilschritten verwerten [11, 12].

a) Letztes Intervall

Um die optimale Folge für die Kontrolle u zu finden, müssen wir alle möglichen Fälle von u relativ zu p_2 erfassen. Abb. 42 zeigt einen typischen Fall als Beispiel.

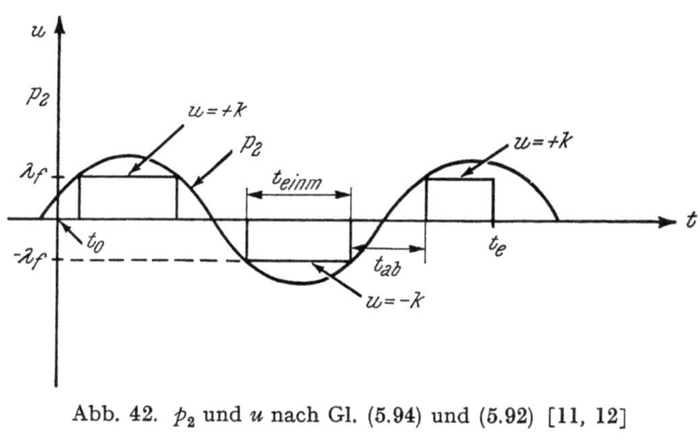

Abb. 42. p_2 und u nach Gl. (5.94) und (5.92) [11, 12]

Aus Abb. 42 ist ersichtlich, daß u periodisch ein- und ausgeschaltet werden muß. Weiters kann gesagt werden, daß u im letzten Intervall $+ k$ oder $- k$ sein muß, da sonst die Trajektorie in einen Kreis mit dem Ursprung als Zentrum übergehen würde und somit den Ursprung nie erreichte. Die Einschaltdauer von u im letzten Intervall liegt zwischen 0 und t_{einm}, wobei t_{einm} die in Abb. 42 dargestellte maximale Einschaltdauer ist. Daher muß der Teil der Trajektorie, der den Systemzustand in den Ursprung überführt, auf dem Kreissegment Γ_+ oder Γ_- in Abb. 43 liegen. Der Öffnungswinkel β des Kreissegments ist gegeben durch $\beta = \omega t_{einm}$.

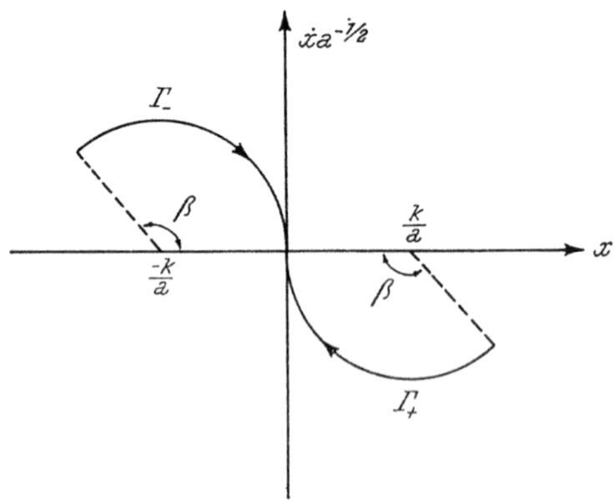

Abb. 43. Kreissegmente Γ_+ und Γ_-, auf denen der letzte Teil der optimalen Trajektorie für die Zeit-Treibstoff-optimale Kontrolle des Systems $\ddot{x} = u$ liegen muß [11, 12]

b) Leerlauf im vorletzten Abschnitt

Aus Abb. 42 ist zu sehen, daß im vorletzten Abschnitt $u = 0$ gelten muß. Ausgenommen ist natürlich der Fall, daß die Anfangsbedingung schon auf Γ_+

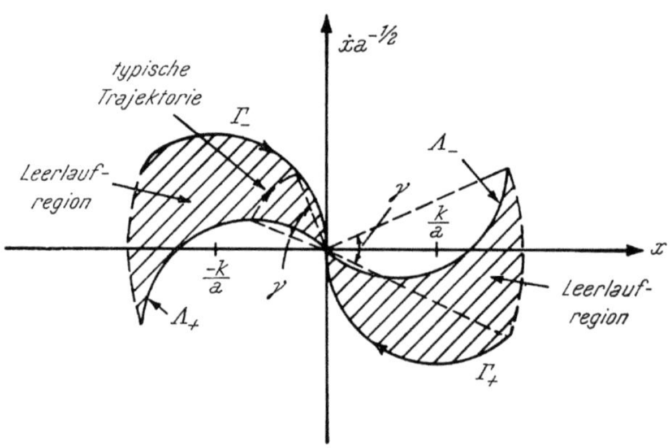

Abb. 44. Leerlaufregion und Schaltkurven [11, 12]: $\gamma = \omega t_{ab}$. Γ_+ für Schalten von $u = 0$ auf $+ k$. Γ_- für Schalten von $u = 0$ auf $- k$. Λ_+ für Schalten von $u = + k$ auf 0. Λ_- für Schalten von $u = - k$ auf 0

oder Γ_- zu liegen kommt und nur das letzte Kontrollintervall benötigt wird. Die maximale Länge des Leerlaufintervalls ist gegeben durch t_{ab}, was eine Winkelöffnung γ der Kreisbögen im Leerlaufintervall bei der maximal möglichen Leerlaufdauer von $\gamma = \omega t_{ab}$ ergibt. Dies bedeutet somit, daß, wenn mindestens drei Kontrollintervalle vorhanden sind, zu einem Zeitpunkt um genau t_{ab} vor Erreichen von Γ_+ bzw. Γ_- das Schalten von $u = +k$ oder $-k$ auf $u = 0$ erfolgen muß. In der geometrischen Interpretation ergibt dies, daß durch Drehung der Kreisbögen Γ_+ und Γ_- die Kurven Λ_+ bzw. Λ_- für Schalten von $u = +k$ oder $-k$ auf $u = 0$ gefunden werden. Dies ist in Abb. 44 dargestellt.

Aus Abb. 44 ist ersichtlich, daß jeder Zustand, der in der schraffierten Fläche liegt, in zwei Kontrollintervallen in den Ursprung gebracht werden kann. Hiebei wird zuerst $u = 0$ gehalten bis Γ_+ bzw. Γ_- erreicht ist, wo dann $u = k$ bzw. $u = -k$ gesetzt wird.

c) Kontrolle vor der letzten Leerlaufperiode

Liegt der Zustand nicht in der Leerlaufregion in Abb. 44, so muß mindestens ein weiteres Kontrollintervall vor der Leerlaufperiode vorhanden sein. Nach Abb. 42 kann dieses Kontrollintervall bis zu maximal t_{einm} dauern und muß ein dem

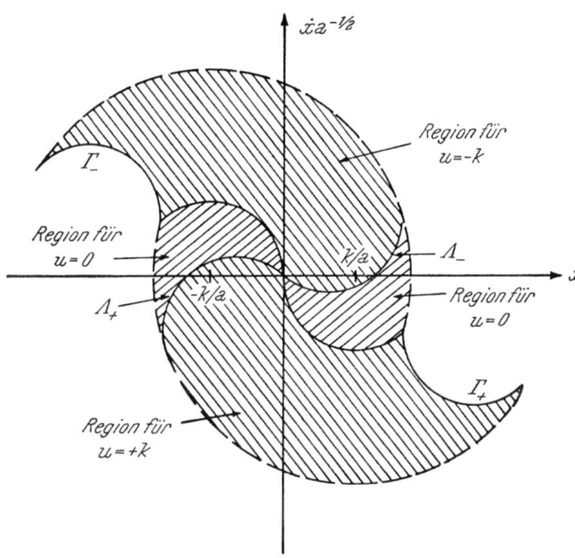

Abb. 45. Erweiterung der Abb. 44 um die Regionen für $u = +k$ und $u = -k$, aus denen Systemzustände durch die Kontrollfolge $u = +k, 0, -k$ bzw. $u = -k, 0, +k$ in den Ursprung gebracht werden können [11, 12]

letzten Kontrollintervall entgegengesetztes Vorzeichen von u aufweisen. Verfolgt man also alle Trajektorien, die nach Verstreichen von $t \leqslant t_{einm}$ auf Λ_+ bzw. Λ_- eintreffen, so sieht man, daß diese ihren Ausgangspunkt in den in Abb. 45 als Regionen für $u = -k$ und $u = +k$ bezeichneten, schraffierten Flächen haben müssen.

d) Vollständige Schaltkurven

Das bisher entwickelte Verfahren kann weiter fortgesetzt werden und führt zu den in Abb. 46 gezeigten Schaltlinien, die also Trajektorien mit gleichem Leerlaufwinkel γ und Kontrollwinkel β erzeugen. Wir wollen bemerken, daß die Konstruktion prinzipiell auf dem Gütekriterium nach Gl. (5.79) beruht, daß aber im Laufe der Ableitung zur Definition des Verhältnisses Zeitoptimalität-Treibstoffoptimalität auf den Kennwert $\beta : \gamma = t_{einm} : t_{ab}$ übergegangen wurde. Diese neue Definition scheint für praktische Anwendungen brauchbarer, da die Kontrollzeiten in der Praxis leichter zu überblicken sind als der mathematische Formalismus nach Gl. (5.79).

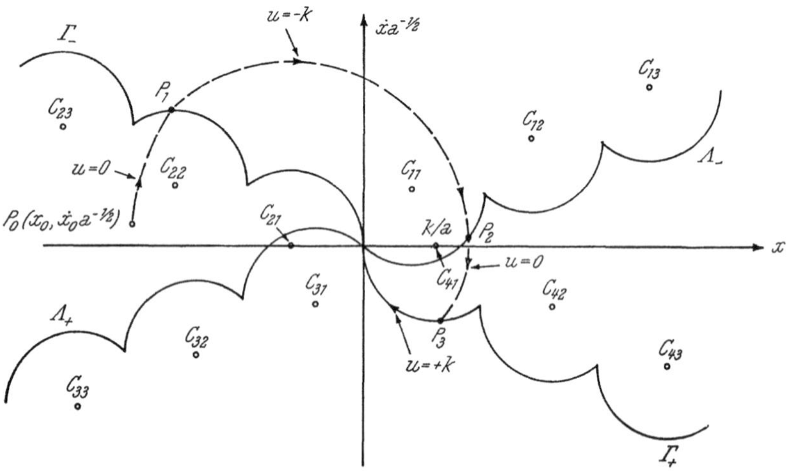

Abb. 46. Schaltkurven und Beispiel einer Trajektorie für Zeit-Treibstoff-optimale Kontrolle des Systems $\ddot{x} + ax = u$ [11, 12]. C_{ij} = Mittelpunkte der Kreisbögen ($i = 1, 2, 3, 4$; $j = 1, 2 \ldots$), P_i = Schaltpunkte ($i = 1, 2, 3$)

Die in Abb. 46 gezeichneten Schaltkurven bestehen ausschließlich aus gleich großen Kreisbögen, deren Endpunkte alle auf (zusammen zwei) Geraden liegen. Der Winkel zwischen diesen Geraden ist durch γ, d. h. die geforderte Betonung der Treibstoffminimisierung gegeben.

Bezeichnet man $y = \dot{x}/\sqrt{a}$, so ergeben sich als Koordinaten für die Mittelpunkte C_{1n} ($n = 1, 2, \ldots$) im rechten oberen Quadranten der Abb. 46

$$x_{1n} = \rho_{1n} \cos \varphi_{1n}, \qquad y_{1n} = \rho_{1n} \sin \varphi_{1n}, \tag{5.95}$$

wobei

$$\rho_{1n} = R\{[n(1 + \cos\gamma) - 1]^2 + [n \sin\gamma]^2\}^{1/2}, \tag{5.96}$$

$$\varphi_{1n} = \arctan\{n \sin\gamma/[n(1 + \cos\gamma) - 1]\} \tag{5.97}$$

mit

$$R = k/a. \tag{5.98}$$

Die Gleichungen der Kreissegmente lauten somit

$$y_{c1} = y_{1n} - [R^2 - (x - x_{1n})]^{1/2} \tag{5.99}$$

für

$$(n - 1)R(1 + \cos\gamma) \leqslant x \leqslant nR(1 + \cos\gamma). \tag{5.100}$$

Um umgekehrt für ein vorgegebenes x das entsprechende n und somit das zu diesem x gehörende Kreissegment zu finden, berechnet man

$$n = \mathrm{Int}[x/R(1 + \cos\gamma) + 1] \qquad (x \geqslant 0) \tag{5.101}$$

mit Int z = größte ganze Zahl $\leqslant z$. Die Gleichungen für die C_{2n} im oberen linken Quadranten sind in analoger Weise

$$x_{2n} = -\rho_{2n}\cos\varphi_{2n}, \qquad y_{2n} = -\rho_{2n}\sin\varphi_{2n}, \tag{5.102}$$

$$\rho_{2n} = R\{[n(1 + \cos\gamma) - \cos\gamma]^2 + [(n - 1)\sin\gamma]^2\}^{1/2}, \tag{5.103}$$

$$\varphi_{2n} = -\arctan\{(n - 1)\sin\gamma/[n(1 + \cos\gamma) - \cos\gamma]\}, \tag{5.104}$$

$$y_{c2} = y_{2n} + [R^2 - (x - x_{2n})^2]^{1/2} \tag{5.105}$$

für

$$-nR(1 + \cos\gamma) \leqslant x \leqslant -(n - 1)R(1 + \cos\gamma). \tag{5.106}$$

n für gegebenes x wird berechnet zu

$$n = \mathrm{Int}[-x/R(1 + \cos\gamma) + 1] \qquad (x \leqslant 0). \tag{5.107}$$

Die Gleichungen für die C_{3n} lauten

$$x_{3n} = -\rho_{3n}\cos\varphi_{3n}, \qquad y_{3n} = -\rho_{3n}\sin\varphi_{3n}, \tag{5.108}$$

$$\rho_{3n} = \rho_{1n}, \qquad \varphi_{3n} = \varphi_{1n}, \tag{5.109}$$

$$y_{c3} = y_{3n} + [R^2 - (x - x_{3n})^2]^{1/2} \tag{5.110}$$

für

$$-nR(1 + \cos\gamma) \leqslant x \leqslant -(n - 1)R(1 + \cos\gamma), \tag{5.111}$$

wobei n bereits durch Gl. (5.107) gegeben ist. Schließlich erhält man für die C_{4n}

$$x_{4n} = \rho_{4n}\cos\varphi_{4n}, \qquad y_{4n} = \rho_{4n}\sin\varphi_{4n}, \tag{5.112}$$

$$\rho_{4n} = \rho_{2n}, \qquad \varphi_{4n} = \varphi_{2n}, \tag{5.113}$$

$$y_{c4} = y_{4n} - [R^2 - (x - x_{4n})^2]^{1/2}, \tag{5.114}$$

wobei x der Relation (5.100) genügen muß und n wieder durch Gl. (5.101) bestimmt ist. Auf Grund der Gl. (5.95)—(5.114) kann das gesuchte Kontrollgesetz in Form des Flußdiagramms nach Abb. **47** erstellt werden.

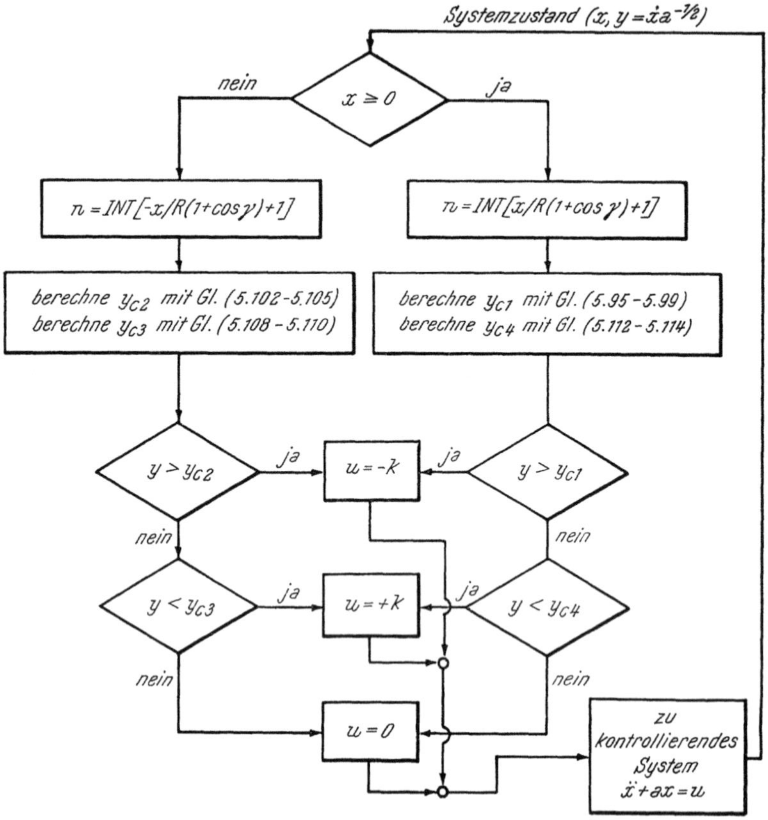

Abb. 47. Flußdiagramm des Zeit-Treibstoff-optimalen Kontrollgesetzes für das System $\ddot{x} + ax = u$

5.6.2.2 *Rückführung auf das rein zeitoptimale und das rein treibstoffoptimale Kontrollgesetz*

Im Falle der reinen Zeitoptimalität geht der Leerlaufwinkel γ gegen null und die Mittelpunkte C_{1n} und C_{4n} sowie die Mittelpunkte C_{2n} und C_{3n} fallen zusammen (Abb. 48). Dies führt zu den bereits in Abb. 29 gebrachten Schaltkurven für zeitoptimale Kontrolle.

Umgekehrt führt stärkeres Betonen der Treibstoffoptimalität zu steilerem Anstieg der durch die Mittelpunkte C_{ij} gedachten verbindenden Geraden. Dies führt aber auch dazu, wie leicht überlegt werden kann, daß die C_{1n} immer weiter zusammenrücken; dies gilt ebenso für die C_{2n}, C_{3n} und C_{4n}. Somit werden auch die Kreisbögen immer kürzer. Im Grenzfall, bei ausschließlich treibstoffoptimaler Kontrolle, geht $\gamma \to 180°$ und die Länge der Kreisbögen geht gegen null. Die Schaltkurven in diesem Spezialfall werden somit durch die $\dot{x}/\sqrt{a}$-Achsen gebildet, ein Ergebnis, das mit den Resultaten in [8, 9] übereinstimmt. Abb. 48 veranschaulicht diesen Sachverhalt.

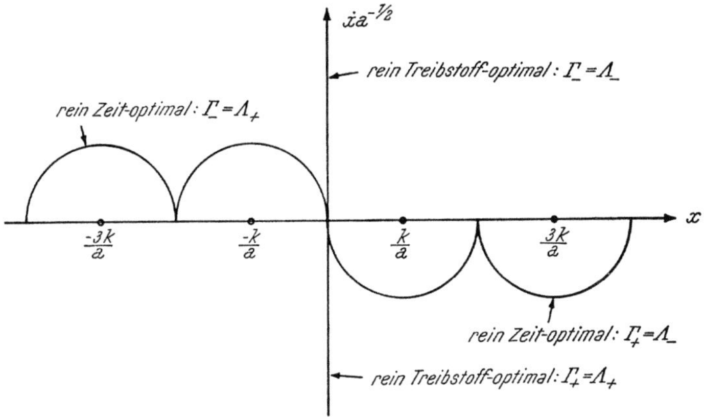

Abb. 48. Rückführung der kombinierten Zeit-Treibstoff-optimalen Kontrolle auf den rein zeitoptimalen und den rein treibstoffoptimalen Fall

Eine praktische Anwendung der Zeit-Treibstoff-optimalen Kontrolle auf die Lageregelung in Erdsatelliten ist in [11, 12] beschrieben. In [11] werden auch die für die praktischen Erfordernisse notwendigen zusätzlich vorzusehenden Eigenschaften der optimalen Kontrolle, wie Adaption (siehe auch Kapitel 10), dargelegt.

5.7 Zusammenfassung

Wir haben in diesem Kapitel eine kurze Beschreibung des Maximumprinzips und typische Anwendungsbeispiele gebracht. Das Maximumprinzip ist für die Praxis von Interesse, da das Kontrollgesetz infolge seiner Abhängigkeit vom Systemzustand den Aufbau von geschlossenen Regelkreisen ermöglicht. Dies ist, wie Praktikern bekannt, notwendig, weil Unsicherheiten in der mathematischen Systembeschreibung oder Störungen die Anwendung von reinen Zeitfunktionen als Kontrolleingänge nur in sehr beschränktem Maße erfolgversprechend erscheinen lassen.

Allerdings kann das Maximumprinzip nur für einige relativ einfache Systeme exakt gelöst werden. Weiters müssen eine Reihe zusätzlicher Vorkehrungen getroffen werden, um die für eine Näherung des zu kontrollierenden Systems abgeleiteten optimalen Kontrollgesetze auf das wirkliche System anwendbar zu machen. Erfolgversprechende Methoden dafür wurden ebenfalls in diesem Kapitel beschrieben.

Literatur

[1] Pontryagin, L. S., V. G. Boltyanskii, R. V. Gamkrelidze und E. F. Mischenko: The Mathematical Theory of Optimal Processes. Oxford: Pergamon Press. **1964**.

[2] Zach, F. C.: Time Optimal Control of Gravity Gradient Satellites, Journal of Spacecraft and Rockets, **7**, **1434—1440** (1970).

[3] McCausland, I.: Introduction to Optimal Control. New York: Wiley. **1969**.

[4] Athans, M., und P. L. Falb: Optimal Control. New York: McGraw-Hill. **1966**.

[5] Naslin, P.: Essentials of Optimal Control. Cambridge, Mass.: Boston Technical Publishers. **1969**.

[6] Takahashi, Y., M. J. Rabins und D. M. Auslander: Control. Reading, Mass.: Addison-Wesley. 1970.

[7] Isley, W. C.: Optimal Control Application for Electrothermal Multijet Systems on Synchronous Earth Spacecraft. Journal of Spacecraft and Rockets **5**, **1444**–**1451** (1968).

[8] Flügge-Lotz, I., und A. J. Craig: The Choice of Time for Zeroing a Disturbance in a Minimum-Fuel Consumption Control Problem. Trans. ASME, Journal of Basic Engineering **1965**, 29–38.

[9] Flügge-Lotz, I., und A. J. Craig: Investigation of Optimum Control With a Minimum-Fuel Consumption Criterion for a Fourth-Order Plant With Two Control Inputs; Synthesis of an Efficient Suboptimal Control. Trans. ASME, Journal of Basic Engineering **1965**, 39–57.

[10] Eveleigh, V. W.: Adaptive Control and Optimization Techniques. New York: McGraw-Hill. 1967.

[11] Zach, F.: Time/Fuel Optimal and Adaptive Control for Gravity Gradient Spacecraft, in: Balakrishnan, A. V. (Hrsg.), Techniques of Optimization, S. 261–276. New York: Academic Press. 1972.

[12] Zach, F.: Time and Fuel Optimal Control for Gravity Gradient Spacecraft. Report X-763-70-353, NASA Goddard Space Flight Center, Greenbelt, Maryland, USA, September 1970.

6. Praktische Optimierungsmethoden

6.1 Einleitung

Die bisher in diesem Buch beschriebenen Methoden hatten den Vorteil, daß sie im mathematischen Sinn exakt sind und — theoretisch — allgemein anwendbar sind. Sehr oft aber bringt in der Wissenschaft eine weitere Allgemeingültigkeit einer Methode eine geringere praktische Anwendbarkeit für spezifische Probleme mit sich.

Über eine etwas unbefriedigende Seite der rein mathematischen Optimierungsmethoden wurde bereits in den Kapiteln **3** und **5** berichtet. Es handelt sich hiebei um die Art der Definitionen des Gütekriteriums, die meist zu Kompromissen führt.

Eine andere Einschränkung erfährt die Anwendung der mathematischen Optimierungsmethoden dadurch, daß die mathematische Beschreibung des zu kontrollierenden Systems genau bekannt sein muß, eine Voraussetzung, die z. B. in chemischen Systemen nur selten erfüllt ist.

Trotz dieser Nachteile werden jedoch in vielen Fällen grundsätzliche Aussagen ermöglicht und in anderen Fällen gelangt man darüber hinaus zu erfolgreichen praktischen Anwendungen (z. B. [1, 23]). Hier darf aber wieder nicht übersehen werden, daß viele grundsätzliche Aussagen, die z. B. durch das Maximumprinzip gewonnen wurden, schon vor dessen Entwicklung bekannt waren. So liefert das Maximumprinzip die Aussage, daß zur treibstoffoptimalen Lagestabilisierung eines Satelliten (bei der die Winkelgeschwindigkeiten zu null gemacht werden) nur im Augenblick der größten Winkelgeschwindigkeit ein Drehmoment entgegen dieser Winkelgeschwindigkeit durch Rückstoßdüsenpaare erzeugt werden darf. Dieser Schluß ist aber ebenso auf Grund physikalischer Überlegungen möglich.

Aus den vorliegenden Gedanken dürfte klar zu sehen sein, daß die bereits vor Einführung des Maximumprinzips und anderer mathematischer Optimierungsmethoden gefundenen, mehr praktisch-ingenieurmäßigen Optimierungsmethoden in der Anwendung oft vorzuziehen sind. Wir wollen solche Methoden in diesem Kapitel behandeln.

6.2 Methoden, basierend auf einer Testfunktionsantwort

6.2.1 Methode, basierend auf dem Parsevalschen Theorem

Wir wollen nunmehr die Gütekriterien nach Gl. (3.26)—(3.31) anwenden, deren Typus gegeben ist durch

$$P = \int_{t_a}^{t_e} f_1(t) f_2(e(t))\, dt, \tag{6.1}$$

wobei $f_1(t) = t^n$ $(n = 1, 2, \ldots)$. $f_1(t)$ wägt die Zeit, wann die Regelabweichung (Regelfehler, Kontrollfehler) $e(t)$ auftritt. Größeres n bewirkt geringere Ausregelzeit. Die in der Praxis meist vorzuziehende Form für $f_2(e)$ ist gegeben durch

$$f_2(e(t)) = e^2(t), \tag{6.2}$$

wie in Kapitel **3** gezeigt wurde. Um die praktische Anwendung solcher Gütekriterien zu zeigen, betrachten wir das System nach Abb. **49**.

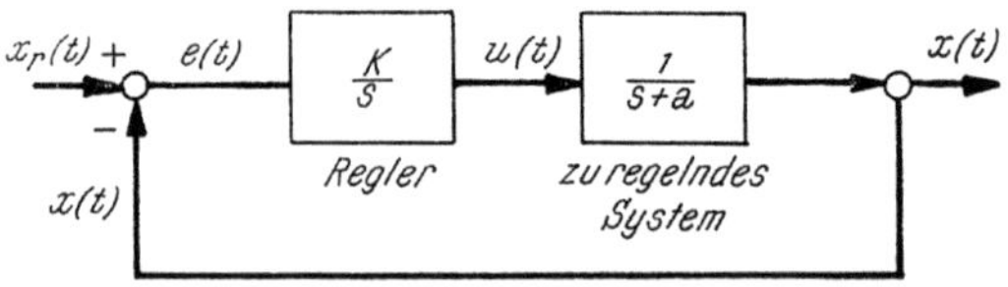

Abb. 49. Regelkreis, dessen Regler optimiert werden soll

Das Ziel soll sein, K derart zu bestimmen, daß das Gütekriterium

$$P_{ISTSE} = \int_{0}^{t_e} t^2 e^2(t)\, dt \tag{6.3}$$

optimiert wird, wenn ein Einheitssprung in $x_r(t)$ bei $t = 0$ erfolgt. Gl. (6.3) garantiert eine Reglereinstellung für kleine Ausregelzeit.

Wenn, wie in Abb. 49, die Übertragungsfunktionen bekannt sind, ist es naheliegend, die Laplacetransformation anzuwenden. Zu diesem Zweck nehmen wir zunächst an, daß t_e so groß ist, daß das Integral nach Gl. (6.3) ersetzt werden kann durch

$$P_{ISTSE} = \int_{0}^{\infty} t^2 e^2(t)\, dt. \tag{6.4}$$

Dies ist durch die zu erwartende, schnelle Abnahme von $e(t)$ leicht möglich. Dann können wir das Parsevalsche Theorem

$$\int_{-\infty}^{+\infty} f_1(t) f_2(t)\, dt = \frac{1}{2\pi j} \int_{-j\infty}^{+j\infty} F_1(-s) F_2(s)\, ds \tag{6.5}$$

anwenden, wobei $F_1(s)$ und $F_2(s)$ die Laplacetransformierten der Funktionen $f_1(t)$ und $f_2(t)$ sind. Gl. (6.5) kann leicht bewiesen werden durch Berücksichtigung der inversen Laplacetransformation

$$f_2(t) = \frac{1}{2\pi j} \int_{-j\infty}^{+j\infty} F_2(s)\varepsilon^{st}\, ds, \tag{6.6}$$

wobei ε die Basis des natürlichen Logarithmus bezeichnet, um eine Verwechslung mit dem Regelfehler e zu vermeiden. Gl. (6.6) liefert für die linke Seite der Gl. (6.5)

$$\frac{1}{2\pi j} \int_{-\infty}^{+\infty} f_1(t) \left[\int_{-j\infty}^{+j\infty} F_2(s)\varepsilon^{st}\, ds \right] dt = \frac{1}{2\pi j} \int_{-j\infty}^{+j\infty} F_2(s) \left[\int_{-\infty}^{+\infty} f_1(t)\varepsilon^{st}\, dt \right] ds, \tag{6.7}$$

falls die Integrationen vertauschbar sind, was für fast alle Funktionen von praktischem Interesse Gültigkeit hat.

Die rechte Seite der Gl. (6.7) ist nun identisch mit der rechten Seite von Gl. (6.5), wenn die Definition der Laplacetransformation

$$\int_{-\infty}^{+\infty} f_1(t)\varepsilon^{st}\, dt = F_1(-s) \tag{6.8}$$

berücksichtigt wird. Somit ist die Gültigkeit von Gl. (6.5) bewiesen.

Das Parsevalsche Theorem kann nun auf Gl. (6.4) angewandt werden, wenn wir definieren

$$f_1(t) = f_2(t) = te(t) = f(t), \tag{6.9}$$

wobei

$$f(t) = f_1(t) = f_2(t) = 0 \quad \text{für} \quad t \leqslant 0.$$

Um die Laplacetransformierte $\mathscr{L}\{te(t)\}$ auf Grund der Kenntnis von $\mathscr{L}\{e(t)\}$ zu finden, verwenden wir das folgende Theorem:

Mit

$$E(s) = \int_0^\infty e(t)\varepsilon^{-st}\, dt \tag{6.10}$$

können wir allgemein schreiben

$$\frac{d^n E(s)}{ds^n} = (-1)^n \int_0^\infty t^n e(t)\varepsilon^{-st}\, dt. \tag{6.11}$$

Gl. (6.11) kann leicht bewiesen werden durch sukzessives Ableiten der Gl. (6.10) nach s.

Für $n = 1$ erhalten wir aus Gl. (6.11)

$$F(s) = \mathscr{L}\{t(e(t))\} = -\frac{dE(s)}{ds}. \tag{6.12}$$

Aus Abb. 49 resultiert

$$E(s) = X_r(s) - X(s) = X_r(s) - \frac{K}{s}\frac{1}{s+a}E(s) \tag{6.13}$$

und somit

$$E(s) = \frac{s+a}{s^2+as+K}, \tag{6.14}$$

wobei $X_r(s) = 1/s$ die Laplacetransformierte des Einheitssprunges bei $t = 0$ ist. Anwendung von Gl. (6.12) ergibt

$$F(s) = \mathscr{L}\{te(t)\} = \frac{s^2+2as+a^2-K}{s^4+2as^3+(a^2+2K)s^2+2aKs+K^2}, \tag{6.15}$$

was in Gl. (6.5) eingesetzt werden muß. Das Integral

$$P_{ISTSE} = \frac{1}{2\pi j}\int_{-j\infty}^{+j\infty} F(s)F(-s)\,ds \tag{6.16}$$

kann gelöst werden durch Anwendung der allgemeinen Lösung von

$$I_n = \frac{1}{2\pi j}\int_{-j\infty}^{+j\infty} \frac{p(s)}{q(s)}\frac{p(-s)}{q(-s)}\,ds, \tag{6.17}$$

wobei

$$p(s) = \sum_{i=0}^{n-1} c_i s^i \tag{6.18}$$

und

$$q(s) = \sum_{i=0}^{n} d_i s_i. \tag{6.19}$$

Unter Annahme stabiler Systeme, d. h. $q(s)$ darf nur Wurzeln mit negativem Realteil haben, sind die Lösungen der Gl. (6.17) für $n = 1$ bis 4 gegeben durch

$$I_1 = \frac{c_0^2}{2d_0d_1}, \tag{6.20}$$

$$I_2 = \frac{c_1^2d_0 + c_0^2d_2}{2d_0d_1d_2}, \tag{6.21}$$

$$I_3 = \frac{c_2^2d_0d_1 + (c_1^2 - 2c_0c_2)d_0d_3 + c_0^2d_2d_3}{2d_0d_3(-d_0d_3 + d_1d_3)}, \tag{6.22}$$

$$I_4 = \frac{c_3^2(d_0d_1d_2 - d_0^2d_3) + (c_2^2 - 2c_1c_3)d_0d_1d_4 + (c_1^2 - 2c_0c_2)d_0d_3d_4 + c_0^2(d_2d_3d_4 - d_1d_4^2)}{2d_0d_4(d_1d_2d_3 - d_0d_3^2 - d_1^2d_4)}. \tag{6.23}$$

Lösungen für $n \geqslant 5$ können z. B. in [9] und [15] gefunden werden. Gl. (6.16) kann nun mit Hilfe von Gl. (6.23) und (6.15) gelöst werden, wobei

$$c_0 = a^2 - K, \quad c_1 = 2a, \quad c_2 = 1, \quad c_3 = 0$$

$$d_0 = K^2, \quad d_1 = 2aK, \quad d_2 = a^2 + 2K, \quad d_3 = 2a, \quad d_4 = 1. \tag{6.24}$$

Substitution dieser Werte liefert

$$P_{ITSTE} = \frac{a^6 - a^4K + K^2a^2 + 4K^3}{4a^3K^3}. \tag{6.25}$$

Um nun das optimale K zu finden, errechnen wir K aus

$$\frac{dP_{ITSTE}}{dK} = 0, \tag{6.26}$$

womit

$$\frac{aK^2 - 2a^3K + 3a^5}{4K^4} = 0, \tag{6.27}$$

wofür $K \to \infty$ die einzige reelle Lösung ergibt.

Dieses Resultat überrascht nicht, da aus der elementaren Regelungstechnik bekannt ist, daß für ein System nach Abb. 49 die Reglerverstärkung so groß als möglich sein soll. Es ist aber aus der Praxis bekannt, daß $K \to \infty$ immer zu Instabilität führt, weil in Wirklichkeit immer noch weitere Verzögerungsglieder $1/(T_is + 1)$ $(i = 1, 2, \ldots)$ vorhanden sind. Daher kann man in Anwendungsfällen nur bis zu einem, meist nur durch den praktischen Versuch bestimmbaren $K_{\max}$ gehen.

Es sei nun angenommen, daß $K = K_{\max}$ eingestellt wurde und daß die Möglichkeit besteht, a einzustellen. Wir wollen nunmehr das optimale a bestimmen durch

$$\frac{dP_{ITSTE}}{da}(K_{\max}) = 0. \tag{6.28}$$

Dies ergibt mit Gl. (6.25)

$$\frac{3a^6 - a^4K - a^2K^2 - 12K^3}{4a^4K} = 0, \tag{6.29}$$

wobei $K = K_{\max}$. Mit

$$a^2 = A \tag{6.30}$$

erhalten wir

$$A^3 - \frac{K}{3}A^2 - \frac{K^2}{3}A - 4K^3 = 0. \tag{6.31}$$

Gl. (6.31) hat eine Näherungslösung

$$A \approx \frac{16}{9} K, \tag{6.32}$$

womit

$$a \approx \frac{4}{3} \sqrt{K}. \tag{6.33}$$

Nach Einführung des Dämpfungsparameters ζ wird Gl. (6.14) zu

$$E(s) = \frac{s + a}{s^2 + 2\zeta\omega_0 s + \omega_0{}^2}, \tag{6.34}$$

wobei

$$\omega_0{}^2 = K \quad \text{und} \quad 2\zeta\omega_0 = a.$$

Damit wird unter Verwendung von Gl. (6.33)

$$\zeta = \tfrac{2}{3}. \tag{6.35}$$

Da $K = K_{\max}$ gewählt wurde und nunmehr ein neuer Wert für a durch Gl. (6.33) bestimmt wurde, ist die Stabilität des Systems nicht notwendigerweise beibehalten, bzw. es könnte infolge der neuen Wahl von a ein höheres $K_{\max}$ zulässig sein. Deshalb wird ein Iterationsprozeß notwendig: $K_{\max}$ wird mit dem neuen a soweit erhöht bzw. erniedrigt, daß gerade noch stabiles Verhalten auftritt. Mit diesem neuen $K_{\max}$ wird a wieder nach Gl. (6.33) bestimmt, etc.

Dieser Iterationsprozeß wird durch die vernachlässigten Verzögerungsglieder des Systems notwendig — die Berücksichtigung aller Verzögerungsglieder würde entweder zu zu hohem mathematischen Aufwand führen oder wegen der beschränkten Bestimmbarkeit überhaupt unzweckmäßig sein.

Die vorstehende Methode bietet also die folgenden Vorteile:

1. Es können Übertragungsfunktionen verwendet werden, wodurch eine einfachere Behandlung als mit Differentialgleichungen möglich ist.

2. Die bei Verwendung des Parsevalschen Theorems meist auftretenden Integrale sind bereits gelöst (siehe Gl. (6.20)—(6.23) und [9, 15]).

6.2.2 Verwendung von Standardpolynomen im Nenner

Ein handliches Verfahren zur Optimierung von $x(t)$ bezüglich $x_r(t)$ auf Grund des P_{ITAE}-Kriteriums ist durch die Methode von GRAHAM und LATHROP [10] gegeben.

Es sei angenommen, daß

$$F_r(s) = \frac{X(s)}{X_r(s)} = \frac{a_0}{s^n + a_{n-1}s^{n-1} + a_1 s + a_0} = \frac{a_0}{P_n(s)}. \tag{6.36}$$

Dann sind die optimalen $P_n(s)$ in Abhängigkeit von n gegeben durch

$$
\begin{aligned}
P_1(s) &= s + \omega_n.\\
P_2(s) &= s^2 + 1{,}4\omega_n s + \omega_n^2.\\
P_3(s) &= s^3 + 1{,}75\omega_n s^2 + 2{,}15\omega_n^2 s + \omega_n^3.\\
P_4(s) &= s^4 + 2{,}1\omega_n s^3 + 3{,}4\omega_n^2 s^2 + 2{,}7\omega_n^3 s + \omega_n^4.\\
P_5(s) &= s^5 + 2{,}8\omega_n s^4 + 5{,}0\omega_n^2 s^3 + 5{,}5\omega_n^3 s^2 + 3{,}4\omega_n^4 s + \omega_n^5.\\
P_6(s) &= s^6 + 3{,}25\omega_n s^5 + 6{,}6\omega_n^2 s^4 + 8{,}6\omega_n^3 s^3 + 7{,}45\omega_n s^2 + 3{,}95\omega_n^5 s + \omega_n^6.
\end{aligned}
\tag{6.37}
$$

Die Wahl von ω_n ist derart vorzunehmen, daß es bestimmte Anforderungen an das System erfüllt, wie z. B. die Erzielung minimaler Ausregelzeit. Dies soll im folgenden Beispiel veranschaulicht werden [6, 19].

Eine interplanetarische Sonde zur Aufnahme der Planetenoberfläche habe eine Leitvorrichtung, mit der eine auf einer Plattform fixierte Kamera auf den Planeten gerichtet und sodann auf vorgegebene Punkte der Planetenoberfläche eingestellt bzw. die Planetenoberfläche in vorgegebenen Streifen abgetastet werden kann. Die Leitvorrichtung soll so arbeiten, daß die erwünschte Winkellage der Kamera relativ zur Sonde in minimaler Zeit eingenommen wird. Wir wollen die Leitvorrichtung auf Grund des P_{ITAE}-Kriteriums optimieren. Abb. 50 zeigt das Blockschema einer üblichen Anordnung.

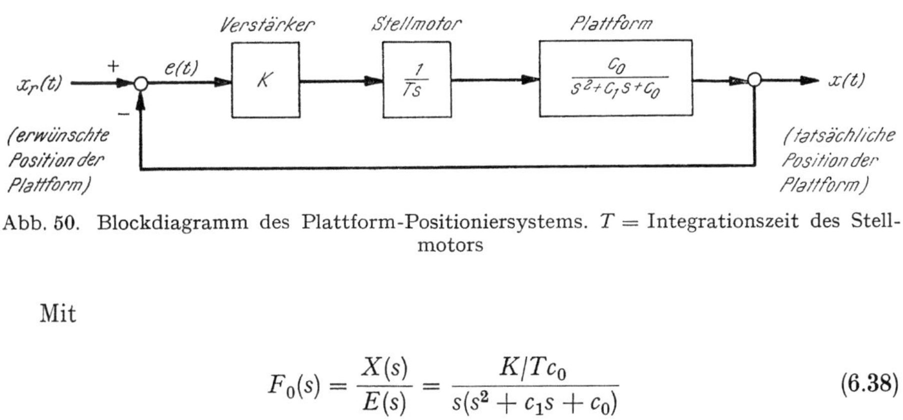

Abb. 50. Blockdiagramm des Plattform-Positioniersystems. T = Integrationszeit des Stellmotors

Mit

$$F_0(s) = \frac{X(s)}{E(s)} = \frac{K/Tc_0}{s(s^2 + c_1 s + c_0)} \tag{6.38}$$

finden wir mit Gl. (3.3)

$$F_r(s) = \frac{X(s)}{X_r(s)} = \frac{F_0(s)}{1 + F_0(s)} \tag{6.39}$$

und nach Einsetzen von Gl. (6.38)

$$F_r(s) = \frac{(K/T)c_0}{s^3 + c_1 s^2 + c_0 s + (K/T)c_0}. \tag{6.40}$$

Nun verwenden wir Gl. (6.37) für $P_3(s)$ und erhalten durch Koeffizientenvergleich

$$c_1 = 1{,}75\omega_n, \qquad c_0 = 2{,}15\omega_n^2, \qquad \frac{K}{T} c_0 = \omega_n^3. \tag{6.41}$$

ω_n bestimmt die Eigenfrequenzen des Systems. Um eine schnelle Systemreaktion zu gewährleisten, setzen wir $\omega_n = 100\ \mathrm{s}^{-1}$. Somit wird mit Gl. (6.41)

$$\begin{aligned} c_0 &= 2{,}15 \times 10^4\ \mathrm{sec}^{-2}, \\ c_1 &= 175\ \mathrm{sec}^{-1}, \\ K/T &= 46{,}5\ \mathrm{sec}^{-1}, \end{aligned} \tag{6.42}$$

und mit Gl. (6.40)

$$F_r(s) = \frac{10^6\ \mathrm{sec}^{-3}}{s^3 + 175\ \mathrm{sec}^{-1}\, s^2 + 2{,}15 \times 10^4 \mathrm{sec}^{-2}\, s + 10^6 \mathrm{sec}^{-3}}. \tag{6.43}$$

Wir wollen nun die Überschwingweite und die Ausregelzeit des Systems bestimmen. Zu diesem Zweck nähern wir Gl. (6.43) an durch

$$F_r(s) \approx \frac{10^6}{(s + 70)(s^2 + 105s + 14150)} \tag{6.44}$$

und nehmen an, daß die Sprungantwort des Systems in erster Näherung für kleines t durch den oszillatorischen Teil der Gl. (6.44) gegeben ist. Deshalb untersuchen wir

$$F_{r1}(s) = \frac{14150}{s^2 + 105s + 14150}. \tag{6.45}$$

Der Nenner von $F_{r1}(s)$ soll in der Form $s^2 + 2\zeta\omega_0 s + \omega_0^2$ geschrieben werden, womit

$$\omega_0 = 119\ \mathrm{sec}^{-1} \qquad \text{und} \qquad \zeta = 0{,}44. \tag{6.46}$$

Aus Gl. (3.23) bis (3.25), wo ebenfalls ein Einheitssprung an ein geschlossenes Regelsystem zweiter Ordnung angelegt wurde, kann leicht berechnet werden, daß $x(t)$ nach der Ausregelzeit

$$T_s = \frac{4}{\zeta\omega_0} = 0{,}0765\ \mathrm{s} \tag{6.47}$$

vom Sollwert $x_r(t) = 1$ nicht mehr als 2% abweicht. Eine Abschätzung der Überschwingweite $ü$ erhält man aus Abb. 10. Für $\zeta = 0{,}44$ liegt $ü$ zwischen 20 und 25%. Eine exakte Bestimmung von $ü$ ist möglich durch Berechnung des ersten Maximums in Gl. (3.23), womit sich $ü$ ergibt zu

$$ü = \exp(-\, \zeta\pi/\beta), \tag{6.48}$$

wobei

$$\beta = \sqrt{1 - \zeta^2}.$$

6.2.3 Methode nach Naslin

NASLIN [16] hat ein Näherungsverfahren entwickelt, nach dem im Gegensatz zum vorigen Abschnitt auch Systeme optimiert werden können, bei denen der Zähler der in Gl. (6.36) angegebenen Funktion $F_r(s)$ von s abhängig ist.

Im folgenden soll angenommen werden, daß ein geschlossener Regelkreis hinsichtlich der Überschwingweite $\ddot{u}$ und der Zeit bis zum Erreichen des ersten Maximums T_M (siehe Abb. 7) optimiert wird. Wir werden sehen, daß ähnlich wie beim Zeit-Treibstoff-optimalen Kontrollgesetz in Abschnitt 5 letzten Endes nur ein Kompromiß zwischen den beiden sich widersprechenden Optimierungszielen erreicht werden kann.

Wir beginnen mit der Betrachtung eines Systems zweiter Ordnung

$$F_r(s) = \frac{a_0}{a_2 s^2 + a_1 s + a_0}. \tag{6.49}$$

Gl. (6.49) kann ferner geschrieben werden als

$$F_r(s) = \frac{\omega_0^2}{s^2 + 2\zeta\omega_0 s + \omega_0^2}, \tag{6.50}$$

wobei

$$\omega_0^2 = a_0/a_2 \quad \text{und} \quad 4\zeta^2 = \frac{a_1^2}{a_0 a_2}; \tag{6.51}$$

ζ charakterisiert nun zusammen mit ω_0 die Überschwingweite und T_M.

Nach diesen einleitenden Bemerkungen über die in Gl. (6.51) definierten, für das System 2. Ordnung charakteristischen Größen, wenden wir uns der allgemeinen Übertragungsfunktion

$$F(s) = \frac{b_0 + b_1 s + b_2 s^2 + \cdots + b_{n-1} s^{n-1}}{a_0 + a_1 s + a_2 s^2 + \cdots + a_n s^n} \tag{6.52}$$

zu, für die nun analog zu Gl. (6.51) charakteristische Verhältniszahlen gebildet werden.

Es sei noch bemerkt, daß $F(s)$ sowohl für $F_r(s)$ als auch für $F_d(s)$ (siehe Kapitel 3) stehen kann, und daß bei $F(s)$ der Grad des Zählers kleiner als der Grad des Nenners sein muß, um Realisierbarkeit zu erhalten [16, 18].

Wir definieren nun die charakteristischen Verhältniszahlen als

$$\omega_0 = \frac{a_0}{a_1}, \qquad \omega_1 = \frac{a_1}{a_2}, \ldots, \omega_{n-1} = \frac{a_{n-1}}{a_n} \tag{6.53}$$

und

$$\alpha_1 = \frac{\omega_1}{\omega_0}, \qquad \alpha_2 = \frac{\omega_2}{\omega_1}, \ldots, \alpha_{n-1} = \frac{\omega_{n-1}}{\omega_{n-2}}, \tag{6.54}$$

wobei alle $a_i \neq 0$ vorausgesetzt sind.

Wir untersuchen zunächst den Fall mit konstantem Zähler

$$F(s) = \frac{b_0}{a_0 + a_1 s + \cdots + a_n s^n}. \tag{6.55}$$

Für das folgende ist wichtig zu betonen, daß einige der Schritte nicht auf Grund exakter mathematischer Behandlung entwickelt wurden, sondern daß erst der Vergleich der Ergebnisse der exakten Optimierungsmethoden und des hier gebrachten, relativ einfachen Verfahrens manche der getroffenen Annahmen bzw. aufgestellten Forderungen gerechtfertigt erscheinen lassen. So ist in [16, S. 38f.] gezeigt, daß sich die Ergebnisse der exakten Optimierungsmethoden und des hier gebrachten Verfahrens nicht mehr als um ca. 2% unterscheiden.

Eine der Forderungen ist nun, daß

$$\alpha_1 = \alpha_2 = \cdots = \alpha_{n-1} = \alpha \tag{6.56}$$

gesetzt wird. In diesem Fall ist nach [16] die Sprungantwort für die Übertragungsfunktion nach Gl. (6.55) näherungsweise unabhängig von der Ordnung n. Infolge Gl. (6.56) ist Gl. (6.55) nunmehr bestimmt durch α, ω_0 und b_0/a_0. Mit Gl. (6.54) wird

$$\omega_1 = \alpha\omega_0, \qquad \omega_2 = \alpha\omega_1 \cdots \omega_{n-1} = \alpha\omega_{n-2},$$

und Gl. (6.53) kann ersetzt werden durch

$$\omega_0,\ \omega_1 = \alpha\omega_0,\ \omega_2 = \alpha^2\omega_0, \ldots, \omega_{n-1} = \alpha^{n-1}\omega_0. \tag{6.57}$$

Zur Illustration zeigt Abb. 51 die Sprungantwort[4] für einen speziellen Wert von α für die oben gemachten Ansätze.

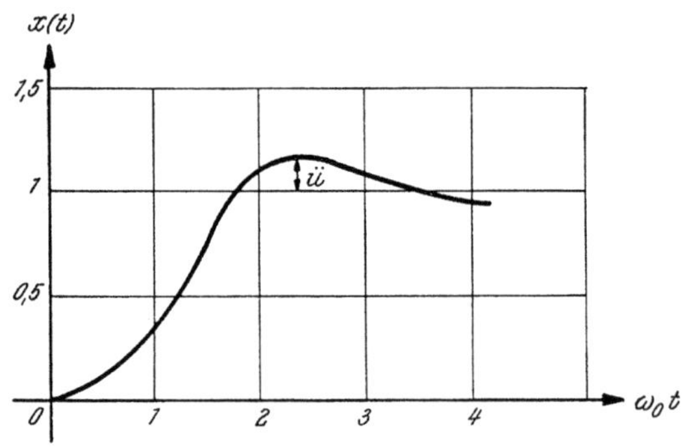

Abb. 51. Sprungantwort[4] für eine Übertragungsfunktion nach Gl. (6.55) mit $\alpha = 1{,}75$ nach Definition durch Gl. (6.53), (6.54) und (6.56) für beliebiges n. $b_0/a_0 = 1$; $\ddot{u}$ = Überschwingweite [16]

[4] Die Sprungantwort ist jene Ausgangsfunktion, die auftritt, wenn am Eingang ein Einheitssprung auftritt.

Bei Veränderung von α verändern sich auch $ü$ und T_M. Eine Näherungsformel, gewonnen aus den Sprungantworten wie in Abb. 51, beschreibt den Zusammenhang durch

$$\log ü = 4{,}8 - 2\alpha, \tag{6.58}$$

wobei $ü$ in Prozent gegeben ist. Für Systeme zweiter Ordnung ergeben sich für die häufig vorkommenden Dämpfungsparameter $\zeta = 0{,}5$ und $0{,}7$ Werte von α und $ü$ nach der folgenden Aufstellung:

$$\zeta = 0{,}7 \cdots \alpha = 2, \qquad ü = 6{,}5\%,$$

$$\zeta = 0{,}5 \cdots \alpha = 1{,}75, \qquad ü = 20\%,$$

wobei ζ durch Gl. (6.51), $ü$ durch Abb. 51 und die Beziehung zu α durch Gl. (6.58) gegeben bzw. definiert sind. $\alpha = 2{,}5$ gibt $ü = 0$ und entspricht etwa dem aperiodischen Grenzfall.

T_M ist gegeben durch

$$T_M \approx \frac{2{,}2}{\omega_0}. \tag{6.59}$$

Wir wollen nunmehr Systeme mit der beschreibenden Gleichung

$$F(s) = \frac{b_0 + b_1 s}{a_0 + a_1 s + \cdots + a_n s^n} \tag{6.60}$$

untersuchen. Dazu definieren wir

$$\omega_0' = \frac{b_0}{b_1}. \tag{6.61}$$

Aus der elementaren Theorie der Regelungen ist bekannt, daß der Term $b_1 s$ in Gl. (6.60) $ü$ erhöht und T_M vermindert, und zwar relativ zum Fall nach Gl. (6.55).

$ü$ läßt sich nun ermitteln durch Aufzeichnen der Sprungantworten in Abhängigkeit von ω_0, ω_0' und α. Dies ergibt

$$\log(ü/\%) = 4{,}8 - 2\alpha', \tag{6.62}$$

wobei

$$\alpha' = 1{,}5 + 4\frac{\omega_0}{\omega_0'}(\alpha - 1{,}5). \tag{6.63}$$

Für den Fall $\alpha' < \alpha$ (gleichbedeutend mit Vernachlässigbarkeit des Termes $b_1 s$) muß $\alpha' = \alpha$ gesetzt werden.

T_M ergibt sich aus

$$T_M = 2{,}2\left(\frac{1}{\omega_0} - \frac{1}{2\omega_0'}\right). \tag{6.64}$$

Wir betrachten nun noch den Fall des Zählers 2. Ordnung

$$F(s) = \frac{b_0 + b_1 s + b_2 p^2}{a_0 + a_1 s + \cdots + a_n s^n}. \tag{6.65}$$

Hier definieren wir

$$\omega_0' = \sqrt{\frac{b_0}{b_2}} \quad \text{und} \quad \zeta' = \frac{b_1}{2\sqrt{b_0 b_2}}. \tag{6.66}$$

Durch Aufzeichnen der Sprungantwort als Funktion von ω_0, ω_0', ζ' und α erhält man wieder die Näherungsformel

$$\log(\ddot{u}/\%) = 4{,}8 - 2\alpha', \tag{6.62}$$

wobei nunmehr

$$\alpha' = 1{,}5 + 16\zeta'^3 \frac{\omega_0^2}{\omega_0'^2}(\alpha - 1{,}5). \tag{6.67}$$

T_M ergibt sich zu

$$T_M = 2{,}2\left(\frac{1}{\omega_0} - \frac{1}{2\omega_0'}\right).$$

Wir wollen die vorstehende Methode durch das Beispiel des Regelkreises nach Abb. 52 illustrieren.

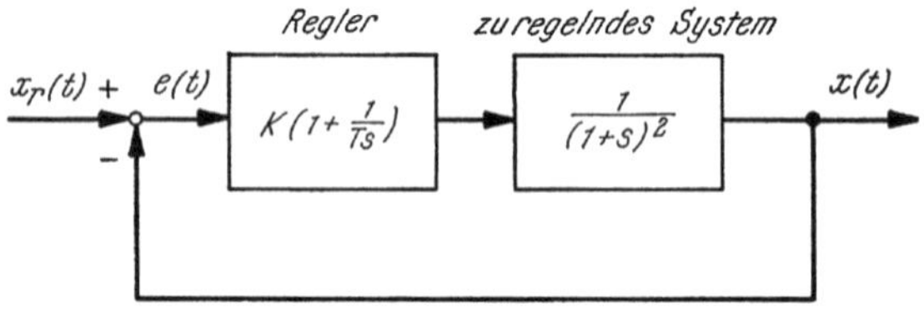

Abb. 52. Zu optimierender Regelkreis

Es sei angenommen, daß der Regler einstellbare Verstärkung K und Integrationszeit T habe. Wir wollen jene Einstellung als optimal ansehen, bei der $\ddot{u} = 20\%$ und ein möglichst kleines T_M erhalten wird. Wie wir sehen werden, haben wir durch Vorgabe von $\ddot{u}$ das System schon bestimmt und unseren Kompromiß zwischen $\ddot{u} = 0$ und $T_M = 0$ durch $\ddot{u} = 20\%$ festgelegt.

Mit

$$F_0 = \frac{K\left(1 + \frac{1}{Ts}\right)}{(1+s)^2} \tag{6.68}$$

und

$$F_r(s) = \frac{X(s)}{X_r(s)} = \frac{F_0}{1 + F_0} \tag{6.69}$$

erhalten wir

$$F_r(s) = \frac{Ks + K'}{s^3 + 2s^2 + (K+1)s + K'}, \tag{6.70}$$

wobei

$$K' = \frac{K}{T}. \tag{6.71}$$

Mit der Notation nach Gl. (6.60) ergibt sich

$$b_0 = K', \qquad b_1 = K, \tag{6.72}$$

$$a_0 = K', \qquad a_1 = 1 + K, \qquad a_2 = 2, \qquad a_3 = 1. \tag{6.73}$$

Für die charakteristischen Verhältniszahlen nach Gl. (6.53) und (6.54) erhalten wir

$$\omega_0 = \frac{K'}{1+K}, \qquad \omega_1 = \frac{1+K}{2}, \qquad \omega_2 = 2 \tag{6.74}$$

und

$$\alpha_1 = \frac{(1+K)^2}{2K'}, \qquad \alpha_2 = \frac{4}{1+K}. \tag{6.75}$$

Nun verwenden wir Gl. (6.57), wo α durch α' ersetzt werden muß. Wir wählen $\alpha' = 1{,}75$, um $\ddot{u} = 20\%$ sicherzustellen, und erhalten aus Gl. (6.57)

$$\omega_0, \qquad \omega_1 = 1{,}75\omega_0, \qquad \omega_2 = 3{,}06\omega_0 \tag{6.76}$$

und durch Vergleich mit Gl. (6.74)

$$\omega_0 = 0{,}653, \tag{6.77}$$

was mit Gl. (6.74) und (6.76)

$$K = 1{,}285, \qquad K' = 1{,}495 \tag{6.78}$$

ergibt. Somit wird mit Gl. (6.71)

$$T = 0{,}863. \tag{6.79}$$

Wir wollen nun kurz jenen Fall untersuchen, wo das zu kontrollierende System beschrieben wird durch $1/(1+s)^3$. Dann wird

$$F_0(s) = \frac{K\left(1 + \frac{1}{Ts}\right)}{(1+s)^3} \tag{6.80}$$

und

$$F_r(s) = \frac{Ks + K'}{s^4 + 3s^3 + 3s^2 + (K+1)s + K'}, \tag{6.81}$$

wobei

$$K' = \frac{K}{T}.$$

Die charakteristischen Verhältniszahlen sind

$$\omega_0 = \frac{K'}{1+K}, \qquad \omega_1 = \frac{1+K}{3}, \qquad \omega_2 = 1, \qquad \omega_3 = 3 \tag{6.82}$$

und

$$\alpha_1 = \frac{(1+K)^2}{3K'}, \qquad \alpha_2 = \frac{3}{1+K}, \qquad \alpha_3 = 3. \tag{6.83}$$

Wir sehen aus Gl. (6.83), daß α_3 schon fixiert ist. Diese Tatsache legt nahe, einen Regler mit einem Freiheitsgrad mehr, als in Abb. 52 gezeichnet, zu verwenden. Wir versuchen daher, einen Proportional-Integral-Differential-Regler mit

$$F_R = K\left(T_D s + 1 + \frac{1}{Ts}\right) \tag{6.84}$$

zu verwenden, wodurch

$$F_0(s) = \frac{K\left(T_D s + 1 + \frac{1}{Ts}\right)}{(1+s)^3} \tag{6.85}$$

und

$$F_r(s) = \frac{K\left(T_D s^2 + s + \frac{1}{T}\right)}{s^4 + 3s^3 + s^2(3 + KT_D) + s(1+K) + K'}. \tag{6.86}$$

Nun kann die Relation $\alpha_1 = \alpha_2 = \alpha_3 = 1{,}7$ erfüllt werden. Die weitere Rechnung würde sich nun wie im Falle des zu kontrollierenden Systems $1/(1+s)^2$ gestalten und soll hier im Interesse der Kürze nicht durchgeführt werden.

Wir haben somit die wesentlichen Grundzüge des Optimierungsverfahrens von NASLIN dargestellt; mehr Details sind in [16] angegeben. Obwohl das Verfahren mathematisch nicht exakt ist, sind wir der Meinung, daß die in [16] gebrachten Vergleiche mit „mathematisch exakten" Optimierungsverfahren die Näherungsannahmen rechtfertigen. Dies umsomehr, als eine „exakte" Optimierung auch nur auf Annahmen, wie z. B. hinsichtlich des Gütekriteriums und der verwendeten Testfunktionen beruht. So kann z. B. ein für die Sprungfunktion nach dem P_{ITAE}-Kriterium mathematisch exakt optimiertes System, z. B. für eine Rampenfunktion oder für stochastische Eingänge, durchaus nichtoptimale Ergebnisse liefern. Durch die einzelnen Optimierungsverfahren kann nur eine Basis gelegt werden, die im Betrieb durch praktische Optimierungsversuche ergänzt werden muß.

6.3 Beziehungen zwischen den Gütekriterien, basierend auf dem Regel-(Kontroll-)Fehler und den Übertragungsfunktionen

6.3.1 Anwendung des Hurwitz-Kriteriums zur Berechnung von P_{ISE}

Es ist oft von Vorteil, Gütekriterien in Abhängigkeit von Koeffizienten der Übertragungsfunktionen zu beschreiben. Dies ist möglich für das Gütekriterium

$$P_{ISE} = \int_0^\infty e^2(t)\, dt. \tag{6.87}$$

Wir nehmen wie gewöhnlich an, daß $x_r(t)$ durch einen Einheitssprung gegeben ist. Bei Annahme eines Regelkreises der Struktur nach Abb. 8 können wir schreiben

$$X(s) = \frac{F_0(s)}{1 + F_0(s)} X_r(s). \tag{6.88}$$

Mit der Definition des Regelfehlers (bzw. Kontrollfehlers)

$$E(s) = X_r(s) - X(s) \tag{6.89}$$

ergibt sich

$$E(s) = \frac{1}{1 + F_0(s)} X_r(s) \tag{6.90}$$

und, da $X_r(s) = 1/s$, erhalten wir

$$E(s) = \frac{1}{1 + F_0(s)} \frac{1}{s}. \tag{6.91}$$

Wir nehmen an, $F_0(s)$ sei eine rationale Funktion von s, was für alle Systeme mit konzentrierten Elementen, in Gegensatz zu Systemen mit verteilten Elementen (z. B. lange elektrische Leitungen), gilt.

Dann können wir Gl. (6.91) in allgemeinster Form schreiben als

$$E(s) = \frac{N(s)}{D(s)} = \frac{b_0 + b_1 s + \cdots + b_{n-1} s^{n-1}}{a_0 + a_1 s + \cdots + a_n s^n}. \tag{6.92}$$

Nach [12] gilt

$$P_{ISE} = (-1)^{n+1} \frac{B}{2 a_n H_n}, \tag{6.93}$$

wobei H_n die $n$te Hurwitzdeterminante (Gl. (6.95)) von $D(s)$ ist. B ist jene Determinante, die entsteht, wenn die erste Zeile von H_n (nämlich $a_{n-1}, a_{n-3}, a_{n-5}, \ldots, 0, \ldots, 0$, mit $a_{n-m} = 0$ für $m > n$) ersetzt wird durch die Zeile

$$(c_{n-1}, c_{n-2}, c_{n-3}, \ldots, c_0).$$

Die c_i ($i = 0, 1, \ldots, n-1$) sind die Koeffizienten des Polynoms

$$N(s)N(-s) = c_{n-1} s^{2(n-1)} + c_{n-2} s^{2(n-2)} + \cdots + c_0. \tag{6.94}$$

Die $n$te Hurwitz-Determinante ist gegeben durch

$$H_n = \begin{vmatrix} a_{n-1} & a_{n-3} & a_{n-5} & \cdots & \begin{bmatrix} a_0 & \text{für} & n \text{ ungerade} \\ a_1 & \text{für} & n \text{ gerade} \end{bmatrix} & 0 & \cdots & 0 \\ a_n & a_{n-2} & a_{n-4} & \cdots & \begin{bmatrix} a_1 & \text{für} & n \text{ ungerade} \\ a_0 & \text{für} & n \text{ gerade} \end{bmatrix} & 0 & \cdots & 0 \\ 0 & a_{n-1} & a_{n-3} & \cdots & \cdots & \cdots & \cdots & 0 \\ 0 & a_n & a_{n-2} & \cdots & \cdots & \cdots & \cdots & 0 \\ \vdots & \vdots & \vdots & & & & & \vdots \\ 0 & 0 & 0 & \cdots & \cdots & \cdots & \cdots & a_0 \end{vmatrix} . \tag{6.95}$$

Einsetzen von B und H_n in Gl. (6.93) führt zu Ausdrücken, die von einstellbaren Parametern (z. B. des Reglers) abhängen. Klassische Maxima-Minima-Berechnung führt dann zu optimalen Parametereinstellungen; dies wird in Abschnitt 6.3.2 für eine eng verwandte Methode an Hand eines Beispiels veranschaulicht.

6.3.2 Anwendung der Routhschen Funktionen

Eine Methode, die mit der Methode der Hurwitz-Determinanten eng verwandt ist, ist durch die Anwendung der Routhschen Funktionen gegeben. Zu diesem Zwecke nehmen wir an, daß die Differentialgleichung für den Regelfehler $e(t)$ gegeben ist durch

$$a_n \frac{d^n e(t)}{dt^n} + a_{n-1} \frac{d^{n-1} e(t)}{dt^{n-1}} + \cdots + a_1 \frac{de(t)}{dt} + a_0 e(t) = 0 \tag{6.96}$$

mit den Anfangsbedingungen

$$\frac{d^{n-1} e(0)}{dt^{n-1}} = e^{(n-1)}(0), \ldots, \frac{de(0)}{dt} = \dot{e}(0), e(0). \tag{6.97}$$

Die Beziehung zu Gl. (6.92) wird hergestellt durch Laplacetransformation von Gl. (6.96) unter Verwendung von Gl. (6.97):

$$E(s) = \frac{a_n e(0) s^{n-1} + [a_{n-1} e(0) + a_n \dot{e}(0)] s^{n-2} + \cdots + [a_1 e(0) + \cdots + a_n e^{(n-1)}(0)]}{a_n s^n + a_{n-1} s^{n-1} + \cdots + a_0} . \tag{6.98}$$

Diese Gleichung zeigt, daß die b_i in Gl. (6.92) gegeben sind durch

$$\begin{aligned} b_0 &= a_1 e(0) + \cdots + a_n e^{(n-1)}(0), \\ &\vdots \\ b_{n-2} &= a_{n-1} e(0) + a_n \dot{e}(0), \\ b_{n-1} &= a_n e(0). \end{aligned} \tag{6.99}$$

Wir bestimmen nun die Routhschen Funktionen R_i $(i = 0, 1, \ldots, n)$ für Gl. (6.96). Allgemein gilt

$$R_0 = a_n, \qquad R_1 = a_{n-1}, \qquad R_2 = b_{n-1}, \qquad R_3 = c_{n-1}, \ldots, \tag{6.100}$$

wobei die R_i die Glieder der ersten Spalte im Routhschen Schema sind. Dieses Schema für die Differentialgleichung $n$ter Ordnung (Gl. (6.96)) ist definiert durch [6]:

$$\begin{array}{l|llll} s^n & a_n & a_{n-2} & a_{n-4} & \cdots \\ s^{n-1} & a_{n-1} & a_{n-3} & a_{n-5} & \cdots \\ s^{n-2} & b_{n-1} & b_{n-3} & b_{n-5} & \cdots \\ s^{n-3} & c_{n-1} & c_{n-3} & c_{n-5} & \cdots \\ \vdots & \vdots & \vdots & \vdots & \\ s^0 & h_{n-1} & & & \end{array} \tag{6.101}$$

Hiebei ist

$$\begin{aligned} b_{n-1} &= \frac{a_{n-1}a_{n-2} - a_n a_{n-3}}{a_{n-1}} = -\frac{1}{a_{n-1}}\begin{vmatrix} a_n & a_{n-2} \\ a_{n-1} & a_{n-2} \end{vmatrix}, \\ b_{n-3} &= -\frac{1}{a_{n-1}}\begin{vmatrix} a_n & a_{n-4} \\ a_{n-1} & a_{n-5} \end{vmatrix}, \\ c_{n-1} &= -\frac{1}{b_{n-1}}\begin{vmatrix} a_{n-1} & a_{n-3} \\ b_{n-1} & b_{n-3} \end{vmatrix}, \end{aligned} \tag{6.102}$$

etc.

Nun können wir P_{ISE} in Abhängigkeit der R_i und der Anfangsbedingungen für $n = 1, 2, \ldots$ anschreiben [8]. Dies ergibt für $n = 1$ bis 4:

$$n = 1: \qquad 2P_{ISE} = \frac{R_0}{R_1} e^2(0), \tag{6.103}$$

$$n = 2: \qquad 2P_{ISE} = \frac{R_0}{R_1} e^2(0) + \frac{R_1}{R_2}\left[\frac{R_0}{R_1}\dot{e}(0) + e(0)\right]^2, \tag{6.104}$$

$$\begin{aligned} n = 3: \qquad 2P_{ISE} &= \frac{R_0}{R_1} e^2(0) + \frac{R_1}{R_2}\left[\frac{R_0}{R_1}\dot{e}(0) + e(0)\right]^2 \\ &+ \frac{R_2}{R_3}\left[\frac{R_0}{R_2}\ddot{e}(0) + \frac{R_1}{R_2}\dot{e}(0) + e(0)\right], \end{aligned} \tag{6.105}$$

$$\begin{aligned} n = 4: \qquad 2P_{ISE} &= \frac{R_0}{R_1} e^2(0) + \frac{R_1}{R_2}\left[\frac{R_0}{R_1}\dot{e}(0) + e(0)\right]^2 \\ &+ \frac{R_2}{R_3}\left[\frac{R_0}{R_2}\ddot{e}(0) + \frac{R_1}{R_2}\dot{e}(0) + e(0)\right]^2 \\ &+ \frac{R_3}{R_4}\left[\frac{R_0}{R_3}\dddot{e}(0) + \frac{R_1}{R_3}\ddot{e}(0) + \left(\frac{R_0}{R_1} + \frac{R_2}{R_3}\right)\dot{e}(0) + e(0)\right]^2. \end{aligned} \tag{6.106}$$

Die Formeln für $n \geqslant 5$ können in [4] und [7] gefunden werden. Wenn wir uns auf die häufig vorkommenden Anfangsbedingungen

$$e^{(n-1)}(0) = e^{(n-2)}(0) = \cdots = \ddot{e}(0) = \dot{e}(0) = 0, \qquad e(0) = 1 \tag{6.107}$$

beschränken, erhalten wir für den Fall $n$ter Ordnung

$$2P_{ISE} = \frac{R_0}{R_1} + \frac{R_1}{R_2} + \cdots + \frac{R_{n-1}}{R_n}. \tag{6.108}$$

Ein wichtiger Gesichtspunkt dieser Anwendungsform der Methoden von Routh und von Hurwitz ist, daß nicht nur bestimmt werden kann, ob ein System stabil ist oder nicht, sondern daß auch die Dämpfung und somit der Grad der Stabilität ermittelt werden kann. Dies geschieht über die Berechnung von P_{ISE}.

Wir demonstrieren nun die Methode von Routh an folgendem Beispiel:

In dem geschlossenen Regelkreis nach Abb. 53 soll K derart eingestellt werden, daß P_{ISE} minimisiert wird.

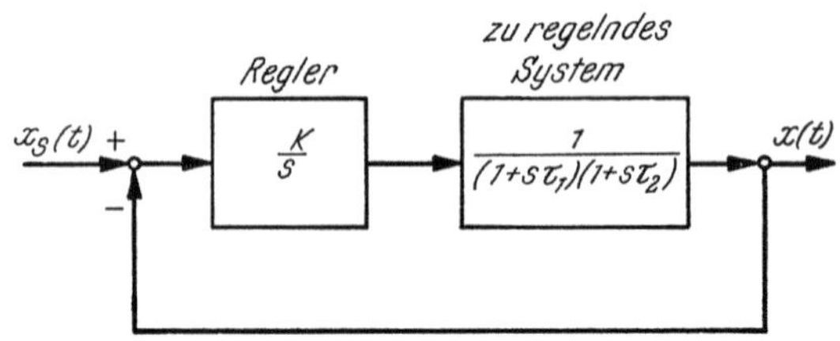

Abb. 53. Regelkreis, für den P_{ISE} durch Einstellung von K zu optimieren ist ($x_s(t) = x_r(t)$ = Sollwert)

Für das System nach Abb. 53 gilt

$$F_0 = \frac{K}{s(1 + s\tau_1)(1 + s\tau_2)} \tag{6.109}$$

und nach Anwendung von Gl. (6.91)

$$E(s) = \frac{(1 + s\tau_1)(1 + s\tau_2)}{\tau_1\tau_2 s^3 + (\tau_1 + \tau_2)s^2 + s + K}. \tag{6.110}$$

Dies ergibt folgendes Routhsches Schema für das Nennerpolynom:

$$\begin{array}{c|ll} s^3 & \tau_1\tau_2 & 1 \\ s^2 & \tau_1 + \tau_2 & K \\ s^1 & 1 - K\dfrac{\tau_1\tau_2}{\tau_1 + \tau_2} & 0 \\ s^0 & K & 0. \end{array} \tag{6.111}$$

Hieraus erhalten wir

$$R_0 = \tau_1\tau_2, \quad R_1 = \tau_1 + \tau_2, \quad R_2 = 1 - K\frac{\tau_1\tau_2}{\tau_1 + \tau_2}, \quad R_3 = K.$$

Die Anfangsbedingungen werden unter Benützung der folgenden Theoreme der Laplacetransformationen berechnet [5]:

$$\mathcal{L}\left\{\frac{df(t)}{dt}\right\} = sF(s) - f(0_+), \tag{6.112}$$

$$f(0_+) = \lim_{s \to \infty} sF(s), \tag{6.113}$$

wobei

$$F(s) = \mathcal{L}\{f(t)\}.$$

Somit erhalten wir mit Gl. (6.110), wobei $f(t) = e(t)$,

$$e(0_+) = 1, \qquad \dot{e}(0_+) = 0. \tag{6.114}$$

Gleichung (6.108) ergibt nun

$$2P_{ISE} = \frac{R_0}{R_1} + \frac{R_1}{R_2} + \frac{R_2}{R_3} = \frac{(\tau_1^2 + \tau_2^2 + \tau_1\tau_2)K + \tau_1 + \tau_2}{K(\tau_1 + \tau_2) - K^2\tau_1\tau_2}. \tag{6.115}$$

Nehmen wir einfachheitshalber an, daß

$$\tau_1 = 2, \qquad \tau_2 = 3,$$

dann erhalten wir

$$2P_{ISE} = \frac{19K + 5}{5K - 6K^2}. \tag{6.116}$$

Minimisierung durch Bildung von $dP_{ISE}/dK = 0$ liefert

$$K = 0{,}274. \tag{6.117}$$

Da alle Elemente der ersten Spalte des Routhschen Schemas mit Gl. (6.117) positiv sind, ist diese Lösung nach den bekannten Sätzen über Stabilität (z. B. [5]) auch stabil.

6.4 Verallgemeinerte Optimierungsregeln

Für die Optimierung von Regelungssystemen nach Abb. 54 wurden in [7] allgemeine Optimierungsvorschriften abgeleitet, die für das P_{ISE}-Kriterium und beliebige Störfunktionen bzw. Sollwertveränderungen gelten.

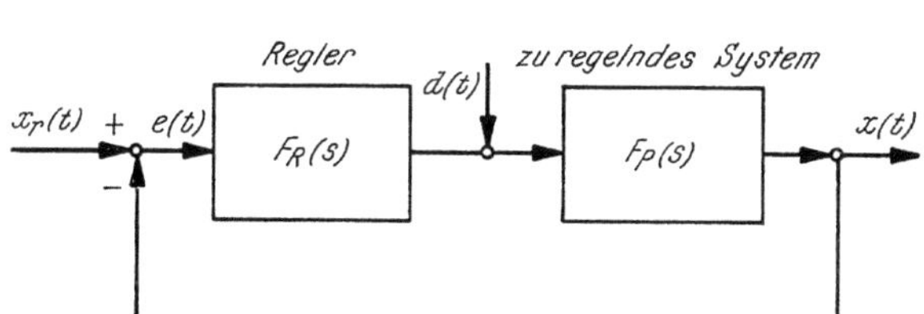

Abb. 54. Geschlossener Regelkreis; $F_R(s)$ ist zu optimieren für beliebiges, vorgegebenes $x_r(t)$ (Sollwertveränderung) und $d(t)$ (Störung)

$X_r(s)$, $d(t)$ und $F_P(s)$ werden als bekannt vorausgesetzt.

Für den Regelfehler $e(t)$ muß die Gleichung

$$c_n e^{(n)}(t) + c_{n-1} e^{(n-1)}(t) + \cdots + c_1 \dot{e}(t) + e(t) = 0 \tag{6.118}$$

mit $c_i > 0$ für $i = 1, \ldots, n$ gelten, wobei die Anfangsbedingungen nach Gl. (6.107) gegeben sein müssen.

Wir führen die folgenden Bezeichnungen ein:

$$\omega_0 = \sqrt[n]{\frac{1}{c_n}}, \tag{6.119}$$

$$b_{2\nu} = \binom{n-\nu}{\nu}, \quad b_{2\nu-1} = \binom{n-\nu}{\nu-1} \quad \text{für} \quad \nu = 1, 2, \ldots, \operatorname{Int}\frac{n+1}{2} \tag{6.120}$$

mit

$$b_0 = 1$$

und

$$\operatorname{Int}\frac{n+1}{2} = \text{größte ganze Zahl} \leqslant \frac{n+1}{2}.$$

Weiters wird definiert

$$f_{n-1}^*(s) = s^{n-1} + b_1 \omega_0 s^{n-2} + \cdots + b_{n-2} \omega_0^{n-2} s + b_{n-1} \omega_0^{n-1} \tag{6.121}$$

und

$$f_n(s) = s f_{n-1}^*(s) + \omega_0^n. \tag{6.122}$$

Die Übertragungsfunktion für den Regler, die minimales P_{ISE} ergibt, ist dann nach [7] gegeben durch

$$F_R(s) = \frac{\omega_0^n}{s f_{n-1}^*(s) F_P(s)}, \tag{6.123}$$

wobei zunächst noch die Sprungfunktion als Testfunktion für $x_r(t)$ angenommen wurde.

Für eine allgemeine Testfunktion mit $\mathscr{L}\{x_r(t)\} = X_r(s)$ wird das optimale $F_R(s)$ zu

$$F_R(s) = -\frac{f_{n-1}^*(s) - f_n(s) X_r(s)}{f_{n-1}^*(s) F_P(s)}. \tag{6.124}$$

Bei Optimierung gegenüber Störungen ist deren Angriffspunkt, wie allgemein in der Literatur üblich, zwischen Regler und geregeltem System gedacht (siehe Abb. 54). Die Reglerübertragungsfunktion, die minimales P_{ISE} für $e(t)$ liefert, ist gegeben durch

$$F_R(s) = \frac{f_n(s)F_P(s)D(s) - 1}{f_{n-1}^*(s)F_P(s)} \tag{6.125}$$

mit $D(s) = \mathscr{L}\{d(t)\}$. Dieses Resultat ist z. B. von Vorteil bei der Optimierung gegenüber sinusförmigen Störungen, wie dies bei der Drehzahlregelung von Kolbenmaschinen vorkommt.

Wir sehen hier, daß die Struktur des Reglers nicht, wie bisher in diesem Kapitel, fest vorgegeben ist. Gl. (6.123) bis (6.125) liefern daher zwar allgemeine Optimierungsbedingungen, führen aber oft zu nicht realisierbarem $F_R(s)$.

6.5 Optimierung des Absolutbetrages der Übertragungsfunktion (Betragsoptimierung)

Wir betrachten nochmals das System nach Abb. 54. Für die Optimierung von $F_R(s)$ gehen wir nun von der Überlegung aus, daß der ideale Regler immer $x(t) = x_r(t)$ aufrecht erhält. Dies ist äquivalent mit $X(s) = X_r(s)$, d. h. nach Gl. (6.88) und (6.69)

$$\frac{X(s)}{X_r(s)} = \frac{F_0(s)}{1 + F_0(s)} = F_r(s) = 1. \tag{6.126}$$

Da weiters

$$F_0(s) = F_R(s)F_P(s) \tag{6.127}$$

und $F_P(s)$ vorgegeben ist, erweist es sich gewöhnlich als unmöglich, $F_R(s)$ derart zu bestimmen, daß Gl. (6.126) erfüllt ist.

Deshalb wurde in [17] und [21] vorgeschlagen, das System durch möglichst gutes Anschmiegen des tatsächlichen $F_r(s)$ an $F_r(s) = 1$ zu optimieren, wobei nur $s = \sigma + j\omega$ mit $\sigma = 0$ betrachtet werden soll. Dieses Anschmiegen erfolgt durch Gleichsetzen möglichst vieler Ableitungen nach s des tatsächlichen $F_r(s)$ mit denen von $F_r(s) = 1$, die natürlich alle gleich Null sind. Wir setzen also

$$\left.\frac{d^n|F_r(s = j\omega)|}{d\omega^n}\right|_{\omega=0} = 0 \tag{6.128}$$

für $n = 2, 4, \ldots, 2k$.

Gl. (6.128) ist erfüllt für ungerades n, da $F_r(j\omega)$ für alle realisierbaren Systeme eine gerade Funktion in ω ist [5, 8, 17]. Gl. (6.128) soll für möglichst großes k erfüllt sein; die Grenze für k ist durch die Ordnung des Systems bzw. die Zahl der wählbaren Parameter gegeben. Da $|F_r(j\omega)|$ gerade in ω ist, kann es als Funktion von ω^2 ausgedrückt werden. Dasselbe gilt auch für $|F_r(j\omega)|^2$, was auch Gl. (6.128) erfüllen muß. Deshalb können wir Gl. (6.128) ersetzen durch

$$\left.\frac{d^n F_{SA}(\alpha)}{d\alpha^n}\right|_{\alpha=0} = 0 \quad \text{für} \quad n = 1, 2, \ldots, k, \tag{6.129}$$

wobei zur Abkürzung $\alpha = \omega^2$ und $F_{SA}(\alpha) = |F_r(j\omega)|^2$ gesetzt wurde.

Wir wollen diese Methode an einem Beispiel erläutern. Es sei angenommen, daß $F_r(s)$ durch Gl. (6.50) gegeben ist. Durch Spezialisierung auf $s = j\omega$ wird Gl. (6.50) zu

$$F_r(j\omega) = \frac{\omega_0^2}{-\omega^2 + 2j\zeta\omega_0\omega + \omega_0^2}. \tag{6.130}$$

Somit gilt

$$|F_r(j\omega)|^2 = F_r(j\omega)F_r(-j\omega) = \frac{\omega_0^4}{\omega^4 + \omega^2(4\zeta^2\omega_0^2 - 2\omega_0^2) + \omega_0^4} \tag{6.131}$$

und in der Terminologie nach Gl. (6.129) wird

$$F_{SA}(\alpha) = \frac{\omega_0^4}{\alpha^2 + \alpha\omega_0^2(4\zeta^2 - 2) + \omega_0^4}. \tag{6.132}$$

Wir wollen annehmen, daß nur ζ einstellbar sei. Deshalb kann Gl. (6.129) nur für $k = 1$ gelten. Anwendung dieser Gleichung ergibt nun

$$\zeta = 0{,}707. \tag{6.133}$$

Ein Vergleich mit anderen Optimierungsmethoden zeigt, daß dieses Resultat eine Auslegung des Reglers ergibt, wie sie üblicherweise in der Prozeßregelung gewählt wird und die auch mit den bei Meßsystemen meist verwendeten Dämpfungswerten übereinstimmt [16].

In [13, 14] wurde die hier gebrachte Methode verwendet, um handliche Optimierungsformeln abzuleiten, die die optimale Einstellung eines Reglers im klassischen Sinn erlauben. Wir erinnern daran, daß klassische Methoden auf den Übertragungsfunktionen der betrachteten Systeme basieren.

Die Formeln nach [14] werden im folgenden angegeben, wobei angenommen werden muß, daß das zu regelnde System aus Verzögerungsgliedern zusammengesetzt dargestellt werden kann und sich diese in solche mit langen und solche mit kurzen Verzögerungszeiten klassifizieren lassen.

Es können dann im wesentlichen die folgenden drei Übertragungsfunktionen des zu regelnden Systems behandelt werden:

$$F_{Pa}(s) = \frac{\exp(-\tau_t s)}{1 + \tau_1 s}, \tag{6.134}$$

$$F_{Pb}(s) = \frac{1}{(1 + \tau_1 s)(1 + \Sigma\tau_\mu s)} \tag{6.135}$$

und

$$F_{Pc}(s) = \frac{1}{(1 + \tau_1 s)(1 + \tau_2 s)(1 + \Sigma\tau_\mu s)}, \tag{6.136}$$

wobei τ_1 und τ_2 die großen und $\Sigma\tau_\mu$ die Summe der kleinen Verzögerungszeiten sind; weiters, $\Sigma\tau_\mu \ll \tau_1, \tau_2$. Die Strukturen der optimalen Regler für die Systeme

Tabelle 1. *Optimale Reglereinstellungen für Reglerstrukturen nach Gl. (6.137) – (6.139)* [8, 14]

Zu regelndes System $F_P(s)$	Regler $F_R(s)$			
	K_1	$\frac{K_2}{T_2 s}$	$K_3\left(\frac{1}{T_3 s} + 1\right)$	
	K_1	$\frac{T_2}{K_2}$	K_3	T_3
$\frac{\exp(-\tau_t s)}{1 + \tau_1 s}$ für $d > 2\left(d = \frac{\tau_1}{\tau_t}\right)$	$\frac{d^2}{1 + 2d}$	$2(\tau_1 + \tau_t)$	$\frac{1}{4}\frac{6d^3 + 6d^2 + 3d + 1}{3d^2 + 3d + 1}$ $\approx \frac{d}{2} + \frac{1}{12d}$	$\frac{\tau}{3} + \frac{6d^3 + 6d^2 + 3d + 1}{2d^2 + 2d + 1}$ $\approx \tau_1 + \frac{\tau_t^3}{6\tau_1^2}$
$\frac{1}{(1 + \tau_1 s)(1 + \Sigma\tau_\mu s)}$	$\approx \frac{1}{2}\frac{\tau_1}{\Sigma\tau_\mu}$	$\approx 2\tau_1$	$\approx \frac{\tau_1}{2\Sigma\tau_\mu}$	$\approx \tau_1$
$\frac{1}{(1 + \tau_1 s)(1 + \tau_2 s)(1 + \Sigma\tau_\mu s)}$	$\approx \frac{1}{2}\left(\frac{\tau_1}{\tau_2} + \frac{\tau_2}{\tau_1}\right)$	$\approx 2(\tau_1 + \tau_2)$	$\approx \frac{1}{2}\left(\frac{\tau_1}{\tau_2} + \frac{\tau_2}{\tau_1}\right)$	$\approx \tau_1 + \frac{\tau_2}{1 + \frac{\tau_1}{\tau_2} + \frac{\tau_1^2}{\tau_2^2}}$

Tabelle 2. *Optimale Reglereinstellung für die Reglerstruktur nach Gl. (6.140)* [8, 14]

Zu regelndes System $F_P(s)$	Regler $F_R(s)$: $K_4\left(\frac{1}{T_4 s} + 1 + T_D s\right)$		
	K_4	T_4	T_D
$\frac{\exp(-\tau_t s)}{1+\tau_1 s}$	$\frac{1}{16}\,\frac{180d^4+240d^3+135d^2+42d+7}{15d^3+15d^2+6d+1}$	$\frac{T_t}{15}\,\frac{180d^4+240d^3+135d^2+42d+7}{12d^3+12d^2+5d+1}$	$\frac{T_1}{16}\,\frac{60d^4+60d^3+27d^2+7d+1}{15d^3+15d^2+6d+1}$
für $d > 2\left(d = \frac{\tau_1}{\tau_t}\right)$	$\approx \frac{3}{4}d + \frac{1}{4} + \frac{1}{80d}$	$\approx \tau_1 + \frac{\tau_t}{3}$	$\approx \frac{\tau_1}{4} + \frac{\tau_t^2}{80\tau_1}$
$\frac{1}{(1+\tau_1 s)(1+\tau_2 s)(1+\Sigma\tau_\mu s)}$	$\approx \frac{\tau_1+\tau_2}{2\Sigma\tau_\mu}$	$\approx \tau_1+\tau_2$	$\approx \frac{\tau_1\tau_2}{2\Sigma\tau_\mu}$

nach Gl. (6.134) bis (6.136) sollen hier fest vorgegeben sein und auf Grund praktischer Erfahrungen möglichst günstig gewählt werden. Diese Strukturen sind dargestellt z. B. durch die in der Prozeßregelung allgemein verwendeten Funktionen

$$F_{Ra_1} = K_1, \tag{6.137}$$

$$F_{Ra_2} = \frac{K_2}{T_2 s}, \tag{6.138}$$

$$F_{Ra_3} = K_3 \left(\frac{1}{T_3 s} + 1 \right) \tag{6.139}$$

und

$$F_{Ra_4} = K_4 \left(\frac{1}{T_4 s} + 1 + T_D s \right). \tag{6.140}$$

Welche der Reglerstrukturen nach Gl. (6.137)—(6.140) ausgewählt wird, kann z. B. durch bereits in einer Anlage vorhandene Reglersysteme bestimmt werden, durch die Kosten einer Reglerbeschaffung oder durch Vergleich der sich bei jedem der vier Reglerstrukturen ergebenden minimalen P_{ISE}.

Für jedes der drei betrachteten zu regelnden Systeme und für jede der vier Reglerstrukturen sind die optimalen Einstelldaten in Tabellen 1 und 2 gegeben.

6.6 Vergleich der verschiedenen Optimierungsmethoden

Wir wollen hier die Ergebnisse vergleichen, die mit verschiedenen, in diesem Kapitel gebrachten Optimierungsmethoden erzielt werden. Hiebei wollen wir uns auf jene Methoden beschränken, bei denen die Reglerstruktur vorgegeben ist. Dieser Vergleich wird natürlich von Fall zu Fall verschieden ausfallen; wir wollen hier annehmen, daß $F_r(s) = X(s)/X_r(s)$ gegeben ist durch

$$F_r(s) = \frac{\omega_0^2}{s^2 + 2\zeta\omega_0 s + \omega_0^2}. \tag{6.141}$$

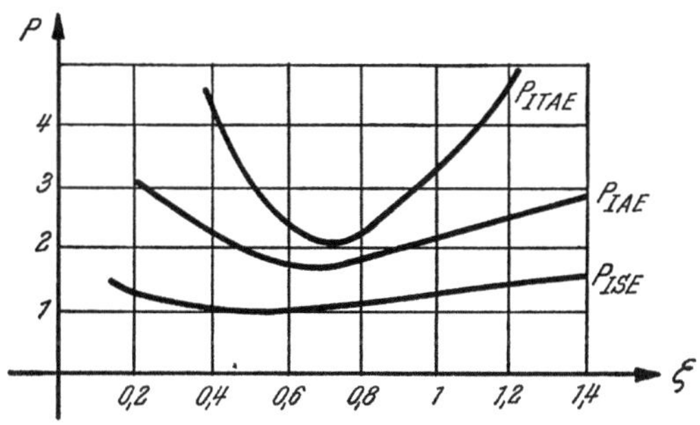

Abb. 55. Vergleich dreier verschiedener Gütekriterien als Funktion von ζ für ein System nach Gl. (6.141). Nach [8]

Ein System nach Gl. (6.141) gibt bei einer Sprungfunktion als Testfunktion für den Sollwert $x_r(t)$ die in Abb. 55 gezeigten Verläufe für die Gütekriterien P_{ISE}, P_{IAE} und P_{ITAE}. Man sieht daraus, wie sich der optimale Dämpfungsparameter ζ bei den verschiedenen Gütekriterien ergibt.

Die in Abb. 55 eingezeichneten Kurven werden berechnet mit Hilfe von Gl. (6.141), wobei $F_r(s) = X(s)/X_r(s)$ und $X_r(s) = 1/s$ berücksichtigt wird. Dies ergibt

$$X(s) = \frac{1}{s} \frac{\omega_0^2}{s^2 + 2\zeta\omega_0 s + \omega_0^2}. \tag{6.142}$$

Gl. (6.142) wird nach inverser Laplacetransformation für $\zeta < 1$ zu

$$x(t) = 1 - \frac{1}{\sqrt{1-\zeta^2}} \exp(-\zeta\omega_0 t) \sin(\omega_0 \sqrt{1-\zeta^2}\, t + \phi), \tag{6.143}$$

wobei

$$\phi = \cos^{-1}\zeta.$$

Für $\zeta \geqslant 1$ kann Gl. (6.142) geschrieben werden als

$$X(s) = \frac{1}{s} \frac{ab}{(s+a)(s+b)}, \tag{6.144}$$

wobei

$$a = \omega_0(-\zeta + \sqrt{\zeta^2 - 1}), \qquad b = \omega_0(-\zeta - \sqrt{\zeta^2 - 1}). \tag{6.145}$$

Wir erhalten nun

$$x(t) = 1 - \frac{b}{b-a} \exp(-at) + \frac{a}{b-a} \exp(-bt). \tag{6.146}$$

Sodann wird je nach dem betrachteten Wert von ζ Gl. (6.143) oder (6.146) in die Definitionsgleichungen (3.28), (3.30) bzw. (3.31) der betrachteten Gütekriterien eingesetzt. Die Auswertung der Integrale führt nun direkt zu Abb. 55. Nach Gl. (6.133) führt die Betragsoptimierung zum selben optimalen ζ wie P_{ITAE}.

Neben der Verschiedenheit der optimalen ζ für die verschiedenen Gütekriterien ist aus Abb. 55 zu sehen, daß der Wert von ζ beliebig zwischen 0,2 und 1,2 liegen kann, ohne eine nennenswerte Veränderung in P_{ISE} zu verursachen. Dies stimmt mit der in der Praxis häufig gemachten Beobachtung überein, daß nämlich die Reglereinstellung oft ein sehr flaches Optimum hat; dies gilt auch für primäre Kriterien, wie Überschwingweite oder Ausregelzeit. Wir erinnern außerdem daran, daß die Gütekriterien, wie sie für Abb. 55 verwendet wurden, eigentlich sekundärer Natur sind und die damit erzielten Ergebnisse mit Hilfe der vorher erwähnten primären Kriterien nachgeprüft werden müssen.

6.7 Experimentelle Optimierungsmethoden

Wir haben bereits festgestellt, daß die fundamentalen, primären Kriterien zur Beurteilung des Arbeitsverhaltens eines Kontroll-(bzw. Regel-)Systems Größen wie Ausregelzeit, Anregelzeit und Überschwingweite sind. Es ist daher sinnvoll, neben den bisher betrachteten Methoden, basierend auf sekundären Kriterien in Integralform, Methoden zur unmittelbaren Optimierung der primären Gütekriterien zu suchen. Dies geschieht offenbar am besten an Hand des praktisch aufgebauten Systems, wobei die Reaktion des Systems auf Testfunktionen (meist eine Sprungfunktion) bei verschiedenen Reglereinstellungen bestimmt wird. Prinzipiell ist es zielführend, alle möglichen Reglereinstellungen auszuprobieren und am Ende dieser Versuchsreihe die optimale Reglereinstellung vorzunehmen. Obwohl dies in der Praxis durchaus oft anwendbar ist, wurden doch Verfahren entwickelt, die eine methodische und raschere Regleroptimierung erlauben. Solche Methoden werden im folgenden beschrieben.

6.7.1 Methode nach Ziegler und Nichols

Diese wohl erste systematische Optimierungsmethode wurde bereits 1942 von ZIEGLER und NICHOLS [25] beschrieben. Dieses Verfahren basiert auf der Annahme

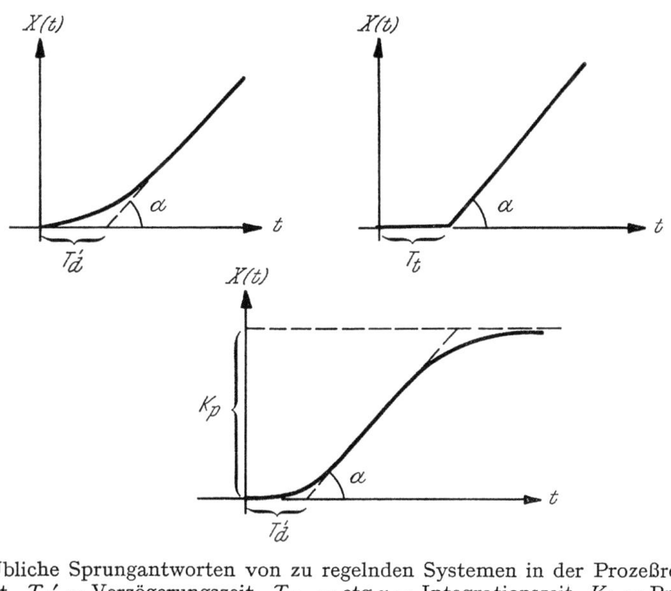

Abb. 56. Übliche Sprungantworten von zu regelnden Systemen in der Prozeßregeltechnik. T_t = Totzeit. T_d' = Verzögerungszeit. T_{Ip} = ctg α = Integrationszeit. K_p = Proportionalitätskonstante

einer optimalen Dämpfung bei $\zeta = 0{,}2$ bis $0{,}3$. Es wurde hauptsächlich für die Prozeßregelung entwickelt, wo die Sprungantwort des zu regelnden Systems durch eine der in Abb. 56 dargestellten Funktionen charakterisiert werden kann.

ZIEGLER und NICHOLS setzten die Verwendung von Proportional- (P-), Proportional-Integral- (PI-) oder Proportional-Integral-Differential- (PID-) Reglern voraus, wie dies auch heute noch in der Prozeßkontrolle meist üblich ist. Die Übertragungsfunktionen dieser Regler sind:

a) für den P-Regler

$$F_{R_P} = K, \tag{6.147a}$$

b) für den PI-Regler

$$F_{R_{PI}} = K\left(1 + \frac{1}{T_I p}\right), \tag{6.147b}$$

c) für den PID-Regler

$$F_{R_{PID}} = K\left(1 + \frac{1}{T_I p} + T_D p\right). \tag{6.147c}$$

Das Optimierungsgesetz für K, T_I und T_D wurde auf experimentellem Wege gefunden. Das Verfahren besteht aus drei Stufen, wobei die ersten beiden für alle drei Reglertypen gemeinsam sind:

1. Der Regler wird als reiner P-Regler eingestellt.

2. Die Reglerverstärkung K wird so eingestellt, daß harmonische Schwingungen entstehen. Diese Reglerverstärkung wird als kritische Verstärkung K_c bezeichnet. Die dabei auftretende Schwingungsdauer T_c muß ebenfalls festgestellt werden.

3. Aus den in Stufe 2 gewonnenen Werten wird unmittelbar die optimale Reglereinstellung berechnet:

a) für den P-Regler

$$K = 0{,}5K_c; \tag{6.148}$$

b) für den PI-Regler

$$K = 0{,}45K_c, \qquad T_I = 0{,}85T_c; \tag{6.149}$$

c) für den PID-Regler

$$K = 0{,}6K_c, \qquad T_I = 0{,}5T_c, \qquad T_D = 0{,}12T_c. \tag{6.150}$$

K_c und T_c können aber auch berechnet werden, wie im folgenden Beispiel gezeigt wird. Wir nehmen ein zu regelndes System an, dessen Übertragungsfunktion lautet:

$$F_P(s) = \frac{0{,}5}{(1 + 0{,}2s)(1 + 0{,}5s)(1 + 2s)}. \tag{6.151}$$

Nach Stufe 1 der Methode nach ZIEGLER-NICHOLS wird zunächst ein P-Regler mit $F_R(s) = K$ angenommen. Dies ergibt mit

$$F_0(s) = F_R(s)F_P(s) \tag{6.152}$$

$$F_0(s) = \frac{0{,}5K}{(1 + 0{,}2s)(1 + 0{,}5s)(1 + 2s)}. \tag{6.153}$$

Bei harmonischer Schwingung wird $s = j\omega$. Unter Berücksichtigung von Gl. (6.69) erhalten wir

$$F_r(j\omega) = \frac{F_0(j\omega)}{1 + F_0(j\omega)}. \tag{6.154}$$

Dies zeigt unmittelbar [18], daß harmonische Schwingungen auftreten bei

$$F_0(j\omega) = -1. \tag{6.155}$$

Mit Gl. (6.153) liefert dies die Bedingungen

$$1 - 1{,}5\omega_c^2 = -0{,}5K_c \quad \text{und} \quad j\omega_c(2{,}7 - 0{,}2\omega_c^2) = 0. \tag{6.156}$$

Daraus erhält man

$$\omega_c = \frac{2\pi}{T_c} = 3{,}67, \qquad T_c = 1{,}715\,\text{sec} \qquad \text{und} \qquad K_c = 38{,}5. \tag{6.157}$$

Die optimalen Reglereinstellungen ergeben sich nun je nach Regler aus Gl. (6.148), (6.149) oder (6.150). Bei Annahme eines *PI*-Reglers erhalten wir

$$K = 17{,}3, \qquad T_I = 1{,}46\,\text{sec}. \tag{6.158}$$

6.7.2 Weitere Methoden zur experimentellen Optimierung

Mehrere Autoren haben, speziell zwischen 1950 und 1960, verschiedene Optimierungsregeln angegeben, die auf verschiedenen Gütekriterien beruhen. So wurde z. B. von Chien, Hrones und Reswick [2] die Anwendung von *PID*-Reglern auf verschiedene zu regelnde Systeme erforscht, wobei Simulationen an elektronischen Regelmodellen vorgenommen wurden. Das Optimum wurde als Erreichen minimaler Ausregelzeit definiert, wobei einschränkend die Bedingungen von Überschwingweite $\ddot{u} = 20\%$ bzw. $\ddot{u} = 0\%$ auferlegt wurden.

Ihre Ergebnisse zusammen mit anderen Verfahren sind in [18] und [20] verglichen. Die wesentliche Aussage aus diesem Vergleich ist die bereits bekannte Tatsache, daß sich bei Erlauben höherer Überschwingweiten größere Reglerverstärkungen und somit geringere Anregelzeiten ergeben. Wir empfehlen die Anwendung der Methode nach Ziegler-Nichols und eventuell eine nachfolgende experimentelle Feineinstellung des Reglers im praktischen Betrieb.

6.7.3 Optimierung bei nichtlinearem Verhalten

Zu den oben gebrachten Optimierungsmethoden ist zu sagen, daß kritische Reglerverstärkung K_c und Schwingungszeit T_c bei nichtlinearen Systemen für jeden speziellen Arbeitspunkt i. a. verschieden sind. Außerdem wird in jedem einzelnen Arbeitspunkt keine ganz eindeutige Bestimmung von K_c mehr möglich sein, da eine einmal eingestellte harmonische Schwingung mit K_{c_1} in eine andere, ebenfalls harmonische Schwingung, i. a. mit höherer Amplitude übergeht, wenn $K_{c_2} > K_{c_1}$ eingestellt wird. Bei mathematisch exakter Betrachtung ist natürlich zu sagen, daß diese Schwingungen dann nicht mehr harmonisch sind, sondern diesen nur ähnlich sehen und daß deren Amplituden durch die Nichtlinearitäten des Systems begrenzt werden.

Da es bereits eine Vielzahl von Möglichkeiten zur Behandlung linearer Systeme gibt, wie sie in diesem Buch behandelt sind, ist es naheliegend, zu versuchen, nichtlineare Systeme auf lineare Systeme zurückzuführen. Dies kann durch die Näherungsannahme des linearen Verhaltens in der Nähe des Arbeitspunktes erfolgen, wobei dann der Regler bei verändertem Arbeitspunkt neu optimiert werden muß.

Wie diese Optimierung automatisiert werden kann, ist in [22] angegeben und wird hier in Kapitel 10 behandelt.

6.8 Optimierung von Abtastsystemen

In vielen Anwendungsfällen können nur in diskreten Zeitpunkten Meßwerte gewonnen und Kontroll-(Regel-)Befehle gegeben werden. Solche Fälle erfordern dann eine spezielle Behandlung, wenn das Abtastintervall (d. h. der Abstand zwischen den vorerwähnten diskreten Zeitpunkten) so groß im Verhältnis zu den Eigenzeitkonstanten des Systems ist, daß dieses nicht mehr durch ein kontinuierliches System angenähert werden kann. Beispiele dafür gibt es z. B. in der Prozeßregelung bei Anwendung der Direct Digital Control (DDC) [3] und in der Raumfahrt bei Anwendung von Bodenrechnern für die Satellitenlageregelung [23, 24].

Abtastsysteme erfordern spezielle Analysemethoden (siehe z. B. [26] und [27]) und spezielle Optimierungsmethoden (siehe z. B. [28], wo die Systemoptimierung im Nyquistdiagramm auf Grund des Amplitudenrandes [8] vorgenommen wird).

Wir wollen hier eine Optimierungsmethode behandeln, die auf einer speziellen Form des Gütekriteriums beruht (siehe unten) und die in letzter Zeit in zunehmendem Maße Eingang in die Literatur gefunden hat. Die Methode wird FST-Kontrolle genannt, wobei FST die Abkürzung für „finite settling time", auf deutsch „endliche Ausregelzeit", ist. Hiebei ist zu bemerken, daß die Ausregelzeit bei Abtastsystemen als jene Zeit definiert wird, bei der der Sollwert exakt erreicht und dann nicht mehr verlassen wird; siehe dazu Kapitel 3 für die entsprechende Definition bei kontinuierlichen Systemen.

Die FST-Methode macht von der Eigenschaft diskreter Systeme Gebrauch, nach der im Gegensatz zu linearen kontinuierlichen Systemen immer eine endliche Ausregelzeit bei beliebigen Anfangsbedingungen erzielt werden kann [18, 30, 31]; dies kann bei einem System der Ordnung m in genau $m + 1$ Schritten erfolgen. Die FST-Methode wird z. B. in [20, 29, 30, 31] behandelt; wir wollen hier den Vorgang nach [29] anwenden.

Für FST-Kontrolle nach [29] werden zwei verschiedene Abtastintervalle definiert:

a) Ein Abtastintervall der Länge T, an dessen Ende immer ein neuer Kontroll-(Regel-)Befehl berechnet wird.

b) Ein Abtastintervall der Länge $\Delta = T/n$ zur Akkumulierung der Meßwerte.

Nun werden, wie in der optimalen Kontrolle üblich, entsprechende Annahmen bezüglich des Gütekriteriums und des Kontroll-(Regel-)Gesetzes gemacht. Das Kontrollgesetz möge linear sein und im speziellen die folgende Form haben:

$$-u_{k+1} = b_0(k)u_k + \sum_{i=1}^{n} b_i(k)e_i(k), \tag{6.159}$$

wobei u_k = Kontrollniveau (Stellbefehl) für $kT \leqslant t \leqslant (k+1)T$; $e_i(k)$ = Regelfehler zur Zeit $t = (k + i/n)T$; $b_0(k)$, $b_i(k)$ = Regelkoeffizienten; $i = 1, 2, \ldots, n$, $k = 0, 1, 2, \ldots$. Eine derartige Formulierung entspricht der Annahme, daß die Reglerstruktur gegeben ist und die Parameter b_i optimiert werden müssen. Wie wir weiter unten sehen werden, ist die Reglerstruktur durch Gl. (6.159) derart gewählt, daß die Kontrolle mit endlicher Ausregelzeit ermöglicht wird.

Zum Prinzip kann gesagt werden, daß nach diesem Kontrollgesetz seriell n gewogene Regelfehlerwerte $e_i(k)$, $i = 1, \ldots, n$, des zu regelnden Systems während der Zeit T akkumuliert werden. Der erste Wert wird zur Zeit $t = kT + T/n$ abgetastet, der Zeitabstand zwischen aufeinanderfolgenden Werten ist T/n. Am Ende des $k$ten Intervalls, also zur Zeit $t = (k+1)T$ ist die Berechnung des neuen Kontrollniveaus beendet. Dann wird der Zyklus der Kontrollniveauberechnung wiederholt, wobei vom vorhergehenden Intervall T das Kontrollniveau u_k in der Form $b_0(k)u_k$ mitverwendet wird. Die Kontrollsynthese erfordert die Bestimmung der Koeffizienten $b_i(k)$, $i = 1, \ldots, n$, derart, daß der Regelfehler nach $m + 1$ Kontrollintervallen T für dauernd zu null wird; m ist die Ordnung des zu regelnden Systems.

Das Gütekriterium wird so definiert, daß die Übertragung von Eingangsrauschen (im konkreten Fall Meßunsicherheiten, wie sie in Kapitel 9 näher besprochen werden) minimisiert wird. Dies wird nach [29] erreicht durch Minimisierung von

$$F = \sum_{i=1}^{n} b_i^2. \tag{6.160}$$

Wir haben also hier ein Gütekriterium vor uns, das über die in Kapitel 3 erwähnten Kriterien hinausgeht.

Systemgleichungen

Das hier betrachtete System wird in Abb. 57 veranschaulicht.

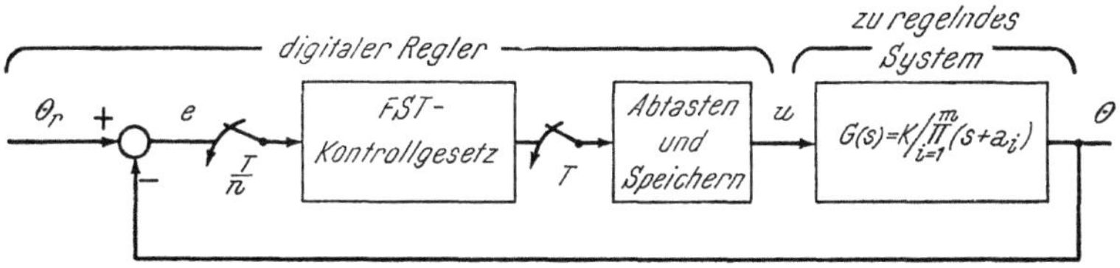

Abb. 57. FST-Regelung mit zwei Abtastfrequenzen. Hier gilt $\theta_r = x_r$, $\theta = x$

Das System nach Abb. 57 werde beschrieben durch die Gleichungen

$$\begin{aligned}\dot{\mathbf{x}}(t) &= \mathbf{\Gamma x}(t) + \mathbf{B}u(t),\\ u(t) &= u_k, \qquad kT \leqslant t < (k+1)T,\\ \mathbf{x}(0) &= \mathbf{x}_0,\end{aligned} \tag{6.161}$$

wobei $\mathbf{\Gamma}$ eine $m \times m$-dimensionale Matrix, $\mathbf{x}(t)$ der m-dimensionale Zustandsvektor des Systems, $\mathbf{x}_0$ der Anfangssystemzustand, und $\mathbf{B}$ eine einspaltige Matrix ist mit allen Elementen $= 0$, außer dem in der letzten Zeile, welches den Wert K der Reglerverstärkung aufweist. Gl. (6.161) hat die Lösung

$$\mathbf{x}(t) = \mathbf{\Phi}(t)\mathbf{x}_0 + \mathbf{\Phi}(t)\int_0^t \mathbf{\Phi}(-\tau)\mathbf{B}u(\tau)\,d\tau, \tag{6.162}$$

wobei $\mathbf{\Phi}(t) = \exp(\mathbf{\Gamma}t)$ die Übergangsmatrix des Systems ist (siehe Kapitel 2). Mit der Bezeichnung $\mathbf{x}_k(l) = \mathbf{x}(t)|_{t=kT+lT/n}$ erhält man aus Gl. (6.162) den Zustandsvektor zu den Zeiten der Regelfehlerabtastungen während des $k$ten Intervalls als

$$\mathbf{x}_k(l) = \mathbf{\Phi}\left(\frac{lT}{n}\right)\mathbf{x}_k(0) + \mathbf{\Phi}\left(\frac{lT}{n}\right)\int_0^{lT/n} \mathbf{\Phi}(-\tau)\mathbf{B}u(\tau)\,d\tau. \tag{6.163}$$

Ordnet man die Elemente von $\mathbf{x}(t)$ derart an, daß das erste Element als Systemausgangsvariable den Regelfehler e darstellt, so kann man, da u_k konstant ist, die Abtastwerte des Systemausganges darstellen durch

$$e_k(l) = \boldsymbol{\phi}_1{}^T\left(\frac{lT}{n}\right)\mathbf{x}_k(0) + \boldsymbol{\phi}_1{}^T\left(\frac{lT}{n}\right)\mathbf{h}\left(\frac{lT}{n}\right)u_k, \tag{6.164}$$

wobei $\boldsymbol{\phi}_1{}^T$ die erste Zeile der Matrix $\mathbf{\Phi}$ ist und

$$\mathbf{h}\left(\frac{lT}{n}\right) = \int_0^{lT/n} \mathbf{\Phi}(-\tau)\mathbf{B}\,d\tau. \tag{6.165}$$

Im folgenden schreiben wir $\mathbf{\Phi}(l)$ für $\mathbf{\Phi}(lT/n)$. $\boldsymbol{\phi}_1{}^T(lT/n)\mathbf{h}(lT/n)$, ein nur von l abhängiger Skalar, wird als $\alpha(l)$ bezeichnet werden. Für $l = 1, 2, \ldots, n$ erhalten wir mit den neuen Bezeichnungen somit

$$\begin{bmatrix} e_k(1)\\ \vdots \\ e_k(n)\end{bmatrix} = \begin{bmatrix} \boldsymbol{\phi}_1{}^T(1)\\ \vdots \\ \boldsymbol{\phi}_1{}^T(n)\end{bmatrix}\mathbf{x}_k(0) + \begin{bmatrix} \alpha(1)\\ \vdots \\ \alpha(n)\end{bmatrix}u_k. \tag{6.166}$$

Definieren wir zwei n-dimensionale Vektoren $\mathbf{y}_k$ und $\boldsymbol{\alpha}$ und die $n \times m$-dimensionale Matrix $\mathbf{V}$

$$\mathbf{y}_k{}^T = [e_k(1)\cdots e_k(n)], \quad \mathbf{V}^T = [\boldsymbol{\phi}_1(1)\cdots\boldsymbol{\phi}_1(n)], \quad \boldsymbol{\alpha}^T = [\alpha(1)\cdots\alpha(n)], \tag{6.167}$$

so kann Gl. (6.166) geschrieben werden als

$$\mathbf{y}_k = \mathbf{V}\mathbf{x}_k(0) + \boldsymbol{\alpha} u_k. \tag{6.168}$$

Ebenso kann Gl. (6.159) in Vektorschreibweise gebracht werden:

$$-u_{k+1} = b_0 u_k + \mathbf{b}^T \mathbf{y}_k, \tag{6.169}$$

wobei $\mathbf{b}^T = [b_1(k) \cdots b_n(k)]$. Gl. (6.168) und (6.169) liefern zusammen

$$-u_{k+1} = \mathbf{b}^T \mathbf{V}\mathbf{x}_k(0) + (b_0 + \mathbf{b}^T\boldsymbol{\alpha})u_k. \tag{6.170}$$

In Gl. (6.170) wurden, gegenüber Gl. (6.169), die Abtastwerte $e_i(k)$ bzw. $\mathbf{y}_k$ ersetzt durch eine Funktion sowohl des Systemzustandes $\mathbf{x}_k(0)$ am Beginn des Kontrollintervalls als auch des Kontrollniveaus, welches während dieses Intervalls angewendet wurde.

Definieren wir einen m-dimensionalen Vektor $\mathbf{c}$ durch

$$\mathbf{c} = \mathbf{V}^T \mathbf{b}, \tag{6.171}$$

so kann Gl. (6.170) geschrieben werden als

$$-u_{k+1} = \mathbf{c}^T \mathbf{x}_k(0) + c_0 u_k, \tag{6.172}$$

wobei $c_0 = b_0 + \mathbf{b}^T\boldsymbol{\alpha}$.

Der Kontrollvektor $\mathbf{c}^T$, c_0 kann aus dem Gewichtsvektor b_0, $\mathbf{b}^T$ wie folgt gewonnen werden [29]:

a) Für $n = m$ gilt

$$\mathbf{b} = [\mathbf{V}^T]^{-1}\mathbf{c}, \qquad b_0 = c_0 - \mathbf{b}^T\boldsymbol{\alpha}. \tag{6.173}$$

b) Für $n > m$ kann b_0 als freier Parameter gewählt werden. Wir schreiben allgemein

$$\mathbf{c}_{m+1} = \begin{bmatrix} \mathbf{c} \\ \hdashline c_0 - b_0 \end{bmatrix} = \begin{bmatrix} \mathbf{V}^T \\ \hdashline \boldsymbol{\alpha}^T \end{bmatrix} \mathbf{b} = \mathbf{H}\mathbf{b}, \tag{6.174}$$

wobei $\mathbf{b}^T\boldsymbol{\alpha} = \boldsymbol{\alpha}^T\mathbf{b}$ verwendet werden konnte, da $\mathbf{b}^T\boldsymbol{\alpha}$ ein Skalar ist. Somit wird für $n = m + 1$

$$\mathbf{b}(b_0) = \mathbf{H}^{-1}\mathbf{c}_{m+1}. \tag{6.175}$$

Da für $n > m$ (genau $n - m$) Freiheitsgrade existieren, können wir in diesem Fall $F = \sum_{i=1}^{n} b_i^2$ minimisieren. Dies ergibt zusammen mit den durch Gl. (6.174) gegebenen Beschränkungen nach Anwendung der Multiplikatorenmethode nach Lagrange [11]

$$\mathbf{b}_{\text{opt}}(b_0) = \mathbf{H}^T[\mathbf{H}\mathbf{H}^T]^{-1}\mathbf{c}_{m+1}. \tag{6.176}$$

Falls für $n > m$ b_0 nicht als freier Parameter belassen wird, erhalten wir

$$\mathbf{b}_{\text{opt}} = \mathbf{V}[\mathbf{V}^T\mathbf{V}]^{-1}\mathbf{c}, \qquad (b_0)_{\text{opt}} = c_0 - \mathbf{b}_{\text{opt}}^T\boldsymbol{\alpha}. \tag{6.177}$$

Sowohl für Gl. (6.175) als auch für Gl. (6.176) kann b_0 entweder beliebig gewählt werden oder so, daß F minimisiert wird. Minimisierung von F resultiert in minimaler Störungsübertragung durch das System für weißes Rauschen am Eingang; in diesem Fall gilt nämlich [29]

$$\sigma_u^2/\sigma_e^2 = F, \tag{6.178}$$

wobei σ_u^2 die Varianz der Verteilung der Kontrollniveaus und σ_e^2 die Varianz der Verteilung der Regelfehlerabtastungen ist (siehe Abb. 57).

Als wesentliches Ergebnis wurde im vorigen die Äquivalenz von Gl. (6.159) und (6.172) hergeleitet. Im folgenden werden die Werte für $\mathbf{c}^T$ und c_0 berechnet, um das gewünschte Verhalten mit endlicher Ausregelzeit (FST) zu erhalten. Die in Gl. (6.159) verwendeten Werte für b_0 und $\mathbf{b}^T$ können dann mit Hilfe der Gl. (6.173) bzw. (6.175)—(6.177) berechnet werden. Das später gebrachte Beispiel erläutert die Methode näher.

Bestimmung des FST-Kontroll-Vektors

Die Veränderung des Systemzustandes während des $k$ten Intervalls ist mit $l = n$ durch Gl. (6.163) gegeben zu

$$\mathbf{x}_k(n) = \mathbf{x}_{k+1}(0) = \mathbf{\Phi}(n)\mathbf{x}_k(0) + \mathbf{\Phi}(n)\mathbf{h}(n)u_k, \tag{6.179}$$

wobei das Argument T durch die Notation n ersetzt wurde.

Gl. (6.172) und (6.179) können kombiniert werden zu

$$\begin{bmatrix} \mathbf{x}_{k+1} \\ \hdashline u_{k+1} \end{bmatrix} = \mathbf{A} \begin{bmatrix} \mathbf{x}_k(0) \\ \hdashline u_k \end{bmatrix}, \tag{6.180}$$

$$\mathbf{A} = \left[\begin{array}{c:c} \mathbf{\Phi}(n) & \mathbf{\Phi}(n)\mathbf{h}(n) \\ \hdashline -\mathbf{c}^T & -c_0 \end{array}\right] = [a_{ij}]. \tag{6.181}$$

$\mathbf{A}$ ist die Übergangsmatrix für den geschlossenen Kreis aus Regler und geregeltem System. Um nun das FST-Verhalten für beliebigen Anfangszustand in $m + 1$ Schritten zu erreichen, müssen c_0 und $\mathbf{c}^T$ so gewählt werden, daß

$$\mathbf{A}^{m+1} \equiv 0. \tag{6.182}$$

Eine direkte Lösung dieser Gleichung ist meist sehr mühsam. Wir wenden daher das Caley-Hamilton-Theorem an, wonach Gl. (6.182) dann erfüllt ist, wenn $\mathbf{A}$, eine $(m + 1) \times (m + 1)$-dimensionale Matrix, alle Eigenwerte $= 0$ hat. Die kanonische Form einer solchen Matrix hat überall Nullen, ausgenommen die Elemente der Diagonale über der Hauptdiagonale; diese sind alle gleich eins. Gl. (6.182) ist nunmehr erfüllt für

$$|z\mathbf{I} - \mathbf{A}| = z^{m+1} + \sum_{i=0}^{m} a_i' z^i = 0, \tag{6.183}$$

falls

$$a_i' = 0, \qquad i = 0, 1, \ldots, m. \tag{6.184}$$

Gl. (6.184) ergibt $m + 1$ Gleichungen mit $m + 1$ Kontrollparametern c_0 und $\mathbf{c}^T$. Allgemein liefert die Entwicklung von Gl. (6.183) nach der letzten Zeile von $|z\mathbf{I} - \mathbf{A}|$ zusammen mit den Bedingungen der Gl. (6.184)

$$\mathbf{Q}\mathbf{c} = \mathbf{q}, \qquad c_0 = \text{Spur}\, \mathbf{\Phi}(n). \tag{6.185}$$

(Die Spur einer Matrix ist die Summe der Elemente der Hauptdiagonale.) Die Matrix $\mathbf{Q}$ und der Vektor $\mathbf{q}$ werden aus $\mathbf{A}$ gewonnen; dies wird im folgenden an Hand einer dreidimensionalen Matrix $\mathbf{A}$ veranschaulicht:

$$\begin{vmatrix} z - a_{11} & -a_{12} & -\alpha_1 \\ -a_{21} & z - a_{22} & -\alpha_2 \\ c_1 & c_2 & z + c_0 \end{vmatrix} = 0. \tag{6.186}$$

Entwicklung nach der letzten Zeile ergibt

$$0 = (\alpha_2 a_{12} - \alpha_1 a_{22} + \alpha_1 z)c_1 + (\alpha_1 a_{21} - \alpha_2 a_{11} + \alpha_2 z)c_2$$
$$+ (a_{11}a_{22} - a_{12}a_{21} - (a_{11} + a_{22})z + z^2)(z + c_0). \tag{6.187}$$

Setzen von $a_2{}' = 0$ liefert $c_0 = a_{11} + a_{22}$ und Setzen von $a_1{}' = 0$ und $a_0{}' = 0$ führt zu

$$\mathbf{Q} = \begin{bmatrix} \alpha_1 & \alpha_2 \\ (\alpha_2 a_{12} - \alpha_1 a_{22}) & (\alpha_1 a_{21} - \alpha_2 a_{11}) \end{bmatrix},$$
$$\mathbf{q} = \begin{bmatrix} c_0{}^2 - (a_{11}a_{22} - a_{12}a_{21}) \\ -(a_{11}a_{22} - a_{12}a_{21})c_0 \end{bmatrix}. \tag{6.188}$$

Beispiel: System zweiter Ordnung

Wir wollen nun ein System nach Abb. 57 mit $m = 2$, $a_1 = 0$ und $a_2 = a$ betrachten. Wir nehmen an, daß die Parameter K, a und T gegeben sind, daß $n \geqslant 2$ und daß die Kontrollparameter b_0, $\mathbf{b}^T$ derart zu bestimmen sind, daß FST-Verhalten erzielt und der Störungs-Übertragungs-Faktor F minimisiert wird. Zunächst wollen wir die Kontrollparameter c_0 und $\mathbf{c}^T$ (siehe Abb. 58) bestimmen.

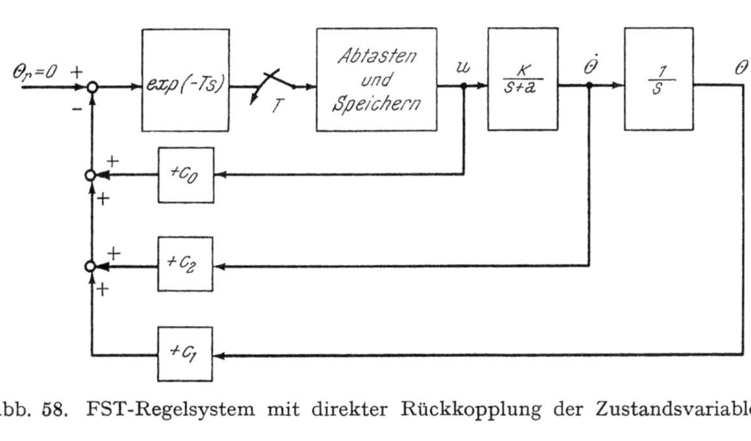

Abb. 58. FST-Regelsystem mit direkter Rückkopplung der Zustandsvariablen

Mit der Bezeichnung $b = \exp(-aT)$ erhalten wir

$$\mathbf{\Phi}(n) = \begin{bmatrix} \phi_{11} & \phi_{12} \\ \phi_{21} & \phi_{22} \end{bmatrix} = \begin{bmatrix} 1 & (1-b)/a \\ 0 & b \end{bmatrix},$$

$$\mathbf{h}(n) = \frac{K}{a}\begin{bmatrix} (1 + aT - b^{-1})/a \\ (b^{-1} - 1) \end{bmatrix},$$

sodaß

$$\mathbf{\Phi}(n)\mathbf{h}(n) = \frac{K}{a}\begin{bmatrix} (aT + b - 1)/a \\ (1-b) \end{bmatrix}. \tag{6.189}$$

Wie in Gl. (6.181) definiert, gilt

$$\mathbf{A} = \left[\begin{array}{cc:c} 1 & \dfrac{(1-b)}{a} & \dfrac{(aT+b-1)}{(aT)^2}KT^2 \\ 0 & b & \dfrac{(1-b)}{aT}KT \\ \hdashline -c_1 & -c_2 & -c_0 \end{array}\right]; \tag{6.190}$$

mit Gl. (6.188) erhalten wir nun

$$\begin{bmatrix} c_1 \\ c_2 \end{bmatrix} = \mathbf{Q}^{-1}\mathbf{q} = \begin{bmatrix} \dfrac{aT}{(1-b)KT^2} \\ \dfrac{1 - b - aTb^3}{(1-b)^2KT} \end{bmatrix} \tag{6.191}$$

und $c_0 = b + 1$. Manchmal ist es vorteilhaft, $c_1 = 1$ zu setzen, d. h. Einheits-Positions-Rückkopplung vorzusehen. In diesem Fall wird

$$K_0T^2 = \frac{aT}{(1-b)}; \tag{6.192}$$

weiters erhalten wir

$$c_2 = \frac{1 - b - aTb^3}{(1-b)a}. \tag{6.193}$$

Mit Gl. (6.173) ergeben sich die Gewichtsparameter b_0, b_1, b_2 aus den Kontrollparametern c_0, c_1, c_2. Es gilt weiters

$$\mathbf{V}^T = \begin{bmatrix} 1 & 1 \\ \dfrac{1-b^{0,5}}{a} & \dfrac{1-b}{a} \end{bmatrix} \tag{6.194}$$

und

$$\boldsymbol{\alpha} = \frac{KT^2}{(aT)^2}\begin{bmatrix} aT/2 + b^{0,5} - 1 \\ aT + b - 1 \end{bmatrix}, \tag{6.195}$$

wobei für Gl. (6.194) und (6.195) $n = 2$ angenommen wurde.

Wir betrachten nun den Fall $0 < aT \ll 1$. Somit werden Gl. (6.192) und (6.193) mit Berücksichtigung der Definition von b für jedes n zu

$$K_0T^2 = aT/(aT - \tfrac{1}{2}(aT)^2 + \cdots) \to 1,$$

$$c_2 = \frac{1}{a}\left(\frac{aT - \frac{1}{2}(aT)^2 + \cdots - aT + 3(aT)^2 - \cdots}{aT - \frac{1}{2}(aT)^2 + \cdots}\right) \to \frac{5T}{2}. \quad (6.196)$$

Ferner gilt $c_0 \approx 2$. Gl. (6.173) wird nun für $n = 2$ zu

$$\mathbf{b} = \begin{bmatrix} 1 & 1 \\ T/2 & T \end{bmatrix}^{-1} \begin{bmatrix} 1 \\ 5T/2 \end{bmatrix} = \begin{bmatrix} -3 \\ 4 \end{bmatrix},$$

$$b_0 = 2 - [-3 \quad 4] \begin{bmatrix} 1/8 \\ 1/2 \end{bmatrix} = 3/8. \quad (6.197)$$

Wir betrachten nun die weiteren Ergebnisse für verschieden großes n:

a) Für $n = 2$ wird der Störungs-Übertragungs-Faktor

$$F = (4)^2 + (3)^2 = 25. \quad (6.198)$$

b) Nehmen wir nun an, daß $n = 3$ sein möge. Für $KT^2 = 1$ werden die Kontrollparameter

$$\mathbf{c}_{m+1} = \begin{bmatrix} c_1 \\ c_2 \\ c_0 - b_0 \end{bmatrix} = \begin{bmatrix} 1 \\ 5T/2 \\ 2 - b_0 \end{bmatrix}. \quad (6.199)$$

Wie durch Gl. (6.174) definiert ist, gilt

$$\mathbf{H} = \begin{bmatrix} 1 & 1 & 1 \\ T/3 & 2T/3 & 3T/3 \\ 1/18 & 4/18 & 9/18 \end{bmatrix}. \quad (6.200)$$

Gl. (6.175) ergibt

$$b_1 = \frac{9}{4} - 9b_0, \qquad b_2 = -9 + 18b_0, \qquad b_3 = \frac{31}{4} - 9b_0. \quad (6.201)$$

Durch Berechnung von F und Setzen von $dF(b_0)/db_0 = 0$ erhalten wir

$$(b_0)_{\text{opt}} = -\left([\tfrac{9}{4} \quad -9 \quad \tfrac{31}{4}] \begin{bmatrix} -9 \\ 18 \\ -9 \end{bmatrix}\right) \Big/ \left([-9 \quad 18 \quad -9] \begin{bmatrix} -9 \\ 18 \\ -9 \end{bmatrix}\right). \quad (6.202)$$

Dies führt zu

$$(b_0)_{\text{opt}} = 0{,}5185, \qquad \mathbf{b}_{\text{opt}} = \begin{bmatrix} -2{,}417 \\ 0{,}333 \\ 3{,}083 \end{bmatrix} \qquad \text{und} \qquad F_{\min} = 15{,}5. \quad (6.203)$$

Eine spezielle Eigenschaft des durch Gl. (6.159) definierten Kontrollgesetzes ist die Einbeziehung des vorhergehenden Kontrollniveaus durch $b_0 \neq 0$. Würde $b_0 = 0$ gesetzt werden, ergäbe sich $F = 146$. Der oben berechnete niedrige Störungsübertragungsfaktor zeigt einen der herausragenden Vorteile des hier gebrachten FST-Kontrollgesetzes.

c) Wir schreiten nun zu den Fällen mit $n > m + 1$. Gl. (6.176) liefert für $n = 4$

$$\mathbf{b}_{\text{opt}} = \tfrac{1}{4} \begin{bmatrix} 11 - 32b_0 \\ -21 + 32b_0 \\ -15 + 32b_0 \\ 29 - 32b_0 \end{bmatrix} = \begin{bmatrix} -2 \\ -0{,}5 \\ 1 \\ 2{,}5 \end{bmatrix}, \tag{6.204}$$

mit $(b_0)_{\text{opt}} = 0{,}5938$ und $F_{\min} = 11{,}5$.

Bei $n > m + 1$ wird es oft unhandlich, n verschiedene Koeffizienten zu verwenden. Nehmen wir nur vier verschiedene Koeffizienten, so wird Gl. (6.159) zu

$$-u_{k+1} = b_0 u_k + b_1 \sum_{i=1}^{n/4} e_i(k) + b_2 \sum_{i=n/4+1}^{n/2} e_i(k) + b_3 \sum_{i=n/2+1}^{3n/4} e_i(k) + b_4 \sum_{i=3n/4+1}^{n} e_i(k). \tag{6.205}$$

Mit den Abtastwerten des Regelfehlers, derart in vier Gruppen aufgeteilt, erhalten wir

$$\mathbf{H} = \begin{bmatrix} \frac{n}{4} & \frac{n}{4} & \frac{n}{4} & \frac{n}{4} \\ \frac{n+4}{32} T & \frac{3n+4}{32} T & \frac{5n+4}{32} T & \frac{7n+4}{32} T \\ \frac{n^2+6n+8}{384n} & \frac{7n^2+18n+8}{384n} & \frac{19n^2+30n+8}{384n} & \frac{37n^2+42n+8}{384n} \end{bmatrix}, \tag{6.206}$$

bzw. für großes n

$$\mathbf{H} \approx \left(\frac{n}{4}\right) \begin{bmatrix} 1 & 1 & 1 & 1 \\ T/8 & 3T/8 & 5T/8 & 7T/8 \\ 1/96 & 7/96 & 19/96 & 37/96 \end{bmatrix}. \tag{6.207}$$

Dies ergibt

$$\left(\frac{n}{4}\right) \mathbf{b}_{\text{opt}} = \begin{bmatrix} -2{,}150 \\ -0{,}550 \\ 1{,}050 \\ 2{,}650 \end{bmatrix} \tag{6.208}$$

und

$$(b_0)_{\text{opt}} = 0{,}8333, \qquad F_{\min} = (13{,}05)(4/n).$$

Für $n \to \infty$ werden Gl. (6.205) und (6.207) zu

$$- u_{k+1} = b_0 u_k + b_1 \int\limits_0^{T/4} e(k,t)\,dt + b_2 \int\limits_{T/4}^{T/2} e(k,t)\,dt + b_3 \int\limits_{T/2}^{3T/4} e(k,t)\,dt + b_4 \int\limits_{3T/4}^{T} e(k,t)\,dt \tag{6.209}$$

und

$$\mathbf{H} = \left(\frac{T}{4}\right) \begin{bmatrix} 1 & 1 & 1 & 1 \\ T/8 & 3T/8 & 5T/8 & 7T/8 \\ 1/96 & 7/96 & 19/96 & 37/96 \end{bmatrix} \tag{6.210}$$

mit $(T/4)\mathfrak{b}_{\text{opt}}$ statt $(n/4)\mathfrak{b}_{\text{opt}}$ für Gl. (6.208); nach Gl. (6.172) und (6.174) ist letzten Endes nur $\mathbf{H}\mathfrak{b}$ von Bedeutung. Die Berechnung von $F_{\min}$ muß nunmehr allerdings die Charakteristik des Leistungsspektrums der Störung berücksichtigen. Als Beispiel betrachten wir einen Rauschgenerator (Störungsquelle) beschränkter Bandbreite mit konstanter Leistungsdichte

$$P_d = \sigma_0^2/f_0 \quad \text{für} \quad -f_0 < f < f_0, \tag{6.211}$$

welche durch ein lineares Tiefpaßfilter mit der Übertragungsfunktion

$$G(s) = \frac{\sqrt{\lambda}}{s+\lambda}, \qquad \lambda \ll 2\pi f_0 \tag{6.212}$$

gesendet werden soll. Die resultierende Rauschquelle wird beschrieben durch die Varianz

$$\sigma_e^2 = \frac{1}{2\pi j} \int\limits_{-j\infty}^{j\infty} \frac{P_d}{2} G(s) G(-s)\,ds = \tfrac{1}{4}(\sigma_0^2/f_0) \tag{6.213}$$

und die Autokorrelationsfunktion

$$R(\tau) = \sigma_e^2 \exp(-\lambda\tau). \tag{6.214}$$

Werden Abtastwerte alle $T/n < 1/\lambda$ Sekunden genommen, kann keine statistische Unabhängigkeit der Abtastwerte mehr vorausgesetzt werden. Wird allerdings das Rauschsignal für $T/4 > 1/\lambda$ Sekunden integriert, so können die alle $T/4$ Sekunden genommenen Abtastwerte als voneinander unabhängig angenommen werden, womit

$$\sigma_I^2 = \int\limits_0^{T/4} \left(\frac{T}{4} - \tau\right) R(\tau)\,d\tau. \tag{6.215}$$

Dies führt zu

$$\frac{\sigma_I^2}{\sigma_e^2} = \frac{T}{4\lambda}, \tag{6.216}$$

$$F = \frac{\sigma_u^2}{\sigma_e^2} = \frac{\sigma_u^2}{\sigma_I^2} \times \frac{\sigma_I^2}{\sigma_e^2} = [b_4^2 + b_3^2 + b_2^2 + b_1^2] \frac{T}{4\lambda}$$

und

$$F = \left[\left(\frac{T}{4} b_4\right)^2 + \left(\frac{T}{4} b_3\right)^2 + \left(\frac{T}{4} b_2\right)^2 + \left(\frac{T}{4} b_1\right)^2\right] \Big/ \left(\frac{4\lambda}{T}\right)\left(\frac{T}{4}\right)^2. \tag{6.217}$$

Somit wird, wie bei Gl. (6.208),

$$F_{\min} = (13{,}05)(4/\lambda T).$$

Wir sehen aus dem Vorhergehenden, daß F für wachsendes n verringert wird. Tabelle **3** gibt eine Aufstellung für verschiedene Werte von n, wobei Rauschen mit $R = \exp(-\lambda\tau)$, $\lambda T = 2048$ angenommen wurde.

Tabelle 3. *Auswirkung der Anzahl der Abtastwerte auf die Kennwerte der FST-Kontrolle*

n	$(b_0)_{\mathrm{opt}}$	$\sqrt{F_{\min}}$	$\lambda T/n$
2	0,3750	5,000	1024
3	0,5185	3,937	683
4	0,5938	3,391	512
32	0,8022	1,267	64
128	0,8255	0,637	16
512	0,8314	0,319	4
∞	0,8333	0,160	0

6.9 Optimierung von Systemen mit freier Struktur

Bisher wurde immer angenommen, daß Struktur und Parameter des zu kontrollierenden Systems fest vorgegeben seien. Wir wollen nunmehr annehmen, daß auch das zu kontrollierende System verändert werden kann, um das Gesamtsystem zu optimieren.

Bei praktischen Anwendungen bildet eine derartige Vorgangsweise die Grundlage für die Konstruktion des zu kontrollierenden Systems. So wird in Kapitel 11 (und in [23, 24]) gezeigt, wie durch geeignete Wahl der Hauptträgheitsmomente eines Erdsatelliten dessen zeitoptimale und kombiniert Zeit-Treibstoff-optimale Lageregelung ermöglicht wird. Eine derartige Wahl der Hauptträgheitsmomente läßt sich meist leicht realisieren.

In den meisten Fällen ist das zu kontrollierende System allerdings fest vorgegeben. Es besteht dann nur mehr die Möglichkeit, das Kontrollgesetz hinsichtlich Struktur und Parameter zu optimieren. Die Optimierung von Kontrollparametern wurde bereits in großem Umfang in diesem Buch behandelt. Hier ist übrigens interessant zu bemerken, daß auf Grund praktischer Überlegungen selbst bei

Anwendung von Prozeßrechnern meist die konventionellen Regelgesetze beibehalten werden [3, 11].

Wir wollen uns nunmehr kurz den Fällen widmen, bei denen auch eine Optimierung der Struktur des Reglers (bzw. Kontrollgesetzes) vorgenommen werden soll. Bereits in Abschnitt 6.4 wurden zu diesem Zweck verallgemeinerte Optimierungsregeln eingeführt. Sie haben aber den Nachteil der geringen Aussicht auf praktische Realisierbarkeit. Die Unvereinbarkeit von Realisierbarkeit und umfassender Optimierung der Struktur und der Parameter führt dazu, daß sich letzten Endes auf Grund ingenieurmäßiger Erfahrung eine hinsichtlich praktischer Realisierbarkeit und Aufwand optimale Struktur als am besten geeignet herausstellt. Im Prinzip wird dann meist die Anzahl der Meßstellen und der Stellbefehleingänge eines Systems vorteilhaft festgelegt. Dies soll an Hand der in Abb. 59 dargestellten Drehzahlregelung eines Gleichstrommotors veranschaulicht werden.

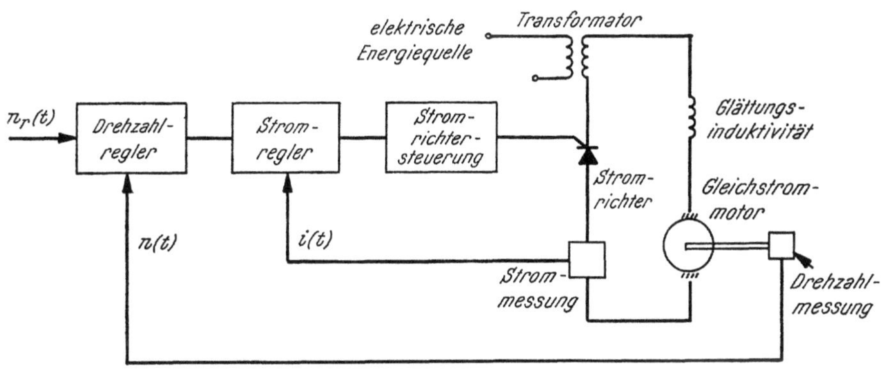

Abb. 59. Prinzipschaltbild der Drehzahlregelung eines Gleichstrommotors. $n_r(t)$ = Drehzahlsollwert. $n(t)$ = Drehzahl. $i(t)$ = Rotorstrom des Motors

Wie Abb. 59 zeigt, werden sowohl $n(t)$ als auch $i(t)$ zur Drehzahlregelung verwendet; dies wird mit Hilfe zweier PI-Regler durchgeführt (siehe Abb. 60).

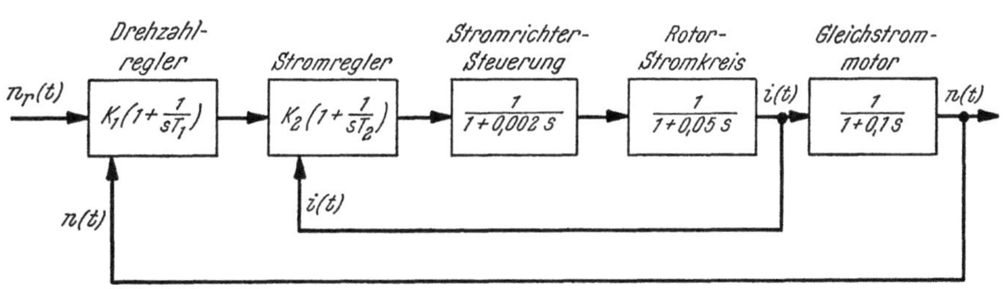

Abb. 60. Blockdiagramm der Drehzahlregelung nach Abb. 59

Das in Abb. 60 gezeigte Kontrollschema hat sich der Drehzahlregelung, wo nur die Drehzahl gemessen wird, als überlegen erwiesen; in letzterem Fall müßte nämlich ein *PID*-Regler verwendet werden (siehe Abb. 61). Die Optimierung der Systemstruktur besteht hier also in der Einführung zweier *PI*-Regler statt eines häufig relativ schwer zu verwirklichenden *PID*-Reglers (siehe auch [**13**]).

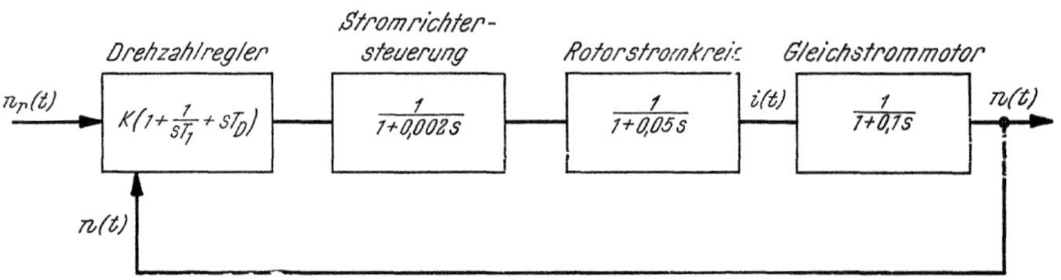

Abb. 61. Blockschaltbild der Drehzahlregelung ohne Rotorstromerfassung

Wir sehen aus diesem Beispiel, daß insbesondere bei der praktischen Verwirklichung von optimalen Kontrollstrukturen die Kunst und Erfahrung des Ingenieurs die rein mathematische Regelungstheorie in geeigneter Weise ergänzen müssen. Dies ist aber auch der Grund, daß die Wahl der günstigsten Reglerstruktur von Fall zu Fall verschieden ist und daß dieses Problem keiner geschlossenen Behandlung zugänglich ist; deshalb wollen wir hier auf die für die jeweilige Anwendung zutreffende, praktisch orientierte Spezialliteratur verweisen.

6.10 Schlußbemerkungen

Die in diesem Kapitel behandelten Methoden haben gegenüber den rein mathematischen Optimierungsmethoden den Vorteil, daß sie mit einem bereits vorhandenen konventionellen Kontrollsystem arbeiten können und nicht unbedingt die Anwendung eines Prozeßrechners voraussetzen, wie sich dies bei einer Vielzahl der sogenannten modernen Optimierungsmethoden als notwendig herausstellt.

In vielen Fällen führt das Arbeiten mit konventionellen Kontrollsystemen ohnehin zu befriedigenden Resultaten, da die Wahl des Gütekriteriums meist auf Kompromissen beruht. Wo allerdings das Gütekriterium eindeutig festgelegt werden kann, wie bei der Minimalzeitkontrolle, sind „moderne" Optimierungsmethoden notwendig.

Weiters ist zu bemerken, daß sich die Grenze zwischen vorteilhafter Anwendung konventioneller Kontrollgesetze (z. B. *PI*- und *PID*-Regelung) und Anwendung von Rechnern für „moderne" Kontrollgesetze infolge der laufenden Kostensenkung und Verläßlichkeitserhöhung bei Rechnern ständig verschiebt. Allerdings setzt die Anwendung „moderner" Kontrollgesetze die Kenntnis hinreichend genauer mathematischer Modelle der zu kontrollierenden Systeme einschließlich ihrer Nichtlinearitäten voraus. Die Kenntnis solcher mathematischer Modelle ist auch heute in vielen Anwendungsgebieten, besonders mit nichtlinearem Verhalten, nur beschränkt gegeben.

Wir sind deshalb der Ansicht, daß heute wichtige Probleme bei der Behandlung nichtlinearer Systeme liegen und bei Systemen, deren mathematisches Modell entweder zu kompliziert ist, um zu praktisch brauchbaren Ergebnissen zu führen, oder überhaupt nicht bekannt ist. Derartige Probleme machen die Anwendung adaptiver Systeme (siehe Kapitel 10) bzw. lernender Systeme (Kapitel 12) notwendig, die eine automatische Optimierung des Kontrollgesetzes ermöglichen.

Literatur

[1] ATHANS, M.: The Status of Optimal Control Theory and Applications for Deterministic Systems. IEEE Transactions on Automatic Control **1966**, 580—596.

[2] CHIEN, K. L., J. A. HRONES und J. B. RESWICK: On the Automatic Control of Generalized Passive Systems. Transactions of the American Society of Mechanical Engineers **74**, 175—185 (1952).

[3] COX, J. B., L. J. HELLUMS, T. J. WILLIAMS, R. S. BANKS und G. J. KIRK, JR.: A Practical Spectrum of DDC Chemical Process Control Algorithms. Instrument Society of America Journal **1966**, 65—72.

[4] CREMER, J., und F. H. EFFERTZ: Über die algebraischen Kriterien für die Stabilität von Regelungssystemen. Mathematische Annalen **137**, 328—350 (1959).

[5] DISTEFANO, J. J., A. R. STUBBERUD und I. J. WILLIAMS: Schaum's Outline Series: Feedback and Control Systems. New York: McGraw-Hill. 1967.

[6] DORF, R. C.: Modern Control Systems. Reading, Mass.: Addison-Wesley. 1967.

[7] EFFERTZ, F. H.: On the Relation Between the Stability Boundary Surface of Linear and Nonlinear Servo-Mechanisms and the Realizability Boundary Surfaces of Some Classes of Frequency Characteristics of Electrical Networks, in: CAUER, W., Synthesis of Linear Communication Networks, Vol. II, S. 840—856. New York: McGraw-Hill. 1958.

[8] EFFERTZ, F. H., und F. KOLBERG: Einführung in die Dynamik selbsttätiger Regelungssysteme. Düsseldorf: VDI Verlag. 1963.

[9] EVELEIGH, V. W.: Adaptive Control and Optimization Techniques. New York: McGraw-Hill. 1967.

[10] GRAHAM, D., und R. C. LATHROP: The Synthesis of "Optimum" Transient Response: Criteria and Standard Forms, AIEE Applications and Industry **1953**, 273—288.

[11] HARDERS, H., G. HELLER und P. R. LAURER: Computer Control of the Oxo-Synthesis Process, in: MILLER, W. E. (Hrsg.), Digital Computer Applications to Process Control, Proceedings of the First International Conference, Stockholm, 1964. New York: Plenum Press. 1965.

[12] JAMES, M. M., R. NICHOLS und R. S. PHILIPS: Theory of Servomechanisms. New York: McGraw-Hill. 1947.

[13] KESSLER, C.: Das Symmetrische Optimum. Regelungstechnik **6**, 395—400 (1958); **6**, 432—436 (1958).

[14] KESSLER, C.: Über die Vorausberechnung optimal abgestimmter Regelkreise. Regelungstechnik **2**, 274—281 (1954); **3**, 16—22 (1955); **3**, 40—49 (1955).

[15] MCCAUSLAND, I.: Introduction to Optimal Control. New York: Wiley. 1969.

[16] NASLIN, P.: Essentials of Optimal Control. Cambridge, Mass.: Boston Technical Publishers. 1969.

[17] OLDENBOURG, R. C., und H. SARTORIUS: A Uniform Approach to the Optimum Adjustment of Control Loops. Transactions of the American Society of Mechanical Engineers **76**, 1265—1279 (1954).

[18] OPPELT, W.: Kleines Handbuch technischer Regelvorgänge, 4. Aufl. Weinheim: Verlag Chemie. 1964.

[19] SZIRMAY, S.: A Science Instrument Support Scanning Platform. Jet Propulsion Lab. Space Programs Summary, No. 37-33, Vol. 4, S. 54–56, Juni 1965.

[20] TAKAHASHI, Y.: Recent Developments of Automatic Control Theories. Journal of the Japanese Society of Mechanical Engineers 56, 61–66 (1953).

[21] WHITELEY, A. L.: Theory of Servo Systems, with Particular Reference to Stabilization, Journal of the IEE (London) 93, Part II, 353–372 (1946).

[22] ZACH, F.: Die automatische Optimierung von Regelungssystemen. Wien: Notring Verlag. 1968.

[23] ZACH, F.: Time and Fuel Optimal Control for Gravity Grandient Spacecraft. Report X-763-70-353, NASA Goddard Space Flight Center, Greenbelt, Maryland, USA, September 1970.

[24] ZACH, F.: Time Optimal Control of Gravity Gradient Satellites. Journal of Spacecraft and Rockets 7, 1434–1440 (1970).

[25] ZIEGLER, J. G., und N. B. NICHOLS: Optimum Settings for Automatic Controller. Transactions of the American Society of Mechanical Engineers 64, 759–768 (1942).

[26] CHANG, S. S. L.: Synthesis of Optimum Control Systems. New York: McGraw-Hill. 1961.

[27] GILLE, J.-C., M. J. PÉLEGRIN und P. DECAULNE: Lehrgang der Regelungstechnik. München: Oldenbourg. 1963.

[28] WEINMANN, A.: Mittelwertbildende Systeme in automatischen Regelungen. Archiv für Elektrotechnik 49, 398–408 (1965).

[29] GATLIN, J. A.: Dual-Rate Finite-Settling-Time Discrete Systems. NASA Technical Note D-5745, Washington, D.C., April 1970.

[30] KALMAN, R. E., und J. E. BETRAM: General Procedure for Computer Control of Single-Loop and Multiloop Linear Systems. Trans. AIEE 78, 602–609 (1959).

[31] LINDORFF, D. P.: Theory of Sampled-Data Control Systems. New York: Wiley. 1965.

7. Numerische Optimierungsmethoden

7.1 Die Gradientenmethode nach Bryson und Kelley

7.1.1 Allgemeine Formulierung

Die bei der Variationsrechnung und verwandten Optimierungsmethoden auftretende Hauptschwierigkeit ist, daß Randwertprobleme gelöst werden müssen, bei denen Bedingungen am Anfangspunkt und am Endpunkt vorgegeben sind. Dies wird durch die Gradientenmethode vermieden; es handelt sich hiebei um ein numerisches Verfahren, das dieses Problem zu einem reinen Anfangswertproblem reduziert. Die Gradientenmethode wurde über viele Jahre entwickelt und verfeinert, wobei die grundlegende Idee offenbar COURANT zugeschrieben werden muß [11]. Systematische Behandlungen in Verbindung mit Anwendungen auf Raumfahrtprobleme wurden von KELLEY [13] und BRYSON und DENHAM [6] durchgeführt. Ergänzungen zu dieser Methode können in [15] gefunden werden. Wir wollen hier auf den Darstellungen von GREENSITE [11] und EVELEIGH [10] aufbauen.

Zur Entwicklung der Grundideen der Gradientenmethode betrachten wir zunächst das Gütekriterium

$$P = \int_{t_a}^{t_e} f_0(\mathbf{x}(t),\ \dot{\mathbf{x}}(t),\ t)\, dt. \tag{7.1}$$

Hiebei sind $\mathbf{x}$ und $\dot{\mathbf{x}}$ n-dimensionale Vektoren mit den Komponenten $x_1(t) \cdots x_n(t)$ und $\dot{x}_1(t) \cdots \dot{x}_n(t)$. Es soll nun $\mathbf{x}(t)$ derart gefunden werden, daß P sein Minimum erreicht.

Ähnlich wie in Kapitel 4 bilden wir die Variation von P, die später für die optimale Trajektorie wieder null gesetzt wird. Dies führt zu

$$\delta P = \int_{t_a}^{t_e} \sum_{i=1}^{n} \left(\frac{\partial f_0}{\partial x_i}\, \delta x_i + \frac{\partial f_0}{\partial \dot{x}_i}\, \delta \dot{x}_i \right) dt. \tag{7.2}$$

Bei Verwendung des Gradientenoperators ∇ mit

$$\nabla_x f_0 = \begin{pmatrix} \dfrac{\partial f_0}{\partial x_1} \\ \vdots \\ \dfrac{\partial f_0}{\partial x_n} \end{pmatrix}, \qquad \nabla_{\dot{x}} f_0 = \begin{pmatrix} \dfrac{\partial f_0}{\partial \dot{x}_1} \\ \vdots \\ \dfrac{\partial f_0}{\partial \dot{x}_n} \end{pmatrix} \tag{7.3}$$

und mit

$$\delta \mathbf{x} = \begin{pmatrix} \delta x_1 \\ \vdots \\ \delta x_n \end{pmatrix}, \qquad \delta \dot{\mathbf{x}} = \begin{pmatrix} \delta \dot{x}_1 \\ \vdots \\ \delta \dot{x}_n \end{pmatrix} \tag{7.4}$$

kann Gl. (7.2) geschrieben werden als

$$\delta P = \int_{t_a}^{t_e} \{(\nabla_x f_0)^T \, \delta \mathbf{x} + (\nabla_{\dot{x}} f_0)^T \, \delta \dot{\mathbf{x}}\} \, dt, \tag{7.5}$$

wobei T Transposition bedeutet. Der zweite Teil des Integranden wird umgeformt mit

$$\frac{d}{dt} [(\nabla_{\dot{x}} f_0)^T \, \delta \mathbf{x}] = (\nabla_{\dot{x}} f_0)^T \frac{d}{dt} (\delta \mathbf{x}) + \frac{d}{dt} (\nabla_{\dot{x}} f_0)^T \, \delta \mathbf{x} \tag{7.6}$$

zu

$$\delta P = \int_{t_a}^{t_e} \left\{(\nabla_x f_0)^T \, \delta \mathbf{x} + \frac{d}{dt} [(\nabla_{\dot{x}} f_0)^T \, \delta \mathbf{x}] - \frac{d}{dt} (\nabla_{\dot{x}} f_0)^T \, \delta \mathbf{x}\right\} dt, \tag{7.7}$$

wobei

$$\frac{d}{dt} (\delta \mathbf{x}) = \delta \left(\frac{d\mathbf{x}}{dt}\right) \tag{7.8}$$

verwendet wurde.

Mit

$$\int_{t_a}^{t_e} \left\{\frac{d}{dt} [(\nabla_{\dot{x}} f_0)^T \, \delta \mathbf{x}]\right\} dt = (\nabla_{\dot{x}} f_0)^T \, \delta \mathbf{x} \Big|_{t_a}^{t_e} = 0 \tag{7.9}$$

(da $\delta \mathbf{x}(t_e) = \delta \mathbf{x}(t_a) = 0$, weil $\mathbf{x}(t_a)$ und $\mathbf{x}(t_e)$ als fest angenommen werden) wird Gl. (7.7) zu

$$\delta P = \int_{t_a}^{t_e} (\delta x)^T \left\{\nabla_x f_0 - \frac{d}{dt} (\nabla_{\dot{x}} f_0)\right\} dt. \tag{7.10}$$

Nullsetzen von Gl. (7.10) führt nun zur Euler-Lagrange-Gleichung

$$\nabla_x f_0 - \frac{d}{dt} (\nabla_{\dot{x}} f_0) = 0. \tag{7.11}$$

Direkte Anwendung von Gl. (7.11) würde Ableitungen höherer Ordnung notwendig machen und ist daher für numerische Anwendungen nicht zu empfehlen. Ein Ausweg ist mit Hilfe der Greenschen Funktionen und eines iterativen

Verfahrens möglich. Um diese Funktionen und das Verfahren einzuführen, betrachten wir die Systemgleichung

$$\dot{x}_i = f_i(\mathbf{x}, \mathbf{u}, t); \qquad i = 1, \ldots, n, \tag{7.12}$$

wobei $\mathbf{x}$ der n-dimensionale Zustandsvektor und $\mathbf{u}$ der r-dimensionale Kontrollvektor sind. Unter Beachtung vorgegebener Randbedingungen suchen wir

$$P = P[\mathbf{x}(t_e)] \tag{7.13}$$

durch geeignete Wahl von $\mathbf{u}(t)$ zu minimisieren.

Diese Form des Gütekriteriums umfaßt auch das übliche Kriterium

$$P = \int_{t_a}^{t_e} L(\dot{\mathbf{x}}, \mathbf{x}, t)\, dt,$$

wie leicht durch Einführen der neuen Variablen

$$x_{n+1}(t) = \int_{t_a}^{t} L(\dot{\mathbf{x}}, \mathbf{x}, t)\, dt$$

gezeigt werden kann.

Wir nehmen nun an, daß wir eine Funktion $\mathbf{u}(t)$ gefunden haben, die die Randbedingungen erfüllt, aber nicht notwendigerweise ein Extremum für Gl. (7.13) ergibt. Dieses $\mathbf{u}(t)$ soll nomineller Kontrollvektor genannt werden und das resultierende $\mathbf{x}(t)$ soll die nominelle Trajektorie bilden. Wir wollen nun $\mathbf{u}(t)$ durch $\delta\mathbf{u}(t)$ variieren und somit auch die nominelle Trajektorie. Wir wollen sodann jenes $\delta\mathbf{u}(t)$ nehmen, das die größte Abnahme in P ergibt (bzw. die größte Zunahme, falls P ein Maximum erlangen soll).

Für diese Variationen können wir schreiben

$$\dot{x}_i + \delta\dot{x}_1 = f_i(\mathbf{x}, \mathbf{u}, t) + \delta f_i(\mathbf{x}, \mathbf{u}, t), \qquad i = 1, \ldots, n \tag{7.14}$$

und mit einer Taylorreihenentwicklung für δf_i

$$\delta f_i(\mathbf{x}, \mathbf{u}, t) = \sum_{j=1}^{n} \frac{\partial f_i}{\partial x_j} \delta x_j + \sum_{j=1}^{r} \frac{\partial f_i}{\partial u_j} \delta u_j, \tag{7.15}$$

wobei Glieder der Ordnung $\geqslant 2$ vernachlässigt wurden. Mit Gl. (7.8) erhalten wir

$$\frac{d}{dt}(\delta x_i) = \sum_{j=1}^{n} \frac{\partial f_i}{\partial x_j} \delta x_j + \sum_{j=1}^{r} \frac{\partial f_i}{\partial u_j} \delta u_j \qquad (i = 1, \ldots, n). \tag{7.16}$$

Gl. (7.16) kann in Vektorform geschrieben werden als

$$\frac{d}{dt}(\delta\mathbf{x}) = \mathbf{A}(t)\, \delta\mathbf{x} + \mathbf{B}(t)\, \delta\mathbf{u}, \tag{7.17}$$

wobei

$$\mathbf{A}(t) = \begin{bmatrix} \frac{\partial f_1}{\partial x_1} & \cdots & \frac{\partial f_1}{\partial x_n} \\ \vdots & & \vdots \\ \frac{\partial f_n}{\partial x_1} & \cdots & \frac{\partial f_n}{\partial x_n} \end{bmatrix}, \tag{7.18}$$

$$\mathbf{B}(t) = \begin{bmatrix} \frac{\partial f_1}{\partial u_1} & \cdots & \frac{\partial f_1}{\partial u_r} \\ \vdots & & \vdots \\ \frac{\partial f_n}{\partial u_1} & \cdots & \frac{\partial f_n}{\partial u_r} \end{bmatrix}. \tag{7.19}$$

Die Matrizen $\mathbf{A}(t)$ und $\mathbf{B}(t)$ werden entlang der nominellen Trajektorie entwickelt. Mit den Ergebnissen des Kapitels 2 können wir die Lösung der Gl. (7.17) schreiben als

$$\delta\mathbf{x}(t) = \mathbf{\Phi}(t, t_a)\, \delta\mathbf{x}(t_a) + \int_{t_a}^{t} \mathbf{\Phi}(t, \tau)\mathbf{B}(\tau)\, \delta\mathbf{u}(\tau)\, d\tau, \tag{7.20}$$

wobei $\mathbf{\Phi}(t, t_a)$ die Lösung ist von

$$\dot{\mathbf{\Phi}}(t, t_a) = \mathbf{A}(t)\mathbf{\Phi}(t, t_a). \tag{7.21}$$

Der erste Term auf der rechten Seite von Gl. (7.20) ist null, falls $\mathbf{x}(t_a)$ fest vorgegeben ist. Dann erhalten wir mit Gl. (7.20) für $t = t_e$

$$\delta\mathbf{x}(t_e) = \int_{t_a}^{t_e} \mathbf{\Phi}(t_e, \tau)\mathbf{B}(\tau)\, \delta\mathbf{u}(\tau)\, d\tau. \tag{7.22}$$

Wir wollen nun δP berechnen, was nach Gl. (7.13) nur eine Funktion von t_e ist. Wenn wir mit dem Index u Variationen infolge Variation des Kontrollvektors $\mathbf{u}$ kennzeichnen, so können wir schreiben

$$\delta P_u = P[\mathbf{x}(t_e) + \delta\mathbf{x}_u(t_e)] - P[\mathbf{x}(t_e)] \tag{7.23}$$

oder, angenähert durch die ersten Glieder einer Taylorreihe,

$$\delta P_u = \sum_{j=1}^{n} \frac{\partial P[\mathbf{x}(t_e)]}{\partial x_j}\, \delta x_{ju}(t_e). \tag{7.24}$$

Zur Abkürzung definieren wir einen neuen Vektor $\mathbf{r}$ durch

$$\mathbf{r} = \nabla_x P|_{t=t_e} = \begin{pmatrix} \frac{\partial P[\mathbf{x}(t)]}{\partial x_1} \\ \vdots \\ \frac{\partial P[\mathbf{x}(t)]}{\partial x_n} \end{pmatrix}_{t=t_e}. \tag{7.25}$$

Somit wird Gl. (7.24) mit Gl. (7.22)

$$\delta P_u = \mathbf{r}^T\,\delta\mathbf{x}_u(t_e) = \int_{t_a}^{t_e} \mathbf{r}^T\mathbf{\Phi}(t_e, \tau)\mathbf{B}(\tau)\,\delta\mathbf{u}(\tau)\,d\tau, \tag{7.26}$$

da $\mathbf{r}$ von τ unabhängig ist. Da gewöhnlich $\mathbf{\Phi}(\tau, t_e)$ gegeben ist, und nicht $\mathbf{\Phi}(t_e, \tau)$, verwenden wir die adjungierte Gleichung (siehe Kapitel 2) und schreiben mit $\mathbf{A}(t)$ aus Gl. (7.17)

$$\frac{d\boldsymbol{\lambda}_p(t)}{dt} = -\,\mathbf{A}^T(t)\boldsymbol{\lambda}_p(t) \tag{7.27}$$

mit der Randbedingung

$$\boldsymbol{\lambda}_p(t_e) = \mathbf{r}. \tag{7.28}$$

Nach Kapitel 2 ist die Lösung für Gl. (7.27) gegeben durch

$$\boldsymbol{\lambda}_p(t) = \mathbf{\Psi}(t, t_e)\mathbf{r}, \tag{7.29}$$

wobei

$$\mathbf{\Psi}(t, t_e) = \mathbf{\Phi}^T(t_e, t). \tag{7.30}$$

Da

$$\boldsymbol{\lambda}_p{}^T(t) = \mathbf{r}^T\mathbf{\Psi}^T(t, t_e) = \mathbf{r}^T\mathbf{\Phi}(t_e, t), \tag{7.31}$$

wird Gl. (7.26) zu

$$\delta P_u = \int_{t_a}^{t_e} \boldsymbol{\lambda}_p{}^T(\tau)\mathbf{B}(\tau)\,\delta\mathbf{u}(\tau)\,d\tau, \tag{7.32}$$

was direkt die Variation des Gütekriteriums P auf Grund der Variation des Kontrollvektors $\mathbf{u}(t)$ darstellt. Wir wollen anmerken, daß eine Berücksichtigung von $\mathbf{\Phi}(t, t_a)\,\delta\mathbf{x}(t_a)$ in Gl. (7.20) die Abhängigkeit des Gütekriteriums von Variationen der Anfangsbedingung $\mathbf{x}(t_a)$ angeben würde. Dies kann leicht durchgeführt werden, indem der Ausdruck

$$\delta\mathbf{x}_{ic}(t_e) = \mathbf{\Phi}(t_e, t_a)\,\delta\mathbf{x}(t_a) \tag{7.33}$$

zu Gl. (7.22) und (7.26) addiert wird. Hiebei kennzeichnet der Index *ic* (von: initial conditions) die Abhängigkeit von $\delta\mathbf{x}(t_e)$ von Variationen der Anfangsbedingung $\mathbf{x}(t_a)$. Dann wird der Beitrag von $\delta\mathbf{x}_{ic}(t_e)$ auf δP zu

$$\delta P_{ic} = \mathbf{r}^T\,\delta\mathbf{x}_{ic}(t_e) = \mathbf{r}^T\mathbf{\Phi}(t_e, t_a)\,\delta\mathbf{x}(t_a). \tag{7.34}$$

Dies ergibt mit Gl. (7.29) und (7.30)

$$\delta P_{ic} = \boldsymbol{\lambda}_p{}^T(t_a)\,\delta\mathbf{x}(t_a). \tag{7.35}$$

Die Ableitungen von Gl. (7.32) und (7.35) setzten konstantes t_e voraus. Ist t_e nicht fixiert, muß ein zusätzlicher Beitrag zu δP durch Variation von t_e berücksichtigt werden. Dieser Beitrag soll mit δP_{te} bezeichnet werden. Wir können schreiben

$$\delta P_{te} = \frac{dP}{dt} \delta t_e \tag{7.36}$$

mit

$$\frac{dP}{dt} = \frac{\partial P}{\partial t} + \nabla_x P \dot{\mathbf{x}}^T. \tag{7.37}$$

Die Gesamtvariation δP_Σ von P ist nun (angenähert) durch die Summe der Einzelvariationen nach Gl. (7.32), (7.35) und (7.36) gegeben, falls alle Variationen klein sind. Dies ergibt somit

$$\delta P_\Sigma = \delta P_u + \delta P_{ic} + \delta P_{te} = \int_{t_a}^{t_e} \boldsymbol{\lambda}_p{}^T(\tau) \mathbf{B}(\tau)\, \delta\mathbf{u}(\tau)\, d\tau + \boldsymbol{\lambda}_p{}^T(t_a)\, \delta\mathbf{x}(t_a) + \frac{dP}{dt} \delta t_e. \tag{7.38}$$

Im folgenden wollen wir annehmen, daß t_e und die Anfangsbedingung fest sind. Dann wird

$$\delta P_\Sigma = \delta P_u.$$

Zur Vereinfachung definieren wir

$$H(\tau) = \dot{\mathbf{x}}^T \boldsymbol{\lambda}_p, \tag{7.39}$$

wobei

$$\dot{\mathbf{x}} = \mathbf{A}\mathbf{x} + \mathbf{B}\mathbf{u}. \tag{7.40}$$

Dann wird

$$\frac{\partial H}{\partial \mathbf{u}} = \nabla_u H = \begin{pmatrix} \dfrac{\partial H}{\partial u_1} \\ \vdots \\ \dfrac{\partial H}{\partial u_r} \end{pmatrix} = \mathbf{B}^T \boldsymbol{\lambda}_p; \tag{7.41}$$

dies ergibt

$$\delta P_u = \int_{t_a}^{t_e} (\nabla_u H)^T\, \delta\mathbf{u}(\tau)\, d\tau. \tag{7.42}$$

Die Komponenten $\partial H/\partial u_j$ $(j = 1, \ldots, r)$ werden oft Greensche Funktionen für das System genannt. Andere Bezeichnungen sind „Influenzfunktionen" oder „Sensitivitätsfunktionen" (in der amerikanischen Literatur „influence functions" oder „sensitivity functions"), da sie den Einfluß der $\partial u_j(t)$ auf δP_u beschreiben.

Da $\delta\mathbf{u}(\tau)$ vollkommen beliebig ist, folgt aus Gl. (7.42), daß für die optimale Trajektorie die notwendige Bedingung

$$\nabla_u H\big|_{\text{opt}} = \mathbf{0} \tag{7.43}$$

besteht. Hiebei deutet der Index opt an, daß $\nabla_u H$ entlang der optimalen Trajektorie berechnet wird. Hier ist interessant zu bemerken, daß man zeigen kann, daß die durch Gl. (7.43) angegebene Bedingung identisch mit dem Maximumprinzip ist. H nach Gl. (7.39) ist identisch mit H (der Hamilton-Funktion) des Maximumprinzips (siehe Kapitel 5) und $\boldsymbol{\lambda}$ ist der Vektor der Lagrangemultiplikatoren.

Da die Berechnung meist auf iterativem Wege erfolgt, sind wir an einer maximalen Verkleinerung (bzw. Vergrößerung, falls P einem Maximum zustreben soll) nach jeder Variation $\delta\mathbf{u}(\tau)$ interessiert.

Da der Integrand in Gl. (7.42) ein inneres Produkt darstellt, erhält δP_u bei gegebener Länge von $\delta\mathbf{u}(t)$ dann ein Maximum, wenn $\delta\mathbf{u}(t)$ in die Richtung von $\nabla_u H$ gelegt wird, wenn also

$$\delta\mathbf{u}(t) = c\nabla_u H(t), \tag{7.44}$$

wobei c eine Konstante ist. Das Vorzeichen von c richtet sich danach, ob P ein Minimum oder Maximum[5] erreichen soll. Die Größe von c ist durch die beschränkte Gültigkeit der oben gemachten Linearisierungen begrenzt. Es ist üblich, c durch

$$\varepsilon^2 = \int_{t_a}^{t_e} \delta\mathbf{u}^T\, \mathbf{U}\, \delta\mathbf{u}\, d\tau \tag{7.45}$$

zu beschränken. Wir setzen $\mathbf{U}$ als symmetrische und positiv definite Matrix voraus, um gute Konvergenz für numerische Lösungen zu erhalten [10]. Die durch Gl. (7.45) gegebene Beschränkung wird zu δP_u (Gl. (7.42)) wie üblich mittels Lagrangemultiplikator addiert:

$$\begin{aligned}\delta P_u &= \int_{t_a}^{t_e} (\nabla_u H)^T\, \delta\mathbf{u}\, d\tau + \lambda_\varepsilon \left[\varepsilon^2 - \int_{t_a}^{t_e} \delta\mathbf{u}^T\, \mathbf{U}\, \delta\mathbf{u}\, d\tau\right] \\ &= \int_{t_a}^{t_e} [(\nabla_u H)^T - \lambda_\varepsilon\, \delta\mathbf{u}^T\, \mathbf{U}]\, \delta\mathbf{u}\, d\tau + \lambda_\varepsilon \varepsilon^2. \end{aligned} \tag{7.46}$$

Da wir das maximale δP_u für alle möglichen $\delta\mathbf{u}$ unter der Einschränkung von Gl. (7.45) erzielen wollen, muß für die optimale Lösung die erste Variation bezüglich $\delta\mathbf{u}$ null sein:

---

[5] Die Unterscheidung, ob P zu einem Minimum oder Maximum gemacht werden soll, wird im folgenden nicht mehr ausdrücklich hervorgehoben.

$$\delta(\delta P_u) = \int_{t_a}^{t_e} [(\nabla_u H)^T - 2\lambda_\varepsilon\, \delta \mathbf{u}^T \mathbf{U}]\, \delta(\delta \mathbf{u})\, d\tau = 0. \tag{7.47}$$

Dies kann wegen der vollkommenen Freiheit von $\delta(\delta \mathbf{u})$ nur gelten, wenn

$$\delta \mathbf{u} = \frac{1}{2\lambda_\varepsilon} \mathbf{U}^{-1} \nabla_u H, \tag{7.48}$$

wobei $\mathbf{U}^T = \mathbf{U}$ wegen der Symmetrie von $\mathbf{U}$ gesetzt wurde. $\nabla_u H$ ist durch Gl. (7.41) gegeben. λ_ε kann durch Substitution von Gl. (7.48) in Gl. (7.45) z. B. mit Hilfe numerischer Auswertung bestimmt werden:

$$\varepsilon^2 = \int_{t_a}^{t_e} \left(\frac{1}{2\lambda_\varepsilon}\right)^2 \nabla_u H^T \mathbf{U}^{-1} \nabla_u H\, d\tau. \tag{7.49}$$

Wie hier in der Praxis vorgegangen wird, ist später an Hand eines Beispiels erläutert.

Bis zu diesem Punkt kann die Methode wie folgt zusammengefaßt werden:

Man wähle einen nominellen Kontrollvektor $\mathbf{u}(t)$ und berechne die daraus folgende Trajektorie $\mathbf{x}(t)$. Ebenso wird der Wert des Gütekriteriums P für diese (erste) nominelle Trajektorie berechnet. Um einen verbesserten Wert des Gütekriteriums zu erhalten, wird die Trajektorie nun durch Variation von $\mathbf{u}(t)$ gemäß Gl. (7.44) oder (7.48) variiert. Die neue Trajektorie wird auf Grund des neuen Kontrollvektors berechnet. Dies ergibt eine neue nominelle Trajektorie, für die dasselbe Verfahren wiederholt wird. Dies wird so lange wiederholt, bis die Änderung im Wert des Gütekriteriums für aufeinanderfolgende Trajektorien genügend klein wird.

7.1.2 Berücksichtigung verallgemeinerter Beschränkungen

Zusätzlich zu den im vorigen Abschnitt behandelten Beschränkungen durch festes t_a, t_e und $\mathbf{x}(t_a)$ und Beschränkungen der Länge von $\delta \mathbf{u}(t)$ müssen häufig die folgenden Typen berücksichtigt werden:

a) Funktionelle Beschränkungen zur Zeit t_e: Diese werden meist angeschrieben als

$$\psi_\mu[\mathbf{x}(t_e), t_e] = 0 \quad \text{für} \quad \mu = 1, 2, \ldots, M. \tag{7.50}$$

b) Beschränkungen der Zustandsvariablen:

$$g_j = (\mathbf{x}, \mathbf{u}, t) \leqslant 0 \quad \text{für} \quad j = 1, 2, \ldots, K. \tag{7.51}$$

c) Beschränkungen der Kontrollvariablen:

$$k_{1l}(t) \leqslant u_l(t) \leqslant k_{2l}(t). \tag{7.52}$$

d) Beschränkung der Rechenzeit (bzw. Bedingungen, für die der Computer die Rechnung beenden soll): Da es sich um eine numerische Methode mit Iterationen handelt, müssen wir den Iterationsprozeß dann abbrechen, wenn vorgegebene Bedingungen erfüllt sind. Manchmal ist es möglich, eine feste maximale Rechenzeit vorzugeben, in anderen Fällen soll die Rechnung bei Erfüllung gewisser Bedingungen im Systemzustand beendet werden. Diese Bedingungen sollen allgemein angeschrieben werden als

$$\Omega[x(t_e), t_e] = 0, \tag{7.53}$$

wozu ein illustrierendes Beispiel in Abschnitt 7.1.5 gebracht wird.

Wir werden nun die Beschränkungen a) bis d) in den Iterationsprozeß eingliedern und wollen mit c) beginnen: Da für die erste nominelle Trajektorie $\mathbf{u}(t)$ gewählt werden muß, ist die Erfüllung von Gl. (7.52) sehr einfach. Um sicherzustellen, daß hierauf bei Berechnung von $\delta\mathbf{u}(t)$ Gl. (7.52) wieder erfüllt ist, betrachten wir das Bildungsgesetz des neuen Kontrollvektors aus dem alten

$$\mathbf{u}^{\text{neu}}(t) = \mathbf{u}^{\text{alt}}(t) + \delta\mathbf{u}(t), \tag{7.54}$$

die Bildung der Kontrollvariablen

$$u_l^{\text{neu}}(t) = u_l^{\text{alt}}(t) + \delta u_l(t) \tag{7.55}$$

und belassen $u_l^{\text{neu}}(t)$ wie nach Gl. (7.55) berechnet, falls

$$k_{1l}(t) \leqslant u_l^{\text{neu}}(t) \leqslant k_{2l}(t). \tag{7.56}$$

Ansonsten setzen wir

$$u_l^{\text{neu}}(t) = k_{2l}(t), \tag{7.57}$$

falls nach Gl. (7.55) $u_l^{\text{neu}}(t) > k_{2l}(t)$ wäre, bzw.

$$u_l^{\text{neu}}(t) = k_{1l}(t), \tag{7.58}$$

falls $u_l^{\text{neu}}(t) < k_{1l}(t)$ wäre.

Beschränkungen b) werden berücksichtigt durch Definition einer neuen Funktion

$$G_j(\mathbf{x}, \mathbf{u}, t) = 0 \quad \text{falls} \quad g_j \leqslant 0 \quad \text{bzw.} \quad G_j(\mathbf{x}, \mathbf{u}, t) = g_k^2 \quad \text{falls} \quad g_j > 0. \tag{7.59}$$

Wir definieren nun neue Zustandsvariable durch

$$x_{n+j}(t) = \int_{t_a}^{t} G_j(\mathbf{x}, \mathbf{u}, t)\, dt \tag{7.60}$$

und fügen

$$\dot{x}_{n+j}(t) = G_j(\mathbf{x}, \mathbf{u}, t) \tag{7.61}$$

zu den Systemgleichungen (7.40).

Mit Gl. (7.60) gilt

$$x_{n+j}(t_a) = 0; \qquad j = 1, \ldots, K. \tag{7.62}$$

Die Bedingungen bei $t = t_e$ sind durch die beschränkende Gleichung (7.51) gegeben, welche durch Anwendung von Gl. (7.59) und (7.60) besagt, daß gelten muß

$$x_{n+j}(t_e) = 0; \qquad j = 1, \ldots, K. \tag{7.63}$$

Dies zeigt, daß die Beschränkung der Zustandsvariablen nach Gl. (7.51) äquivalent zu den durch Gl. (7.50) gegebenen funktionellen Beschränkungen ist. Es müssen demnach im wesentlichen nur die funktionellen Beschränkungen und die der Rechenzeit behandelt werden.

Hiezu ist zunächst zu bemerken, daß wir nach Gl. (7.50) und (7.53) nur mit Beschränkungen bei $t = t_e$ befaßt sind. Dies ist ähnlich dem Fall des Gütekriteriums, welches auch nur bei $t = t_e$ von Interesse ist. Wegen dieser Analogie ist es naheliegend, eine ähnliche Ableitung für ψ_μ und Ω zu versuchen, wie sie für P angewendet wurde. Deshalb definieren wir zunächst Variationen für Ω und ψ_μ analog zu Gl. (7.38):

$$\delta\psi_\mu = \delta\psi_{\mu u} + \delta\psi_{\mu ic}, \tag{7.64}$$

$$\delta\Omega = \delta\Omega_u + \delta\Omega_{ic}, \tag{7.65}$$

wobei die Indizes bereits früher erklärt wurden. Ähnlich wie bei Gl. (7.24) und (7.26) entwickeln wir nun ψ_μ und Ω bei t_e in eine Taylorreihe. Zu diesem Zwecke definieren wir

$$\mathbf{r}_{\psi\mu} = \begin{pmatrix} \dfrac{\partial\psi_\mu}{\partial x_1} \\ \vdots \\ \dfrac{\partial\psi_\mu}{\partial x_n} \end{pmatrix}_{\mathbf{x}=\mathbf{x}(t_e),\, t=t_e} \tag{7.66}$$

bzw.

$$\mathbf{r}_\psi = \begin{pmatrix} \dfrac{\partial\psi_1}{\partial x_1} & \cdots & \dfrac{\partial\psi_\mu}{\partial x_1} \\ \vdots & & \vdots \\ \dfrac{\partial\psi_1}{\partial x_n} & \cdots & \dfrac{\partial\psi_\mu}{\partial x_n} \end{pmatrix}_{\mathbf{x}=\mathbf{x}(t_e),\, t=t_e} \tag{7.67}$$

und

$$\mathbf{r}_\Omega = \begin{pmatrix} \dfrac{\partial\Omega}{\partial x_1} \\ \vdots \\ \dfrac{\partial\Omega}{\partial x_n} \end{pmatrix}_{\mathbf{x}=\mathbf{x}(t_e),\, t=t_e} . \tag{7.68}$$

Dann können wir analog zu Gl. (7.26) schreiben[6]:

[6] Zur Abkürzung schreiben wir $\delta\psi_\mu$ für $\delta\psi_\mu(t_e)$ und $\delta\Omega$ für $\delta\Omega(t_e)$.

$$\delta\psi_\mu = \mathbf{r}_{\psi\mu}^T \, \delta\mathbf{x}(t_e) \tag{7.69}$$

und

$$\delta\Omega = \mathbf{r}_\Omega{}^T \, \delta\mathbf{x}(t_e), \tag{7.70}$$

wobei $\delta\mathbf{x}(t_e)$ — und somit auch $\delta\psi_\mu$ und $\delta\Omega$ — durch Variation von $\mathbf{u}(t)$ und $\mathbf{x}(t_a)$ verursacht werden können. Beide Möglichkeiten der Variation sind voneinander unabhängig, weshalb wir für kleine Variationen angenähert schreiben können:

$$\delta\psi_\mu = \delta\psi_{\mu u} + \delta\psi_{\mu ic} = \mathbf{r}_{\psi\mu}^T \, \delta\mathbf{x}_u(t_e) + \mathbf{r}_{\psi\mu}^T \, \delta\mathbf{x}_{ic}(t_e), \tag{7.71}$$

$$\delta\Omega = \delta\Omega_u + \delta\Omega_{ic} = \mathbf{r}_\Omega{}^T \, \delta\mathbf{x}_u(t_e) + \mathbf{r}_\Omega{}^T \, \delta\mathbf{x}_{ic}(t_e). \tag{7.72}$$

Aus Gl. (7.20) erhalten wir

$$\delta\mathbf{x}_u(t) = \int_{t_a}^{t} \mathbf{\Phi}(t, \tau)\mathbf{B}(\tau) \, \delta\mathbf{u}(\tau) \, d\tau, \tag{7.73}$$

$$\delta\mathbf{x}_{ic}(t) = \mathbf{\Phi}(t, t_a) \, \delta\mathbf{x}(t_a). \tag{7.74}$$

Analog zu Gl. (7.27) definieren wir

$$\dot{\boldsymbol{\lambda}}_{\psi\mu}(t) = -\mathbf{A}^T(t)\boldsymbol{\lambda}_{\psi\mu}(t), \qquad \mu = 1, \ldots, M \tag{7.75}$$

und

$$\dot{\boldsymbol{\lambda}}_\Omega(t) = -\mathbf{A}^T(t)\boldsymbol{\lambda}_\Omega(t) \tag{7.76}$$

mit den Randbedingungen bei $t = t_e$

$$\boldsymbol{\lambda}_{\psi\mu}(t_e) = \mathbf{r}_{\psi\mu}, \qquad \boldsymbol{\lambda}_\Omega(t_e) = \mathbf{r}_\Omega. \tag{7.77}$$

Durch Anwendung der Ergebnisse von Kapitel 2 erhalten wir die Lösungen für Gl. (7.75) bis (7.77) zu

$$\boldsymbol{\lambda}_{\psi\mu}(t) = \mathbf{\Psi}(t, t_e)\mathbf{r}_{\psi\mu} \tag{7.78}$$

und

$$\boldsymbol{\lambda}_\Omega(t) = \mathbf{\Psi}(t, t_e)\mathbf{r}_\Omega, \tag{7.79}$$

wobei

$$\mathbf{\Psi}^T(t, t_e) = \mathbf{\Phi}(t_e, t). \tag{7.80}$$

Deshalb wird

$$\boldsymbol{\lambda}_{\psi\mu}^T(t) = \mathbf{r}_{\psi\mu}^T \mathbf{\Psi}^T(t, t_e) = \mathbf{r}_{\psi\mu}^T \mathbf{\Phi}(t_e, t) \tag{7.81}$$

und

$$\boldsymbol{\lambda}_\Omega{}^T(t) = \mathbf{r}_\Omega{}^T \mathbf{\Psi}^T(t, t_e) = \mathbf{r}_\Omega{}^T \mathbf{\Phi}(t_e, t). \tag{7.82}$$

Substitution von Gl. (7.73) und (7.74) in Gl. (7.71) und (7.72) ergibt, da $\mathbf{r}_{\psi\mu}^T$ und $\mathbf{r}_\Omega{}^T$ von τ unabhängig sind,

$$\delta\psi_\mu = \int_{t_a}^{t_e} \mathbf{r}_{\psi\mu}^T \mathbf{\Phi}(t_e, \tau)\mathbf{B}(\tau)\, \delta\mathbf{u}(\tau)\, d\tau + \mathbf{r}_{\psi\mu}^T \mathbf{\Phi}(t_e, t_a)\, \delta\mathbf{x}(t_a), \tag{7.83}$$

$$\delta\Omega = \int_{t_a}^{t_e} \mathbf{r}_\Omega{}^T \mathbf{\Phi}(t_e, \tau)\mathbf{B}(\tau)\, \delta\mathbf{u}(\tau)\, d\tau + \mathbf{r}_\Omega{}^T \mathbf{\Phi}(t_e, t_a)\, \delta\mathbf{x}(t_a) \tag{7.84}$$

und weiters mit Gl. (7.81) und (7.82)

$$\delta\psi_\mu = \int_{t_a}^{t_e} \boldsymbol{\lambda}_{\psi\mu}^T(\tau)\mathbf{B}(\tau)\, \delta\mathbf{u}(\tau)\, d\tau + \boldsymbol{\lambda}_{\psi\mu}^T(t_a)\, \delta\mathbf{x}(t_a), \tag{7.85}$$

$$\delta\Omega = \int_{t_a}^{t_e} \boldsymbol{\lambda}_\Omega{}^T(\tau)\mathbf{B}(\tau)\, \delta\mathbf{u}(\tau)\, d\tau + \boldsymbol{\lambda}_\Omega{}^T(t_a)\, \delta\mathbf{x}(t_a). \tag{7.86}$$

Bisher wurde t_e noch als fest betrachtet. Ist auch t_e veränderbar, so ergeben sich die Variationen von ψ_μ und Ω auf Grund der Variation in t_e analog zu Gl. (7.36) und (7.37) durch

$$\delta\psi_{\mu t_e} = \left.\frac{d\psi_\mu}{dt}\right|_{t=t_e} \delta t_e, \tag{7.87}$$

$$\delta\Omega_{t_e} = \left.\frac{d\Omega}{dt}\right|_{t=t_e} \delta t_e, \tag{7.88}$$

mit

$$\frac{d\psi_\mu}{dt} = \frac{\partial\psi_\mu}{\partial t} + \nabla_x\psi_\mu \dot{\mathbf{x}}^T, \qquad \frac{d\Omega}{dt} = \frac{\partial\Omega}{\partial t} + \nabla_x\Omega \dot{\mathbf{x}}^T. \tag{7.89}$$

Gl. (7.87) bzw. (7.88) müssen nun zu Gl. (7.64) bzw. (7.65) addiert werden. Dies ergibt

$$\delta\psi_{\mu\Sigma} = \delta\psi_{\mu u} + \delta\psi_{\mu ic} + \delta\psi_{\mu t_e} \tag{7.90}$$

und

$$\delta\Omega_\Sigma = \delta\Omega_u + \delta\Omega_{ic} + \delta\Omega_{t_e}. \tag{7.91}$$

Gl. (7.90) und (7.91) vereinfachen sich, falls z. B. $\mathbf{x}(t_a)$ fixiert ist; dann gilt $\delta\psi_{\mu ic} = \delta\Omega_{ic} = 0$. Analoges gilt für festes t_e, wobei dann $\delta\psi_{\mu t_e} = \delta\Omega_{t_e} = 0$. Gl. (7.90) und (7.91) geben nun Bedingungen an, die zusätzlich zu Gl. (7.38) und (7.45) berücksichtigt werden müssen. Die vollständige Lösung wird im nächsten Abschnitt behandelt.

7.1.3 Vollständige Lösung bei Vorhandensein von Beschränkungen

In den vorigen Abschnitten wurde zunächst die Variation $\delta\mathbf{u}(t)$ berechnet, welche die Veränderung des Wertes des Gütekriteriums bei gegebener Länge $||\delta\mathbf{u}||$ zu einem Maximum macht. Mit Gl. (7.44) wurde gefunden, daß $\delta\mathbf{u}$ zu diesem Zwecke in der Richtung von $\nabla_u H(t)$ liegen muß. Die Beschränkung der Länge $||\delta\mathbf{u}||$ wurde durch Gl. (7.45) eingeführt, um nur Trajektorien genügend nahe der nominellen Trajektorie zuzulassen. Diese Einschränkung ist notwendig, wenn das Verfahren auch für nichtlineare Systeme gelten soll und eine Linearisierung der Systemgleichungen durchgeführt wird. Sodann wurden vier verschiedene Typen von Beschränkungen, wie sie gewöhnlich bei Anwendungen vorkommen, eingeführt. Wir sahen, daß diese vier Typen auf die zwei Varianten

$$\psi_\mu[\mathbf{x}(t_e), t_e] = 0 \tag{7.50}$$

und

$$\Omega[\mathbf{x}(t_e), t_e] = 0 \tag{7.53}$$

reduziert werden können [11].

Es wurde hierauf der Einfluß von Variationen von $\mathbf{u}(t)$, $\mathbf{x}(t_a)$ und t_e berechnet. Da Gl. (7.50) und (7.53) stets erfüllt sein müssen, haben die gesamten Variationen $\delta\psi_{\mu\Sigma}$ und $\delta\Omega_\Sigma$ stets null zu sein, unabhängig davon wie $\delta\mathbf{u}(t)$, $\delta\mathbf{x}(t_a)$ und δt_e gewählt werden. Für numerische Berechnungen wird allerdings zu Beginn ein nominelles $\mathbf{u}(t)$ gewählt und das zugehörige $\mathbf{x}(t)$ berechnet, was i. a. Gl. (7.50) nicht von vornherein erfüllen wird. Andererseits kann aber Gl. (7.53) stets eingehalten werden, da es sich hiebei nur um eine Bedingung handelt, die das Ende der Iterationsrechnung signalisiert. Deshalb gilt immer

$$\delta\Omega_\Sigma = 0. \tag{7.92}$$

Dies ergibt mit Gl. (7.86), (7.88) und (7.91)

$$\int_{t_a}^{t_e} \boldsymbol{\lambda}_\Omega{}^T(\tau)\mathbf{B}(\tau)\,\delta\mathbf{u}(\tau)\,d\tau + \boldsymbol{\lambda}_\Omega{}^T(t_a)\,\delta\mathbf{x}(t_a) + \dot{\Omega}(t_e)\,\delta t_e = 0, \tag{7.93}$$

woraus wir δt_e berechnen zu

$$\delta t_e = -\frac{1}{\dot{\Omega}(t_e)}\left[\int_{t_a}^{t_e} \boldsymbol{\lambda}_\Omega{}^T(\tau)\mathbf{B}(\tau)\,\delta\mathbf{u}(\tau)\,d\tau + \boldsymbol{\lambda}_\Omega{}^T(t_a)\,\delta\mathbf{x}(t_a)\right]. \tag{7.94}$$

Substitution von Gl. (7.94) in Gl. (7.38) und (7.90) ergibt

$$\delta P_\Sigma = \int_{t_a}^{t_e}\left[\boldsymbol{\lambda}_p{}^T(\tau) - \frac{\dot{P}(t_e)}{\dot{\Omega}(t_e)}\boldsymbol{\lambda}_\Omega{}^T(\tau)\right]\mathbf{B}(\tau)\,\delta\mathbf{u}(\tau)\,d\tau + \left[\boldsymbol{\lambda}_p{}^T(t_a) - \frac{\dot{P}(t_e)}{\dot{\Omega}(t_e)}\boldsymbol{\lambda}_\Omega{}^T(t_a)\right]\delta\mathbf{x}(t_a), \tag{7.95}$$

$$\delta\psi_{\mu\Sigma} = \int_{t_a}^{t_e} \left[\boldsymbol{\lambda}_{\psi\mu}^T(\tau) - \frac{\dot{\psi}_\mu(t_e)}{\dot{\Omega}(t_e)} \boldsymbol{\lambda}_\Omega{}^T(\tau)\right] \mathbf{B}(\tau)\, \delta\mathbf{u}(\tau)\, d\tau + \left[\boldsymbol{\lambda}_{\psi\mu}^T(t_a) - \frac{\dot{\psi}_\mu(t_e)}{\dot{\Omega}(t_e)} \boldsymbol{\lambda}_\Omega{}^T(t_a)\right] \delta\mathbf{x}(t_a),$$

$$\mu = 1, 2, \ldots, M. \tag{7.96}$$

Wir berechnen nun jenes $\delta\mathbf{u}(t)$, welches maximale Variation δP_Σ ergibt. Zu diesem Zweck fügen wir die verbleibenden, durch Gl. (7.45) und (7.96) gegebenen Beschränkungen zu Gl. (7.95), wobei Lagrangemultiplikatoren λ^* und $\nu_\mu{}^*$ ($\mu = 1, \ldots, M$) verwendet werden [10].

Mit den Abkürzungen

$$\boldsymbol{\xi}^T(t) = \boldsymbol{\lambda}_p{}^T(t) - \frac{\dot{P}(t_e)}{\dot{\Omega}(t_e)} \boldsymbol{\lambda}_\Omega{}^T(t) \quad \text{und} \quad \boldsymbol{\eta}_\mu{}^T(t) = \boldsymbol{\lambda}_{\psi\mu}^T(t) - \frac{\dot{\psi}_\mu(t_e)}{\dot{\Omega}(t_e)} \boldsymbol{\lambda}_\Omega{}^T(t) \tag{7.97}$$

erhalten wir

$$\delta P_\Sigma = \int_{t_a}^{t_e} \boldsymbol{\xi}^T(\tau)\mathbf{B}(\tau)\, \delta\mathbf{u}(\tau)\, d\tau + \boldsymbol{\xi}^T(t_a)\, \delta\mathbf{x}(t_a) + \lambda^*\left(\varepsilon^2 - \int_{t_a}^{t_e} \delta\mathbf{u}^T\, \mathbf{U}\, \delta\mathbf{u}\, d\tau\right)$$

$$+ \sum_{\mu=1}^{M} \nu_\mu{}^* \left[\delta\psi_{\mu\Sigma} - \int_{t_a}^{t_e} \boldsymbol{\eta}_\mu{}^T(\tau)\mathbf{B}(\tau)\, \delta\mathbf{u}(\tau)\, d\tau - \boldsymbol{\eta}_\mu{}^T(t_a)\, \delta\mathbf{x}(t_a)\right]. \tag{7.98}$$

Es ist zu bemerken, daß wir mit Gl. (7.25) für $\boldsymbol{\xi}^T(t)$ (Gl. (7.97)) bei $t = t_e$ schreiben können

$$\boldsymbol{\xi}^T(t_e) = (\nabla_x P)_{t=t_e}^T - \frac{\dot{P}(t_e)}{\dot{\Omega}(t_e)} \boldsymbol{\lambda}_\Omega{}^T(t_e).$$

Wir definieren nun

$$\boldsymbol{\nu}^{*T} = (\nu_1{}^*, \nu_2{}^*, \ldots, \nu_\mu{}^*) \tag{7.99}$$

und

$$\delta\boldsymbol{\psi}_\Sigma = \begin{pmatrix} \delta\psi_{1\Sigma} \\ \vdots \\ \delta\psi_{M\Sigma} \end{pmatrix}, \qquad \boldsymbol{\eta}^T = \begin{pmatrix} \eta_{11} & \cdots & \eta_{1n} \\ & \vdots & \\ \eta_{M1} & \cdots & \eta_{Mn} \end{pmatrix}. \tag{7.100}$$

Die (transponierten) Vektoren $\boldsymbol{\eta}_\mu{}^T$ ($\mu = 1, \ldots, M$) haben je n Komponenten, weil sie vermittels Gl. (7.97) durch die Vektoren $\boldsymbol{\lambda}_{\psi\mu}^T$ ($\mu = 1, \ldots, M$) und $\boldsymbol{\lambda}_\Omega{}^T$ definiert sind. Daß die letzteren Terme je n Komponenten aufweisen, ist aus Gl. (7.75) und (7.76) zu sehen, da für $\mathbf{A}(t)$ die Dimension $n \times n$ angenommen wurde.

Somit können wir für Gl. (7.98) schreiben

$$\delta P_\Sigma = \int_{t_a}^{t_e} \{[\boldsymbol{\xi}^T(\tau) - \boldsymbol{\nu}^{*T}(\tau)\boldsymbol{\eta}^T(\tau)]\mathbf{B}(\tau) - \lambda^*\, \delta\mathbf{u}^T\, \mathbf{U}\}\, \delta\mathbf{u}\, d\tau$$

$$+ [\boldsymbol{\xi}^T(t_a) - \boldsymbol{\nu}^{*T}\boldsymbol{\eta}^T(t_a)]\, \delta\mathbf{x}(t_a) + \lambda^*\varepsilon^2 + \boldsymbol{\nu}^{*T}\, \delta\boldsymbol{\psi}_\Sigma. \tag{7.101}$$

Die Variation von δP_Σ bezüglich einer Variation von $\delta\mathbf{u}$ muß für das maximale δP_Σ null sein, womit

$$\delta(\delta P_\Sigma) = \int_{t_a}^{t_e} \{[\boldsymbol{\xi}^T(\tau) - \boldsymbol{\nu}^{*T}(\tau)\boldsymbol{\eta}^T(\tau)]\mathbf{B}(\tau) - 2\lambda^*\, \delta\mathbf{u}^T\,\mathbf{U}\}\,\delta(\delta\mathbf{u})\,d\tau = 0. \tag{7.102}$$

Hiebei wird der Faktor 2 durch die quadratische Form $\delta\mathbf{u}^T\,\mathbf{U}\,\delta\mathbf{u}$ in Gl. (7.101) verursacht. Da $\delta(\delta\mathbf{u})$ beliebig ist, muß der Ausdruck in den eckigen Klammern in Gl. (7.102) null sein. Dies ergibt

$$\delta\mathbf{u}^T(t)\mathbf{U}(t) = \frac{1}{2\lambda^*(t)}\,[\boldsymbol{\xi}^T(t) - \boldsymbol{\nu}^{*T}(t)\boldsymbol{\eta}^T(t)]\mathbf{B}(t). \tag{7.103}$$

Transponierung und Beachtung der Symmetrie von $\mathbf{U}(t)$ führt zu

$$\delta\mathbf{u}(t) = \frac{1}{2\lambda^*(t)}\,\mathbf{U}^{-1}(t)\mathbf{B}^T(t)[\boldsymbol{\xi}(t) - \boldsymbol{\eta}(t)\boldsymbol{\nu}^*(t)]. \tag{7.104}$$

Gl. (7.104) muß nun in die die Beschränkungen definierenden Gleichungen (7.45) und (7.96) substituiert werden, womit wir erhalten

$$\varepsilon^2 = \int_{t_a}^{t_e} \delta\mathbf{u}^T\,\mathbf{U}\,\delta\mathbf{u}\,d\tau = \int_{t_a}^{t_e} \frac{1}{4(\lambda^*)^2}\,(\boldsymbol{\xi}^T - \boldsymbol{\nu}^{*T}\boldsymbol{\eta}^T)\mathbf{B}\mathbf{U}^{-1}\mathbf{B}^T(\boldsymbol{\xi} - \boldsymbol{\eta}\boldsymbol{\nu}^*)\,d\tau \tag{7.105}$$

und (mit den in Gl. (7.101) benutzten Ausdrücken)

$$\delta\boldsymbol{\psi}_\Sigma = \int_{t_a}^{t_e} \boldsymbol{\eta}^T(\tau)\mathbf{B}(\tau)\,\delta\mathbf{u}(\tau)\,d\tau + \boldsymbol{\eta}^T(t_a)\,\delta\mathbf{x}(t_a)$$

$$= \int_{t_a}^{t_e} \frac{1}{2\lambda^*}\,\boldsymbol{\eta}^T(\tau)\mathbf{B}(\tau)\mathbf{U}^{-1}(\tau)\mathbf{B}^T(\tau)[\boldsymbol{\xi}(\tau) - \boldsymbol{\eta}(\tau)\boldsymbol{\nu}^*(\tau)]\,d\tau + \boldsymbol{\eta}^T(t_a)\,\delta\mathbf{x}(t_a). \tag{7.106}$$

Gl. (7.105) und (7.106) bestimmen $\boldsymbol{\nu}^*$ und λ^*; wenn wir also diese Ausdrücke in Gl. (7.104) einsetzen, ist garantiert, daß die Beschränkungsgleichungen (nunmehr durch Gl. (7.105) und (7.106) repräsentiert) für ein nach Gl. (7.104) gewähltes $\delta\mathbf{u}(t)$ erfüllt werden. Wir sehen aus Gl. (7.105) und (7.106), daß diese durch zeitunabhängige Wahl von λ^* und $\boldsymbol{\nu}^*$ erfüllt werden können. Gl. (7.106) ergibt

$$\boldsymbol{\nu}^* = \left[\frac{1}{2\lambda^*}\int_{t_a}^{t_e} \boldsymbol{\eta}^T(\tau)\mathbf{B}(\tau)\mathbf{U}^{-1}(\tau)\mathbf{B}^T(\tau)\boldsymbol{\eta}(\tau)\,d\tau\right]^{-1}$$

$$\cdot\left[\frac{1}{2\lambda^*}\int_{t_a}^{t_e} \boldsymbol{\eta}^T(\tau)\mathbf{B}(\tau)\mathbf{U}^{-1}(\tau)\mathbf{B}^T(\tau)\boldsymbol{\xi}(\tau)\,d\tau + \boldsymbol{\eta}^T(t_a)\,\delta\mathbf{x}(t_a) - \delta\boldsymbol{\psi}_\Sigma\right]\cdot \tag{7.107}$$

$\boldsymbol{\nu}^*$ muß nun in Gl. (7.105) eingesetzt werden, um λ^* zu erhalten. Bevor dies geschieht, wählen wir die Abkürzung

$$I_{\alpha\beta} = \int_{t_a}^{t_e} \boldsymbol{\alpha}^T(\tau)\mathbf{B}(\tau)\mathbf{U}^{-1}(\tau)\mathbf{B}^T(\tau)\boldsymbol{\beta}(\tau)\,d\tau, \tag{7.108}$$

wobei $\boldsymbol{\alpha}$ anstelle von $\boldsymbol{\eta}$ oder $\boldsymbol{\xi}$ und ebenso $\boldsymbol{\beta}$ anstelle von $\boldsymbol{\eta}$ oder $\boldsymbol{\xi}$ steht. $I_{\alpha\beta}$ ist ein Skalar für $\boldsymbol{\alpha} = \boldsymbol{\beta} = \boldsymbol{\xi}$ und eine $M \times M$-dimensionale Matrix für $\boldsymbol{\alpha} = \boldsymbol{\beta} = \boldsymbol{\eta}$; in den beiden anderen Fällen ist $I_{\alpha\beta}$ ein M-dimensionaler Zeilen- oder Spaltenvektor. Nun kann Gl. (7.107) geschrieben werden als

$$\boldsymbol{\nu}^* = \mathbf{I}_{\eta\eta}^{-1}(\mathbf{I}_{\eta\xi} + 2\lambda^*\,\delta\boldsymbol{\gamma}), \tag{7.109}$$

wobei

$$\delta\boldsymbol{\gamma} = \boldsymbol{\eta}^T(t_a)\,\delta\mathbf{x}(t_a) - \delta\boldsymbol{\psi}_\Sigma. \tag{7.110}$$

Gl. (7.105) wird zu

$$\varepsilon^2 = \frac{1}{4\lambda^{*2}}(I_{\xi\xi} - \boldsymbol{\nu}^{*T}\mathbf{I}_{\eta\xi} - \mathbf{I}_{\xi\eta}\boldsymbol{\nu}^* + \boldsymbol{\nu}^{*T}\mathbf{I}_{\eta\eta}\boldsymbol{\nu}^*). \tag{7.111}$$

Für Gl. (7.111) benötigen wir den Ausdruck $\boldsymbol{\nu}^{*T}$. Mit $\mathbf{I}_{\eta\eta}^T = \mathbf{I}_{\eta\eta}$ und $\mathbf{I}_{\eta\xi}^T = \mathbf{I}_{\xi\eta}$, was direkt aus der Definition durch Gl. (7.108) bei Transponierung der Integranden folgt, erhalten wir

$$\boldsymbol{\nu}^{*T} = (\mathbf{I}_{\xi\eta} + 2\lambda^*\,\delta\boldsymbol{\gamma}^T)\mathbf{I}_{\eta\eta}^{-1}. \tag{7.112}$$

Gl. (7.109), (7.111) und (7.112) ergeben nun

$$\lambda^* = \pm\frac{1}{2}\sqrt{\frac{I_{\xi\xi} - \mathbf{I}_{\xi\eta}\mathbf{I}_{\eta\eta}^{-1}\mathbf{I}_{\eta\xi}}{\varepsilon^2 - \delta\boldsymbol{\gamma}^T\mathbf{I}_{\eta\eta}^{-1}\,\delta\boldsymbol{\gamma}}}. \tag{7.113}$$

Substitution von Gl. (7.113) in Gl. (7.109) liefert

$$\boldsymbol{\nu}^* = \mathbf{I}_{\eta\eta}^{-1}\left(\mathbf{I}_{\eta\xi} \pm \sqrt{\frac{I_{\xi\xi} - \mathbf{I}_{\xi\eta}\mathbf{I}_{\eta\eta}^{-1}\mathbf{I}_{\eta\xi}}{\varepsilon^2 - \delta\boldsymbol{\gamma}^T\mathbf{I}_{\eta\eta}^{-1}\,\delta\boldsymbol{\gamma}}}\,\delta\boldsymbol{\gamma}\right). \tag{7.114}$$

Substitution von Gl. (7.113) und (7.114) in Gl. (7.104) liefert nun jenes $\delta\mathbf{u}(t)$, welches maximales δP ergibt. Außerdem werden die Beschränkungen nach Gl. (7.105) und (7.106) und die Bedingungen bei $t = t_e$ eingehalten, wie ursprünglich durch Gl. (7.45), (7.50) und (7.53) gegeben. Diese Substitution ergibt

$$\delta\mathbf{u}(t)_{\mathrm{opt}} = \mathbf{U}^{-1}\mathbf{B}^T\left[\pm\sqrt{\frac{\varepsilon^2 - \delta\boldsymbol{\gamma}^T\mathbf{I}_{\eta\eta}^{-1}\,\delta\boldsymbol{\gamma}}{I_{\xi\xi} - \mathbf{I}_{\xi\eta}\mathbf{I}_{\eta\eta}^{-1}\mathbf{I}_{\eta\xi}}}(\boldsymbol{\xi} - \boldsymbol{\eta}\mathbf{I}_{\eta\eta}^{-1}\mathbf{I}_{\eta\xi}) - \boldsymbol{\eta}\mathbf{I}_{\eta\eta}^{-1}\,\delta\boldsymbol{\gamma}\right]. \tag{7.115}$$

Das Vorzeichen der Wurzel ist negativ, wenn P_Σ minimisiert werden soll. Dies kann aus der folgenden Gl. (7.116) gesehen werden, da eine negative Vorzeichenwahl in Gl. (7.115) eine solche in Gl. (7.116) mit sich bringt, was zu fallendem P_Σ

führt. Gl. (7.101) ergibt nun nach Einsetzen von Gl. (7.113) und (7.115) das optimale δP_Σ. Unter Beachtung von Gl. (7.103) können wir schreiben

$$\delta P_\Sigma = \lambda^* \int_{t_a}^{t_e} \delta \mathbf{u}_{\text{opt}}^T(\tau) \mathbf{U}(\tau)\, \delta \mathbf{u}_{\text{opt}}(\tau)\, d\tau + \boldsymbol{\xi}^T(t_a)\, \delta \mathbf{x}(t_a) - \mathbf{I}_{\xi\eta} \mathbf{I}_{\eta\eta}^{-1}\, \delta \boldsymbol{\gamma}$$
$$+ \lambda^*(\varepsilon^2 - 2\delta\boldsymbol{\gamma}^T\, \mathbf{I}_{\eta\eta}^{-1}\, \delta\boldsymbol{\gamma}). \tag{7.116}$$

Gl. (7.116) kann nun mit Gl. (7.45) und (7.113) weiter umgeformt werden zu

$$\delta P_\Sigma = \boldsymbol{\xi}^T(t_a)\, \delta \mathbf{x}(t_a) - \mathbf{I}_{\xi\eta} \mathbf{I}_{\eta\eta}^{-1}\, \delta\boldsymbol{\gamma} \pm \sqrt{(\varepsilon^2 - \delta\boldsymbol{\gamma}^T\, \mathbf{I}_{\eta\eta}^{-1}\, \delta\boldsymbol{\gamma})(I_{\xi\xi} - \mathbf{I}_{\xi\eta} \mathbf{I}_{\eta\eta}^{-1} \mathbf{I}_{\eta\xi})}. \tag{7.117}$$

7.1.4 Stufenweise Zusammenfassung der Gradientenmethode

Wir wollen die in Abschnitt 7.1.3 entwickelte Gradientenmethode zur numerischen Optimierung wie folgt Punkt für Punkt beschreiben, um die praktische Anwendung zu erleichtern.

1. Man schreibe die Gleichungen des zu optimierenden Systems wie in Gl. (7.40) gegeben. Man definiere die Beschränkungen bei $t = t_e$ nach Gl. (7.50), eine Beschränkung der Rechenzeit nach Gl. (7.53) und eine maximal zu erlaubende Variation des Kontrollvektors nach Gl. (7.45). Diese letztere Beschränkung ist bedingt durch die Nichtlinearitäten des Systems, d. h. in welcher Nachbarschaft der nominellen Trajektorie die zunächst in Gl. (7.17) und dann während der gesamten Ableitung verwendete Linearisierung gültig ist. Eine günstige Wahl von ε^2 und $\mathbf{U}$ verlangt in vielen Fällen praktisches Probieren am Computer, wobei $\mathbf{U}$ zu Anfang gewöhnlich gleich der Einheitsmatrix gewählt werden kann.

2. Man wähle einen nominellen Kontrollvektor $\mathbf{u}(t)$ in Übereinstimmung mit den durch Gl. (7.52) gegebenen Beschränkungen und integriere die Systemgleichungen (7.40) unter Berücksichtigung der Anfangsbedingungen $\mathbf{x}(t_a)$. Falls nicht alle Komponenten von $\mathbf{x}(t_a)$ gegeben sind, können die nicht spezifizierten Komponenten später für die Optimierung von δP_Σ (Gl. (7.117)) verwendet werden. Man beende die Integration, wenn Gl. (7.53) befriedigt ist. Das Resultat dieses Punktes ist die erste nominelle Trajektorie, die allerdings i. a. die durch Gl. (7.50) gegebenen Bedingungen bei $t = t_e$ noch nicht erfüllen wird. Man speichere die nominelle Trajektorie im Computer.

3. Man bestimme die Vektoren $\boldsymbol{\lambda}_p(t)$, $\boldsymbol{\lambda}_\Omega(t)$ und die Matrix $\boldsymbol{\lambda}_\psi(t)$ durch Integration der Gleichung $\dot{\boldsymbol{\lambda}}(t) = -\mathbf{A}^T(t)\boldsymbol{\lambda}(t)$, wobei $\mathbf{A}(t)$ durch Gl. (7.40) definiert ist. Man verwende die Randbedingung für $\boldsymbol{\lambda}_p$, $\boldsymbol{\lambda}_\Omega$ und $\boldsymbol{\lambda}_\psi$ bei $t = t_e$, wie sie durch Gl. (7.28), (7.66)–(7.68) und (7.77) gegeben sind. Man beachte, daß $\boldsymbol{\lambda}_p(t)$, $\boldsymbol{\lambda}_\Omega(t)$ und $\boldsymbol{\lambda}_\psi(t)$ zunächst Zeitfunktionen sind, aber über die in Punkt 1 berechnete nominelle Trajektorie auch als Funktionen abhängig vom jeweiligen Punkt auf der Trajektorie betrachtet werden können. Man speichere $\boldsymbol{\lambda}_p(t)$, $\boldsymbol{\lambda}_\Omega(t)$ und $\boldsymbol{\lambda}_\psi(t)$ im Computer.

4. Man berechne das Gütekriterium P nach Gl. (7.13) für die nominelle Trajektorie, wobei t_e zunächst variabel angenommen wird. Dies ermöglicht neben Berechnung von $P(t_e)$ auch die Bestimmung von $\dot{P}(t_e)$ für Gl. (7.97).

5. Die Bedingungen bei t_e, nämlich die durch Gl. (7.50) gegebenen $\psi_\mu[\mathbf{x}(t_e), t_e]$, werden berechnet und sodann $\dot{\psi}_\mu(t_e)$ bestimmt. Im allgemeinen wird, wegen der freien Wahl der ersten nominellen Trajektorie, zunächst $\boldsymbol{\psi}[\mathbf{x}(t_e), t_e] \neq \mathbf{0}$ sein. Die folgenden Variationen von $\mathbf{u}(t)$ müssen dann so gewählt werden, daß in den folgenden Iterationen $\boldsymbol{\psi}[\mathbf{x}(t_e), t_e] \to 0$. Hier soll darauf hingewiesen werden, daß es oft günstig ist, ein modifiziertes Gütekriterium P_{mod} zu minimisieren, wobei

$$P_{\text{mod}} = K_0 P + \sum_{\mu=1}^{M} K_\mu \psi_\mu^2; \tag{7.118}$$

hiebei ist $K_0 = -1$ wenn P ein Maximum und $K_0 = 1$ wenn P ein Minimum erhalten soll. Wenn die K_μ $(\mu = 1, \ldots, M) \gg 1$ gewählt werden, führt der Iterationsprozeß zu rascher Minimisierung der $\psi_1, \ldots, \psi_M$ [7, 9, 11].

6. Man berechne $\boldsymbol{\xi}(t)$ und $\boldsymbol{\eta}_\mu(t)$ $(\mu = 1, \ldots, M)$ (siehe Gl. (7.97)) entlang der nominellen Trajektorie.

7. Man berechne die Integrale $I_{\xi\xi}$, $\mathbf{I}_{\xi\eta}$ und $\mathbf{I}_{\eta\eta}$ nach Gl. (7.108).

8. Man berücksichtige die Ungleichung $\varepsilon^2 \geqslant \delta\boldsymbol{\gamma}^T \mathbf{I}_{\eta\eta}^{-1}\, \delta\boldsymbol{\gamma}$ für reelle Ergebnisse in Gl. (7.113)—(7.115) und (7.117); falls sie nicht erfüllt ist, muß $\delta\boldsymbol{\gamma}^T$ (Gl. (7.110)) durch Veränderung von $\delta\mathbf{x}(t_a)$ und (oder) $\delta\boldsymbol{\psi}_\Sigma$ entsprechend geändert werden.

9. Man bestimme die optimale Variation $\delta\mathbf{u}(t)$, die, wie abgeleitet, die Beschränkungen nach Gl. (7.45), (7.50) und (7.53) erfüllt, durch Anwendung von Gl. (7.115).

10. Man stelle sicher, daß $\mathbf{u}^{\text{alt}}(t) + \delta\mathbf{u}^{\text{neu}}(t) = \mathbf{u}^{\text{neu}}(t)$ den Beschränkungen nach Gl. (7.52) genügt. Andernfalls muß $\mathbf{u}^{\text{neu}}(t)$ durch Gl. (7.57) und (7.58) bestimmt werden.

11. Es ist angezeigt, δt_e mit Hilfe von Gl. (7.94) zu überprüfen. Falls δt_e größer als erwartet ausfällt, kann dies zu schlechter Konvergenz führen. In diesem Falle müssen ε^2 und somit $\delta\mathbf{u}(t)$ reduziert werden, um näher an die durch $\mathbf{u}^{\text{alt}}(t)$ bestimmte, alte nominelle Trajektorie zu kommen.

12. Man verwende $\mathbf{u}^{\text{neu}}(t)$ und beginne wieder mit Punkt 2. Der Wert des Gütekriteriums für die neue optimale Trajektorie muß überprüft werden. Falls er schlechter ist als der Wert für die alte nominelle Trajektorie, muß ε^2 reduziert werden. Man beachte, daß daher stets die alte nominelle Trajektorie im Computer gespeichert werden muß, um die Iteration mit dem reduzierten ε^2 wiederholen zu können.

13. Man überprüfe, ob die Konvergenz durch geeignete Adjustierung von $\mathbf{U}$ verbessert werden kann.

14. Man beende die Rechnung, wenn alle Beschränkungen (Bedingungen) hinreichend genau erfüllt sind und δP_Σ (Gl. (7.117)) hinreichend klein ist.

Diese 14 Punkte lassen erkennen, daß neben der Lösung von Differentialgleichungen natürlich immer wieder logische Entscheidungen getroffen werden müssen, um den Erfolg der Methode zu gewährleisten.

Aus der gebrachten Ableitung der Methode sind deren folgende Vorteile ersichtlich: die Methode ist praktisch allgemein anwendbar; sie ermöglicht auch die Behandlung nichtlinearer Systeme mit festen oder veränderlichen Anfangsbedingungen und weiters die Berücksichtigung sehr allgemeiner Bedingungen am Endpunkt $t = t_e$ der Trajektorie. Ferner kann t_e als Variable behandelt werden, was z. B. für Minimalzeitprobleme und Probleme mit unbekanntem t_e, wie bei einer Trajektorie eines Flugzeuges, von Wichtigkeit ist. Beschränkungen des Kontrollvektors und der Zustandsvariablen entlang der Trajektorie können leicht erfüllt werden.

Obwohl die Methode für Computeranwendungen entwickelt wurde, wollen wir das Verfahren durch das folgende Beispiel mit Hilfe vorwiegend analytischer Behandlungsweise illustrieren.

7.1.5 Beispiel

Wir betrachten ein System, das durch die Gleichung

$$x_1 + 2x_1 = u \tag{7.119}$$

beschrieben wird.

Im folgenden wollen wir die in Abschnitt 7.1.4 zusammengestellte schrittweise Behandlung des Iterationsverfahrens durchführen, wobei auch die Ziele der Iteration und der Optimierung definiert werden sollen.

1. und 2. (die Ziffern beziehen sich auf die einzelnen Punkte nach Abschnitt 7.1.4):

Gl. (7.119) kann geschrieben werden als

$$\dot{x}_1 = x_2, \tag{7.120}$$

$$\dot{x}_2 = -2x_1 + u. \tag{7.121}$$

Wir setzen $t_a = 0$ und $t_e = 1$ und nehmen die Anfangsbedingungen

$$x_1(0) = -1, \qquad x_2(0) = \sqrt{2} \tag{7.122}$$

an. Die Randbedingungen für $t = t_e$ seien

$$\psi_1[\mathbf{x}(t_e), t_e] = x_1(1) = 0, \tag{7.123}$$

$$\psi_2[\mathbf{x}(t_e), t_e] = x_2(1) = 0. \tag{7.124}$$

Da $t_e = 1$, können wir für die Beschränkung der Rechenzeit (d. h. für jene Bedingung, für die der Computer die Rechnung beenden soll) schreiben

$$\Omega[\mathbf{x}(t_e), t_e] = 1 - t_e = 0. \tag{7.125}$$

Wir definieren als Gütekriterium

$$P(t) = \int_0^t (1 + u^2)\, dt. \tag{7.126}$$

Das Optimierungsziel wird nun wie folgt definiert: Das System nach Gl. (7.119) soll vom Anfangszustand (Gl. (7.122)) derart in den Zustand (0, 0) gebracht werden, daß $P\ (t = 1)$ minimisiert wird. Dies ist somit eine den in Kapitel 5 betrachteten Problemen verwandte Zielsetzung.

Wir nehmen einen nominellen Kontrolleingang $u(t)$ an mit

$$u(t) = -2 \tag{7.127}$$

im ganzen Intervall [0, 1].

Um das Gütekriterium in die Form nach Gl. (7.13) überzuführen, schreiben wir

$$\dot{x}_0 = 1 + u^2, \qquad x_0(t_a) = 0 \tag{7.128}$$

als Ergänzung für Gl. (7.120) und (7.121). Somit hat $x_0\ (t_e = 1)$ minimisiert zu werden. Wir erhalten nach Anwendung von Gl. (7.127) aus Gl. (7.120), (7.121) und (7.128) als Lösungen für x_0, x_1 und x_2, welche auch den Anfangsbedingungen genügen:

$$\mathbf{x}(t) = \begin{pmatrix} x_0(t) \\ x_1(t) \\ x_2(t) \end{pmatrix} = \begin{pmatrix} 5t \\ -1 + \sin\sqrt{2}\,t \\ \sqrt{2}\cos\sqrt{2}\,t \end{pmatrix}. \tag{7.129}$$

Hiezu ist zu bemerken, daß diese Lösungen nicht den Beschränkungen nach Gl. (7.123) und (7.124) genügen. Die Komponenten von $\mathbf{x}(1)$ werden die nominellen Werte von $\mathbf{x}$ zum Zeitpunkt $t = 1$ genannt. Sie sind

$$\mathbf{x}_{\text{nom}}(1) = \begin{pmatrix} 5 \\ -0{,}012 \\ 0{,}2215 \end{pmatrix}. \tag{7.130}$$

3. In diesem Punkt müssen $\boldsymbol{\lambda}_p(t)$, $\boldsymbol{\lambda}_\Omega(t)$ und $\boldsymbol{\lambda}_\psi(t)$ gefunden werden. Der letzte Ausdruck besteht aus $\boldsymbol{\lambda}_{\psi 1}(t)$ und $\boldsymbol{\lambda}_{\psi 2}(t)$, da wir zwei funktionelle Beschränkungen bei $t = t_e$ haben (siehe Gl. (7.123) und (7.124)). Da nach Gl. (7.126) und (7.128) $P(t) = x_0(t)$, finden wir mit Gl. (7.25) und (7.28)

$$\mathbf{r}_p = \boldsymbol{\lambda}_p(1) = \begin{pmatrix} \dfrac{\partial P}{\partial x_0} \\ \dfrac{\partial P}{\partial x_1} \\ \dfrac{\partial P}{\partial x_2} \end{pmatrix}_{t=1} = \begin{pmatrix} 1 \\ 0 \\ 0 \end{pmatrix}. \tag{7.131}$$

Weiters gilt mit Gl. (7.67), (7.68), (7.123) und (7.124)

$$\mathbf{r}_\psi(1) = \boldsymbol{\lambda}_\psi(1) = \begin{pmatrix} \dfrac{\partial \psi_1}{\partial x_0} & \dfrac{\partial \psi_2}{\partial x_0} \\ \dfrac{\partial \psi_1}{\partial x_1} & \dfrac{\partial \psi_2}{\partial x_1} \\ \dfrac{\partial \psi_2}{\partial x_2} & \dfrac{\partial \psi_2}{\partial x_2} \end{pmatrix}_{t=1} = \begin{pmatrix} 0 & 0 \\ 1 & 0 \\ 0 & 1 \end{pmatrix}, \tag{7.132}$$

$$\mathbf{r}_\Omega(1) = \boldsymbol{\lambda}_\Omega(1) = \begin{pmatrix} \dfrac{\partial \Omega}{\partial x_0} \\ \dfrac{\partial \Omega}{\partial x_1} \\ \dfrac{\partial \Omega}{\partial x_2} \end{pmatrix}_{t=1} = \begin{pmatrix} 0 \\ 0 \\ 0 \end{pmatrix}. \tag{7.133}$$

Um die Lösungen für $\boldsymbol{\lambda}_p(t)$, $\boldsymbol{\lambda}_\psi(t)$ und $\boldsymbol{\lambda}_\Omega(t)$ zu finden, müssen wir

$$\dot{\boldsymbol{\lambda}}(t) = -\mathbf{A}^T(t)\boldsymbol{\lambda}(t)$$

mit den Bedingungen nach Gl. (7.131)—(7.133) integrieren. Um die linearisierte Systemmatrix $\mathbf{A}(t)$ abzuleiten, verwenden wir die Definition

$$\frac{d}{dt}(\delta\mathbf{x}) = \mathbf{A}(t)\,\delta\mathbf{x} + \mathbf{B}(t)\,\delta\mathbf{u}, \tag{7.17}$$

die nach Anwendung von Gl. (7.120), (7.121) und (7.128) ergibt:

$$\begin{aligned} \delta\dot{x}_0 &= 2u\,\delta u, \\ \delta\dot{x}_1 &= \delta x_2, \\ \delta\dot{x}_2 &= -2\delta x_1 + \delta u. \end{aligned} \tag{7.134}$$

Somit erhalten wir

$$\mathbf{A} = \begin{pmatrix} 0 & 0 & 0 \\ 0 & 0 & 1 \\ 0 & -2 & 0 \end{pmatrix}, \qquad \mathbf{B} = \begin{pmatrix} 2u \\ 0 \\ 1 \end{pmatrix} \tag{7.135}$$

und

$$\begin{pmatrix} \dot{\lambda}_{p0} \\ \dot{\lambda}_{p1} \\ \dot{\lambda}_{p2} \end{pmatrix} = -\begin{pmatrix} 0 & 0 & 0 \\ 0 & 0 & -2 \\ 0 & 1 & 0 \end{pmatrix} \begin{pmatrix} \lambda_{p0} \\ \lambda_{p1} \\ \lambda_{p2} \end{pmatrix}, \tag{7.136}$$

was mit Gl. (7.131) zu

$$\lambda_p(t) = \begin{pmatrix} 1 \\ 0 \\ 0 \end{pmatrix} \tag{7.137}$$

führt. Ebenso berechnen wir

$$\boldsymbol{\lambda}_\psi = \begin{pmatrix} 0 & 0 \\ \cos(\sqrt{2}\,t - \sqrt{2}) & \sin(\sqrt{2}\,t - \sqrt{2}) \\ -\dfrac{1}{\sqrt{2}}\sin(\sqrt{2}\,t - \sqrt{2}) & \dfrac{1}{\sqrt{2}}\cos(\sqrt{2}\,t - \sqrt{2}) \end{pmatrix} \quad \text{und} \quad \boldsymbol{\lambda}_\Omega = \begin{pmatrix} 0 \\ 0 \\ 0 \end{pmatrix}. \tag{7.138}$$

4. Da $P(t) = x_0(t)$, ergibt sich $\dot{P}(t) = 1 + u^2$ und $P(t_e) = 5$.

5. Mit Gl. (7.130), (7.123) und (7.124) erhalten wir $\psi_1[\mathbf{x}(t_e), t_e] = -0{,}012$ anstatt 0 und $\psi_2[\mathbf{x}(t_e), t_e] = 0{,}2215$ anstatt 0. Das bedeutet, daß $u(t)$ im nächsten Schritt derart geändert werden muß, daß Gl. (7.123) und (7.124) besser erfüllt werden.

Wir finden weiters

$$\begin{aligned} \dot{\psi}_1 &= \dot{x}_1 = \sqrt{2} \cos \sqrt{2}\, t, \\ \dot{\psi}_2 &= \dot{x}_2 = -2 \sin \sqrt{2}\, t, \end{aligned} \tag{7.139}$$

und somit

$$\begin{aligned} \dot{\psi}_1[\mathbf{x}(t_e), t_e] &= 0{,}2215, \\ \dot{\psi}_2[\mathbf{x}(t_e), t_e] &= -1{,}974. \end{aligned} \tag{7.140}$$

6. Gl. (7.97) liefert mit Gl. (7.137) und (7.138)

$$\boldsymbol{\xi}(t) = \boldsymbol{\lambda}_p(t) = \begin{pmatrix} 1 \\ 0 \\ 0 \end{pmatrix} \tag{7.141}$$

und

$$\boldsymbol{\eta}_1(t) = \boldsymbol{\lambda}_{\psi 1}(t) = \begin{pmatrix} 0 \\ \cos(\sqrt{2}\, t - \sqrt{2}) \\ -\dfrac{1}{\sqrt{2}} \sin(\sqrt{2}\, t - \sqrt{2}) \end{pmatrix},$$

$$\boldsymbol{\eta}_2(t) = \boldsymbol{\lambda}_{\psi 2}(t) = \begin{pmatrix} 0 \\ \sin(\sqrt{2}\, t - \sqrt{2}) \\ \dfrac{1}{\sqrt{2}} \cos(\sqrt{2}\, t - \sqrt{2}) \end{pmatrix}. \tag{7.142}$$

7. Hier müssen wir $I_{\xi\xi}$, $\mathbf{I}_{\xi\eta}$ und $\mathbf{I}_{\eta\eta}$ mit Hilfe von Gl. (7.108) berechnen. Da wir nur einen Kontrolleingang haben, kann $\mathbf{U} = 1$ gewählt werden. Dies deshalb, weil jede Beschränkung von $||\delta u||$ durch geeignete Wahl von ε^2 in Gl. (7.45) vorgenommen werden kann. Mit Gl. (7.127) und (7.135) ergibt sich

$$\mathbf{B}(t) = \begin{pmatrix} -4 \\ 0 \\ 1 \end{pmatrix} \tag{7.143}$$

und somit

$$\mathbf{B}^T \mathbf{U}^{-1} \mathbf{B} = 17. \tag{7.144}$$

Dies liefert mit Gl. (7.141) und (7.137)

$$I_{\xi\xi} = 17 \int_0^1 \boldsymbol{\xi}^T(\tau)\boldsymbol{\xi}(\tau)\, d\tau = 17. \tag{7.145}$$

Mit Gl. (7.142) wird

$$[\mathbf{I}_{\eta\eta}]_{11} = 17 \int_0^1 \boldsymbol{\eta}_1{}^T(\tau)\boldsymbol{\eta}_1(\tau)\, d\tau = 27{,}6,$$

$$[\mathbf{I}_{\eta\eta}]_{12} = 17 \int_0^1 \boldsymbol{\eta}_1{}^T(\tau)\boldsymbol{\eta}_2(\tau)\, d\tau = [\mathbf{I}_{\eta\eta}]_{21} = 2{,}98,$$

$$[I_{\eta\eta}]_{22} = 17 \int_0^1 \boldsymbol{\eta}_2{}^T(\tau)\boldsymbol{\eta}_2(\tau) = 12{,}3$$

und somit

$$\mathbf{I}_{\eta\eta} = \begin{bmatrix} 27{,}6 & 2{,}98 \\ 2{,}98 & 12{,}3 \end{bmatrix}. \tag{7.146}$$

In analoger Weise ergibt sich

$$[\mathbf{I}_{\xi\eta}]_1 = 17 \int_0^1 \boldsymbol{\xi}^T(\tau)\boldsymbol{\eta}_1(\tau)\, d\tau = 0,$$

$$[\mathbf{I}_{\xi\eta}]_2 = 17 \int_0^1 \boldsymbol{\xi}^T(\tau)\boldsymbol{\eta}_2(\tau)\, d\tau = 0, \tag{7.147}$$

$$\mathbf{I}_{\xi\eta} = \begin{bmatrix} 0 \\ 0 \end{bmatrix}.$$

8. Da $\mathbf{x}(t_a)$ fest ist, führt Gl. (7.110) zu

$$\delta\boldsymbol{\gamma} = -\,\delta\boldsymbol{\psi}_\Sigma. \tag{7.148}$$

Deshalb müssen wir

$$\varepsilon^2 \geqslant \delta\boldsymbol{\psi}_\Sigma{}^T\mathbf{I}_{\eta\eta}^{-1}\,\delta\boldsymbol{\psi}_\Sigma \tag{7.149}$$

befriedigen.

Bei Beachtung von Gl. (7.90) sehen wir, daß $\delta\boldsymbol{\psi}_\Sigma$ durch δu bestimmt wird, da die Anfangsbedingungen und auch t_e fest sind. Gl. (7.85) liefert zusammen mit Gl. (7.138) und (7.143)

$$\delta\psi_1 = -\frac{1}{\sqrt{2}}\int_0^1 \sin(\sqrt{2}\,t - \sqrt{2})\,\delta u\,d\tau,$$

$$\delta\psi_2 = \frac{1}{\sqrt{2}}\int_0^1 \cos(\sqrt{2}\,t - \sqrt{2})\,\delta u\,d\tau. \tag{7.150}$$

Nun kann Gl. (7.148) in Gl. (7.115) eingesetzt und $\delta u_{\text{opt}}(t)$ numerisch berechnet werden. Zur Illustration nehmen wir an, daß sich $\delta u = \delta u_{\text{opt}}(t)$ ergebe zu

$$\delta u = \chi = \text{konstant}. \tag{7.151}$$

Gl. (7.150) liefert nun

$$\delta\boldsymbol{\psi}_\Sigma = +\begin{pmatrix}0{,}422\\0{,}494\end{pmatrix}\chi. \tag{7.152}$$

Um zu sehen, was eine kleine konstante Variation $\delta u = \chi$ für den Kontrollprozeß bedeutet, betrachten wir die Trajektorie des Systems nach Gl. (7.129) in der Zustandsebene. Zur vereinfachten Darstellung verwenden wir die Koordinaten x_1 und $x_2/\sqrt{2}$. Dies führt zu Abb. 62.

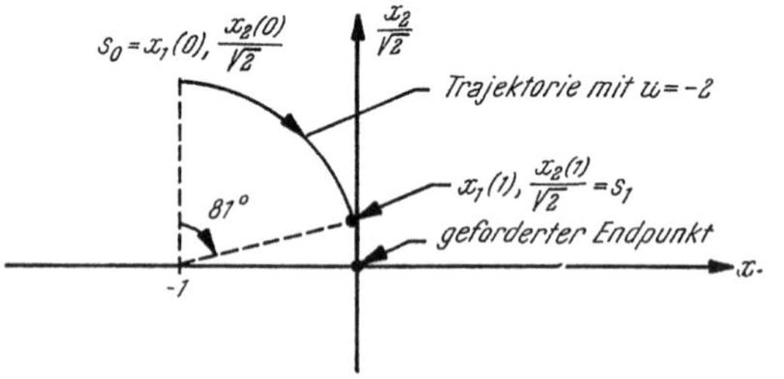

Abb. 62. Trajektorie nach Gl. (7.129) im Zeitintervall [0, 1]

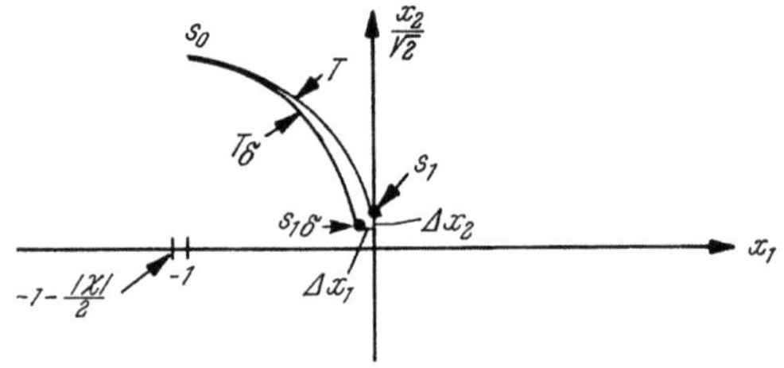

Abb. 63. Vergleich der Trajektorien T (wie in Abb. 62) und T_δ. T wird erzeugt durch $u^{\text{alt}} = -2$, T_δ durch $u^{\text{neu}} = -2 + \delta u$, wobei $\delta u < 0$. S_0 und S_1 sind aus Abb. 62 übernommen. $S_{1\delta}$ ist der Zustand bei $t = 1$ für u^{neu}

Abb. 63 zeigt nun, wie sich die Trajektorie für $\chi < 0$ verändert hat.

Die in Abb. 63 gezeigten Veränderungen für $S_{1\delta}$ gegenüber S_1 sind für $\chi = -0{,}23$:

$$\Delta x_1 = \delta\psi_1 = 0{,}422\chi = -\,0{,}097,$$

$$\Delta x_2 = \delta\psi_2 = 0{,}494\chi = -\,0{,}113. \tag{7.153}$$

Durch Addieren von Δx_1 und Δx_2 in Gl. (7.130) und Beachtung von Gl. (7.128) erhalten wir, mit $u^{\text{neu}} = u^{\text{alt}} + \delta u = -\,2{,}23$,

$$\mathbf{x}_{\text{nom}}^{\text{neu}}(1) = \begin{pmatrix} 5{,}95 \\ -\,0{,}109 \\ -\,0{,}1085 \end{pmatrix}, \tag{7.154}$$

wobei nom als Abkürzung für nominell steht.

Ein Vergleich von Gl. (7.130) und (7.154) zeigt, daß der Abstand des Endzustandes vom Ursprung von 0,049 auf 0,026 abgenommen hat. Andererseits hat sich aber der Wert des Gütekriteriums $x_0(t_e)$ vergrößert. Dieser Umstand illustriert die bei Punkt 5 in Abschnitt 7.1.4 gemachten Bemerkungen, daß gewisses Gewicht auf die Erfüllung der Randbedingungen bei t_e gelegt werden muß. Ist dieses Gewicht, das durch die $K_1, \ldots, K_M$ in Gl. (7.118) zum Ausdruck kommt, sehr groß gegenüber K_0, werden wir eine Lösung ähnlich der durch Gl. (7.154) erhaltenen bekommen. Im Extremfall $K_1 = K_2 = \cdots = K_M = 0$ würde überhaupt kein Gewicht auf die Erfüllung der Randbedingungen bei t_e gelegt. Wie man aus der Definition des Gütekriteriums nach Gl. (7.126) sieht, handelt es sich hier um einen rein Energie-optimalen Typ, da hier t_e fixiert ist; somit würde, wenn die Randbedingungen bei t_e überhaupt nicht gewogen würden, die optimale Kontrolle zu $u = 0$ führen. Ferner ist auf Grund der Ergebnisse des Kapitels 5 zu erkennen, daß die Vorgabe einer festen Zeit t_e nicht realistisch ist; deshalb muß bei einer der nächsten Iterationen in einem Computer auch t_e variiert werden.

Auf Grund der vorstehenden Überlegungen, insbesondere auf Grund des Lösungsversuches nach Gl. (7.154), kann abgeschätzt werden, daß δu am besten zwischen 0 und $-\,0{,}3$ gewählt werden wird.

Wir schreiten nun zur Überprüfung von Ungleichung (7.149). Da $\mathbf{U} = 1$ angenommen wurde, erhält man aus Gl. (7.45) mit $\delta u = \chi$

$$\varepsilon^2 = \chi^2. \tag{7.155}$$

Damit, und mit

$$\mathbf{I}_{\eta\eta}^{-1} = \begin{bmatrix} 0{,}0373 & -\,0{,}0090 \\ -\,0{,}0090 & 0{,}0835 \end{bmatrix}, \tag{7.156}$$

wird Ungleichung (7.149) nach Anwendung von Gl. (7.152) zu

$$\chi^2 \geqslant 0{,}0233\chi^2, \tag{7.157}$$

was natürlich immer erfüllt ist. Diese Ungleichung ist aber bei nichtlinearen Systemen von besonderer Bedeutung, da damit oft zulässige Werte von χ bestimmt werden können.

Wir merken an, daß in diesem illustrativen Beispiel ein konstantes $\delta u = \chi$ zur Gewinnung von Gl. (7.157) angenommen wurde. Bei Anwendung eines Computers würde $\delta u(t)$ nicht angenommen, sondern mit Gl. (7.115) berechnet werden, worauf Gl. (7.149) mit Hilfe von Gl. (7.150) und (7.156) überprüft würde. Falls Gl. (7.149) nicht erfüllt ist, müßte die Berechnung mit i. a. kleineren Werten für ε wiederholt werden.

9. Anwendung von Gl. (7.115) ergibt

$$\begin{aligned}\delta u(t)_{\text{opt}} &= (-4 \quad 0 \quad 1)\left[\pm\sqrt{\frac{\chi^2 - 0{,}0233\chi^2}{17}}\begin{pmatrix}1\\0\\0\end{pmatrix}\right.\\ &\quad\left. + \chi\begin{pmatrix}0\\ 0{,}0112\cos(\sqrt{2}\,t - \sqrt{2}) + 0{,}0375\sin(\sqrt{2}\,t - \sqrt{2})\\ -0{,}00794\sin(\sqrt{2}\,t - \sqrt{2}) + 0{,}027\cos(\sqrt{2}\,t - \sqrt{2})\end{pmatrix}\right]\\ &= \chi(\mp 0{,}96 - 0{,}00794\sin(\sqrt{2}\,t - \sqrt{2}) + 0{,}027\cos(\sqrt{2}\,t - \sqrt{2})),\end{aligned} \tag{7.158}$$

wobei mit $\mathbf{U} = 1$ durch Betrachtung von Gl. (7.45) angenommen wurde, daß $\varepsilon^2 = \chi^2$ näherungsweise beibehalten werden kann. (Dies erhält durch $\delta u(t)_{\text{opt}} \approx \chi$ nach Gl. (7.158) sofort seine Berechtigung.) Mit obiger Annahme von $\chi = -0{,}23$ erhalten wir unter Beachtung von Gl. (7.148, 7.150 und 7.158)

$$\delta\boldsymbol{\gamma} = -\delta\boldsymbol{\psi}_{\Sigma} = \begin{pmatrix}-0{,}09707\\ -0{,}1152\end{pmatrix}, \tag{7.159}$$

ein Ergebnis, das gut mit Gl. (7.153) übereinstimmt.

Zur Vorzeichenwahl in Gl. (7.158) ist zu bemerken, daß $+0{,}96\chi$ negatives δu ergibt. Diese Wahl erhöht zwar den Wert des Gütekriteriums nach Gl. (7.126), ist aber erwünscht für eine bessere Erfüllung der Randbedingungen bei t_e. Diese scheinbare Diskrepanz würde vollständig behoben durch die Wahl eines Gütekriteriums nach Gl. (7.118).

Es ist interessant zu bemerken, daß nach Gl. (7.158) infolge des dominanten Teiles $-0{,}96$ das optimale $\delta u(t)$ nahe an den geschätzten Wert χ kommt.

10. Wir wollen hier annehmen, daß $u^{\text{neu}}(t) = u^{\text{alt}}(t) + \delta u_{\text{opt}}(t) = -2 + \delta u_{\text{opt}}(t)$ innerhalb der erlaubten Grenzen liege.

11. $\delta t_e = 0$, da t_e fest vorgegeben ist. Es wurde bereits festgestellt, daß bei tatsächlichen Computeriterationen eine Variationsmöglichkeit für t_e zu empfehlen ist. Es kann in diesem Fall geprüft werden, ob bei Vorgabe eines Gütekriteriums nach Gl. (7.118) dessen Wert durch Veränderung von t_e vermindert werden kann. Im gegenständlichen Fall können wir die Überlegungen des Kapitels 5 heranziehen. Demnach kann der Zustand des Systems bei $t_e = \pi/2\sqrt{2} = 1{,}11$ exakt in den Zustand (0, 0) übergeführt werden. Dieses Ergebnis ist demnach auch bei Computeriterationen zu erwarten, wenn t_e freigegeben wird und die Nichterfüllung der Randbedingungen bei t_e stark gewogen wird.

12. Der neue Wert des Gütekriteriums wurde, auf Grund der einfachen Annahmen bei Gl. (7.126), mit Gl. (7.154) zu 5,95 berechnet. Somit ist $\delta P_\Sigma = 0{,}95$. Wenn wir dieses Resultat mit Gl. (7.117) überprüfen, erhalten wir

$$\delta P_\Sigma = \pm\, 0{,}9384, \tag{7.160}$$

wobei das Pluszeichen gilt; bei Wägen der Randbedingungen bei t_e nach Gl. (7.118) bekämen wir $\delta P_\Sigma < 0$.

13. Die Wahl von $\mathbf{U}$ wurde bereits bei Punkt 7 besprochen.

14. Dieser Punkt wird erst bei tatsächlicher Computeranwendung von Interesse.

7.2 Balakrishnans ε-Methode

Eine sehr wirksame Methode der optimalen Kontrolle, speziell zur Gewinnung optimaler Trajektorien, ist durch die ε-Methode nach A. V. BALAKRISHNAN [3] gegeben. Diese Methode erlaubt in simultaner Vorgangsweise die Lösung der Differentialgleichungen des Systems und die Optimierung der Kontrolle.

Grundsätzlich handelt es sich hiebei um eine Näherung des Maximumprinzips. Wie in [3] gezeigt wird, existiert bei beschränkten Kontrolleingängen $u_i(t)$ stets eine Lösung; außerdem wird das Maximumprinzip als Grenzfall der ε-Methode erhalten.

Für die Erklärung der ε-Methode betrachten wir ein System, das den Gleichungen

$$\dot{\mathbf{x}}(t) = f(t, \mathbf{x}(t), \mathbf{u}(t))$$

gehorcht, wobei

$$\mathbf{x}(t_a) = \mathbf{x}_a \quad \text{und} \quad \mathbf{x}(t_e) = \mathbf{x}_e. \tag{7.161}$$

Es sei gefordert, $\mathbf{u}(t)$ derart zu bestimmen, daß das System von $\mathbf{x}_a$ zu $\mathbf{x}_e$ derart gebracht wird, daß der Wert des Gütekriteriums

$$P = \int_{t_a}^{t_e} g(t, \mathbf{x}(t), \mathbf{u}(t))\, dt \tag{7.162}$$

ein Minimum einnimmt. $\mathbf{u}(t)$ unterliege ferner der Beschränkung

$$||u(t)|| \leqslant +k. \tag{7.163}$$

Statt die Lösung von Gl. (7.161) und die Optimierung nach Gl. (7.162) getrennt vorzunehmen, ist die neue Idee gegeben durch die Kombination der beiden Probleme, daß nämlich für

$$P(\varepsilon) = \frac{1}{2\varepsilon} \int_{t_a}^{t_e} ||\dot{\mathbf{x}}(t) - f(t, \mathbf{x}(t), \mathbf{u}(t))||^2\, dt + \int_{t_a}^{t_e} g(t, \mathbf{x}(t), \mathbf{u}(t))\, dt \tag{7.164}$$

ein Minimum gesucht werden soll, wobei ε fest und > 0 sein soll. In [1] wird gezeigt, daß damit eine umso genauere Annäherung an das ursprüngliche Optimierungsproblem erzielt wird, je kleiner ε gewählt wird. Das in [3] gegebene Anwendungsbeispiel zeigt aber auch, daß die Lösung sehr unempfindlich gegenüber der Größe von ε sein kann.

Wir wollen uns im folgenden auf Minimalzeit-Probleme beschränken. Demnach wird die Funktion g in Gl. (7.162) identisch 1. Außerdem wollen wir $t_a = 0$ setzen.

Für die rechnerische Lösung muß angenommen werden, daß eine grobe Abschätzung der minimalen Zeit $t_{e\min}$ existiert. Es wird nunmehr eine Zeit t_{e1} angenommen, die sicher unter $t_{e\min}$ liegt. Für dieses t_{e1} müssen wir

$$q(t, \mathbf{x}(t)) = \int_0^{t_{e1}} ||\dot{\mathbf{x}}(t) - f(t, \mathbf{x}(t), \mathbf{u}(t))||^2 \, dt \tag{7.165}$$

zum Minimum machen, wobei $\mathbf{x}(t)$ die Randbedingungen nach Gl. (7.161) erfüllen muß. Das Minimum von q wird als $q_{\min}(t_e)$ bezeichnet. Theoretisch ist $q_{\min}(t_e)$ monoton abnehmend in t_e und sollte null werden, sobald $t_e = t_{e\min}$.

Um eine Differentiation von Gl. (7.165) zu vermeiden, nehmen wir die Minimisierung vor über die Klasse der Funktionen $\mathbf{y}(t)$, definiert durch

$$\mathbf{x}(t) = \mathbf{x}_a + \int_0^t \mathbf{y}(s) \, ds \tag{7.166}$$

mit

$$\mathbf{x}_e = \mathbf{x}_a + \int_0^{t_e} \mathbf{y}(s) \, ds. \tag{7.167}$$

Dann wird bei der tatsächlichen Berechnung zunächst $q(t, \mathbf{x}(t))$ für festes t_e minimisiert, sodann t_e in kleinen Schritten erhöht, wobei für jedes t_e wieder q minimisiert wird. Dies wird beendet, sobald q genügend klein ist. Für diesen Vorgang wird am besten die Gradienten- oder Newton-Raphson-Methode angewendet. Zu diesem Zwecke setzen wir

$$\begin{aligned} \hat{\mathbf{x}}(t) &= \mathbf{x}_N(t) + \lambda \mathbf{x}(t), \\ \hat{\mathbf{u}}(t) &= \mathbf{u}_N(t) + \lambda \mathbf{u}(t), \end{aligned} \tag{7.168}$$

mit $\mathbf{x}(t) = 0$ für $t \leqslant 0$ und $t \geqslant t_e$ und $\mathbf{u}(t)$ derart, daß $\hat{\mathbf{u}}(t)$ für hinreichend kleines λ den Bedingungen nach Ungleichung (7.163) entspricht. Man erhält sodann durch Entwicklung in eine Taylorreihe

$$\begin{aligned} q(t_e, \hat{\mathbf{x}}(t), \hat{\mathbf{u}}(t)) = {} & q(t_e, \mathbf{x}_N(t), \mathbf{u}_N(t)) + 2\lambda \mathbf{z}_N{}^T(t) \cdot \boldsymbol{\omega}(\mathbf{x}(t), \mathbf{u}(t)) \\ & + \lambda^2 ||\boldsymbol{\omega}(\mathbf{x}(t), \mathbf{u}(t))||^2 + \lambda^2 \mathbf{z}_N{}^T(t) \cdot \mathbf{v}(\mathbf{x}(t), \mathbf{u}(t)) \\ & + \text{Glieder der Ordnung} > 2 \text{ in } \lambda. \end{aligned} \tag{7.169}$$

Hiebei ist

$$\mathbf{z}_N(t) = \dot{\mathbf{x}}_N(t) - f(t, \mathbf{x}_N(t), \mathbf{u}_N(t))$$

und

$$\boldsymbol{\omega}(\mathbf{x}(t), \mathbf{u}(t)) = \dot{\mathbf{x}}(t) - \begin{pmatrix} \frac{\partial}{\partial x_1} f(t, \mathbf{x}_N(t), \mathbf{u}_N(t)) x_1(t) \\ \vdots \\ \frac{\partial}{\partial x_n} f(t, \mathbf{x}_N(t), \mathbf{u}_N(t)) x_n(t) \end{pmatrix} - \begin{pmatrix} \frac{\partial}{\partial u_1} f(t, \mathbf{x}_N(t), \mathbf{u}_N(t)) u_1(t) \\ \vdots \\ \frac{\partial}{\partial u_n} f(t, \mathbf{x}_N(t), \mathbf{u}_N(t)) u_n(t) \end{pmatrix}, \tag{7.170}$$

wobei einige der u_i null sein können, falls $\mathbf{u}$ die Dimension $r < n$ hat.

Gl. (7.170) kann abgekürzt geschrieben werden als

$$\boldsymbol{\omega}(\mathbf{x}(t), \mathbf{u}(t)) = \dot{\mathbf{x}}(t) - \nabla_x(t, \mathbf{x}_N(t), \mathbf{u}_N(t))\mathbf{x}(t) - \nabla_u f(t, \mathbf{x}_N(t), \mathbf{u}_N(t))\mathbf{u}(t). \tag{7.171}$$

Weiters gilt

$$\mathbf{v}(\mathbf{x}(t), \mathbf{u}(t)) = -\frac{d^2}{d\lambda^2} f(t, \mathbf{x}_N(t) + \lambda \mathbf{x}(t), \mathbf{u}_N(t) + \lambda \mathbf{u}(t))|_{\lambda=0}. \tag{7.172}$$

Wir sehen aus Gl. (7.169), daß das erste quadratische Glied in λ immer $\geqslant 0$ ist, aber das zweite jedes Vorzeichen haben kann. Auch erfordert die Berechnung des letzteren Gliedes die Berechnung zweiter Ableitungen. Wenn daher die Gradientenmethode zu viel Rechenzeit benötigt, wird nach [3] vorgeschlagen, die Funktionen $\mathbf{x}(t)$ und $\mathbf{u}(t)$ für Minimisierung von q durch Verwendung von

$$2\mathbf{z}_N{}^T(t) \cdot \boldsymbol{\omega}(\mathbf{x}(t), \mathbf{u}(t)) + ||\boldsymbol{\omega}(\mathbf{x}(t), \mathbf{u}(t))||^2 \tag{7.173}$$

zu bestimmen. Sodann wird Gl. (7.173), wie oben angedeutet, zur Basis von Newton-Raphson-Methoden gemacht [2].

Ein sehr gutes Beispiel für die vorstehende Methode wird in [23] beschrieben, wo der Flug in einem Medium mit geschwindigkeitsabhängiger Bremswirkung [19] optimiert wird. Dort werden auch verschiedene Optimierungsmethoden verglichen, wobei Methoden, basierend auf dem Energieprinzip, und das dynamische Programmieren als zu nicht realisierbaren Lösungen führend erkannt werden. Sodann werden verschiedene Gradientenmethoden (siehe Abschnitt 7.1 und [5, 14, 18] und für modifizierte Gradientenmethoden [8, 20]) mit der ε-Methode verglichen. Für die tatsächliche Anwendung der ε-Methode wird in [23] eine modifizierte Newton-Raphson-Methode verwendet.

Der Vergleich mit den anderen Methoden zeigt nach [23] eine beträchtliche Rechenzeitersparnis, wodurch die ε-Methode für numerische Berechnungen sehr attraktiv erscheint. Wegen der Kürze der Darstellung in diesem Buch sei der Leser bezüglich des eben besprochenen Beispiels auf [23] verwiesen.

7.3 Zusammenfassung

In diesem Kapitel wurde zunächst die Gradientenmethode nach BRYSON und KELLEY abgeleitet, sodann Punkt für Punkt zusammengefaßt und an Hand eines Beispiels illustriert. Dieses Beispiel zeigt die Grundprinzipien der Methode; für eine tatsächliche Computeranwendung sind ausgefeilte Programme (siehe [4, 12, 16, 17, 21, 22]) notwendig. Aus der Ableitung ist zu sehen, daß sich bei dieser Methode nur in Ausnahmefällen eine geschlossene Regelung ergibt, da die Kontrolle meist nur als Zeitfunktion dargestellt werden kann.

Sodann wurde die ε-Methode nach BALAKRISHNAN besprochen, wobei der neue Gedanke des Wägens der Nichterfüllung der Systemgleichungen mittels eines eigenen Gütekriteriums beschrieben wurde. Die ε-Methode erfüllt aber stets die Randbedingungen am Anfang ($t = t_a$) und am Ende ($t = t_e$).

Sowohl die Gradientenmethode, als auch die ε-Methode stützen sich auf die mathematisch-analytischen Gütekriterien, wie sie in Kapitel 3 definiert wurden.

Literatur

[1] BALAKRISHNAN, A. V.: On a New Computing Technique in Optimal Control. SIAM Journal on Control **6** (1968).

[2] BALAKRISHNAN, A. V.: Communication Theory. New York: McGraw-Hill. **1968**.

[3] BALAKRISHNAN, A. V.: On a New Computing Technique in Optimal Control and Its Application to Minimal-Time Flight Profile Optimization. Journal of Optimization Theory and Applications **4** (1969).

[4] BALAKRISHNAN, A. V., und L. V. NEUSTADT (Hrsg.): Conference on Computing Methods in Optimization Problems, Proceedings, Los Angeles, **1964**. New York: Academic Press. **1964**.

[5] BRYSON, A. E., und W. F. DENHAM: A Steepest-Ascent Method for Solving Optimum Programming Problems. Journal of Applied Mechanics **29**, 247—257 (1962).

[6] BRYSON, A. E., und W. F. DENHAM: Optimal Programming Problems with Inequality Constraints, Teil I (mit DREYFUSS, S. E.): American Institute of Aeronautics and Astronautics Journal **1**, 2544—2550 (1963); Teil II: American Institute of Aeronautics and Astronautics Journal **2**, 25—34 (1964).

[7] BUTLER, T., und A. V. MARTIN: On a Method of Courant for Minimizing Functionals. Journal of Mathematics and Physics **41**, 291—299 (1962).

[8] COCKAYNE, W. G.: X-15 Optimal Control Study. Report 2500-950002, Bell Aerosystems, April 1968.

[9] COURANT, R.: Variational Methods for the Solution of Problems of Equilibrium and Vibrations. Bulletin of the American Mathematical Society **1963**, 1—23.

[10] EVELEIGH, V. W.: Adaptive Control and Optimization Techniques. New York: McGraw-Hill. 1967.

[11] GREENSITE, A. L.: Analysis and Design of Space Vehicle Control Systems, Volume IX: Optimization Methods. NASA Contractor Report 828, Washington, D.C., Juli 1967.

[12] HORSEWOOD, J. L., und C. HIPKINS: Swingby—A Low Thrust Interplanetary Trajectory Optimization Program. Report for Contract NAS 5-11193, Vol. II. NASA Goddard Space Flight Center, March 1971.

[13] KELLEY, H. J.: Successive Approximation Techniques for Trajectory Optimization. Proceedings of the IAS (Institute of the Aerospace Sciences) Symposium on Vehicle Systems Optimization, **1961**.

[14] KELLEY, H. J.: Gradient Theory of Optimal Flight Paths. ARS (American Rocket Society) Journal **60**, **947–954** (**1960**).

[15] KNAPP, C. H., und P. A. FROST: Determination of Optimal Control and Trajectories Using the Maximum Principle in Association with a Gradient Technique. Proceedings of the Joint Automatic Control Conference, **1964**.

[16] LEITMANN, G.: Optimization Techniques with Applications to Aerospace Systems. New York: Academic Press. **1962**.

[17] LEWALLEN, J. M., B. D. TAPLEY und S. D. WILLIAMS: Iteration Procedures for Indirect Trajectory Optimization Methods. Journal of Spacecraft and Rockets **5** (**1968**).

[18] MATTHEWS, M. L., und D. A. WATSON: Trajectory Optimization Program (TOP), AS 2081. Analytical Development and User's Manual, Vol. **1**, No. D2-125323-1. The Boeing Company, Februar **1968**.

[19] MIELE, A.: The Calculus of Variations in Applied Aerodynamics and Flight Mechanics, in: LEITMANN, G. (Hrsg.), Optimization Techniques. New York: Academic Press. **1962**.

[20] SCHMIDT, H. E., R. V. HELGASON, J. T. WITHERSPOON und K. E. GEIB: Trajectory Optimization by Method of Steepest Descent. AFFDL-TR-67-108, Vol. II, U.S. Air Force, April **1968**.

[21] STEIN, L. H., M. L. MATTHEWS und J. W. FRENK: Stop—A Computer Program for Supersonic Transport Trajectory Optimization. NASA Contractor Report **793**, **1967**.

[22] TAPLEY, B. D., und J. M. LEWALLEN: Comparison of Several Numerical Optimization Methods. Journal of Optimization Theory and Applications **1** (**1967**).

[23] TAYLOR, L. W., et al.: Experience Using Balakrishnan's ε-Technique to Compute Optimum Flight Profiles. Journal of Aircraft **17**, **182–187** (**1970**).

8. Dynamisches Programmieren

8.1 Einleitung — Das Optimalitätsprinzip

Wir betrachten ein System, das durch den in vektorieller Form geschriebenen Satz von Differentialgleichungen

$$\dot{\mathbf{x}} = \mathbf{f}(\mathbf{x}, \mathbf{u}) \tag{8.1}$$

beschrieben wird. Wir nehmen nun an, daß das System von einem vorgegebenen Anfangszustand $\mathbf{x}_a$ in einen vorgegebenen Endzustand $\mathbf{x}_e$ gebracht werden soll, wobei das Gütekriterium

$$P = \int_{t_a}^{t_e} f_0(\mathbf{x}, \mathbf{u})\, dt \tag{8.2}$$

ein Minimum erlangen soll. Weiters können Beschränkungen für $\mathbf{u}$ und $\mathbf{x}$ vorgegeben sein. $\mathbf{x}$ sei n-dimensional, $\mathbf{u}$ sei r-dimensional.

Wenn wir annehmen, daß ein Computer zur Verfügung steht, können wir offenbar das Optimum derart erhalten, daß wir das Intervall $[t_a, t_e]$ in m (z. B. gleiche) Teile und den zulässigen Bereich für $\mathbf{u}$ in l Teile zerlegen und P für alle möglichen Kombinationen von $\mathbf{u}$ für die einzelnen diskreten Zeitschritte berechnen. (Wie wir später sehen werden, wird auch der Bereich von $\mathbf{x}$ zum Zwecke der praktischen Berechnung in Teile zerlegt.) Wir haben dadurch ein Gitter aufgestellt, das durch die diskreten Werte der $\mathbf{u}$ an den diskreten Werten t_i der Zeit t aufgespannt wird. Für den Fall, daß $\mathbf{u}$ eindimensional ist, haben wir bereits m^l verschiedene Werte des Gütekriteriums zu berechnen. Die zu jedem Wert des Gütekriteriums gehörende Folge der $\mathbf{u}(t_i)$ muß gespeichert werden. Nachdem alle möglichen Kombinationen betrachtet wurden, wird jene Folge der $\mathbf{u}(t_i)$ ausgewählt, die den optimalen Wert des Gütekriteriums ergibt.

Das Optimalitätsprinzip, die Basis des dynamischen Programmierens, reduziert die Anzahl der Kombinationen der $\mathbf{u}(t_i)$, die gespeichert werden müssen, stark. Die Hauptidee ist, nicht alle Kombinationen von $\mathbf{u}$ für alle t_i auf einmal zu nehmen, sondern jeweils nur einen Zeitschritt zu betrachten. Dies wird mit Hilfe des Optimalitätsprinzips erreicht, welches lautet [1]: „Ein optimales Verfahren hat die Eigenschaft, daß, bei beliebigen Anfangsbedingungen und früheren Entscheidungen, die folgenden Schritte immer optimale Entscheidungen darstellen". Dieses Prinzip besagt also, daß, wenn man z. B. eine optimale Trajektorie zwischen zwei Punkten gefunden hat, auch jede Teiltrajektorie von einem beliebigen Zwischenpunkt bis zum Endpunkt für sich optimal sein muß. Dies ist logisch, da sonst eine noch bessere Teiltrajektorie vom Zwischenpunkt zum Endpunkt gefunden werden könnte, wodurch auch die gesamte Trajektorie zwischen Anfangspunkt und Endpunkt verbessert werden könnte.

Dieses Prinzip wird selbstverständlich, wenn wir z. B. an einen 10 000 Meter-Lauf denken: jeder Läufer hat seine Taktik auch für die letzten 1000 m zu optimieren. Diese optimale Taktik für die letzten 1000 m wird vom physischen Zustand des Läufers bei 9000 m abhängen; wenn aber dieser Zustand einmal feststeht, wird das optimale Ergebnis für den gesamten Lauf nur dann erreicht, wenn auch die Taktik für die letzten 1000 m optimiert wird.

Beispiel: Wir wollen den mathematischen Vorgang der Optimierung an Hand eines einfachen Beispieles illustrieren. Wir nehmen an, daß die Systemgleichungen zeitunabhängig sind, womit P nur von den Anfangsbedingungen $\mathbf{x}_a$, der Prozeßdauer $t_e - t_a$ und den Endbedingungen $\mathbf{x}_e$ abhängig ist. Wenn wir eine Unterteilung in gleiche Zeitintervalle voraussetzen, können wir Gl. (8.2) durch

$$P = \sum_{k=1}^{m} f_0(\mathbf{x}(k\,\Delta t), \mathbf{u}(k\,\Delta t))\,\Delta t \tag{8.3}$$

approximieren, wobei

$$\Delta t = \frac{t_e - t_a}{m}.$$

Wir nehmen weiters die Systemgleichung an mit

$$\dot{x} = x + u, \tag{8.4}$$

das zum Minimum zu machende Gütekriterium mit

$$P = \int_{t_a}^{t_e} |x - 5u|\,dt \tag{8.5}$$

und die Beschränkung

$$-1 \leqslant u \leqslant +1. \tag{8.6}$$

t_e sei gegeben, und es sei $t_a = 0$ angenommen. Wir werden hier sehen, daß die Methode des Dynamischen Programmierens prinzipiell von analytischen Schwierigkeiten frei ist, was im Gegensatz z. B. zum Maximumprinzip und zur Variationsrechnung steht.

Wir nähern Gl. (8.4) und (8.5) an durch

$$\Delta x = (x + u)\,\Delta t, \tag{8.7}$$

$$P = \sum_{k=1}^{m} |x - 5u|\,\Delta t \tag{8.8}$$

und

$$t_e = m\,\Delta t. \tag{8.9}$$

Aufeinanderfolgende Systemzustände sind verbunden durch

$$x_{k+1} = x_k + (x_k + u_k)\,\Delta t. \tag{8.10}$$

Im folgenden bezeichnen wir die möglichen Werte von $x(t)$ mit $\xi(t)$ und reservieren die Bezeichnung $x(t)$ für den optimalen Prozeß.

Wir definieren $g_\nu(\xi)$ als den Wert von P (Gl. (8.8)), der sich ergibt, wenn wir von $x = \xi$ ausgehen, noch ν Stufen zurückzulegen haben und eine optimale Kontrollfolge anwenden. Nun wenden wir das Optimalitätsprinzip an:

Wenn wir bei $x = \xi$ starten und den Kontrolleingang u anwenden, gelangen wir nach Δt zu $\xi^{\text{neu}} = \xi + (\xi + u)\,\Delta t$ und addieren dabei $|\xi - 5u|\,\Delta t$ zu P. Wir fahren auch von diesem neuen Zustand ξ^{neu} in optimaler Weise fort, womit wir für die verbleibenden $\nu - 1$ Stufen einen Beitrag von $g_{\nu-1}(\xi + (\xi + u)\,\Delta t)$ zu P erhalten. Für den Übergang von ξ nach ξ^{neu} wählen wir jenes u, das den Gesamtwert P des Gütekriteriums für den Übergang von ξ zum Endzustand $\mathbf{x}_e$ bei t_e zum Minimum macht. Somit können wir für den Übergang schreiben

$$g_\nu(\xi) = \min_{u\in U}\{|\xi - 5u|\Delta t + g_{\nu-1}(\xi + (\xi + u)\,\Delta t)\}, \tag{8.11}$$

wobei $u \in U$ andeutet, daß u aus der zulässigen Menge U der Kontrolleingänge u gewählt werden muß.

Gl. (8.11) nimmt für den allerletzten Übergang die sehr einfache Form

$$g_1(\xi) = \min_{u\in U}|\xi - 5u|\,\Delta t \tag{8.12}$$

an.

Überlegen wir nun den Rechenvorgang. Um ein Gitter, wie zuvor erklärt, zu erhalten, wählen wir die Gitterpunkte

$$\xi = -10, -8, -6, -4, -2, 0, 2, 4, 6, 8, 10$$

$$u = -3, -2, -1, 0, 1, 2, 3 \tag{8.13}$$

und teilen das Zeitintervall $[0, t_e]$ in m gleiche Teile Δt. $\mathbf{x}_e$ möge frei sein.

Wir beginnen unsere Überlegungen mit dem letzten Schritt vor t_e. Für jedes ξ nach Gl. (8.13) wählen wir jenes u, welches für $g_1(\xi)$ nach Gl. (8.12) ein Minimum ergibt. Das führt zu Tab. 4, wobei $u_1{}^*$ die optimale Kontrolle für diesen letzten Schritt bezeichnet. Zu beachten ist, daß $u_1{}^*$ nur aus den nach Gl. (8.13) gegebenen Gitterwerten gewählt werden kann.

Dieses Beispiel zeigt, welche Bedeutung die Feinheit des gewählten Gitters hat. So würden wir für $\xi = -8$ den Wert $g_1(\xi) = 0$ erhalten, wenn die Gitterpunkte nach Gl. (8.13) auch $u = -1{,}6$ enthielten. Auf der anderen Seite würden durch Wahl zu vieler Gitterpunkte zu viele Berechnungen notwendig und Tab. 4 würde stark anwachsen. Das letztere ist ein besonderer Nachteil bei mehrdimen-

Tabelle 4. *Optimaler Kontrolleingang u_1^* für einen Übergang von $\xi(t_e - \Delta t)$ nach t_e, wobei der Endzustand $\mathbf{x}_e$ frei ist. $g_1(\xi)$ ist der zugehörige Wert des Gütekriteriums*

ξ	u_1^*	$g_1(\xi)$
− 10	− 2	0
− 8	− 2	2
− 6	− 1	1
− 4	− 1	1
− 2	0	2
0	0	0
2	0	2
4	1	1
6	1	1
8	2	2
10	2	0

sionalen Zustandsvektoren, da der benötigte Speicherplatz im Computer rasch die Möglichkeiten üblicher Anlagen übersteigt.

Betrachten wir nun den vorletzten Übergang, d. h. von $t_e - 2\Delta t$ nach $t_e - \Delta t$. Hiezu muß eine neue Tabelle angelegt werden, für die $g_2(\xi)$ berechnet wird mit

$$g_2(\xi) = \underset{u \in U}{\mathrm{Min}}\{|\xi - 5u|\Delta t + g_1[\xi + (\xi + u)\,\Delta t]\} \tag{8.14}$$

für alle ξ und u nach Gl. (8.13). Durch Betrachtung von Gl. (8.14) sehen wir den prinzipiellen Vorteil des dynamischen Programmierens: für die Bestimmung von $g_1[\xi + (\xi + u)\,\Delta t]$ können die Ergebnisse der Tab. 4 verwendet werden. Wir müssen nicht jedes mögliche ξ und u für die beiden letzten Übergänge auf einmal annehmen, sondern nur jedes ξ und u bei $t_e - 2\Delta t$; sodann wird der Zustand bei $t_e - \Delta t$ mit Hilfe von Gl. (8.10) berechnet und für diesen Zustand die optimale Kontrolle und g_1 aus Tab. 4 bestimmt. In Gl. (8.10) ist ξ für x zu setzen.

Das bedeutet also, daß wir nur $u(t_e - 2\Delta t)$ für jedes ξ nach Gl. (8.13) zu variieren haben, was insgesamt 77 Möglichkeiten ergibt. Die eingangs beschriebene Suchmethode würde erfordern, daß wir simultan auch jede der 77 Möglichkeiten bei $t_e - \Delta t$ erforschten. Hiedurch ergäben sich insgesamt 77^2 Möglichkeiten.

Anwendung von Gl. (8.14) führt nun bei sehr kleinem Δt zu

$$g_2(-10) = 10\Delta t, \qquad u_2^* = 0,$$

wobei u_2^* den optimalen Kontrolleingang für den Übergang von $t_e - 2\Delta t$ nach $t_e - \Delta t$ bezeichnet. u_2^* wird sodann für alle anderen $\xi(t_e - 2\Delta t)$ bestimmt, wobei die ξ wieder nach Gl. (8.13) ausgewählt werden.

Wir sehen aus diesem Beispiel auch deutlich, daß wir uns immer in negativer Zeitrichtung bewegen.

Der hier gezeigte Vorgang soll noch an Hand von Abb. 64 illustriert werden. (In Abb. 64 stimmen die Zahlenwerte aus Gründen der Anschaulichkeit nicht mit den oben berechneten überein.)

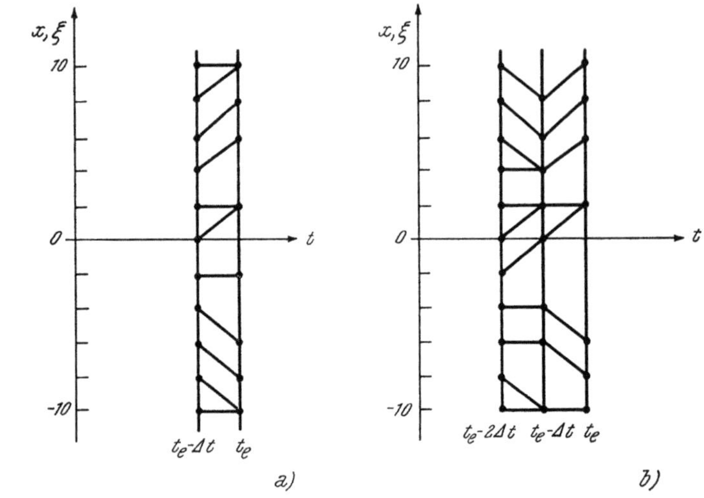

Abb. 64. Ein- und zweistufiger Prozeß. (a) Übergang zwischen $t_e - \Delta t$ und t_e mit optimalem u, beginnend bei jedem ξ bei $t_e - \Delta t$; (b) Übergang zwischen $t_e - 2\Delta t$ und t_e mit optimalem u, beginnend bei jedem ξ bei $t_e - 2\Delta t$; die Resultate aus (a) sind in (b) für den optimalen Übergang zwischen $t_e - \Delta t$ und t_e verwendet

Wie oben angenommen, ist $x(t_e)$ offen. Falls $x(t_e)$ vorgegeben wäre, müßte $u(t_e - \Delta t)$ für jedes $\xi(t_e - \Delta t)$ derart bestimmt werden, daß das vorgegebene $x(t_e)$ erreicht wird. Dies führt zu etwas geringerem Rechenaufwand, da nicht jedes u für jedes $\xi(t_e - \Delta t)$ betrachtet werden müßte.

Hier ist interessant zu bemerken, daß die optimale Kontrollvorschrift für einen einstufigen Prozeß nicht immer gleich ist der optimalen Kontrollvorschrift für die erste Stufe in einem zweistufigen Prozeß bei ansonsten gleichen Voraussetzungen. Betrachten wir dazu das folgende Beispiel: Der Übergangsprozeß soll charakterisiert werden durch $x(t + \Delta t) = x(t) + u^2(t)$. Nehmen wir an, daß wir bei $x(t_e - 2\Delta t) = -3$ starten und über $x(t_e - \Delta t)$ nach $x(t_e)$ gelangen wollen derart, daß $|x(t_e)|$ ein Maximum einnimmt; hiezu soll u geeignet gewählt werden, wobei für u die Werte 0 und 2 als möglich angenommen werden. Es ist leicht zu sehen, daß für den zweistufigen Prozeß $u(t_e - 2\Delta t) = 2$ und $u(t_e - \Delta t) = 2$ gewählt werden muß. Dies ergibt

$$x(t_e - \Delta t) = 1$$

$$x(t_e) = 5.$$

Würden wir hingegen bei $t_e - \Delta t$ mit $x(t_e - \Delta t) = -3$ anfangen, wäre die optimale Kontrolle durch $u(t_e - \Delta t) = 0$ gegeben. Dies führt zu $|x(t_e)| = 3$ statt $|x(t_e)| = 1$ mit $u(t_e - \Delta t) = 2$.

Um zum vorigen Beispiel des 10 000 m-Laufes zurückzukehren, können wir folgendes sagen: Die ersten 5000 m können nicht in minimaler Zeit gelaufen werden, so als ob eben nur 5000 m zu laufen wären. Der Läufer hätte zu wenig

Energie für die zweiten 5000 m. Das taktische Planen für die erste Hälfte des Laufes muß auch die zweite Hälfte berücksichtigen. Dies veranschaulicht auch, warum es logisch ist, für die Bestimmung der gesamten optimalen Vorgangsweise beim letzten Zeitabschnitt zu beginnen.

Bezeichnungsweise für den allgemeinen diskreten Fall

Mit Gl. (8.3)—(8.12) wurde die Notation für ein spezielles Beispiel des diskreten Falles angegeben. Die Gleichungen für ein allgemeines System sind im folgenden angegeben. Hiebei sei das System durch den Zustandsvektor $\mathbf{x}$ charakterisiert und die Beziehung zwischen aufeinanderfolgenden Zuständen gegeben durch

$$\mathbf{x}_{k+1} = \mathbf{T}(\mathbf{x}_k, \mathbf{u}_k), \tag{8.15}$$

wobei $\mathbf{x}_k$ der Zustand und $\mathbf{u}_k$ der Kontrollvektor nach dem $k$ten Zeitschritt seien. $\mathbf{x}_{k+1}$ ist dann der Zustand nach dem $(k + 1)$ten Zeitschritt. Wir erinnern daran, daß $\mathbf{x}_k$ die optimale Lösung und $\boldsymbol{\xi}_k$ einen beliebigen Zustandsvektor bezeichnen.

Gl. (8.11) wird nun zu

$$g_\nu(\boldsymbol{\xi}) = \min_{u \in \mathbf{U}}\{\gamma(\boldsymbol{\xi}_k) + g_{\nu-1}(\mathbf{T}(\boldsymbol{\xi}_k, \mathbf{u}_k))\}, \tag{8.16}$$

wobei $\gamma(\boldsymbol{\xi}_k)$ der Beitrag zu P zufolge des Überganges von $\boldsymbol{\xi}_k$ nach $\boldsymbol{\xi}_{k+1}$ ist. Wir merken an, daß, wenn m die Gesamtanzahl der Zeitschritte ist, $m = \nu + k$; die k werden von t_a weg gezählt, während die ν die Anzahl der verbleibenden Stufen für das Erreichen von t_e angeben. Bei t_e gilt $\nu = 0$ und $k = m$.

8.2 Rechentechnische Probleme

Leider ergibt sich ein prinzipieller Nachteil für die Methode des Dynamischen Programmierens durch die Anzahl der erforderlichen Berechnungen und die Anzahl der Resultate, wie sie nach Form der Tab. 4 gespeichert werden müssen. Um dies genauer zu sehen, betrachten wir nochmals das durch Gl. (8.3)—(8.12) gegebene Beispiel und die Feinheit des Gitters (Gl. (8.13)). Wir sehen, daß nur sehr wenige Werte von ξ und u gewählt wurden. Dies führte zu den Werten $g_1(\xi)$ in Tab. 4; alle diese Werte hätten zu null gemacht werden können, falls das Gitter fein genug gewählt worden wäre. Weiters haben wir die Bereiche von ξ und u eng beschränkt. Dies kann für ξ nicht immer als realistisch angesehen werden. Nehmen wir daher an, um zu besseren Abschätzungen zu gelangen, daß für ξ und u je 10^3 verschiedene Werte gewählt werden können. Dies bedeutet somit, daß für $t_e - \Delta t$ 10^6 verschiedene Berechnungen durchgeführt werden müssen, da für jedes $\xi(t_e - \Delta t)$ jedes $u(t_e - \Delta t)$ ausprobiert werden muß. Sodann muß das optimale Ergebnis für jedes ξ eingespeichert werden, wofür 10^3 entsprechend große Speicherplätze vorgesehen werden müssen.

Betrachten wir nun die Rechenzeiten und Speicherplatzanforderungen bei einer Anwendung auf die Lageregelung eines Erdsatelliten. Dies stellt ein sechsdimensionales Problem dar, wenn im vereinfachten Fall die Translationsbewegung von der Rotationsbewegung getrennt werden kann. Die sechs Zustandsvariablen sind die Winkel und Winkelgeschwindigkeiten für jede der drei Achsen. Weiters haben wir noch für jede Achse einen Kontrolleingang. Wenn wir das Gitter durch 100 verschiedene Werte für jede Zustandsvariable definieren, erhalten wir 10^{12} verschiedene Zustandsvektoren. Für jeden dieser Vektoren müssen 10^6 Kontrollvektoren überprüft werden, falls wir auch jeden der drei Kontrolleingänge in 100 Teilbereiche einteilen. Somit müssen $10^{12} \times 10^6 = 10^{18}$ verschiedene Möglichkeiten bei jedem Zeitschritt erprobt werden. Ferner müssen 10^{12} Resultate, die optimale Kontrollvorschrift für jeden möglichen Zustandsvektor, gespeichert werden. Dies steht im Vergleich zu einer Speicherfähigkeit von 10^5 bei mittelgroßen Digitalrechnern. Wenn wir ferner für jeden Rechengang eine Millisekunde Rechenzeit annehmen, ergibt sich für 10^{18} Rechengänge für jeden Zeitschritt ein Zeitaufwand von 30 Millionen Jahren.

Es ist somit einzusehen, daß in der Literatur verschiedene Verbesserungen des Dynamischen Programmierens vorgeschlagen wurden. So wird z. B. vorgeschlagen, nur die Nachbarkurven einer nominellen Trajektorie zu betrachten. Diese nominelle Trajektorie ist dabei eine Schätzung der optimalen Lösung.

Wir wollen noch anmerken, daß aus den bisherigen Überlegungen hervorgeht, daß Beschränkungen des Kontroll- oder Zustandsvektors ganz einfach durch entsprechende Wahl der Gitterpunkte nach Gl. (8.13) berücksichtigt werden können und somit Beschränkungen keine prinzipiellen Schwierigkeiten verursachen.

8.3 Gesichtspunkte für die praktische Anwendung zur Kontrolle von Systemen

Für die Anwendung (z. B. als On-Line-Kontrolle für die Satelliten-Lageregelung) müssen die optimalen Kontrolleingänge zu jedem Zeitpunkt verfügbar sein. Da bei realen Systemen die Differentialgleichungen und die zu erwartenden Störungen im allgemeinen nur ungenau bekannt sind, wird der Systemzustand von seiner vorberechneten Trajektorie abweichen. Es wird daher notwendig, auf jeden Fall alle Tabellen in der Form der Tab. 4 mit den optimalen Kontrolleingängen für jedes ξ und jeden Zeitschritt bereitzuhalten.

8.4 Spezialfall: Lineares System

Ein häufig vorkommender Spezialfall zu kontrollierender Systeme wird durch folgendes Differentialgleichungssystem beschrieben:

$$\dot{\mathbf{x}}(t) = \mathbf{A}\mathbf{x}(t) + \mathbf{B}\mathbf{u}(t), \tag{8.17}$$

wobei $\mathbf{x}(t) =$ n-dimensionaler Zustandsvektor, $\mathbf{u}(t) =$ r-dimensionaler Kontrollvektor, $\mathbf{A} =$ zeitunabhängige $n \times n$-dimensionale Matrix, $\mathbf{B} =$ zeitunabhängige $n \times r$-dimensionale Matrix. Das Gütekriterium, dessen Wert zu einem Minimum gemacht werden soll, ist

$$P = \int_{t_a}^{t_e} \rho(\mathbf{x}_r - \mathbf{x}(t))\, dt \tag{8.18}$$

mit

$$\rho(\mathbf{x}_r - \mathbf{x}(t)) = (\mathbf{x}_r - \mathbf{x}(t))^T \mathbf{Q}(\mathbf{x}_r - \mathbf{x}(t)). \tag{8.19}$$

$\mathbf{x}_r$ ist der erwünschte Zustand (Referenzwert), t_a die Zeit des Kontrollbeginns und t_e die des Endes der Kontrolle. T bedeutet Transposition, $\mathbf{Q}$ ist eine positiv semidefinite Matrix. Gl. (8.18) und (8.19) sind eine etwas allgemeinere Form des früher benutzten Gütekriteriums

$$P = \int_{t_a}^{t_e} x^2\, dt.$$

Mit den Ergebnissen des Kapitels 2, speziell mit Gl. (2.27), können wir Gl. (8.17) in diskreter Form schreiben:

$$\mathbf{x}_{j+1} = \mathbf{\Phi}(j+1, j)\mathbf{x}_j + \mathbf{\Xi}(j+1, j)\mathbf{u}_j, \tag{8.20}$$

wobei zur Abkürzung geschrieben wurde:

$$\begin{aligned} \mathbf{x}_j \quad & \text{für} \quad \mathbf{x}(t_a + j\,\Delta t), \\ \mathbf{u}_j \quad & \text{für} \quad \mathbf{u}(t_a + j\,\Delta t), \\ \mathbf{\Phi}(j+1, j) \quad & \text{für} \quad \mathbf{\Phi}(t_a + (j+1)\,\Delta t, t_a + j\,\Delta t) \end{aligned}$$

und

$$\mathbf{x}_{j+1} \quad \text{für} \quad \mathbf{x}(t_a + (j+1)\,\Delta t).$$

Gl. (2.27) und (2.31) ergeben, wenn $\mathbf{u}(t)$ im Intervall $(t_a + j\,\Delta t,\ t_a + (j+1)\,\Delta t)$ als konstant angesehen werden kann,

$$\begin{aligned} \mathbf{\Phi}(j+1, j) &= \exp(\mathbf{A}\,\Delta t) \\ \mathbf{\Xi}(j+1, j) &= \int_{t_a + j\Delta t}^{t_a+(j+1)\Delta t} \exp[\mathbf{A}(t_a + (j+1)\,\Delta t - \tau)]\,\mathbf{B}\,d\tau, \end{aligned} \tag{8.21}$$

wobei j beliebig ist, da $\mathbf{A}$ und $\mathbf{B}$ zeitunabhängig sind. Deshalb sind auch $\mathbf{\Phi}$ und $\mathbf{\Xi}$ von j unabhängig.

Wir erinnern daran, daß $g_\nu(\xi)$ definiert ist als Minimum von P, welches sich ergibt, wenn wir bei ξ anfangen und noch ν Zeitschritte gehen müssen, um zu t_e zu gelangen. Wenn wir das Intervall $t_e - t_a$ in m gleiche Teile zerlegen, so können wir näherungsweise schreiben

$$P_{\min} = \left[\sum_{j=1}^{m} \rho(\mathbf{x}_r - \mathbf{x}_j)\,\Delta t\right]_{\min} = g_m(\mathbf{x}_0), \tag{8.22}$$

wobei $\mathbf{x}_0$ der Anfangszustand ist. Weiters erhalten wir mit Gl. (8.16)

$$\begin{aligned} g_1(\boldsymbol{\xi}) &= \min_{\mathbf{u}\in\mathbf{U}} \rho(\mathbf{x}_r - \mathbf{x}(t_e)) \\ g_m(\boldsymbol{\xi} = \mathbf{x}_0) &= \min_{\mathbf{u}\in\mathbf{U}}\{\rho[\mathbf{x}_r - \mathbf{x}(t_a + \Delta t)] + g_{m-1}[\mathbf{x}(t_a + \Delta t)]\}. \end{aligned} \tag{8.23}$$

Mit Hilfe dieser Gleichungen (8.23) kann gezeigt werden [2], daß der optimale Kontrolleingang gegeben ist durch

$$\mathbf{u}(t_e - k\,\Delta t) = -\,\mathbf{C}_k\mathbf{x}(t_e - k\,\Delta t) + \mathbf{D}_k\mathbf{x}_r, \tag{8.24}$$

wobei

$$\mathbf{C}_k = [\mathbf{\Xi}^T(\mathbf{P}_k + \mathbf{Q})\mathbf{\Xi}]^{-1}\mathbf{\Xi}^T(\mathbf{P}_k + \mathbf{Q})\mathbf{\Phi}$$

und

$$\mathbf{D}_k = [\mathbf{\Xi}^T(\mathbf{P}_k + \mathbf{Q})\mathbf{\Xi}]^{-1}\mathbf{\Xi}^T(\mathbf{R}_k + \mathbf{Q}). \tag{8.25}$$

$\mathbf{P}_k$ und $\mathbf{R}_k$ werden mit Hilfe der Rekursionsformeln

$$\mathbf{P}_k = (\mathbf{\Phi} - \mathbf{\Xi}\mathbf{C}_{k-1})^T(\mathbf{P}_{k-1} + \mathbf{Q})\mathbf{\Phi} \quad \text{für} \quad k = 1, \ldots, m \tag{8.26}$$

und

$$\mathbf{R}_k = (\mathbf{\Phi} - \mathbf{\Xi}\mathbf{C}_{k-1})^T(\mathbf{R}_{k-1} + \mathbf{Q}) \quad \text{für} \quad k = 1, \ldots, m \tag{8.27}$$

berechnet, wobei $\mathbf{P}_0 = \mathbf{R}_0 = \mathbf{0}$. Auch die Berechnung von $\mathbf{u}$ erfolgt durch Iteration; so wird z. B. $\mathbf{C}_k$ berechnet, indem zunächst $\mathbf{C}_0$ berechnet wird; hiebei sind $\mathbf{P}_0 = 0$ und $\mathbf{Q}$, $\mathbf{\Phi}$ und $\mathbf{\Xi}$ vorgegeben. Mit $\mathbf{C}_0$ wird $\mathbf{P}_1$ ermittelt etc.

Es kann weiters gezeigt werden [2, 10], daß die Kontrolle stabil ist und daß $\mathbf{x}(t_e)$ asymptotisch gegen $\mathbf{x}_r$ geht, wenn $m \to \infty$; $\mathbf{C}_k$, $\mathbf{D}_k$, $\mathbf{P}_k$ und $\mathbf{R}_k$ konvergieren unter fast immer erfüllten Voraussetzungen für $\mathbf{A}$ und $\mathbf{B}$.

8.5 Dynamisches Programmieren für kontinuierliche Prozesse

Wie bereits dargelegt, führt die Methode des Dynamischen Programmierens bei der bisher in diesem Kapitel ausschließlich gebrachten diskreten Behandlung von zu kontrollierenden Systemen sehr rasch zu großem Rechenaufwand und Speicherplatzbedarf. Der Grund dafür ist prinzipiell in einer ausreichenden Feinheit des Quantisierungsgitters gelegen. Es ist somit naheliegend, nunmehr die Intervalle des Gitters zu null gehen zu lassen und anzunehmen, daß analytische Ergebnisse erzielt werden. Wir können hier Analogien zu dem Verhältnis Differenzengleichungen-Differentialgleichungen finden; Differenzengleichungen sind häufig für numerische Berechnungen besser geeignet, erfordern aber meist mehr (numerischen) Rechenaufwand; Differentialgleichungen erlauben als Vertreter analytischer Methoden häufig allgemeine Schlüsse und ersparen dann viel vom tatsächlichen Rechenaufwand.

Wir definieren das Gütekriterium mit

$$P = \int_{t_a}^{t_e} f_0(\mathbf{x}, \mathbf{u}, t)\, dt. \tag{8.28}$$

Gl. (8.16) wird für $t = t_a$ zu

$$g_m(\mathbf{x}_0) = \operatorname*{Min}_{\mathbf{u}\in\mathbf{U}}\{\gamma(\mathbf{x}_0) + g_{m-1}(\mathbf{x}_1)\} \tag{8.29}$$

mit

$$\mathbf{x}_0 = \mathbf{x}(t_a) \quad \text{und} \quad \mathbf{x}_1 = \mathbf{x}(t_a + \Delta t).$$

Da $g_m(\mathbf{x}_0)$ der optimale (hier angenommen der minimale) Wert des Gütekriteriums ist, können wir schreiben

$$g_m(\mathbf{x}_0) = \underset{\mathbf{u}\in\mathbf{U}}{\mathrm{Min}} \left[\int_{t_a}^{t_e} f_0(\mathbf{x}, \mathbf{u}, t) \right] dt. \tag{8.30}$$

Wir bemerken, daß $g_m(\mathbf{x}_0)$ nur von t_a, t_e, $\mathbf{x}(t_a)$ und $\mathbf{x}(t_e)$ abhängt; die Trajektorie zwischen $\mathbf{x}(t_a)$ und $\mathbf{x}(t_e)$ ist durch die optimale Wahl von $\mathbf{u}$ vorgegeben. Im folgenden nehmen wir an, daß alle Ableitungen nur für die optimale Trajektorie gemacht werden; dann genügt t als einzige unabhängige Variable. Wir erhalten somit für Gl. (8.29)

$$g(t_a) = \underset{\mathbf{u}\in\mathbf{U}}{\mathrm{Min}}\{\gamma(\mathbf{x}_0) + g(t_a + \Delta t)\} \tag{8.31}$$

mit

$$\gamma(\mathbf{x}_0) = \int_{t_a}^{t_a+\Delta t} f_0(t)\, dt, \tag{8.32}$$

wobei $\gamma(\mathbf{x}_0)$ der Anteil zum Wert des Gütekriteriums für den Übergang von t_a nach $t_a + \Delta t$ darstellt. Wir entwickeln nun $f_0(t)$ in eine Taylorreihe bei $t = t_a$:

$$\gamma(\mathbf{x}_0) = \int_{t_a}^{t_a+\Delta t} f_0(t)\, dt = \int_{t_a}^{t_a+\Delta t} f_0(t_a)\, dt + \int_{t_a}^{t_a+\Delta t} R(\Delta t)\, dt + \int_{t_a}^{t_a+\Delta t} S((\Delta t)^2)\, dt$$
$$+ \text{ Glieder der Ordnung} \geqslant 3 \text{ in } \Delta t. \tag{8.33}$$

Somit gilt

$$\gamma(\mathbf{x}_0) = f_0(t_a)\, \Delta t + R(\Delta t)\, \Delta t, \tag{8.34}$$

wobei alle Glieder höherer als erster Ordnung in Δt vernachlässigt wurden. Somit wird Gl. (8.31) zu

$$g(t_a) = \underset{\mathbf{u}\in\mathbf{U}}{\mathrm{Min}}\{f_0(t_a)\, \Delta t + R(\Delta t)\, \Delta t + g(t_a + \Delta t)\}. \tag{8.35}$$

Da $g(t_a)$ nur von $\mathbf{x}(t_a)$, $\mathbf{x}(t_e)$, t_a und t_e abhängt, aber nicht von $\mathbf{u}$, erhalten wir

$$\underset{\mathbf{u}\in\mathbf{U}}{\mathrm{Min}}\{f_0(t_a)\, \Delta t + R(\Delta t)\, \Delta t + g(t_a + \Delta t) - g(t_a)\} = 0 \tag{8.36}$$

und

$$\underset{\mathbf{u}\in\mathbf{U}}{\mathrm{Min}} \left\{ f_0(t_a) + R(\Delta t) + \frac{g(t_a + \Delta t) - g(t_a)}{\Delta t} \right\} = 0. \tag{8.37}$$

Falls $g(t)$ differenzierbar ist, bekommen wir für $\Delta t \to 0$

$$\underset{\mathbf{u}\in\mathbf{U}}{\text{Min}} \left\{ f_0(t_a) + \frac{dg(t_a)}{dt} \right\} = 0. \tag{8.38}$$

Gl. (8.38) wird oft die kompakte Form der Bellmanschen Gleichung genannt. Sie stellt eine notwendige Bedingung für den optimalen Übergang des Systems zwischen t_a und t_e dar und muß für jeden Punkt der optimalen Trajektorie gelten, da t_a beliebig gewählt wurde. Dies ist wieder mit dem Optimalitätsprinzip identisch, wonach beim Ausgehen von einem beliebigen Zwischenpunkt der optimalen Trajektorie auch die Teiltrajektorie von diesem Zwischenpunkt bis t_e optimal sein muß. Das veranschaulicht zusätzlich, warum t_a als beliebig gewählt bezeichnet werden konnte und Gl. (8.38) für jedes $t = t_a$ gelten muß.

Um eine spezifische Lösung für Gl. (8.38) zu erhalten, betrachten wir nun die Systemgleichungen. Wir formen Gl. (8.38) um, wobei entlang der (optimalen) Trajektorie gilt

$$\frac{dg}{dt} = \frac{\partial g}{\partial t} + \sum_{j=1}^{n} \frac{\partial g}{\partial x_i} \dot{x}_j. \tag{8.39}$$

Die Kombination von Gl. (8.38) und (8.39) ergibt mit $t_a \to t$:

$$\underset{\mathbf{u}\in\mathbf{U}}{\text{Min}} \left\{ f_0(t) + \frac{\partial g(\mathbf{x}, t)}{\partial t} + \sum_{j=1}^{n} \frac{\partial g(\mathbf{x}, t)}{\partial x_j} \dot{x}_j \right\} = 0. \tag{8.40}$$

Gl. (8.40) wird oft als entwickelte Form der Bellmanschen Gleichung bezeichnet. Wir nehmen nun an, daß das betrachtete System beschrieben wird durch

$$\dot{x}_j = f_j(\mathbf{x}, \mathbf{u}, t), \qquad j = 1, \ldots, n. \tag{8.41}$$

Gl. (8.41) kann in Gl. (8.40) verwendet werden; wir wollen dies hier für den speziellen Fall des linearen Systems

$$\dot{\mathbf{x}} = \mathbf{A}\mathbf{x} + \mathbf{B}\mathbf{u} \tag{8.42}$$

durchführen, wobei $\mathbf{u}$ keinen Beschränkungen unterliege. Somit wird Gl. (8.40) zu

$$\frac{\partial}{\partial u_i} [f_0(t)] + \sum_{j=1}^{n} \frac{\partial g(\mathbf{x}, t)}{\partial x_j} b_{ji} = 0, \tag{8.43}$$

da $g(\mathbf{x}, t)$ von $\mathbf{u}$ unabhängig ist und wobei

$$\frac{\partial \dot{x}_j}{\partial u_i} = b_{ji} \tag{8.44}$$

die Elemente von $\mathbf{B}$ sind. Zusätzlich zu Gl. (8.43) liefert Gl. (8.40) für die optimale Lösung die Bedingung

$$f_0(t) + \frac{\partial g(\mathbf{x}, t)}{\partial t} + \sum_{j=1}^{n} \frac{\partial g(\mathbf{x}, t)}{\partial x_j} \dot{x}_j = 0. \tag{8.45}$$

Hiebei ist zu bemerken, daß Gl. (8.45) nicht auf den durch Gl. (8.41) und (8.42) definierten Spezialfall beschränkt ist. Abschnitt 8.6 bringt ein erläuterndes Beispiel für das eben gebrachte Verfahren.

8.6 Lösung der Bellmanschen Gleichung

Wir müssen nun Gl. (8.43) und (8.45) lösen, um das optimale Kontrollgesetz zu erhalten. Allerdings sind diese Gleichungen partielle Differentialgleichungen und i. a. kaum analytisch lösbar.

Es werden daher Methoden angewendet, Gl. (8.43) und (8.45) in ein äquivalentes System gewöhnlicher Differentialgleichungen umzuformen. Eine dieser Methoden ist durch das in [3] angegebene Verfahren der parametrischen Entwicklung gegeben. Obwohl das resultierende Differentialgleichungssystem i. a. nichtlinear und zeitabhängig ist, kann es dennoch oft auf analytischem Wege gelöst werden. Hiezu wird $g(\mathbf{x}, t)$ in die Reihe

$$g(\mathbf{x}, t) = k_{00}(t) - 2\sum_{j=1}^{n} k_{j0}(t)x_j(t) + \sum_{j=1}^{n}\sum_{l=1}^{n} k_{jl}(t)x_j(t)x_l(t) \tag{8.46}$$

entwickelt. Nun kann gezeigt werden [3], daß Gl. (8.46) die allgemeine Lösung von Gl. (8.43) und (8.45) darstellt. Für den Fall, daß $f_0(\mathbf{x}, \mathbf{u}, t)$ quadratisch in $\mathbf{x}$ und $\mathbf{u}$ ist und weiters das zu kontrollierende System linear ist, gilt $k_{jl} = k_{lj}$. Gl. (8.46) wird nun in Gl. (8.43) und (8.45) substituiert, womit sich ein Gleichungssystem für die k_{jl} ergibt (siehe das folgende Beispiel).

Beispiel

Wir nehmen an, daß das zu kontrollierende System den Gleichungen

$$\dot{x}_1 = x_2 \tag{8.47}$$

$$\dot{x}_2 = u - x_2 \tag{8.48}$$

genüge und daß das zu minimisierende Gütekriterium gegeben sei durch

$$P = \int_{t_a}^{t_e} \{\alpha^2(x_{1r} - x_1(t))^2 + u^2(t)\}\, dt, \tag{8.49}$$

wobei x_{1r} der Sollwert (Referenzwert) von x_1 ist; x_{1r} möge konstant sein. u sei nicht beschränkt. g bezeichne wieder das Minimum von P. Da $n = 2$, erhalten wir mit Gl. (8.46)

$$g(\mathbf{x}, t) = k_{00}(t) - 2k_{10}(t)x_1(t) - 2k_{20}(t)x_2(t) + k_{11}(t)x_1^2(t) + 2k_{12}(t)x_1(t)x_2(t) + k_{22}(t)x_2^2(t). \tag{8.50}$$

Mit

$$\mathbf{B} = \begin{pmatrix} 0 \\ 1 \end{pmatrix} \tag{8.51}$$

und

$$f_0(\mathbf{x}, \mathbf{u}, t) = \alpha^2(x_{1r} - x_1(t))^2 + u^2(t) \tag{8.52}$$

erhalten wir aus Gl. (8.43)

$$\frac{\partial}{\partial u}\left\{\alpha^2(x_{1r} - x_1(t))^2 + u^2(t)\right\} + \frac{\partial g(\mathbf{x}, t)}{\partial x_2} = 2u - 2k_{20} + 2k_{12}x_1 + 2k_{22}x_2 = 0$$

und

$$u_{\text{opt}} = k_{20} - k_{12}x_1 - k_{22}x_2, \tag{8.53}$$

wobei der Index opt die optimale Lösung kennzeichnet.

Gl. (8.53) kann als Blockdiagramm (Abb. 65) dargestellt werden.

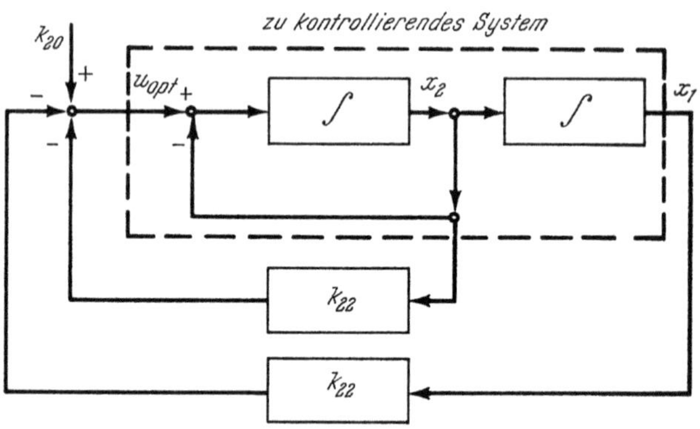

Abb. 65. Geschlossener Regelkreis zur optimalen Kontrolle des Systems nach Gl. (8.47) und (8.48)

Abb. 65 zeigt, daß u_{opt} auf Messungen des Systemzustandes basiert. Deshalb liegt hier ein geschlossener Regelkreis vor, was nach den früher erwähnten Unsicherheiten in der Kenntnis der Störungen und des mathematischen Modells einen entscheidenden Vorteil mit sich bringt. Allerdings sind die Parameter k_{20}, k_{12} und k_{22} i. a. zeitabhängig; ihre Berechnung erfordert meist die Anwendung eines Computers. Wir wollen den prinzipiellen Rechengang im folgenden besprechen.

Zunächst sei daran erinnert, daß die Aufgabe besteht, Gl. (8.43), (8.45) und (8.46) zu lösen. Gl. (8.43) und (8.46) wurden bereits verwendet. Gl. (8.45) liefert

$$\alpha^2(x_{1r} - x_1(t))^2 + (k_{20} - k_{12}x_1 - k_{22}x_2)^2 + \frac{\partial g}{\partial t} + \frac{\partial g}{\partial x_1}x_2 + \frac{\partial g}{\partial x_2}(u - x_2) = 0. \tag{8.54}$$

Nach Substitution von Gl. (8.50) und Umformung erhalten wir nach Anwendung von Gl. (8.47) und (8.48) eine Gleichung der Form

$$C_{00} + C_{10}x_1 + C_{02}x_2 + C_{12}x_1x_2 + C_{11}x_1^2 + C_{22}x_2^2 = 0. \tag{8.55}$$

Da Gl. (8.55) mit Gl. (8.45) identisch ist, einer Gleichung die für jedes (x_1, x_2) als Startpunkt der optimalen Trajektorie erfüllt sein muß, sehen wir, daß die C_{ij} $(i, j = 0, 1, 2)$ alle gleich null sein müssen. Dies gibt nach Auswertung von Gl. (8.54):

$$\begin{aligned}
C_{00} &= \alpha^2 x_{1r}^2 - k_{20}^2 + \dot{k}_{00} = 0 \\
C_{10} &= 2(k_{20}k_{12} - \dot{k}_{10} - \alpha^2 x_{1r}) = 0 \\
C_{02} &= 2(k_{20} + k_{20}k_{22} - k_{10} - \dot{k}_{20}) = 0 \\
C_{12} &= 2(k_{11} + \dot{k}_{12} - k_{12} - k_{12}k_{22}) = 0 \\
C_{11} &= \alpha^2 + \dot{k}_{11} - k_{12}^2 = 0 \\
C_{22} &= 2k_{12} + \dot{k}_{22} - 2k_{22} - k_{22}^2 = 0.
\end{aligned} \tag{8.56}$$

Alle Parameter k_{jl} müssen bei t_e null sein, da auf Grund der Definition stets $g(t_e) = 0$ (P ist stets gleich null für $t_a = t_e$).

Gl. (8.56) läßt sich gewöhnlich leicht mit Hilfe eines Computers berechnen. Da die Randbedingungen für die k_{jl} bei $t = t_e$ gegeben sind, ist es gewöhnlich von Vorteil, für die Lösung bei t_e zu beginnen und in negativer Zeitrichtung bis t_a zu gehen. Das kann durchgeführt werden mit

$$t' = t_e - t \tag{8.57}$$

und somit

$$\frac{dk_{ij}}{dt} = -\frac{dk_{ij}}{dt'}. \tag{8.58}$$

Da k_{20}, k_{12} und k_{22} i. a. zeitabhängig sind, ist somit der Vorteil des geschlossenen Regelkreises nicht ganz gegeben, da die k_{ij} nun nicht mehr nur auf Grund der Messung des Systemzustandes ermittelt werden können. Allerdings bleibt die Grundstruktur (Abb. 65) die eines geschlossenen Kreises.

8.7 Standardisierte Lösungen

Wir wollen im folgenden einige Klassen von Problemen betrachten, für die generelle Lösungen möglich sind. Ein Schritt in diese Richtung wurde bereits mit Gl. (8.46) getan und an Hand des Beispieles aus Abschnitt 8.6 illustriert.

8.7.1 Lineare Systeme und quadratisches Gütekriterium

Wir betrachten hier Systeme, die durch

$$\dot{\mathbf{x}} = \mathbf{A}\mathbf{x} + \mathbf{B}\mathbf{u} \tag{8.59}$$

beschrieben werden können. $\mathbf{x}$ sei n-dimensional und $\mathbf{u}$ r-dimensional, $\mathbf{A}$ sei eine $n \times n$ Matrix, $\mathbf{B}$ eine $n \times r$ Matrix.

Ferner sei angenommen, daß $\mathbf{x}$ nicht direkt der Messung zugänglich sei, sondern nur über den Meßvektor $\mathbf{y}$, wobei

$$\mathbf{y} = \mathbf{M}\mathbf{x} \tag{8.60}$$

mit $\mathbf{y} = m$-dimensional, $\mathbf{M} = m \times n$-dimensionale Meßmatrix. Das Gütekriterium sei quadratisch und von der Form

$$P = \int_{t_a}^{t_e} (\mathbf{x}^T\mathbf{M}^T\mathbf{Q}\mathbf{M}\mathbf{x} + \mathbf{u}^T\mathbf{R}\mathbf{u})\, dt + [\mathbf{x}^T(t_e) - \mathbf{x}_r^T]\mathbf{C}[\mathbf{x}(t_e) - \mathbf{x}_r], \tag{8.61}$$

wobei $\mathbf{C} = n \times n$-Matrix, $\mathbf{Q} = m \times m$-Matrix, $\mathbf{R} = r \times r$-Matrix, $\mathbf{x}_r$ = erwünschter Endzustand. Alle hier verwendeten Matrizen mögen zeitinvariant sein. Weiters seien $\mathbf{C}$, $\mathbf{Q}$ und $\mathbf{R}$ symmetrisch.

Wie üblich ist nun verlangt, den Kontrollvektor $\mathbf{u}(t)$ zu finden, der das System nach Gl. (8.59) von einer vorgegebenen Anfangsbedingung $\mathbf{x}(t_a)$ in einen vorgegebenen Endzustand $\mathbf{x}_r$ bringt, wobei P ein Minimum erlangen soll.

Im Interesse einer kürzeren Schreibweise wollen wir im folgenden $\mathbf{x}(t_e) - \mathbf{x}_r$ durch $\mathbf{x}(t_e)$ ersetzen, bzw. $\mathbf{x}_r = \mathbf{0}$ annehmen. Die Ableitung für $\mathbf{x}_r \neq \mathbf{0}$ wäre analog.

Anwendung des Optimalitätsprinzips (Abschnitt 8.1) führt zu

$$g(\mathbf{x}, t) = \operatorname*{Min}_{\mathbf{u}} \left[\int_{t}^{t_e} (\mathbf{x}^T\mathbf{M}^T\mathbf{Q}\mathbf{M}\mathbf{x} + \mathbf{u}^T\mathbf{R}\mathbf{u})\, dt + \mathbf{x}^T(t_e)\mathbf{C}\mathbf{x}(t_e)\right] \tag{8.62}$$

bzw.

$$g(\mathbf{x}, t) = \operatorname*{Min}_{\mathbf{u}} \left[(\mathbf{x}^T\mathbf{M}^T\mathbf{Q}\mathbf{M}\mathbf{x} + \mathbf{u}^T\mathbf{R}\mathbf{u})\, \Delta t + g\left(\mathbf{x} + \frac{d\mathbf{x}}{dt}\Delta t, t + \Delta t\right)\right] \tag{8.63}$$

für jedes $\mathbf{x}(t)$ und t längs der optimalen Trajektorie. Δt sei ein beliebig kleines Zeitinkrement. Ferner wurde

$$\Delta \mathbf{x} = \frac{d\mathbf{x}}{dt}\Delta t \tag{8.64}$$

verwendet.

Durch eine Entwicklung in eine Taylorreihe erhalten wir

$$g(\mathbf{x} + \Delta\mathbf{x}, t + \Delta t) = g(\mathbf{x}, t) + \left[\frac{\partial g(\mathbf{x}, t)}{\partial \mathbf{x}}\right]^T \Delta\mathbf{x} + \frac{\partial g}{\partial t}\Delta t, \tag{8.65}$$

wobei Glieder mit der Ordnung $\geqslant 2$ vernachlässigt wurden. Mit Gl. (8.59) erhalten wir

$$g(\mathbf{x} + \Delta\mathbf{x}, t + \Delta t) = g(\mathbf{x}, t) + \left[\frac{\partial g(\mathbf{x}, t)}{\partial \mathbf{x}}\right]^T (\mathbf{A}\mathbf{x} + \mathbf{B}\mathbf{u})\, \Delta t + \frac{\partial g}{\partial t}\Delta t. \tag{8.66}$$

Substitution in Gl. (8.63), Division durch Δt und Grenzübergang $\Delta t \to 0$ liefern

$$-\frac{\partial g}{\partial t} = \operatorname*{Min}_{\mathbf{u}} \left[(\mathbf{x}^T\mathbf{M}^T\mathbf{Q}\mathbf{M}\mathbf{x} + \mathbf{u}^T\mathbf{R}\mathbf{u}) + \left(\frac{\partial g}{\partial \mathbf{x}}\right)^T (\mathbf{A}\mathbf{x} + \mathbf{B}\mathbf{u}) \right]. \tag{8.67}$$

Hiebei sind die Bedingungen bei $t = t_e$ gegeben mit Gl. (8.62) zu

$$g(\mathbf{x}, t_e) = \mathbf{x}^T(t_e)\mathbf{C}\mathbf{x}(t_e). \tag{8.68}$$

Gl. (8.67) wird oft Hamilton-Jacobi-Gleichung für das betrachtete System genannt. Sie hat eine Lösung in geschlossener Form, die wie folgt gefunden wird: Wir schreiben Gl. (8.67) als

$$\mathbf{x}^T\mathbf{M}^T\mathbf{Q}\mathbf{M}\mathbf{x} + \mathbf{u}_{\text{opt}}^T\mathbf{R}\mathbf{u}_{\text{opt}} + \left(\frac{\partial g}{\partial \mathbf{x}}\right)^T (\mathbf{A}\mathbf{x} + \mathbf{B}\mathbf{u}_{\text{opt}}) = -\frac{\partial g}{\partial t}, \tag{8.69}$$

wobei angenommen sei, daß $\mathbf{u}_{\text{opt}}(t)$ die optimale Lösung ist. Weiters kann für die optimale Lösung mit Gl. (8.67) oder Gl. (8.69) bei nicht beschränktem $\mathbf{u}$ geschrieben werden

$$\frac{\partial}{\partial \mathbf{u}} \left[(\mathbf{x}^T\mathbf{M}^T\mathbf{Q}\mathbf{M}\mathbf{x} + \mathbf{u}^T\mathbf{R}\mathbf{u}) + \left(\frac{\partial g}{\partial \mathbf{x}}\right)^T (\mathbf{A}\mathbf{x} + \mathbf{B}\mathbf{u}) \right] = 0 \tag{8.70}$$

und somit

$$\frac{\partial}{\partial \mathbf{u}} (\mathbf{u}^T\mathbf{R}\mathbf{u}) + \frac{\partial}{\partial \mathbf{u}} \left[\left(\frac{\partial g}{\partial \mathbf{x}}\right)^T \mathbf{B}\mathbf{u} \right] = 0. \tag{8.71}$$

Gl. (8.71) liefert

$$\mathbf{u}_{\text{opt}}(t) = -\tfrac{1}{2}\mathbf{R}^{-1}\mathbf{B}^T \frac{\partial g}{\partial \mathbf{x}}. \tag{8.72}$$

Wir substituieren nun Gl. (8.72) in Gl. (8.69) und erhalten

$$-\frac{\partial g}{\partial t} = \mathbf{x}^T\mathbf{M}^T\mathbf{Q}\mathbf{M}\mathbf{x} + \left(\frac{\partial g}{\partial \mathbf{x}}\right)^T \mathbf{A}\mathbf{x} - \frac{1}{4}\left(\frac{\partial g}{\partial \mathbf{x}}\right)^T \mathbf{B}\mathbf{R}^{-1}\mathbf{B}^T \frac{\partial g}{\partial \mathbf{x}} \tag{8.73}$$

als Ersatz für Gl. (8.67).

Zur Lösung von Gl. (8.73) machen wir nach [11] den Ansatz

$$g(\mathbf{x}, t) = \mathbf{x}^T\mathbf{N}(t)\mathbf{x} \qquad \text{mit} \qquad \mathbf{N}(t_e) = \mathbf{C} \tag{8.74}$$

aus Gl. (8.68). $\mathbf{N}(t)$ ist eine symmetrische Matrix und wird im folgenden bestimmt. Aus Gl. (8.74) ergibt sich

$$\frac{\partial g}{\partial \mathbf{x}} = 2\mathbf{N}(t)\mathbf{x} \quad \text{und} \quad \frac{\partial g}{\partial t} = \mathbf{x}^T \frac{d\mathbf{N}(t)}{dt} \mathbf{x}, \tag{8.75}$$

womit wir für Gl. (8.73) erhalten

$$-\mathbf{x}^T \frac{d\mathbf{N}(t)}{dt} \mathbf{x} = \mathbf{x}^T(\mathbf{M}^T\mathbf{Q}\mathbf{M} + 2\mathbf{N}(t)\mathbf{A} - \mathbf{N}(t)\mathbf{B}\mathbf{R}^{-1}\mathbf{B}^T\mathbf{N}(t))\mathbf{x}. \tag{8.76}$$

Da $\mathbf{A}$ im allgemeinen unsymmetrisch ist, ist auch der Klammerausdruck in Gl. (8.76) i. a. unsymmetrisch. Die folgende Umformung liefert nun Symmetrie. $2\mathbf{N}(t)\mathbf{A}$ kann geschrieben werden in der Form

$$2\mathbf{NA} = (\mathbf{NA} + \mathbf{A}^T\mathbf{N}) + (\mathbf{NA} - \mathbf{A}^T\mathbf{N}), \tag{8.77}$$

wobei der erste Klammerausdruck eine symmetrische, der zweite Klammerausdruck eine schiefsymmetrische Matrix darstellt. (Diese Methode ist für alle Matrizen gleicher Zeilen- und Spaltenanzahl anwendbar.) Im folgenden wird gezeigt, daß die schiefsymmetrische Matrix durch Multiplikation mit $\mathbf{x}^T$ bzw. $\mathbf{x}$ nach Gl. (8.76) das Ergebnis Null liefert. Zu diesem Zwecke nehmen wir zwei Vektoren $\boldsymbol{\alpha}$ und $\boldsymbol{\beta}$ mit der Dimension n an, wobei

$$\boldsymbol{\alpha} = \mathbf{A}\boldsymbol{\beta} \qquad \text{und somit} \qquad \boldsymbol{\alpha}^T = \boldsymbol{\beta}^T\mathbf{A}^T. \tag{8.78}$$

Dann gilt weiters

$$\boldsymbol{\beta}^T(\mathbf{NA} - \mathbf{A}^T\mathbf{N})\boldsymbol{\beta} = \boldsymbol{\beta}^T\mathbf{NA}\boldsymbol{\beta} - \boldsymbol{\beta}^T\mathbf{A}^T\mathbf{N}\boldsymbol{\beta} = \boldsymbol{\beta}^T\mathbf{N}\boldsymbol{\alpha} - \boldsymbol{\alpha}^T\mathbf{N}\boldsymbol{\beta}, \tag{8.79}$$

was identisch null ist. Man kann sich übrigens auch an Hand von zwei- und dreidimensionalen Fällen leicht veranschaulichen, daß für jede $n \times n$-dimensionale schiefsymmetrische Matrix $\mathbf{V}$ gilt

$$\boldsymbol{\beta}^T\mathbf{V}\boldsymbol{\beta} = 0. \tag{8.80}$$

Nun können wir für Gl. (8.76) schreiben

$$\mathbf{x}^T\left(\frac{d\mathbf{N}}{dt} + \mathbf{NA} + \mathbf{A}^T\mathbf{N} - \mathbf{NBR}^{-1}\mathbf{B}^T\mathbf{N} + \mathbf{M}^T\mathbf{QM}\right)\mathbf{x} = 0. \tag{8.81}$$

Gl. (8.81) liefert eine inhomogene Riccatigleichung in Matrixform

$$\frac{d\mathbf{N}}{dt} + \mathbf{NA} + \mathbf{A}^T\mathbf{N} - \mathbf{NBR}^{-1}\mathbf{B}^T\mathbf{N} = -\mathbf{M}^T\mathbf{QM} \tag{8.82}$$

mit

$$\mathbf{N}(t_e) = \mathbf{C}$$

nach Gl. (8.74).

Die Lösung erfolgt nach [4] durch die Definition assoziierter Matrizen $\boldsymbol{\Gamma}$ und $\boldsymbol{\Omega}$ mit

$$\dot{\boldsymbol{\Omega}} = -\mathbf{A}^T\boldsymbol{\Omega} - \mathbf{M}^T\mathbf{QM}\boldsymbol{\Gamma} \tag{8.83}$$

und

$$\dot{\boldsymbol{\Gamma}} = -\mathbf{BR}^{-1}\mathbf{B}^T\boldsymbol{\Omega} + \mathbf{A}\boldsymbol{\Gamma}, \tag{8.84}$$

womit sich die Lösung von Gl. (8.82) ergibt zu

$$\mathbf{N} = \boldsymbol{\Omega}\boldsymbol{\Gamma}^{-1}. \tag{8.85}$$

Dies kann durch direkte Substitution verifiziert werden, wobei zu beachten ist, daß

$$\dot{\mathbf{\Gamma}}^{-1} = -\mathbf{\Gamma}^{-1}\dot{\mathbf{\Gamma}}\mathbf{\Gamma}^{-1},$$

was direkt aus Differentiation von

$$\mathbf{\Gamma}^{-1} = \mathbf{\Gamma}^{-1}\mathbf{\Gamma}\mathbf{\Gamma}^{-1}$$

folgt. Die Lösung der beiden Gleichungen (8.83) und (8.84) erfolgt mit Hilfe von Gl. (2.25), die sowohl für Vektoren als auch für Matrizen gilt. Für deren Anwendung schreiben wir

$$\mathbf{\Phi}(t) = \begin{bmatrix} \mathbf{\Omega} \\ \mathbf{\Gamma} \end{bmatrix} \tag{8.86}$$

und

$$\mathbf{\Theta} = \left[\begin{array}{c:c} -\mathbf{A}^T & -\mathbf{M}^T\mathbf{Q}\mathbf{M} \\ \hdashline -\mathbf{B}\mathbf{R}^{-1}\mathbf{B}^T & \mathbf{A} \end{array}\right]. \tag{8.87}$$

Die strichlierten Linien in Gl. (8.87) deuten an, daß die Matrix $\mathbf{\Theta}$ aus vier Einzelmatrizen aufgebaut ist, deren Elemente in der angedeuteten Weise aneinandergereiht werden. Das heißt also, daß z. B. das rechte untere Viertel der Matrix $\mathbf{\Theta}$ aus den Elementen der Matrix $\mathbf{A}$ besteht.

Mit Gl. (8.86) und (8.87) können wir für Gl. (8.83) und (8.84) schreiben

$$\dot{\mathbf{\Phi}}(t) = \mathbf{\Theta}\mathbf{\Phi}(t). \tag{8.88}$$

Gl. (8.88) hat nach Kapitel 2 die allgemeine Lösung

$$\mathbf{\Phi}(t) = \exp[(t - t_e)\mathbf{\Theta}]\, \mathbf{\Phi}(t_e), \tag{8.89}$$

wodurch auch die vorgegebene Randbedingung bei $t = t_e$ erfüllt ist. Gl. (8.89) kann umgeformt werden zu

$$\mathbf{\Phi}(t) = \exp(t\mathbf{\Theta})\, \mathbf{\Phi}(0), \tag{8.90}$$

wobei

$$\mathbf{\Phi}(t_e) = \exp(t_e\mathbf{\Theta})\, \mathbf{\Phi}(0) \tag{8.91}$$

berücksichtigt wurde.

Unter Verwendung der in Gl. (8.87) benutzten Form können wir für Gl. (8.90) schreiben

$$\begin{bmatrix} \mathbf{\Omega}(t) \\ \mathbf{\Gamma}(t) \end{bmatrix} = \left[\begin{array}{c:c} \boldsymbol{\rho}_{11}(t) & \boldsymbol{\rho}_{12}(t) \\ \hdashline \boldsymbol{\rho}_{21}(t) & \boldsymbol{\rho}_{22}(t) \end{array}\right] \begin{bmatrix} \mathbf{\Phi}_1(0) \\ \mathbf{\Phi}_2(0) \end{bmatrix}, \tag{8.92}$$

wobei sich die $\boldsymbol{\rho}_{ik}$ durch Auswertung von $\exp(t\mathbf{\Theta})$ ergeben. Nun wird Gl. (8.85) zu

$$\mathbf{N}(t) = [\boldsymbol{\rho}_{11}(t)\mathbf{\Phi}_1(0) + \boldsymbol{\rho}_{12}(t)\mathbf{\Phi}_2(0)][\boldsymbol{\rho}_{21}(t)\mathbf{\Phi}_1(0) + \boldsymbol{\rho}_{22}(t)\mathbf{\Phi}_2(0)]^{-1}, \tag{8.93}$$

wobei wieder $\mathbf{N}(t_e) = \mathbf{C}$ gilt.

Der optimale Kontrollvektor folgt nun mit Gl. (8.72) und (8.75) zu

$$\mathbf{u}_{\text{opt}}(t) = -\mathbf{R}^{-1}\mathbf{B}^T\mathbf{N}(t)\mathbf{x}(t). \tag{8.94}$$

Die in Abschnitt 8.6 gezeigte Methode hätte hier

$$g(\mathbf{x}, t) = k_0(t) + \mathbf{k}_1{}^T(t)\mathbf{x}(t) + \mathbf{x}^T(t)\mathbf{K}(t)\mathbf{x}(t) \tag{8.95}$$

geliefert. Der Unterschied zwischen Gl. (8.74) und (8.95) kann durch die allgemeinere Formulierung des Gütekriteriums in Abschnitt 8.6 erklärt werden. Siehe dazu auch [3, 6].

Spezialfall: Stationäre Lösung

Da nach Gl. (8.90), (8.92) und (8.93) $\mathbf{N}(t)$ im wesentlichen aus Exponentialfunktionen der Zeit t besteht, ist es naheliegend, auch zeitunabhängiges $\mathbf{N}$, d. h. eine stationäre Lösung zu suchen. Daß eine derartige Lösung existiert, kann mit $d\mathbf{N}/dt = \mathbf{0}$ leicht aus Gl. (8.82) gesehen werden. Wir erhalten

$$\mathbf{NA} + \mathbf{A}^T\mathbf{N} - \mathbf{NBR}^{-1}\mathbf{B}^T\mathbf{N} = -\mathbf{M}^T\mathbf{QM}, \tag{8.96}$$

und der optimale Kontrollvektor wird

$$\mathbf{u}_{\text{opt}}(t) = -\mathbf{G}\mathbf{x}(t), \tag{8.97}$$

wobei

$$\mathbf{G} = \mathbf{R}^{-1}\mathbf{B}^T\mathbf{N} \tag{8.98}$$

und daher zeitunabhängig ist. Für eine exakte Behandlung muß für die jeweilige Anwendung untersucht werden, ob die Vernachlässigung des nichtstationären Lösungsanteils zulässig ist.

Der hier behandelte Spezialfall ist deshalb von praktischer Bedeutung, weil das Kontrollgesetz nunmehr nur vom Systemzustand abhängt und daher den Aufbau eines (geschlossenen) Regelkreises ermöglicht.

8.7.2 Norm-invariante Systeme

8.7.2.1 Allgemeines

Wir haben in Kapitel 5 festgestellt, daß Lösungen für Systeme, deren Kontrolleingang beschränkt ist, meist nur für ganz spezielle Fälle gefunden werden können. Die norm[7]-invarianten Systeme bilden hier eine Ausnahme, da für sie etwas allgemeinere Lösungen gefunden werden können.

Das bei norm-invarianten Systemen zu lösende Problem wird üblicherweise wie folgt definiert:

Es sei ein, i. a. nichtlineares, System gegeben durch ein System von n Differentialgleichungen, geschrieben in Vektorform als

$$\dot{\mathbf{x}} = f(\mathbf{x}, t) + \mathbf{u} \tag{8.99}$$

[7] Die Norm $\|\mathbf{x}\|$ eines Vektors ist gegeben als Wurzel aus der Quadratsumme seiner Komponenten.

mit

$$||\mathbf{u}|| \leqslant k. \tag{8.100}$$

Die Norm-Invarianz ist gegeben durch die Bedingung, daß die Lösung $\mathbf{x}(t)$ der homogenen Gleichung

$$\dot{\mathbf{x}} = f(\mathbf{x}, t) \tag{8.101}$$

die Eigenschaft hat, daß für jedes t

$$||\mathbf{x}(t)|| = ||\mathbf{x}(0)|| = \text{konstant}. \tag{8.102}$$

Die folgenden beiden Probleme fallen in die Kategorie der norm-invarianten Systeme [11]:

a) alle linearen Systeme, die beschrieben werden durch

$$\dot{\mathbf{x}}(t) = \mathbf{A}(t)\mathbf{x}(t) + \mathbf{u}(t)$$

mit

$$||\mathbf{u}(t)|| \leqslant k$$

und

$$\mathbf{A}(t) = -\mathbf{A}^T(t),$$

b) alle nichtlinearen Systeme der Form

$$\dot{\mathbf{x}}(t) = \mathbf{A}\{\mathbf{x}(t), t\}\mathbf{x}(t) + \mathbf{u}(t)$$

mit — analog zu Fall a) —

$$||\mathbf{u}(t)|| \leqslant k$$

und

$$\mathbf{A}\{\mathbf{x}(t), t\} = -\mathbf{A}^T\{\mathbf{x}(t), t\}.$$

8.7.2.2 Minimalzeitproblem

Das hier betrachtete Kontrollproblem soll darin bestehen, den Systemzustand von einer vorgegebenen Anfangsbedingung $\mathbf{x}(0)$ in minimaler Zeit t_e in den vorgegebenen Endzustand $\mathbf{x}_e = \mathbf{x}(t_e)$ zu bringen.

Zur Ableitung der optimalen Kontrollstrategie verwenden wir wieder das Optimalitätsprinzip. Wie früher bezeichnen wir $g(\mathbf{x})$ als bestmögliches Ergebnis des Gütekriteriums. Im vorliegenden Fall haben wir die Zeit als Kriterium und erhalten mit Gl. (8.99) angenähert

$$g(\mathbf{x}) = \underset{\mathbf{u}}{\text{Min}}\{\Delta t + g[\mathbf{x} + (f(\mathbf{x}, t) + \mathbf{u})\,\Delta t]\}. \tag{8.103}$$

Durch Entwicklung in eine Taylorreihe ergibt sich

$$g[\mathbf{x} + (f(\mathbf{x}, t) + \mathbf{u})\,\Delta t] = g(\mathbf{x}) + \left[\frac{\partial g(\mathbf{x})}{\partial \mathbf{x}}\right]^T [f(\mathbf{x}, t) + \mathbf{u}]\,\Delta t, \tag{8.104}$$

wo Glieder der Ordnung $n \geqslant 2$ vernachlässigt wurden. Substitution in Gl. (8.103), Division durch Δt und darauffolgender Grenzübergang $\Delta t \to 0$ liefert

$$\operatorname*{Min}_{\mathbf{u}} \left\{1 + \left[\frac{\partial g(\mathbf{x})}{\partial \mathbf{x}}\right]^T [f(\mathbf{x}, t) + \mathbf{u}]\right\} = 0. \tag{8.105}$$

Gl. (8.105) erhält sein Minimum durch Minimisierung von $[\partial g(\mathbf{x})/\partial \mathbf{x}]^T \mathbf{u}$. Dies wird unter Beachtung von Gl. (8.100) erzielt durch

$$\mathbf{u} = -\frac{\dfrac{\partial g(\mathbf{x})}{\partial \mathbf{x}}}{\left\|\dfrac{\partial g(\mathbf{x})}{\partial \mathbf{x}}\right\|} k. \tag{8.106}$$

Einsetzen von Gl. (8.106) in Gl. (8.105) liefert

$$\left\|\frac{\partial g(\mathbf{x})}{\partial \mathbf{x}}\right\| k - \left[\frac{\partial g(\mathbf{x})}{\partial \mathbf{x}}\right]^T f(\mathbf{x}, t) = 1. \tag{8.107}$$

Gl. (8.107) hat die Lösung

$$g(\mathbf{x}) = \frac{1}{k} \|\mathbf{x}\|, \tag{8.108}$$

was durch direkte Substitution bewiesen wird:

Wir erhalten

$$\begin{aligned} \frac{\partial g(\mathbf{x})}{\partial \mathbf{x}} &= \frac{1}{k}\frac{\partial \|\mathbf{x}\|}{\partial \mathbf{x}} = \frac{1}{k}\frac{\partial (\mathbf{x}^T\mathbf{x})^{1/2}}{\partial \mathbf{x}} = \frac{1}{k}\sum_{i=1}^{n} \frac{\partial}{\partial x_i} \sqrt{\sum_{j=1}^{n} x_j^2}\, \mathbf{e}_i \\ &= \frac{1}{k}\sum_{i=1}^{n} \frac{1}{2\sqrt{\sum_{j=1}^{n} x_j^2}} \frac{\partial x_i^2}{\partial x_i} \mathbf{e}_i = \frac{1}{k}\frac{1}{\|\mathbf{x}\|}\mathbf{x}, \end{aligned} \tag{8.109}$$

wobei die $\mathbf{e}_i$ die Einheitsvektoren sind.

Wir erhalten ebenso

$$\left\|\frac{\partial g(\mathbf{x})}{\partial \mathbf{x}}\right\| = \frac{1}{k}\frac{\|\mathbf{x}\|}{\|\mathbf{x}\|} = \frac{1}{k}. \tag{8.110}$$

Gl. (8.109) und (8.110) ergeben nach Substitution in Gl. (8.107)

$$1 - \frac{\mathbf{x}^T}{k\|\mathbf{x}\|} f(\mathbf{x}, t) = 1. \tag{8.111}$$

Daß Gl. (8.111) richtig ist und somit die oben gemachten Annahmen erfüllt sind, kann durch Betrachtung des Falles ohne Kontrolleingang überprüft werden, wo die Norminvarianz definiert ist:

Mit Gl. (8.102) erhalten wir

$$\frac{d}{dt}\|\mathbf{x}(t)\| = 0, \tag{8.112}$$

was auch geschrieben werden kann als

$$\frac{d}{dt}\,||\mathbf{x}|| = \left\|\frac{d}{dt}\,\mathbf{x}\right\| = \frac{\mathbf{x}^T\dot{\mathbf{x}}}{||\mathbf{x}||} = 0. \tag{8.113}$$

Einsetzen von Gl. (8.101) in Gl. (8.113) zeigt, daß

$$\mathbf{x}^T f(\mathbf{x}, t) = 0, \tag{8.114}$$

wodurch Gl. (8.111) verifiziert ist. (Wir könnten auch umgekehrt sagen, daß Gl. (8.114) eine Bedingung für Norm-Invarianz darstellt.)

Mit Gl. (8.106), (8.109) und (8.110) erhalten wir für den optimalen Kontrollvektor

$$\mathbf{u}_{\text{opt}}(t) = -\frac{\mathbf{x}(t)}{||\mathbf{x}(t)||}\,k. \tag{8.115}$$

8.7.2.3 Beispiel

Als praktisches Beispiel für norm-invariante Systeme wollen wir hier die Beschreibung der Dynamik der Winkellage von Satelliten betrachten, wie sie durch die Euler-Gleichungen ermöglicht wird. Es sei angenommen, daß an jeder der drei Satellitenachsen durch Paare von Rückstoßdüsen ein Drehmoment T_i $(i = x, y, z)$ als Kontrolleingang vorgesehen sei. Mit der Bezeichnung der Hauptträgheitsmomente des Satelliten durch I_i und der Winkelgeschwindigkeiten um die Hauptträgheitsachsen durch ω_i erhalten wir

$$I_x\dot{\omega}_x = (I_y - I_z)\omega_y\omega_z + T_x,$$

$$I_y\dot{\omega}_y = (I_z - I_x)\omega_x\omega_z + T_y$$

und

$$I_z\dot{\omega}_z = (I_x - I_y)\omega_x\omega_y + T_z. \tag{8.116}$$

Um Gl. (8.116) in die Form der Gl. (8.99) zu bringen, schreiben wir

$$\dot{\omega}_x = \left(\frac{I_y}{I_x} - \frac{I_z}{I_x}\right)\omega_y\omega_z + \frac{T_x}{I_x},$$

$$\dot{\omega}_y = \left(\frac{I_z}{I_y} - \frac{I_x}{I_y}\right)\omega_x\omega_z + \frac{T_y}{I_y}$$

und

$$\dot{\omega}_z = \left(\frac{I_x}{I_z} - \frac{I_y}{I_z}\right)\omega_x\omega_y + \frac{T_z}{I_z}. \tag{8.117}$$

Es ist leicht zu zeigen, daß bei

$$T_x = T_y = T_z = 0$$

folgt, daß

$$\frac{d}{dt}\,||\boldsymbol{\omega}(t)|| = 0, \tag{8.118}$$

wobei $\boldsymbol{\omega}(t)$ der Vektor mit den Komponenten ω_x, ω_y, ω_z ist.

Wenn wir annehmen, daß

$$||\mathbf{T}|| = \sqrt{T_x^2 + T_y^2 + T_z^2} \leqslant k, \tag{8.119}$$

erhalten wir mit Gl. (8.115) für optimale Kontrolle

$$\mathbf{T}_{\text{opt}}(t) = -\frac{\boldsymbol{\omega}(t)}{||\boldsymbol{\omega}(t)||}\,k. \tag{8.120}$$

Gl. (8.120) besagt, daß das Kontrollmoment immer gegen den momentanen Vektor der Winkelgeschwindigkeiten angewendet werden muß. Der Betrag des Kontrollmomentenvektors muß immer sein Maximum annehmen. Dadurch wird garantiert, daß die Winkelgeschwindigkeiten in minimaler Zeit zu $\omega_x = \omega_y = \omega_z = 0$ gemacht werden, wie auch aus physikalischen Überlegungen geschlossen werden kann.

8.7.2.4 Minimal-Energie und Minimal-Treibstoff-Probleme

Die Ableitungen für diese Probleme sind denen für das Minimal-Zeit-Problem sehr ähnlich. Wir geben daher hier nur die Resultate an.

Im Falle des Minimal-Energie-Problems soll das System nach Gl. (8.99) von einer vorgegebenen Anfangsbedingung $\mathbf{x}(0) = \mathbf{c}$ in den Endzustand $\mathbf{x}(t_e) = \mathbf{0}$ gebracht werden, wobei das Gütekriterium

$$P = \int_0^{t_e} (\mathbf{u}^T\mathbf{u})\,dt \tag{8.121}$$

bei gegebenem t_e zu minimisieren ist. Das Resultat lautet [11]

$$\mathbf{u}_{\text{opt}}(t) = \frac{||\mathbf{c}||}{t_e}\,\frac{\mathbf{x}(t)}{||\mathbf{x}(t)||}, \tag{8.122}$$

wobei, falls Gl. (8.122) $||\mathbf{u}_{\text{opt}}(t)|| > k$ liefert, $\mathbf{u}_{\text{opt}}(t) = +k$ bzw. $-k$ zu setzen ist.

Im Fall des Minimal-Treibstoff-Problems soll wieder das System nach Gl. (8.99) bei gegebenem t_e von $\mathbf{x}(0) = \mathbf{c}$ nach $\mathbf{x}(t_e) = 0$ gebracht werden, wobei das Gütekriterium

$$P = \int_0^{t_e} ||\mathbf{u}||\,dt \tag{8.123}$$

zu minimisieren ist.

Die Lösung ist, wie Gl. (8.115) [11],

$$\mathbf{u}_{\mathrm{opt}}(t) = -\frac{\mathbf{x}(t)}{||\mathbf{x}(t)||}k, \tag{8.124}$$

wobei k durch Gl. (8.100) definiert ist.

8.8 Beziehungen zwischen Dynamischem Programmieren, Variationsrechnung und Maximumprinzip

An verschiedenen Stellen der Literatur ist gezeigt worden, daß das Maximumprinzip vom Dynamischen Programmieren abgeleitet werden kann [5, 7—9]. In [7] ist gezeigt, daß Variationsrechnung, Dynamisches Programmieren und Gradientenmethoden (siehe Kapitel 7) aus dem Optimalitätsprinzip folgen. Obwohl derartige Überlegungen theoretisch interessant sind, wollen wir im Interesse der Kürze und der Betonung der praktisch anwendbaren Themen bezüglich dieser Querverbindungen auf die zitierte Literatur verweisen.

8.9 Zusammenfassung

Es wurde zunächst das Optimalitätsprinzip eingeführt, mit dessen Hilfe sodann die diskrete Form des dynamischen Programmierens behandelt wurde. Es wurde auf den oft zu hohen Zeit- und Speicheraufwand bei praktischer Anwendung am Digitalrechner hingewiesen. Sodann wurde die kontinuierliche Form des dynamischen Programmierens abgeleitet, mit dessen Hilfe sodann einige wichtige Anwendungen auf dem Gebiet der optimalen Kontrolle behandelt werden konnten.

Literatur

[1] BELLMAN, R.: Dynamic Programming. Princeton: Princeton University Press. 1957.

[2] KALMAN, R. E., und R. W. KOEPCKE: The Role of Digital Computers in the Dynamic Optimization of Chemical Reactions. Proc. Western Joint Computer Conference, San Francisco, Calif., März 1959, S. 107—116.

[3] MERRIAM, C. W., III: Optimization Theory and the Design of Feedback Control Systems. New York: McGraw-Hill. 1964.

[4] REID, W. T.: A Matrix Differential Equation of the Riccati Type. Am. J. of Math. 68, 237—246 (1966).

[5] MCCAUSLAND, I.: Introduction to Optimal Control. New York: Wiley. 1969.

[6] NOTON, A. R. M.: Introduction to Variational Methods in Control Engineering. Oxford: Pergamon Press. 1965.

[7] GREENSITE, A. L.: Optimization Methods, Vol. IX aus: Analysis and Design of Space Vehicle Flight Control Systems. NASA Contractor Report 828, Washington, D.C., Juli 1967.

[8] ABBOTT, A. S., und J. E. MCINTYRE: Dynamic Programming, Vol. X aus: Guidance, Flight Mechanics and Trajectory Optimization, NASA Contractor Report 1009, Washington, D.C., April 1968.

[9] ROZONOER, L. T.: L. S. Pontrjagin's Maximum Function Principle in Its Application to the Theory of Optimum Systems. Avtomatica i Telemechanika **20**, **1320—1334** (Teil 1), **1441—1458** (Teil 2), **1561—1578** (Teil 3) (**1959**).

[10] SAVAS, E. S.: Computer Control of Industrial Processes. New York: McGraw-Hill. **1965**.

[11] GREENSITE, A. L.: Optimization Methods, Vol. IX aus: Analysis and Design of Space Vehicle Flight Control Systems. NASA Contractor Report 828, Washington, D.C., Juli **1967**.

9. Optimale Schätzung von Systemvariablen

9.1 Einleitung

Die bisher gebrachten optimalen Kontrollmethoden hängen von der exakten Messung der Systemvariablen (Zustandsvariablen) ab. Tatsächlich aber werden alle Meßmethoden immer mit Ungenauigkeiten behaftet sein. In der Literatur werden zahlreiche mathematische Methoden angegeben, wie der Einfluß von Meßfehlern minimisiert werden kann. Diese Methoden werden oft als „optimales Filtern" bezeichnet, hängen aber mit nachrichtentechnischen Filtern im Prinzip nicht zusammen. Wir sind der Meinung, daß „optimale Schätzung" eine bessere Bezeichnung für diese Methoden ist. Im folgenden wollen wir solche Verfahren beschreiben, deren Brauchbarkeit durch praktische Anwendungen bewiesen ist.

9.2 Grundsätzliches zur optimalen Schätzung

Die Methode basiert auf dem Zusammenspiel zwischen (mathematisch) vorausgesagten und tatsächlich gemessenen Werten der Zustandsvariablen. Neue vorausgesagte Werte der Zustandsvariablen werden berechnet mit Hilfe des mathematischen Modells des betrachteten Systems und mit Hilfe von früher erhaltenen Meßwerten der Zustandsvariablen. Ein derartiges Prinzip ist eng verwandt mit dem Verfahren der kleinsten Quadratsumme, die von GAUSS für die Interpretation von astronomischen Beobachtungen entwickelt wurde [14]. Speziell die Kalmansche Schätzung (oft Kalman-Filter genannt), wie sie im folgenden erklärt wird, hat vor allem in der Weltraumfahrt, aber auch in anderen Gebieten zahlreiche Anwendungsmöglichkeiten gefunden [2, 5].

Aus den obigen Betrachtungen wird klar, warum die hier besprochenen Methoden nicht mit nachrichtentechnischen Filtern verwandt sind. Während bei letzteren die Übertragung von selektiven Frequenzen erlaubt bzw. unterbunden werden soll, geht es bei den Schätzmethoden um eine Erhöhung der Verläßlichkeit von Meßwerten auf Grund redundanter Systemdaten. Neben der Schätzung von Meßwerten kann z. B. auch eine Schätzung von Systemparametern vorgenommen werden. Die entsprechenden Verfahren werden im folgenden durch Beispiele erläutert.

Wir wollen zunächst das Gaußsche Verfahren der kleinsten Quadratsumme betrachten. Als Beispiel dazu nehmen wir einen Prozeß (ein System) erster Ordnung an, dessen Parameter zu bestimmen sind und wobei eine gewisse Unsicherheit bei der Messung der Zustandsvariablen existiert. Das System sei durch die Gleichung

$$x = a + bt \tag{9.1}$$

gegeben, wobei x die Zustandsvariable und t die Zeit seien und weiters a und b die Systemparameter darstellen, welche auf Grund von Meßergebnissen für x zu n verschiedenen Zeiten bestimmt werden sollen. Hiebei sei $n \geqslant 3$. Bei exakten Meßergebnissen wären natürlich die Meßwerte von x zu zwei verschiedenen Zeitpunkten ausreichend. Nach GAUSS schreiben wir nun die n Meßwerte in der Form

$$\begin{aligned} x_1 &= a + bt_1, \\ x_2 &= a + bt_2, \\ &\vdots \\ x_n &= a + bt_n. \end{aligned} \tag{9.2}$$

Die Werte für a und b werden nach Gauß dann als optimale Schätzungen definiert, wenn sie den Fehler

$$\Delta = \sqrt{d_1^2 + d_2^2 + \cdots + d_n^2} \tag{9.3}$$

mit

$$d_k = x_k - (a + bt_k), \qquad k = 1, 2, \ldots, n \tag{9.4}$$

zu einem Minimum machen.

Wir sehen, daß diese Methode die gleichzeitige Verwertung aller n Meßergebnisse notwendig macht. Dies ist dann von Nachteil, wenn der betrachtete Prozeß fortwährend beobachtet werden soll und die optimalen Schätzwerte in Echtzeit (real time) zur Verfügung stehen sollen. Ein erster Schritt in diese Richtung wurde von WIENER [16] getan. Seine Methode ist aber heute mehr von historischem Interesse. KALMAN, BUCY, SCHMIDT und andere haben sequentielle Schätzmethoden entwickelt, bei denen neue Meßergebnisse in Echtzeit verwertet werden können. Diese Methoden kombinieren das neue Meßergebnis mit Voraussagen auf Grund vorhergehender Meßergebnisse und auf Grund des mathematischen Modells des betrachteten Systems. Es gibt hiebei zwei Untergruppen: diskrete und kontinuierliche Verfahren.

9.3 Diskrete Verfahren

9.3.1 Ableitungen und allgemeine Prinzipien

Wir nehmen zunächst ein lineares System an, dessen Systemvariable in diskreten Zeitpunkten t_k vorliegen mögen, wobei aufeinanderfolgende Zustände verbunden seien durch

$$\mathbf{x}_{k+1} = \mathbf{A}\mathbf{x}_k + \mathbf{N}\mathbf{w}_{k+1}. \tag{9.5}$$

Hiebei ist $\mathbf{x}_k$ der Wert des Zustandsvektors bei t_k, $\mathbf{A}$ die Übergangsmatrix, $\mathbf{w}_{k+1}$ der Wert eines Störungsvektors $\mathbf{w}$ zum Zeitpunkt t_{k+1} und $\mathbf{N}$ die Matrix, die $\mathbf{w}_{k+1}$ in den Störbeitrag zu $\mathbf{x}$ zur Zeit t_{k+1} transformiert. $\mathbf{x}_k$ sei nicht direkt meßbar, sondern nur über den Meßvektor $\mathbf{y}_k$, wobei

$$\mathbf{y}_k = \mathbf{M}\mathbf{x}_k + \mathbf{v}_k \tag{9.6}$$

mit $\mathbf{y}_k$ als Meßvektor, $\mathbf{M}$ als Meßmatrix (welche das Verhalten der Meßgeräte und Meßverfahren charakterisiert) und $\mathbf{v}_k$ als Wert eines Störungsvektors $\mathbf{v}$ zur Zeit t_k. Die Matrizen $\mathbf{A}$, $\mathbf{N}$ und $\mathbf{M}$ müssen als ebenso bekannt vorausgesetzt werden wie die statistischen Eigenschaften von $\mathbf{v}$ und $\mathbf{w}$. Letztere müssen durch Rauschen mit Gaußverteilung und Mittelwert $= 0$ charakterisiert sein, wie dies für die Mehrzahl praktischer Anwendungen zumindest als Näherung gültig ist. Das Problem ist nunmehr, die optimalen Schätzungen der $\mathbf{x}_k$ auf Grund gegebener Werte des Meßvektors zu berechnen.

Zur Vereinfachung der Ableitung wollen wir uns zunächst auf eindimensionale Systeme beschränken, für die wir schreiben

$$x_{k+1} = ax_k + bw_{k+1} \qquad \text{und} \qquad y_k = mx_k + v_k, \tag{9.7}$$

wobei a, b und m die Matrizen $\mathbf{A}$, $\mathbf{N}$ und $\mathbf{M}$ ersetzen. Ferner mögen die Störungen v und w sowohl untereinander als auch bezüglich der Zeit unkorreliert sein, d. h.

$$\begin{aligned} E\{v_k w_j\} &= 0, \quad \text{für alle } k \text{ und } j; \\ \left.\begin{aligned} E\{v_k v_j\} &= 0, \quad \text{für alle } k \text{ und } j; \\ E\{w_k w_j\} &= 0, \quad \text{für alle } k \text{ und } j, \end{aligned}\right\} &\quad j \neq k; \end{aligned} \tag{9.8}$$

wobei E den statistischen Erwartungswert[8] des Klammerausdrucks kennzeichnet. Die Varianzen von w und v werden als zeitunabhängig angenommen und seien gegeben durch

$$\begin{aligned} E\{v_j^2\} &= \sigma_v^2 \\ E\{w_j^2\} &= \sigma_w^2. \end{aligned} \tag{9.9}$$

Man kann auch sagen, daß die Variablen w und v weißes Rauschen mit dem quadratischen Mittelwert σ_w bzw. σ_v seien. Gl. (9.7) kann dann geschrieben werden als — da bei den späteren Berechnungen nur die Varianzen benötigt werden —

$$x_{k+1} = ax_k + bw \qquad \text{und} \qquad y_k = mx_k + v. \tag{9.10}$$

Wir besprechen nun die Berechnung der optimalen Schätzwerte $\hat{x}_k$ für die x_k, welche die Varianz des Schätzfehlers e_k minimisieren. Hiebei wird definiert

$$e_k = \hat{x}_k - x_k. \tag{9.11}$$

[8] Dieser und andere Begriffe aus Statistik und Wahrscheinlichkeitsrechnung sind im Anhang zu diesem Kapitel erklärt.

Man könnte nun wieder die e_k auf Grund eines quadratischen Gütekriteriums minimisieren. Da die Annahme eines speziellen Kriteriums aber willkürlich ist und nur einen Formalismus darstellt, wollen wir hier vorziehen, den optimalen Schätzmechanismus auf Grund plausibler Annahmen zu definieren; es könnte im nachhinein gezeigt werden, daß er auf ein quadratisches Gütekriterium rückführbar ist [2].

Zur Zeit $t = t_0$ sei noch kein vorhergehendes Meßergebnis bekannt und auch v_0 sei unbekannt. Deshalb ist es naheliegend, $\hat{x}_0 = y_0/m$ zu setzen. Gehen wir zu t_1 über, so sehen wir aus Gl. (9.7), daß für $w_0 = 0$ $\hat{x}_1 = a\hat{x}_0$ gelten müßte. Ebenso wäre bei $v_1 = 0$ das Meßergebnis $y_1 = ma\hat{x}_0$ vorauszusagen. Dies macht die Wahl von $\hat{x}_1$ als Summe von $a\hat{x}_0$ und einer Korrektur in Form eines linearen Kompromisses zwischen tatsächlichem Meßergebnis y_1 und idealisiertem Meßergebnis $ma\hat{x}_0$ naheliegend. Somit schreiben wir

$$\hat{x}_1 = a\hat{x}_0 + G_1(y_1 - max_0), \tag{9.12}$$

wobei G_1 jener Gewichtsfaktor ist, der derart gewählt werden muß, daß die Varianz von $e_1 = \hat{x}_1 - x_1$ minimisiert wird.

Für einen verallgemeinerten Zeitpunkt schreiben wir

$$\hat{x}_{k+1} = a\hat{x}_k + G_{k+1}(y_{k+1} - ma\hat{x}_k), \tag{9.13}$$

woraus man nach Anwendung von Gl. (9.11) erhält

$$x_{k+1} + e_{k+1} = a\hat{x}_k + G_{k+1}(y_{k+1} - ma\hat{x}_k). \tag{9.14}$$

Aus Gl. (9.10) und (9.14) bekommen wir

$$e_{k+1} = a(x_k + e_k) - x_{k+1} + G_{k+1}[mx_{k+1} + v - ma(x_k + e_k)]. \tag{9.15}$$

Da Gl. (9.10) $ax_k - x_{k+1} = - bw$ ergibt, folgt, daß

$$e_{k+1} = ae_k(1 - mG_{k+1}) - bw(1 - mG_{k+1}) + G_{k+1}v. \tag{9.16}$$

Quadrieren von Gl. (9.16), Bildung des Erwartungswertes und Beachtung, daß e_k, v und w unkorreliert sind, liefert

$$E\{e_{k+1}^2\} \equiv \sigma_{k+1}^2 = a^2(1 - mG_{k+1})^2\sigma_k{}^2 + b^2(1 - mG_{k+1})^2\sigma_w{}^2 + G_{k+1}^2\sigma_v{}^2. \tag{9.17}$$

Differentiation nach G_{k+1} liefert

$$\frac{\partial\sigma_{k+1}^2}{\partial G_{k+1}} = - 2ma^2(1 - mG_{k+1})\sigma_k{}^2 - 2mb^2(1 - mG_{k+1})\sigma_w{}^2 + 2G_{k+1}\sigma_v{}^2. \tag{9.18}$$

Nullsetzung von Gl. (9.18) liefert nun den optimalen Gewichtsfaktor

$$G_{k+1} = \frac{m(a^2\sigma_k{}^2 + b^2\sigma_w{}^2)}{\sigma_v{}^2 + m^2(a^2\sigma_k{}^2 + b^2\sigma_w{}^2)}, \tag{9.19}$$

womit weiters

$$G_{k+1}^2\sigma_v{}^2 = mG_{k+1}(1 - mG_{k+1})(a^2\sigma_k{}^2 + b^2\sigma_w{}^2)$$

und mit Gl. (9.17)

$$\sigma_{k+1}^2 = (1 - mG_{k+1})(a^2\sigma_k{}^2 + b^2\sigma_w{}^2). \tag{9.20}$$

Auf Grund der Ähnlichkeit mit Gl. (9.10) wird der zweite Klammerausdruck in Gl. (9.20) oft „vorausgesagte Fehlervarianz" genannt.

Gl. (9.13), (9.19) und (9.20) stellen die gesuchten Schätzungsgleichungen dar. Wir fassen nun das Verfahren der Bestimmung von $\hat{x}_{k+1}$ auf Grund der Kenntnis von $\hat{x}_k$ und y_{k+1} wie folgt zusammen:

(1) Man speichere den Schätzzustand $\hat{x}_k$, $\sigma_k{}^2$.

(2) Man berechne die idealisierte optimale Schätzung $a\hat{x}_k$ für x_{k+1} und das idealisierte vorausgesagte Meßergebnis $ma\hat{x}_k$.

(3) Man berechne die vorausgesagte Fehlervarianz $a^2\sigma_k{}^2 + b^2\sigma_w{}^2$.

(4) Man berechne den Gewichtsfaktor mit Hilfe von Gl. (9.19).

(5) Man messe den Systemzustand zur Zeit t_{k+1}. Dies ergibt y_{k+1}.

(6) Man berechne die optimale Schätzung $\hat{x}_{k+1}$ aus Gl. (9.13) und berechne die neue Fehlervarianz aus Gl. (9.20).

(7) Man ersetze k durch $k + 1$ und beginne wieder mit Punkt (1).

Abb. 66 zeigt ein Flußdiagramm der optimalen Schätzmethode und ein Blockdiagramm des Systems, dessen Ausgang x geschätzt werden soll. Bei der Vorgabe der Anfangswerte ist in der Literatur oft der Vorschlag, $\hat{x}_0 = 0$ zu machen, angegeben. Wir ziehen jedoch die bereits oben erwähnte Vorschrift vor, nach der $\hat{x}_0 = y_0/m$ gewählt werden soll, da dies dem wirklichen Wert näher kommt als die willkürliche Wahl $\hat{x}_0 = 0$. (Diese Behauptung gilt natürlich nur in statistischem Sinne, d. h. in der Mehrzahl der Fälle wird $\hat{x}_0 = y_0/m$ der Annahme $\hat{x}_0 = 0$ überlegen sein, was infolge des mittleren Meßfehlers $= 0$ leicht einzusehen ist.) Bessere Anfangswerte der Schätzung werden zu schnellerer Konvergenz des Verfahrens führen, d. h. $\sigma_k{}^2$ wird rascher zu null.

Für den mehrdimensionalen Fall (Gl. (9.5) und (9.6)) kann eine ähnliche optimale Schätzmethode abgeleitet werden. Eine noch allgemeinere Formulierung würde auch eine Zeitabhängigkeit von **A**, **N** und **M** zulassen. In diesem Fall wird

$$\mathbf{x}_{k+1} = \mathbf{\Phi}_{k+1,k}\mathbf{x}_k + \mathbf{N}_{k+1}\mathbf{w}_{k+1} \qquad \text{und} \qquad \mathbf{y}_k = \mathbf{M}_k\mathbf{x}_k + \mathbf{v}_k, \tag{9.21}$$

wobei

$$\mathbf{\Phi}_{k+1,k} = \mathbf{\Phi}[(k+1)\,\Delta t,\, k\,\Delta t]$$

die Übergangsmatrix des Systemzustandes darstellt. $\mathbf{v}_k$ und $\mathbf{w}_k$ sind Störungsvektoren (oft auch als Rauschvektoren bezeichnet) mit

$$E\{\mathbf{v}_k\} = \mathbf{0}, \quad E\{\mathbf{w}_k\} = \mathbf{0};$$

$$E\{\mathbf{w}_k\mathbf{w}_j{}^T\} = \begin{cases} 0 & \text{für} \quad j \neq k \\ q_k & \text{für} \quad j = k \end{cases}$$

und

$$E\{\mathbf{v}_k \mathbf{v}_j^T\} = \begin{cases} 0 & \text{für } j \neq k \\ r_k & \text{für } j = k, \end{cases} \tag{9.22}$$

wobei q_k und r_k Skalare sind.

Der früher benutzte Ausdruck σ_k^2 wird nun durch die Kovarianz-Matrix $\mathbf{P}_k$ des Fehlervektors $\mathbf{e}_k$ zur Zeit t_k ersetzt. Hiebei ist $\mathbf{e}_k = \hat{\mathbf{x}}_k - \mathbf{x}_k$, wobei $\hat{\mathbf{x}}_k$ der optimale Schätzwert für $\mathbf{x}_k$, basierend auf den Meßwertvektoren $(\mathbf{y}_0, \mathbf{y}_1, \ldots, \mathbf{y}_k)$, ist. Die Elemente $\{\mathbf{P}_k\}_{ij}$ der Kovarianz-Matrix sind durch die Erwartungswerte $E\{e_{i_k} e_{j_k}\}$ gegeben, wobei die e_{i_k} und e_{j_k} Komponenten von $\mathbf{e}_k$ darstellen. In Tab. 5

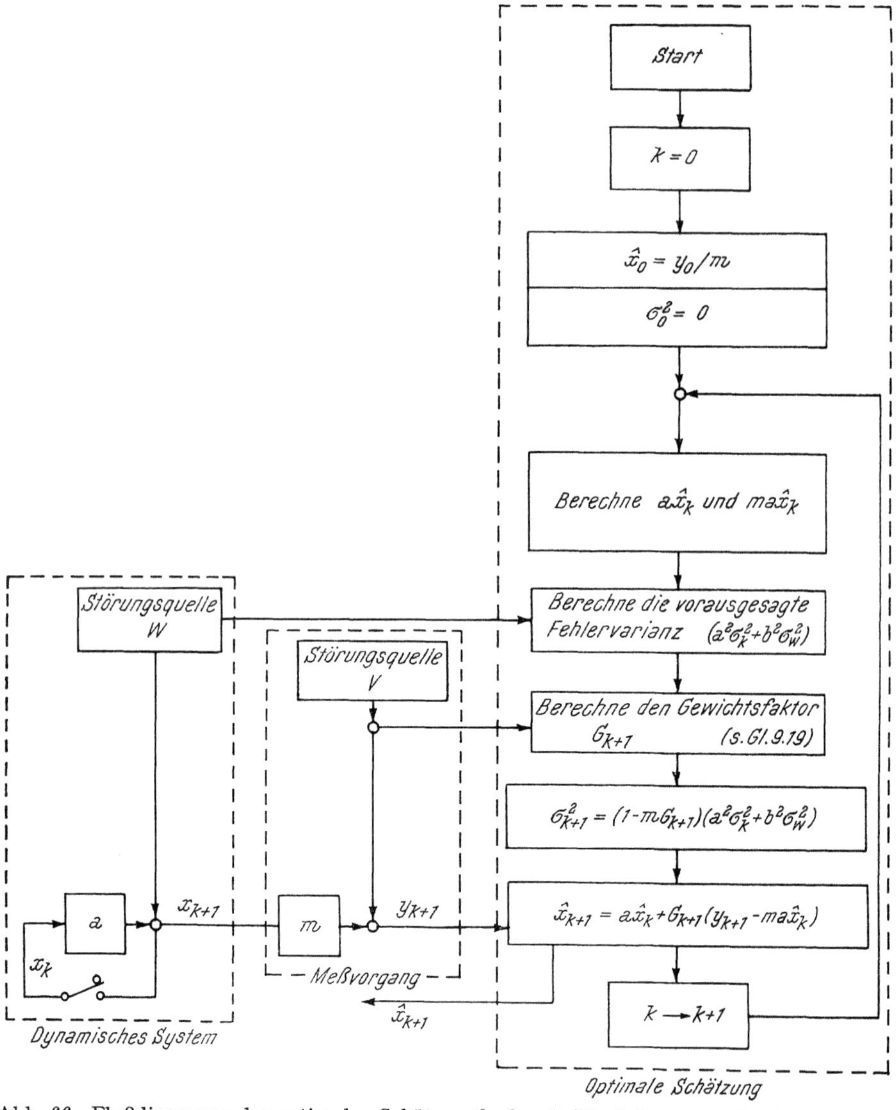

Abb. 66. Flußdiagramm der optimalen Schätzmethode mit Blockdiagramm des betrachteten dynamischen Systems und des Meßvorganges

ist die Gegenüberstellung der Variablen für den eindimensionalen und den mehrdimensionalen Fall vorgenommen. In dieser Tabelle bezeichnet k wieder den Zeitpunkt t_k, wobei einzelne Parameter natürlich zeitunabhängig sein können. Die Ableitung der optimalen Schätzmethode für den mehrdimensionalen Fall ist z. B. in [5] angegeben. Das Ergebnis ist in dem Flußdiagramm nach Abb. 67 zusammengefaßt.

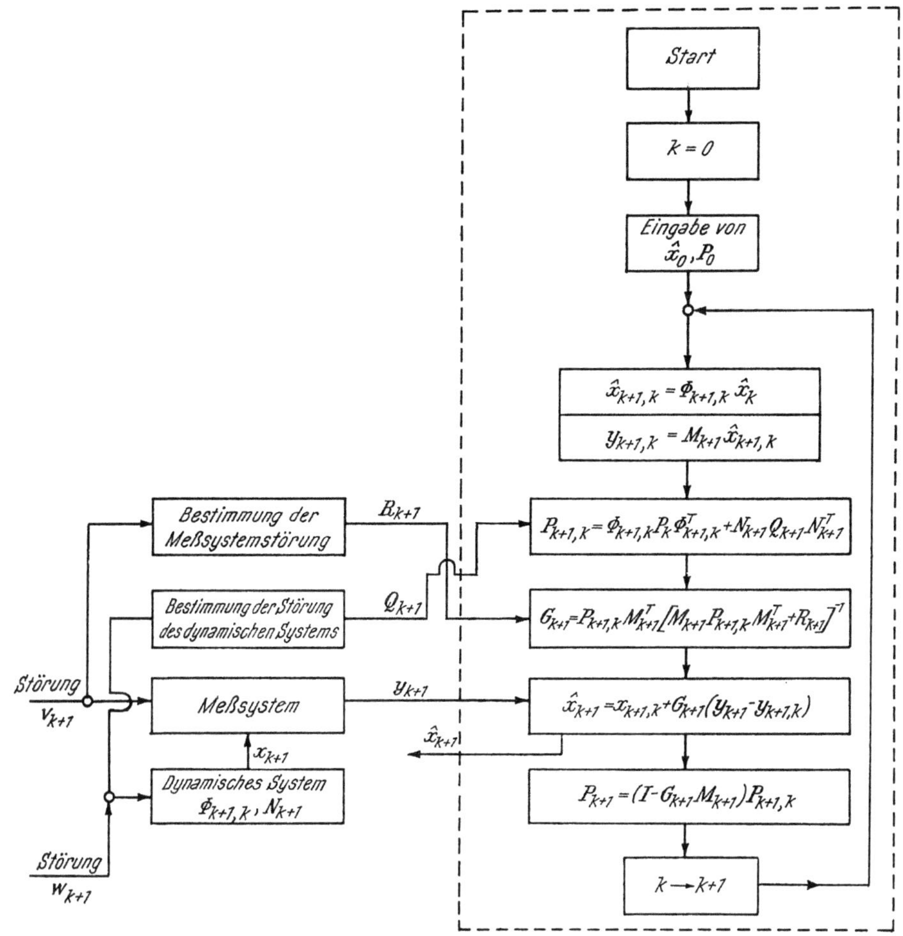

Abb. 67. Flußdiagramm der optimalen Schätzmethode für den mehrdimensionalen Fall

9.3.2 Beispiel

Die Methode soll nun an Hand eines Beispieles illustriert werden. Wir wollen annehmen, es sei einer der drei Lagewinkel um eine Trägheitshauptachse eines Erdsatelliten optimal zu schätzen. Ferner wirke um die diesem Winkel zugeordnete Achse ein Drehmoment T. Für diesen Lagewinkel α gelte somit die Gleichung

$$I\ddot{\alpha} = T, \tag{9.23}$$

Tabelle 5. *Variable und Parameter der optimalen Schätzmethode im ein- und mehrdimensionalen Fall*

Variable (eindimensional)	Bezeichnung	Variable (mehrdimensional)	Bezeichnung
x_k	tatsächlicher Wert der Zustandsvariablen	$\mathbf{x}_k$	tatsächlicher Wert des Zustandsvektors
y_k	Meßwert	$\mathbf{y}_k$	Meßvektor
$y_{k+1,k}$	vorausgesagter Meßwert	$\mathbf{y}_{k+1,k}$	vorausgesagter Meßvektor
v_k	Meßstörung	$\mathbf{v}_k$	Meßstörungsvektor
w_k	Störung im dynamischen System	$\mathbf{w}_k$	Störungsvektor des dynamischen Systems
G_{k+1}	optimaler Gewichtsfaktor	$\mathbf{G}_{k+1}$	optimale Gewichtsfaktormatrix
a_k	Übergangsfaktor des Systemzustandes	$\mathbf{\Phi}_{k+1,k}$	Übergangsmatrix
m_k	Meßfaktor	$\mathbf{M}_k$	Meßmatrix
Y_k	Satz der Meßwerte $y_0, y_1, \ldots, y_k$	$\mathbf{Y}_k$	Satz der Meßvektoren $\mathbf{y}_0, \mathbf{y}_1, \ldots, \mathbf{y}_k$
$\hat{x}_k$	optimale Schätzung von x_k	$\hat{\mathbf{x}}_k$	optimale Schätzung von $\mathbf{x}_k$
$\hat{x}_{k+1,k}$	idealisierte, vorausgesagte beste Schätzung für x_{k+1}	$\hat{\mathbf{x}}_{k+1,k}$	idealisierte, vorausgesagte beste Schätzung für $\hat{\mathbf{x}}_{k+1}$
e_k	Schätzfehler	$\mathbf{e}_k$	Schätzfehlervektor
$\sigma_k{}^2$	Varianz von e_k	$\mathbf{P}_k$	Kovarianz-Matrix von $\mathbf{e}_k$
σ_{vk}^2	Varianz von v_k	$\mathbf{R}_k$	Kovarianz-Matrix der Meßstörung
σ_{wk}^2	Varianz von w_k	$\mathbf{Q}_k$	Kovarianz-Matrix der Störung des dynamischen Systems
σ_{k+1}^2	vorausgesagte Fehlervarianz	$\mathbf{P}_{k+1,k}$	Kovarianz-Matrix des vorausgesagten Fehlers
b_k	Störungskoeffizient	$\mathbf{N}_k$	Störungskoeffizientenmatrix

wobei I das entsprechende Hauptträgheitsmoment sei. Mit $u = T/I$ und $x_1 = \alpha$ können wir Gl. (9.23) ersetzen durch

$$\dot{x}_1 = x_2, \qquad \dot{x}_2 = u. \tag{9.24}$$

Wenn wir $\mathbf{x}$ als Vektor mit den Komponenten x_1 und x_2 definieren, können wir schreiben

$$\dot{\mathbf{x}} = \mathbf{A}\mathbf{x} + \mathbf{B}\mathbf{u}, \tag{9.25}$$

mit

$$\mathbf{A} = \begin{bmatrix} 0 & 1 \\ 0 & 0 \end{bmatrix}, \qquad \mathbf{B} = \begin{bmatrix} 0 \\ 1 \end{bmatrix}. \tag{9.26}$$

Wenn wir annehmen, daß zwischen allen aufeinanderfolgenden Zeiten t_k und t_{k+1} der Zeitschritt Δt liegt, können wir Gl. (9.25) mit

$$\mathbf{\Phi}_{t+\Delta t,t} = \begin{bmatrix} 1 & \Delta t \\ 0 & 1 \end{bmatrix}$$

in die Form von Gl. (9.21) bringen. Dies folgt aus einer Integration der Systemgleichungen

$$(x_2)_{t+\Delta t} = (x_2)_t + u\,\Delta t$$

und

$$(x_1)_{t+\Delta t} = (x_1)_t + \frac{u(\Delta t)^2}{2} + (x_2)_t \Delta t. \tag{9.27}$$

Wir nehmen nun an, daß das zur Verfügung stehende Meßsystem nur α liefern kann. Das Meßsystem möge durch einen Störungsvektor $\mathbf{v}$ beeinflußt werden. Somit kann die Meßgleichung geschrieben werden als

$$\mathbf{y} = \begin{bmatrix} 1 & 0 \\ 0 & 0 \end{bmatrix} \mathbf{x} + \mathbf{v}. \tag{9.28}$$

Bei dem hier gebrachten Beispiel des Erdsatelliten ist es natürlich notwendig, $\mathbf{v}$ durch Versuche vor dem Start des Satelliten zu bestimmen. Wir nehmen nun an, der statistische Mittelwert $\boldsymbol{\mu}_v$ von $\mathbf{v}$ sei null. Sollte $\boldsymbol{\mu}_v \neq \mathbf{0}$ sein, kann $\mathbf{v} - \boldsymbol{\mu}_v$ statt $\mathbf{v}$ als Störung betrachtet werden. $\boldsymbol{\mu}_v$ wird dann als sogenannter systematischer Fehler bezeichnet und gesondert behandelt, z. B. wie der Term $\mathbf{Bu}$ im folgenden Beispiel.

Wir nehmen nun an, daß fünf Meßwerte y_1 zur Verfügung stehen, wie in Tabelle 6 angegeben. y_2 wird nach obiger Voraussetzung nicht gemessen.

Tabelle 6. *Meßergebnisse zu fünf verschiedenen Zeitpunkten*

Zeit	Wert von y_1
$t = 0$	10,5
$t = 1$	9,8
$t = 2$	7,8
$t = 3$	5,8
$t = 4$	1,9

Der Meßwert bei $t = 0$ wird zum Start der optimalen Schätzmethode verwendet und $\hat{x}_1(0) = y_1(0) = 10{,}5$ gesetzt. Da kein zu x_2 gehöriger Meßwert und auch kein vorhergehender optimaler Schätzwert zur Verfügung stehen, wird $\hat{x}_2(0)$ gleich dem plausiblen Wert 0,5 gesetzt. Weitere Anfangswerte seien $r(0) = r(k) = 0{,}5$ für alle k und $q(0) = q(k) = 0$ für alle k. Weiters gelte

$$\mathbf{P}(0) = \begin{bmatrix} 2 & 0 \\ 0 & 2 \end{bmatrix},$$

wobei angenommen wurde, daß hiefür auf Grund vorhergehender Versuche bereits genügend Daten für die Meßfehler zur Verfügung stehen. Hier sei bemerkt, daß, wie aus Abb. 67 zu erkennen ist, die Schätzmethode degenerieren würde, falls gleichzeitig $\mathbf{P}(0) = \mathbf{0}$ und $\mathbf{Q}(k) = \mathbf{0}$ für alle k.

Wir nehmen im folgenden $\Delta t = 1$ und $u = -1$ an und folgen dem Flußdiagramm nach Abb. 67 Schritt für Schritt. Dies ergibt zunächst

$$\hat{\mathbf{x}}_{1,0} = \begin{bmatrix} 1 & 1 \\ 0 & 1 \end{bmatrix} \hat{\mathbf{x}}_0 - \begin{bmatrix} \frac{1}{2} \\ 1 \end{bmatrix} = \begin{bmatrix} 10{,}5 \\ -0{,}5 \end{bmatrix}, \tag{9.29}$$

wobei nach Gl. (9.25) der Term $\mathbf{Bu}$ ergänzt werden mußte.

Der vorausgesagte Meßvektor $\mathbf{y}_{1,0}$ ist gegeben durch

$$\mathbf{y}_{1,0} = \begin{bmatrix} 1 & 0 \\ 0 & 0 \end{bmatrix} \begin{bmatrix} 10{,}5 \\ -0{,}5 \end{bmatrix} = 10{,}5. \tag{9.30}$$

Die Kovarianz-Matrix des vorausgesagten Fehlers wird zu

$$\mathbf{P}_{1,0} = \begin{bmatrix} 1 & 1 \\ 0 & 1 \end{bmatrix} \begin{bmatrix} 2 & 0 \\ 0 & 2 \end{bmatrix} \begin{bmatrix} 1 & 0 \\ 1 & 1 \end{bmatrix} = \begin{bmatrix} 4 & 2 \\ 2 & 2 \end{bmatrix}. \tag{9.31}$$

Für die optimale Gewichtsfaktormatrix erhalten wir

$$\mathbf{G}_1 = \begin{bmatrix} 4 & 2 \\ 2 & 2 \end{bmatrix} \begin{bmatrix} 1 & 0 \\ 0 & 0 \end{bmatrix} \left\{ \begin{bmatrix} 1 & 0 \\ 0 & 0 \end{bmatrix} \begin{bmatrix} 4 & 2 \\ 2 & 2 \end{bmatrix} \begin{bmatrix} 1 & 0 \\ 0 & 0 \end{bmatrix} + \begin{bmatrix} 0{,}5 & 0 \\ 0 & 0{,}5 \end{bmatrix} \right\}^{-1} = \begin{bmatrix} 0{,}89 & 0 \\ 0{,}45 & 0 \end{bmatrix}, \tag{9.32}$$

für die neue optimale Schätzung

$$\hat{\mathbf{x}}_1 = \begin{bmatrix} 10{,}5 \\ -0{,}5 \end{bmatrix} + \begin{bmatrix} 0{,}89 \\ 0{,}45 \end{bmatrix} (9{,}8 - 10{,}5) = \begin{bmatrix} 9{,}87 \\ -0{,}81 \end{bmatrix} \tag{9.33}$$

und für die neue Fehlerkovarianzmatrix

$$\mathbf{P}_1 = \left\{ \begin{bmatrix} 1 & 0 \\ 0 & 1 \end{bmatrix} - \begin{bmatrix} 0{,}89 & 0 \\ 0{,}45 & 0 \end{bmatrix} \begin{bmatrix} 1 & 0 \\ 0 & 0 \end{bmatrix} \right\} \begin{bmatrix} 4 & 2 \\ 2 & 2 \end{bmatrix} = \begin{bmatrix} 0{,}44 & 0{,}22 \\ 0{,}22 & 1{,}11 \end{bmatrix}. \tag{9.34}$$

Die Werte der Hauptdiagonale der Fehlerkovarianzmatrix sind somit stark verkleinert worden. Dies bedeutet, daß die Schätzmethode bereits zu reduzierten Fehlern geführt hat. Die Resultate der Schätzung für die folgenden Zeitpunkte sind aus Tab. 7 ersichtlich. Ebenso werden die wahren Werte der $\mathbf{x}_k$ angegeben, wobei hiefür angenommen sei, daß die Werte bei $t = 0$ exakt bekannt sind.

Als weitere Illustration zu dieser Methode wollen wir den Fehler von $\dot{\alpha}$ vergleichen, wie er sich erstens durch die Schätzmethode und zweitens durch Berechnung aus den Meßwerten von α nach der Formel

$$\dot{\alpha}_m(t) = [\alpha(t) - \alpha(t-1)]/\Delta t \tag{9.35}$$

ergibt. Hiebei deutet der Index m an, daß dieser Wert in der durch Gl. (9.35)

Tabelle 7. *Resultate durch sukzessive Anwendung der optimalen Schätzung auf das System nach Gl. (9.28)*

$t = k\,\Delta t$	$y_{1k} = \alpha_m$	$\hat{\mathbf{x}}_k = \begin{bmatrix} \hat{\alpha} \\ \hat{\dot{\alpha}} \end{bmatrix}$	$\mathbf{x}_k^* = \begin{bmatrix} \alpha^* \\ \dot{\alpha}^* \end{bmatrix}$	$\mathbf{G}_k$	$\mathbf{P}_k$
0	10,5	$\begin{bmatrix} 10{,}5 \\ 0{,}5 \end{bmatrix}$	$\begin{bmatrix} 10 \\ 0 \end{bmatrix}$		$\begin{bmatrix} 2 & 0 \\ 0 & 2 \end{bmatrix}$
1	9,8	$\begin{bmatrix} 9{,}87 \\ -0{,}81 \end{bmatrix}$	$\begin{bmatrix} 9{,}5 \\ -1 \end{bmatrix}$	$\begin{bmatrix} 0{,}89 & 0 \\ 0{,}45 & 0 \end{bmatrix}$	$\begin{bmatrix} 0{,}44 & 0{,}22 \\ 0{,}22 & 1{,}11 \end{bmatrix}$
2	7,8	$\begin{bmatrix} 7{,}95 \\ -2{,}22 \end{bmatrix}$	$\begin{bmatrix} 8 \\ -2 \end{bmatrix}$	$\begin{bmatrix} 0{,}8 & 0 \\ 0{,}53 & 0 \end{bmatrix}$	$\begin{bmatrix} 0{,}41 & 0{,}27 \\ 0{,}27 & 0{,}41 \end{bmatrix}$
3	5,8	$\begin{bmatrix} 5{,}65 \\ -3{,}01 \end{bmatrix}$	$\begin{bmatrix} 5{,}5 \\ -3 \end{bmatrix}$	$\begin{bmatrix} 0{,}73 & 0 \\ 0{,}37 & 0 \end{bmatrix}$	$\begin{bmatrix} 0{,}36 & 0{,}18 \\ 0{,}18 & 0{,}16 \end{bmatrix}$
4	1,9	$\begin{bmatrix} 2{,}17 \\ -4{,}2 \end{bmatrix}$	$\begin{bmatrix} 2 \\ -4 \end{bmatrix}$	$\begin{bmatrix} 0{,}64 & 0 \\ 0{,}26 & 0 \end{bmatrix}$	$\begin{bmatrix} 0{,}32 & 0{,}12 \\ 0{,}12 & 0{,}07 \end{bmatrix}$

x_k^* = tatsächlicher Wert, α_m = gemessener Wert von α

angegebenen Weise direkt auf Meßergebnissen basiert. Der damit sich ergebende Fehler $e_{2m}(t)$ ist gegeben durch

$$e_{2m}(t) = \dot{\alpha}_m(t) - \dot{\alpha}^*(t),$$

wobei $\dot{\alpha}^*(t)$ der tatsächliche Wert sei. $e_{2m}(t)$ ist zusammen mit

$$e_2(t) = \hat{\dot{\alpha}}(t) - \dot{\alpha}^*(t)$$

in Abb. 68 aufgetragen. $\hat{\dot{\alpha}}(t)$ ist die beste Schätzung von $\dot{\alpha}(t)$ und in Tab. 7 als $\hat{x}_{k2}$ bezeichnet. In Abb. 68 wurden auch die entsprechenden Fehler für $\alpha(t)$ aufgenommen, nämlich

$$e_{1m}(t) = v_1(t) = \alpha_m(t) - \alpha^*(t)$$

und

$$e_1(t) = \hat{\alpha}(t) - \alpha^*(t).$$

Die Verläufe der Fehler in Abb. 68 lassen deutlich die Vorteile der optimalen Schätzmethode erkennen, wobei dies besonders bei $\dot{\alpha}$ ersichtlich wird, da $\dot{\alpha}$ sehr stark auf Meßfehler in α reagiert.

Auf Grund des iterativen Charakters der Methode und da Abtastwerte verwendet werden, ist das Verfahren gut für die Anwendung von Digitalrechnern geeignet. Ein bekannter praktischer Anwendungsfall war bei der ersten Mondlandung gegeben. Weitere Beispiele findet man bei der Bahnberechnung von Satelliten [5], bei der Winkellagebestimmung von Satelliten [4] und bei Berechnungen der Bahn eines Raumflugkörpers nach dem Wiedereintritt in die Atmosphäre [15]. Da die Methode linear ist, kann sie nur auf solche Systeme angewendet werden, welche mit hinreichender Genauigkeit linearisiert werden können. Wie die Beschränkung auf Gaußsche Störungsverteilung eliminiert

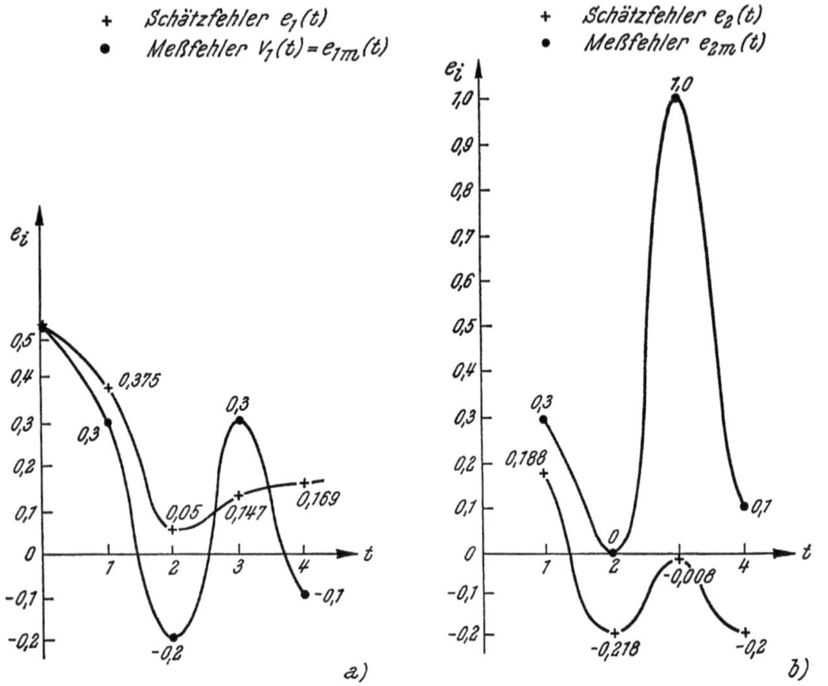

Abb. 68. Fehler in α und $\dot{\alpha}$, wie sie sich aus direkter Messung und aus optimaler Schätzung ergeben. (a) für α. (b) für $\dot{\alpha}$

werden kann, ist in [5] gezeigt. Weitere Details über die diskrete optimale Schätzmethode können in [2] und [5] gefunden werden, einige weitere Beispiele findet man in [6] und [12].

9.4 Kontinuierliche Verfahren

9.4.1 Allgemeine Formeln

Wie wir sehen werden, können im kontinuierlichen Fall optimale Schätzmethoden manchmal durch Schaltkreise der Analogrechentechnik verwirklicht werden.

Die im folgenden gebrachte Ableitung soll sich im Interesse der klareren und kürzeren Darstellungsweise auf eindimensionale Fälle beschränken. Sie basiert auf der Darstellung nach [10], ist aber durch die Einbeziehung auch nichtstationärer statistischer Charakteristiken für eine allgemeinere Anwendung geeignet.

Wir setzen hier ein dynamisches System voraus, das kontinuierlich von der Zeit t abhängt und durch eine nichtstationäre Zustandsvariable $x(t)$ repräsentiert ist. $x(t)$ sei durch eine Gaußsche Störung beeinflußt. Es möge die Gleichung

$$\dot{x}(t) = a(t)x(t) + b(t)u(t) + n(t)w(t) \tag{9.36}$$

gelten, wobei $u(t)$ die Kontrollvariable sei, $w(t)$ eine Störfunktion vom Gaußschen Typ mit dem Mittelwert $\mu_w = 0$ und bekannter Varianz $\sigma_w^2(t)$. $a(t)$, $b(t)$ und $n(t)$ seien gegebene zeitabhängige Koeffizienten.

Es sei ferner ein Meßsystem angenommen, welches $x(t)$ in den Meßwert $y(t)$ transformiert, wobei

$$y(t) = m(t)x(t) + v(t). \tag{9.37}$$

Hiebei sei $m(t)$ ein vorgegebener zeitabhängiger Meßfaktor. $v(t)$ sei eine Gaußsche Störung mit dem Mittelwert $\mu_v = 0$ und bekannter Varianz $\sigma_v^2(t)$.

Die folgende Ableitung beschränkt sich auf Kontrollfunktionen der Form $u(t) = s(t)x(t)$. In diesem Fall kann $u(t)$ in das Glied $a(t)x(t)$ eingeschlossen werden, was ab nun als bereits durchgeführt vorausgesetzt werden soll. Analog den entsprechenden Annahmen im diskreten Fall treffen wir hier für die Autokorrelationsfunktionen und die Kreuzkorrelationsfunktion von v und w die folgenden Annahmen:

$$\begin{aligned} \Phi_{vv}(t,\tau) &= \sigma_v^2(t)\,\delta(t-\tau), \\ \Phi_{ww}(t,\tau) &= \sigma_w^2(t)\,\delta(t-\tau), \\ \Phi_{vw}(t,\tau) &= 0, \end{aligned} \tag{9.38}$$

wobei $\delta(t - \tau)$ die Diracsche Delta-Funktion darstellt.

Die Definitionen dieser Korrelationsfunktionen hängen davon ab, ob die statistischen Charakteristiken von v und w zeitabhängig oder zeitunabhängig sind. Im zeitunabhängigen (stationären, ergodischen) Fall gilt

$$\Phi_{qr}(t,\tau) = \lim_{T\to\infty} \int_{-T}^{T} q(t')r(t'-\tau)\,dt' \quad \text{für alle } t,$$

wobei q und r statistische Variable darstellen, deren statistische Charakteristiken zeitunabhängig sind.

Für zwei nichtstationäre statistische Variable $n(t)$ und $p(t)$ gilt

$$\Phi_{np}(t,\tau) = \overline{n(t)p(\tau)}, \tag{9.39}$$

wobei der Querstrich den Ensemblemittelwert andeutet. Da wir für v und w zeitabhängige statistische Charakteristiken angenommen haben, verwenden wir hier die Definition nach Gl. (9.39). Im Interesse der mathematischen Exaktheit soll ferner angenommen werden, daß die Varianzen von v und w stetig differenzierbar in t seien.

Wir wenden uns nun der Herleitung der optimalen Schätzmethode zu, welche die Werte für $x(t)$ mit minimalem Fehler abschätzen kann. Der Fehler soll mit Hilfe der oben definierten Korrelationsfunktionen ausgedrückt werden. $\hat{x}(t)$ bezeichne den erwünschten optimalen Schätzwert. $\hat{x}(t)$ möge durch die Impulsantwortsfunktion (Gewichtsfunktion) $G(t, \tau)$ ausdrückbar sein mit

$$\hat{x}(t) = \int_{-\infty}^{\infty} y(\tau) G(t, \tau)\, d\tau. \tag{9.40}$$

Dann ist der quadratische Mittelwert des Fehlers $e(t) = \hat{x}(t) - x(t)$ gegeben durch

$$\overline{e^2(t)} = \overline{\left[\int_{-\infty}^{\infty} y(\tau) G(t, \tau)\, d\tau - x(t)\right]^2}. \tag{9.41}$$

Auswertung des Quadrates und Vertauschung von Integration und Mittelwertbildung, was nach den Sätzen der Mathematik für fast alle praktisch interessanten Fälle erlaubt ist, liefert

$$\overline{e^2(t)} = \overline{x^2(t)} - 2 \int_{-\infty}^{\infty} \overline{y(\tau) x(t)}\, G(t, \tau)\, d\tau$$

$$+ \int_{\infty}^{\infty} \int_{\infty}^{\infty} \overline{y(\tau) y(\nu)}\, G(t, \tau) G(t, \nu)\, d\tau\, d\nu. \tag{9.42}$$

Dies wird nach Einführung der Korrelationsfunktionen zu

$$\Phi_{ee}(t) = \Phi_{xx}(t) - 2 \int_{-\infty}^{\infty} \Phi_{xy}(t, \tau) G(t, \tau)\, d\tau$$

$$+ \int_{-\infty}^{\infty} \int_{-\infty}^{\infty} \Phi_{yy}(\tau, \nu) G(t, \nu) G(t, \tau)\, d\nu\, d\tau. \tag{9.43}$$

Wir bestimmen nun $G(t, \tau)$ so, daß $\Phi_{ee}(t)$ zu einem Minimum wird. Das Ergebnis soll $G_{\text{opt}}(t, \tau)$ genannt werden. Wir wollen zu diesem Zwecke die Prinzipien der Variationsrechnung verwenden und bezeichnen mit $G_\varepsilon(t, \tau)$ die Familie der zu $G_{\text{opt}}(t, \tau)$ benachbarten Kurven, wobei

$$G_\varepsilon(t, \tau) = G_{\text{opt}}(t, \tau) + \varepsilon \Psi(\tau) \tag{9.44}$$

mit $\Psi(\tau)$ beliebig. Wir bezeichnen die quadratischen Mittelwerte der Fehler, welche nach Wahl von G_{opt} und G_ε resultieren, als $\overline{e_{\text{opt}}^2(t)}$ und $\overline{e_\varepsilon{}^2(t)}$. Weiters sei

$$\Delta_\varepsilon = \overline{e_\varepsilon{}^2(t)} - \overline{e_{\text{opt}}^2(t)}. \tag{9.45}$$

Somit gilt

$$\Delta_\varepsilon = \Phi_{xx}(t) - 2 \int_{-\infty}^{\infty} \Phi_{xy}(t, \tau) G_\varepsilon(t, \tau)\, d\tau + \int_{-\infty}^{\infty} \int_{-\infty}^{\infty} \Phi_{yy}(\tau, \nu) G_\varepsilon(t, \nu)$$

$$\cdot\, G_\varepsilon(t,\tau)\,d\tau\,d\nu - \Bigg[\Phi_{xx}(t) - 2\int_{-\infty}^{\infty}\Phi_{xy}(t,\tau)G_{\text{opt}}(t,\tau)\,d\tau$$

$$+\int_{-\infty}^{\infty}\int_{-\infty}^{\infty}\Phi_{yy}(\tau,\nu)G_{\text{opt}}(t,\nu)G_{\text{opt}}(t,\tau)\,d\tau\,d\nu\Bigg]$$

$$= \varepsilon^2\int_{-\infty}^{\infty}\int_{-\infty}^{\infty}\Phi_{yy}(\tau,\nu)\Psi(\tau)\Psi(\nu)\,d\nu\,d\tau + 2\varepsilon\Bigg[\int_{-\infty}^{\infty}\int_{-\infty}^{\infty}\Phi_{yy}(\tau,\nu)$$

$$\cdot\, G_{\text{opt}}(t,\nu)\Psi(\tau)\,d\nu\,d\tau - \int_{-\infty}^{\infty}\Phi_{xy}(t,\tau)\Psi(\tau)\,d\tau\Bigg]. \tag{9.46}$$

Da $\overline{e_{\text{opt}}^2(t)}$ das Minimum des quadratischen Mittelwertes des Fehlers für alle ε ist, muß Δ_ε bei $\varepsilon = 0$ ein Minimum haben. Somit muß gelten

$$\frac{d\Delta_\varepsilon}{d\varepsilon} = 0 \quad \text{für} \quad \varepsilon = 0. \tag{9.47}$$

Kombination von Gl. (9.46) und (9.47) liefert

$$\int_{-\infty}^{\infty}\Bigg[\int_{-\infty}^{\infty}\Phi_{yy}(\tau,\nu)G_{\text{opt}}(t,\nu)\,d\nu - \Phi_{xy}(t,\tau)\Bigg]\Psi(\tau)\,d\tau = 0 \tag{9.48}$$

und weiters, da $\Psi(\tau)$ beliebig ist,

$$\Phi_{xy}(t,\tau) = \int_{-\infty}^{\infty}\Phi_{yy}(\tau,\nu)G_{\text{opt}}(t,\nu)\,d\nu. \tag{9.49}$$

Nach dem Kausalitätsprinzip muß gelten, daß $G_{\text{opt}}(t,\nu) = 0$ für $\nu > t$ (d. h., wie aus Gl. (9.40) ersichtlich ist, daß $\hat{x}(t)$ nur von Meßwerten zu Zeiten $< t$ abhängen kann, wie dies für alle reellen Anwendungen der Fall ist). Ferner ist $\Phi_{yy}(\tau,\nu) = 0$ für $\nu < t_0$, wobei t_0 die Startzeit ist. Somit erhalten wir

$$\Phi_{xy}(t,\tau) = \int_{t_0}^{t}\Phi_{yy}(\tau,\nu)G_{\text{opt}}(t,\nu)\,d\nu. \tag{9.50}$$

Gl. (9.50) wird oft als Wiener-Hopf-Gleichung bezeichnet. Ihre Anwendung auf Probleme der optimalen Kontrolle kann z. B. in [10] und [11] gefunden werden. Ihre Lösung wird durch Umformung in eine Differentialgleichung ermöglicht. Differentiation nach t ergibt

$$\int_{t_0}^{t} \Phi_{yy}(\tau, \nu) \frac{\partial}{\partial t} G_{\text{opt}}(t, \nu)\, d\nu + \Phi_{yy}(\tau, t) G_{\text{opt}}(t, t) = \frac{d}{dt} \Phi_{xy}(t, \tau). \tag{9.51}$$

Berücksichtigung von Gl. (9.37) und (9.39) und von $\Phi_{vv}(t, \tau) = 0$ für $\tau \neq t$ führt zu

$$\begin{aligned} \Phi_{yy}(\tau, t) &= \overline{y(\tau)y(t)} = \overline{[m(\tau)x(\tau) + v(\tau)]m(t)x(t)} \\ &= m(t)\Phi_{xy}(t, \tau) \quad \text{für} \quad \tau \neq t. \end{aligned} \tag{9.52}$$

Substitution von Φ_{xy} aus Gl. (9.50) liefert

$$\Phi_{yy}(\tau, t) = m(t) \int_{t_0}^{t} \Phi_{yy}(\tau, \nu) G_{\text{opt}}(t, \nu)\, d\nu. \tag{9.53}$$

Die rechte Seite von Gl. (9.51) wird nach Vertauschung von Differentiation und Mittelwertbildung zu

$$\begin{aligned} \frac{d}{dt} \Phi_{xy}(t, \tau) &= \overline{\dot{x}(t)y(\tau)} = \overline{[a(t)x(t) + n(t)w(t)]y(\tau)} \\ &= a(t)\Phi_{xy}(t, \tau) + n(t)\Phi_{wy}(t, \tau). \end{aligned} \tag{9.54}$$

Die Kombination von Gl. (9.50) und (9.54) ergibt

$$\frac{d}{dt} \Phi_{xy}(t, \tau) = a(t) \int_{t_0}^{t} \Phi_{yy}(\tau, \nu) G_{\text{opt}}(t, \nu)\, d\nu, \tag{9.55}$$

wobei der Term $n(t)\Phi_{wy}(t, \tau)$ weggelassen werden konnte, da w zu y für $\tau < t$ nicht korreliert ist und dies der einzige für die folgenden Überlegungen benötigte Fall ist. Anwendung von Gl. (9.51), (9.53) und (9.55) liefert

$$\begin{aligned} \int_{t_0}^{t} \Phi_{yy}(\tau, \nu) \Bigg[&\frac{\partial}{\partial t} G_{\text{opt}}(t, \nu) + m(t) G_{\text{opt}}(t, \nu) G_{\text{opt}}(t, t) \\ &- a(t) G_{\text{opt}}(t, \nu) \Bigg] d\nu = 0 \quad \text{für} \quad t_0 \leqslant \tau < t. \end{aligned} \tag{9.56}$$

Die Lösung von Gl. (9.56) ist durch die Lösung $G_{\text{opt}}(t, \nu)$ der Gleichung

$$\frac{\partial}{\partial t} G_{\text{opt}}(t, \nu) = a(t) G_{\text{opt}}(t, \nu) - m(t) G_{\text{opt}}(t, \nu) G_{\text{opt}}(t, t) \quad \text{für} \quad t_0 \leqslant \nu \leqslant t \tag{9.57}$$

gegeben. $G_{\text{opt}}(t, \nu)$ ist somit die erwünschte Impulsantwort (= Gewichtsfunktion) der optimalen Schätzmethode. KALMAN und BUCY [17] haben gezeigt, daß Gl. (9.56) und (9.57) äquivalent sind. Ersetzen wir in Gl. (9.40) G durch G_{opt}, so erhalten wir

$$\hat{x}_{\text{opt}}(t) = \int_{-\infty}^{\infty} y(\tau) G_{\text{opt}}(t, \tau)\, d\tau$$

$$= \int_{t_0}^{t} y(\tau) G_{\text{opt}}(t, \tau)\, d\tau, \tag{9.58}$$

da $y(\tau) = 0$ für $\tau < t_0$ und $G_{\text{opt}}(t, \tau) = 0$ für $\tau > t$.

Nun wollen wir die Differentialgleichung für $\hat{x}_{\text{opt}}(t)$ ableiten. Differentiation von Gl. (9.58) ergibt

$$\frac{d}{dt} \hat{x}_{\text{opt}}(t) = \int_{t_0}^{t} y(\tau) \frac{\partial}{\partial t} G_{\text{opt}}(t, \tau)\, d\tau + y(t) G_{\text{opt}}(t, t). \tag{9.59}$$

Substitution von Gl. (9.57) in Gl. (9.59) und Verwendung von Gl. (9.58) führt zu

$$\frac{d}{dt} \hat{x}_{\text{opt}}(t) = \int_{t_0}^{t} y(\tau)[a(t) G_{\text{opt}}(t, \tau) - m(t) G_{\text{opt}}(t, \tau) G_{\text{opt}}(t, t)]\, d\tau + y(t) G_{\text{opt}}(t, t)$$

$$= [a(t) - m(t) G_{\text{opt}}(t, t)] \hat{x}_{\text{opt}}(t) + y(t) G_{\text{opt}}(t, t). \tag{9.60}$$

Dies ist die gewünschte Differentialgleichung, welche die Verbindung herstellt zwischen den Meßwerten $y(t)$, den Systemcharakteristiken $a(t)$ und $m(t)$, der optimalen Gewichtsfunktion $G_{\text{opt}}(t, t)$ und dem optimalen Schätzwert $\hat{x}_{\text{opt}}(t)$ des Systemzustandes $x(t)$. Die Lösung von Gl. (9.60) ist in Abb. 69 in Form eines Blockdiagramms zusammengefaßt. Hier ist interessant zu bemerken, daß Gl. (9.60) ähnlich zu Gl. (9.13) ist, welche für den diskreten Fall abgeleitet wurde. Diese Analogie könnte durch Umwandlung von Gl. (9.60) in eine Differenzengleichung weiter verfolgt werden, was aber hier unterlassen werden soll.

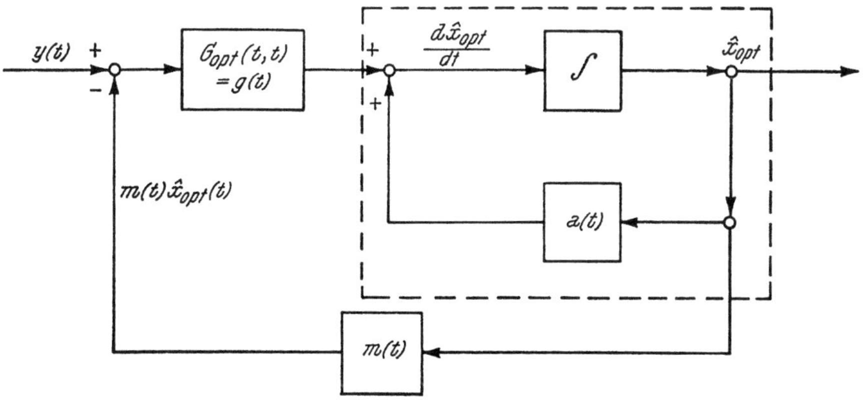

Abb. 69. Lösung von Gl. (9.60) nach $\hat{x}_{\text{opt}}(t)$

Bestimmung der optimalen Gewichtsfunktion G_{opt}

Im folgenden wollen wir die Bestimmung von $G_{opt}(t, t)$, nunmehr kurz als $g(t)$ bezeichnet, vornehmen. Wir werden zeigen, daß

$$g(t) = \frac{p(t)}{\sigma_v^2(t)} m(t) \tag{9.61}$$

gilt, wobei

$$p(t) = \overline{[\hat{x}_{opt}(t) - x(t)]^2}$$

die Lösung einer noch abzuleitenden Riccatischen Differentialgleichung ist [10].

Mit der Definition $e(t) = \hat{x}_{opt}(t) - x(t)$ können wir mit Hilfe von Gl. (9.60) und (9.36) $\dot{e}(t)$ ausdrücken durch

$$\begin{aligned}\dot{e}(t) &= g(t)y(t) - g(t)m(t)\hat{x}_{opt}(t) + a(t)\hat{x}_{opt}(t) - a(t)x(t) - n(t)w(t) \\ &= [a(t) - g(t)m(t)]e(t) + g(t)v(t) - n(t)w(t);\end{aligned} \tag{9.62}$$

Gl. (9.62) hat die Lösung

$$e(t) = \int_{t_0}^{t} \alpha(t, \tau)[g(\tau)v(\tau) - n(\tau)w(\tau)]\, d\tau + \alpha(t, t_0)e(t_0), \tag{9.63}$$

wie durch direkte Substitution bewiesen werden kann. Hiebei genügt $\alpha(t, \tau)$ der Gleichung

$$\frac{\partial \alpha(t, \tau)}{\partial t} = [a(t) - g(t)m(t)]\alpha(t, \tau) \tag{9.64}$$

mit

$$\alpha(\tau, \tau) = 1.$$

Somit liefert Gl. (9.62)

$$\begin{aligned}\frac{de^2(t)}{dt} &= 2e(t)\dot{e}(t) \\ &= 2[a(t) - g(t)m(t)]e^2(t) + 2g(t)v(t)e(t) \\ &\quad - 2n(t)w(t)e(t),\end{aligned} \tag{9.65}$$

woraus folgt, daß

$$\frac{d}{dt} p(t) = 2[a(t) - g(t)m(t)]p(t) + 2g(t)\overline{v(t)e(t)} - 2n(t)\overline{w(t)e(t)}. \tag{9.66}$$

Wir berechnen nun $\overline{e(t)v(t)}$ aus Gl. (9.63) zu

$$\overline{e(t)v(t)} = \int_{t_0}^{t} \alpha(t, \tau)[g(\tau)\overline{v(t)v(\tau)} - n(\tau)\overline{w(\tau)v(t)}]\, d\tau$$

$$+ \alpha(t, t_0)\overline{e(t_0)v(t)}$$

$$= \int_{t_0}^{t} \alpha(t, \tau)g(\tau)\sigma_v^2(t)\, \delta(t - \tau)\, d\tau, \tag{9.67}$$

da $v(t)$ mit $w(t)$ und $e(t_0)$ nicht korreliert ist. Da die Diracsche Deltafunktion $\delta(t)$ symmetrisch bezüglich $t = 0$ ist, wird

$$\int_0^{\infty} \delta(\tau)\, d\tau = \tfrac{1}{2},$$

womit

$$\overline{e(t)v(t)} = \tfrac{1}{2}\sigma_v^2(t)g(t) \tag{9.68}$$

und analog

$$\overline{e(t)w(t)} = -\tfrac{1}{2}\sigma_w^2(t)n(t). \tag{9.69}$$

Substitution von Gl. (9.68) und (9.69) in Gl. (9.66) ergibt

$$\frac{dp}{dt} = 2[a(t) - g(t)m(t)]p(t) + g^2(t)\sigma_v^2(t) + n^2(t)\sigma_w^2(t). \tag{9.70}$$

Wir wollen nunmehr Gl. (9.61) beweisen und sodann Gl. (9.70) in eine Riccatische Differentialgleichung umformen, welche, wie bereits erwähnt, zur Bestimmungsgleichung für $p(t)$ wird. Wir benötigen dazu die folgenden beiden Bedingungen, die zur Wiener-Hopf-Gleichung äquivalent sind [10] und deren Beweis wir im Interesse der Kürze der Darstellung hier unterlassen wollen:

$$\Phi_{e\hat{x}_{\text{opt}}}(t, t) = 0 \tag{9.71}$$

und

$$\Phi_{ey}(t, \nu) = 0 \quad \text{für} \quad t_0 \leqslant \nu < t. \tag{9.72}$$

Gl. (9.72) drückt die Orthogonalität zwischen e und y im Ensemblemittelwert aus. Analoges gilt für Gl. (9.71).

Unter Beachtung der Definition für e und mit Gl. (9.37) wird Gl. (9.72) zu

$$\overline{[\hat{x}_{\text{opt}}(t) - x(t)][m(\nu)x(\nu) + v(\nu)]} = 0. \tag{9.73}$$

Da x und v nicht korreliert sind, erhalten wir

$$\overline{\hat{x}_{\text{opt}}(t)[m(\nu)x(\nu) + v(\nu)]} = \overline{m(\nu)x(\nu)x(t)} \tag{9.74}$$

oder, mit Gl. (9.58),

$$\int_{t_0}^{t} G_{\text{opt}}(t, \tau)\overline{[m(\tau)x(\tau) + v(\tau)][m(\nu)x(\nu) + v(\nu)]}\, d\tau = m(\nu)\Phi_{xx}(t, \nu). \tag{9.75}$$

Mit Gl. (9.38) und wegen des Nullwerdens des Ausdruckes $\overline{m(\nu)x(\nu)v(\tau)}$ erhalten wir

$$\int_{t_0}^{t} G_{\text{opt}}(t,\tau)[m(\nu)m(\tau)\Phi_{xx}(\tau,\nu) + \sigma_v^2(\tau)\,\delta(\tau-\nu)]\,d\tau = m(\nu)\Phi_{xx}(\nu,t), \quad (9.76)$$

bzw.

$$G_{\text{opt}}(t,\nu)\sigma_v^2(\nu) = m(\nu)\Phi_{xx}(\nu,t) - \int_{t_0}^{t} G_{\text{opt}}(t,\tau)m(\nu)m(\tau)\Phi_{xx}(\tau,\nu)\,d\tau \quad (9.77)$$

für alle ν mit $t_0 \leqslant \nu < t$. Bei Gl. (9.77) ist aber auch $\nu = t$ erlaubt, da alle Ausdrücke stetige Funktionen von ν für $t_0 \leqslant \nu \leqslant t$ sind. Dies folgt z. B. aus Gl. (9.57) auf Grund der Theorie der Differentialgleichungen. Für $\nu \to t$ ergibt Gl. (9.77)

$$\begin{aligned} g(t)\sigma_v^2(t) &= m(t)\Phi_{xx}(t,t) - \int_{t_0}^{t} G_{\text{opt}}(t,\tau)m(t)m(\tau)\Phi_{xx}(\tau,t)\,d\tau \\ &= m(t)\left[\Phi_{xx}(t,t) - \int_{t_0}^{t} G_{\text{opt}}(t,\tau)m(\tau)\Phi_{xx}(\tau,t)\,d\tau\right]. \end{aligned} \quad (9.78)$$

Das Integral in Gl. (9.78) kann geschrieben werden als

$$\int_{t_0}^{t} G_{\text{opt}}(t,\tau)\overline{m(\tau)x(\tau)x(t)}\,d\tau = \Phi_{\hat{x}_{\text{opt}}x}(t,t), \quad (9.79)$$

wobei Gl. (9.37) auf $m(\tau)x(\tau)$ angewendet wurde. Außerdem wurde Gl. (9.58) benutzt und beachtet, daß x und v nicht korreliert sind.

Somit wird Gl. (9.78) mit Gl. (9.71) zu

$$\begin{aligned} g(t)\sigma_v^2(t) &= m(t)\overline{x(t)[x(t) - \hat{x}_{\text{opt}}(t)]} \\ &= m(t)\overline{[\hat{x}_{\text{opt}}(t) - e(t)][-e(t)]} \\ &= m(t)\overline{e^2(t)}, \end{aligned} \quad (9.80)$$

womit Gl. (9.61) bewiesen ist.

Wir wollen nun zur Ableitung der Riccatischen Differentialgleichung für $p(t)$ übergehen. Wenn wir $g(t)$ aus Gl. (9.61) in Gl. (9.70) substituieren, erhalten wir

$$\begin{aligned} \frac{dp}{dt} &= 2\left[a(t) - m^2(t)\frac{p(t)}{\sigma_v^2(t)}\right]p(t) + \frac{m^2(t)p^2(t)}{\sigma_v^2(t)} + n^2(t)\sigma_w^2(t) \\ &= 2a(t)p(t) - \frac{m^2(t)}{\sigma_v^2(t)}p^2(t) + n^2(t)\sigma_w^2(t). \end{aligned} \quad (9.81)$$

Dies stellt bereits die gewünschte Riccatische Differentialgleichung für $p(t)$ dar. Die Anfangsbedingung für $p(t)$ wird wie folgt ermittelt: Auf Grund der Definition für $p(t)$ können wir schreiben

$$p(t_0) = \overline{e(t_0)e(t_0)} = \overline{[\hat{x}_{\text{opt}}(t_0) - x(t_0)]^2}, \tag{9.82}$$

woraus ersichtlich ist, daß $p(t_0)$ durch die anfänglichen statistischen Verteilungen von $\hat{x}_{\text{opt}}$ und x bestimmt wird. Diese anfänglichen statistischen Verteilungen können auf Grund von Anfangswerten oder auf Grund von Informationen über die Systemeigenschaften gewählt werden. Eine Alternative ist durch die Annahme gegeben, $\hat{x}_{\text{opt}}(t_0)$ sei deterministisch (d. h. konstant im ganzen Ensemble) und z. B. gleich null. In diesem Fall wird

$$p(t_0) = \Phi_{xx}(t_0, t_0). \tag{9.83}$$

Mit den so angenommenen Anfangsbedingungen kann nun $p(t)$ mit Gl. (9.81) gefunden werden. Substitution von $p(t)$ in Gl. (9.61) ergibt $g(t)$. $g(t)$ wird sodann in Gl. (9.60) eingesetzt und wir erhalten die optimale Schätzung $\hat{x}_{\text{opt}}(t)$. Durch diese Schritte vervollständigen wir auch die Lösung der Elemente des Blockdiagramms nach Abb. 69.

Die eben durchgeführten Ableitungen gelten, wie vorausgesetzt, für den eindimensionalen Fall. Die entsprechenden Beziehungen für mehrdimensionale Systeme werden z. B. in [2] angegeben. Wir wollen hier nur die Ergebnisse bringen: Die Systemgleichung für den mehrdimensionalen Fall ist gegeben durch

$$\dot{\mathbf{x}} = \mathbf{A}_1(t)\mathbf{x}(t) + \mathbf{B}(t)\mathbf{u}(t) + \mathbf{N}(t)\mathbf{w}(t), \tag{9.84}$$

wobei $\mathbf{x}$ = n-dimensionaler Zustandsvektor, $\mathbf{u}$ = r-dimensionaler Kontrollvektor, $\mathbf{w}$ = q-dimensionaler Störungsvektor, $\mathbf{A}_1(t) = n \times n$-dimensionale Matrix, $\mathbf{B}(t) = n \times r$-dimensionale Matrix und $\mathbf{N}(t) = n \times q$-dimensionale Matrix. Wieder sei angenommen, daß $\mathbf{u}(t)$ eine lineare Funktion von $\mathbf{x}(t)$ sei mit $\mathbf{u}(t) = \mathbf{S}(t)\mathbf{x}(t)$ und daß $\mathbf{Bu}$ im folgenden als in den Term $\mathbf{Ax}$ eingeschlossen vorausgesetzt werden kann. Wir schreiben daher anstelle von Gl. (9.84) nunmehr

$$\dot{\mathbf{x}} = \mathbf{A}(t)\mathbf{x}(t) + \mathbf{N}(t)\mathbf{w}(t). \tag{9.85}$$

Die Umformung durch ein Meßsystem wird hier geschrieben als

$$\mathbf{y}(t) = \mathbf{M}(t)\mathbf{x}(t) + \mathbf{v}(t), \tag{9.86}$$

wobei $\mathbf{y}(t)$ = m-dimensionaler Meßvektor, $\mathbf{M}(t) = m \times n$-dimensionale Meßmatrix und $\mathbf{v}(t)$ = m-dimensionaler Störungsvektor. Gl. (9.60) wird hier ersetzt durch

$$\frac{d\hat{\mathbf{x}}_{\text{opt}}}{dt} = \mathbf{A}(t)\,\hat{\mathbf{x}}_{\text{opt}}(t) + \mathbf{G}(t,t)[\mathbf{y}(t) - \mathbf{M}(t)\,\hat{\mathbf{x}}_{\text{opt}}(t)], \tag{9.87}$$

wobei

$$\mathbf{G}(t, t) = \mathbf{P}(t, t)\mathbf{M}^T(t)\mathbf{R}_v^{-1}(t),$$
$$\{\mathbf{R}_v\}_{ii} = E\{[v_i(t) - v_i(s)]^2\}/(t - s), \tag{9.88}$$

und $\mathbf{P}(t, t)$ die Lösung der Differentialgleichung

$$\frac{d\mathbf{P}}{dt} = \mathbf{A}(t)\mathbf{P}(t, t) + \mathbf{P}(t, t)\mathbf{A}^T(t) - \mathbf{P}(t, t)\mathbf{M}^T(t)\mathbf{R}_v^{-1}(t)\mathbf{M}(t)\mathbf{P}(t, t) + \mathbf{N}(t)\mathbf{R}_w(t)\mathbf{N}^T(t) \tag{9.89}$$

ist und die Anfangsbedingung

$$\mathbf{P}(t_0, t_0) = \overline{[\mathbf{x}(t_0) - \hat{\mathbf{x}}_{\text{opt}}(t_0)]^2} \tag{9.90}$$

gilt. Die in Gl. (9.89) verwendete Matrix $\mathbf{R}_w(t)$ ist gegeben durch [2]

$$\{\mathbf{R}_w\}_{ii} = E\{[w_i(t) - w_i(s)]^2\}/(t - s). \tag{9.91}$$

Die Elemente von $\mathbf{R}_v$ und $\mathbf{R}_w$ sind nur in der Hauptdiagonale $\neq 0$ und analog zu Gl. (9.38) gebildet. Siehe dazu auch Gl. (9.A24)ff. im Anhang zu Kapitel 9.

9.4.2 Beispiel

Die kontinuierliche Variante der optimalen Schätzung ist wegen der oftmaligen Realisierbarkeit mit Schaltelementen der Analogrechentechnik für die praktische Anwendung von Bedeutung. Wir wollen diese Methode nun an Hand eines Beispieles illustrieren. Zu diesem Zwecke nehmen wir ein eindimensionales System nach Abb. 70 an, dessen Ausgang $x(t)$ mit Hilfe eines Meßsystems mit der Störung $v(t)$ und dem Ausgang $y(t)$ gemessen wird.

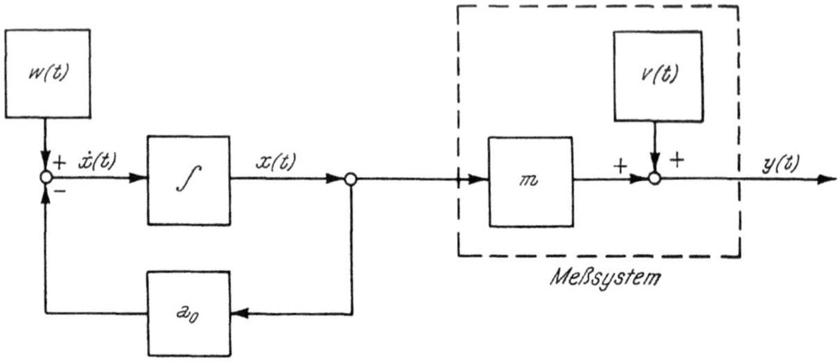

Abb. 70. Eindimensionales (zu beobachtendes) System mit Ausgang $x(t)$ und Meßsystem mit Ausgang $y(t)$

Für die Anordnung nach Abb. 70 gelten die Gleichungen

$$\dot{x}(t) = -a_0 x(t) + w(t) \tag{9.92}$$

und

$$y(t) = mx(t) + v(t). \tag{9.93}$$

Wir haben somit die speziellen Werte $a(t) = -a_0$ und $n(t) = 1$ eingeführt. Für die statistischen Störfunktionen v und w möge gelten

$$\Phi_{vv}(t, s) = 3\delta(t - s) \qquad \text{und} \qquad \Phi_{ww}(t, s) = 2\delta(t - s). \tag{9.94}$$

Die Riccatische Differentialgleichung für $p(t)$ wird nun zu

$$\frac{dp}{dt} = -a_0' p(t) - m^2 p^2(t)/3 + 2, \tag{9.95}$$

wobei $a_0' = 2a_0$. Weiters gilt

$$g(t) = (m/3)p(t). \tag{9.96}$$

Für die Lösung der Riccatischen Differentialgleichung (9.95) verwenden wir die entsprechenden Sätze aus Kapitel 2. Wir suchen demnach zunächst eine partikuläre Lösung und setzen dazu p_0 als konstant voraus. Somit erhalten wir aus Gl. (9.95)

$$-a_0' p_0 - m^2 p_0^2/3 + 2 = 0, \tag{9.97}$$

wobei p_0 z. B. als die größere der beiden Lösungen angenommen werde. Wir machen nun die Variablensubstitution

$$p(t) = p_0 + 1/z(t), \tag{9.98}$$

womit wir

$$\dot{z}(t) = a_0' z(t) + (2/3)m^2 p_0 z(t) + m^2/3 \tag{9.99}$$

erhalten. Gl. (9.99) hat das partikuläre Integral

$$z_1 = -m^2/3D, \tag{9.100}$$

wobei

$$D = a_0' + (2/3)m^2 p_0.$$

Die homogene Form von Gl. (9.99) hat die allgemeine Lösung

$$z_2 = C \exp(Dt), \tag{9.101}$$

wobei C eine beliebige Konstante ist. Dies führt unmittelbar zur Lösung von Gl. (9.95):

$$p(t) = \frac{1}{2m^2}\left(\sqrt{(3a_0')^2 + 24m^2} - 3a_0'\right) + 1/(C \exp(Dt) - m^2/3D). \tag{9.102}$$

C muß nunmehr mit Hilfe der Anfangsbedingungen für p bestimmt werden. Die Differentialgleichung für die optimale Schätzung $\hat{x}_{\text{opt}}$ ist gegeben durch

$$\frac{d\hat{x}_{\text{opt}}}{dt} = \frac{m}{3} p_0[y(t) - m\hat{x}_{\text{opt}}(t)] - a_0\hat{x}_{\text{opt}}(t), \tag{9.103}$$

wobei hier zur Vereinfachung angenommen ist, daß $1/z(t) \ll p_0$, bzw. daß nur eine zeitunabhängige Lösung interessiert. Im konkreten Fall müßte die Zulässigkeit dieser Näherung noch überprüft werden. Das Blockdiagramm für Gl. (9.103) ist zusammen mit dem zu beobachtenden System und dem Meßsystem nach Abb. 70 in Abb. 71 dargestellt.

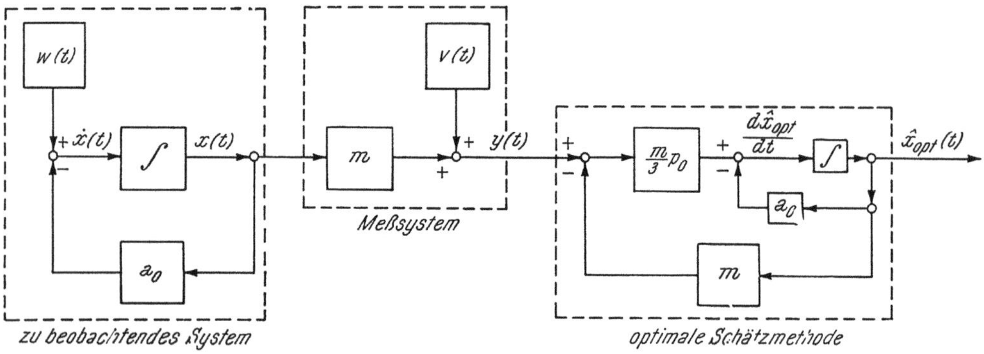

Abb. 71. Blockdiagramm der optimalen Schätzmethode nach Gl. (9.103) zusammen mit dem System nach Abb. 70

9.5 Zusammenfassende Bemerkungen zur Anwendung optimaler Schätzmethoden

Wir haben die Ableitungen für die diskrete und die kontinuierliche Variante optimaler Schätzmethoden gebracht und gesehen, daß beide Methoden ihre Vorteile haben, aber auch verschiedenen Einschränkungen unterliegen. Die kontinuierliche Variante ist auf Eingänge beschränkt, die lineare Funktionen der Zustandsvariablen des Systems sind, kann aber häufig durch einfache Netzwerke realisiert werden. Die diskrete Variante erlaubt etwas allgemeinere Eingänge, erfordert aber dafür meist die Anwendung eines Digitalrechners.

Beide Methoden verlangen nach unseren Ableitungen lineare bzw. linearisierte mathematische Modelle des betrachteten Systems. Weiters müssen die statistischen Charakteristiken der Störungen bekannt sein. In diesem Zusammenhang ist interessant zu bemerken, daß die Mehrzahl praktischer Anwendungen bei nichtlinearen Problemen der Bahnbestimmungen in der Raumfahrt liegt. Dies wird durch Linearisierung der Bahngleichungen in der Umgebung einer nominellen Trajektorie ermöglicht. Mehrere Beispiele dazu sind in [2, 5 und 7] angeführt, wo auch weitere diesbezügliche Literaturhinweise zu finden sind. Interessante Anwendungen sind bei der Führung von Raketen nach dem Start und bei Führungsproblemen in verschiedenen Phasen der Apollomissionen gegeben [1]. Über Anwendung auf die Luftfahrtnavigation wird in [13] berichtet, wobei diese Arbeit wegen der Angabe von ingenieurmäßigen Details für die Realisierung optimaler Schätzmethoden besonders interessant erscheint.

Manche komplizierte Anwendungsfälle machen die Einführung von spezialisierten Methoden, wie adaptive Störungsschätzungen oder optimale Schätzungen mit beschränktem Speichern von Meßergebnissen notwendig. Details dazu findet man z. B. in [5].

Ein Wort der Vorsicht scheint jedoch am Platze: Es gibt potentielle Anwendungsgebiete der optimalen Schätzung, bei denen infolge mangelnder verläßlicher Daten über charakteristische Störungskennwerte die besprochenen Methoden noch nicht angewendet werden konnten. Dies führt sogar dazu, daß von manchen Autoren der Wert der Anwendung statistischer Methoden auf Systeme der Prozeßkontrolle in Zweifel gezogen wird (siehe z. B. [8]). Ferner müßten in manchen Gebieten zunächst die üblichen Meßgeräte und Meßmethoden verbessert werden, bevor der Einsatz mathematischer Meßmethoden (d. h. optimaler Schätzmethoden) gerechtfertigt ist.

Abschließend wollen wir auf Grund der Überlegungen in vorliegendem Kapitel feststellen, daß eines der wichtigsten Anwendungsgebiete optimaler Schätzmethoden dort liegen dürfte, wo direkt nicht meßbare Ableitungen von Zustandsvariablen bestimmt werden müssen.

Literatur

[1] BATTIN, R. H., et al.: Guidance System Operations Plan for Manned CM Earth Orbital Mission. M.I.T. Report R-547, Cambridge, Mass., Dezember 1967.

[2] BUCY, R. S., und P. D. JOSEPH: Filtering for Stochastic Processes with Applications to Guidance. New York: Interscience. 1968.

[3] CHANG, S. S. L.: Synthesis of Optimum Control Systems. New York: McGraw-Hill. 1961.

[4] GUHA, A. K.: SAS-D Phase B Study Report. NASA Goddard Space Flight Center, Greenbelt, Maryland (in Vorbereitung).

[5] JAZWINSKI, A. H.: Stochastic Processes and Filtering Theory. New York: Academic Press. 1970.

[6] KALMAN, R. E.: New Methods in Wiener Filtering Theory, in: BOGDANOFF, J. L., und F. KOZIN (Hrsg.), Proc. First Symposium Eng. Appl. Random Function Theory and Probability. New York: Wiley. 1963.

[7] KISHI, F. H.: Autonomous Navigation Study. TRW Systems Report 7221.2-19, Januar 1967.

[8] KOPPEL, L. B.: Introduction to Control Theory. Englewood Cliffs, N. J.: Prentice-Hall. 1968.

[9] LOEVE, M.: Probability Theory, 3. Aufl. Princeton, N. J.: Van Nostrand. 1963.

[10] MCCAUSLAND, I.: Introduction to Optimal Control. New York: Wiley. 1969.

[11] PIPES, L. A.: Applied Mathematics for Engineers and Physicists, 2. Aufl. New York: McGraw-Hill. 1958.

[12] SCHMIDT, S. F.: Application of State-Space Methods to Navigation Problems. Advan. Control Systems **3**, 293—340 (1966).

[13] SCHMIDT, S. F., J. D. WEINBURG und J. S. LUKESH: Case Study of Kalman Filtering in the C-5 Aircraft Navigation Systems. Case Studies in System Control, Workshop Preprints, IEEE-GAC and Univ. of Michigan, Ann Arbor, Michigan, Juni 1968.

[14] SORENSON, H. W.: Least Squares Estimation: From Gauss to Kalman. IEEE Spectrum **1970**, 63—68.

[15] WAGNER, W. E.: Re-Entry Filtering, Prediction, and Smoothing. J. Spacecraft and Rockets **3**, 1321—1327 (1966).

[16] WIENER, N.: The Extrapolation, Interpolation, and Smoothing of Stationary Time Series. New York: Wiley. 1949.

[17] Kalman, R. E., und R. S. Bucy: New Results in Linear Filtering and Prediction Theory. ASME J. Basic Engineering **1961**, 95ff.
[18] Solodownikow, W. W.: Einführung in die statistische Dynamik linearer Regelungssysteme. München: Oldenbourg. **1963**; Berlin: VEB Verlag Technik. **1963**.

Anhang 9.A

Grundlagen aus der Wahrscheinlichkeitstheorie

Da statistische Methoden große Bedeutung für die in Kapitel 9 gebrachten Methoden zur optimalen Schätzung von Systemvariablen haben, bei der Anwendung auf die Optimierung von Kontrollsystemen aber auf in der Literatur unterschiedliche Kritik stoßen, wollen wir in diesem Buch statistische Methoden nur zur optimalen Schätzung heranziehen. Eine statistische Optimierung von Kontrollsystemen würde nämlich erstens eine Kenntnis der statistischen Charakteristiken der Störsignale voraussetzen, was nach [8] z. B. bei der Prozeßkontrolle kaum möglich ist. Zweitens ist bei Optimierung auf statistische Testsignale wieder keine Optimierung auf die sehr charakteristischen Sprungfunktionen gegeben, so daß auch deshalb statistische Optimierungsmethoden in der Literatur verschieden beurteilt werden.

Wir wollen nun in großen Zügen die für die optimale Schätzung wichtigen Sätze der Wahrscheinlichkeitsrechnung und Statistik bringen.

Der Wahrscheinlichkeitsbegriff

Wir beginnen hier mit dem Beispiel des Werfens einer Münze. Wenn wir das Merkmal, daß nach dem Werfen das Wappen nach oben zu liegen kommt, mit Merkmal 1 bezeichnen, so wird die Wahrscheinlichkeit dieses Merkmales ganz allgemein durch

$$p_1 = \lim_{N\to\infty} n/N \tag{9.A1}$$

definiert. Hiebei ist n die Anzahl der Ergebnisse des Merkmales 1 und N die Gesamtzahl der Würfe. Nach unserer Erfahrung gilt für eine ideale Münze $p_1 = \frac{1}{2}$. Analog können wir auch beim Würfeln oder anderen Vorgängen Wahrscheinlichkeiten definieren.

Zwei Merkmale werden dann als unabhängig voneinander bezeichnet, wenn die Wahrscheinlichkeit des Eintrittes eines Merkmals unabhängig vom Eintritt des anderen Merkmals ist. So ist z. B. beim Werfen zweier Würfel das Ergebnis beim ersten Würfel unabhängig von dem des zweiten. Manchmal wird in solchen Fällen auch der Ausdruck „nicht korrelierte Merkmale" gebraucht, obwohl diese Bezeichnung meist nur für stetige Verteilungen gebraucht wird (siehe später).

Diskrete Wahrscheinlichkeitsverteilungen

Wir betrachten Versuche, deren Ergebnisse durch n mögliche Merkmale charakterisiert seien. Hiebei habe das Merkmal j die Wahrscheinlichkeit p_j. Außerdem sei das Merkmal j mit einem numerischen Wert x_j gekoppelt. Im Fall des Würfelns kann x_j z. B. die Augenzahl darstellen. Wir definieren nun die Verteilungsfunktion F wie folgt: Für jede reelle Zahl x ist $F(x)$ die Summe der Wahrscheinlichkeiten aller Merkmale j, für die $x_j < x$. Somit können wir schreiben

$$F(x) = \sum_{j=1}^{n} p_j \chi(x - x_j), \tag{9.A2}$$

wobei definiert wird

$$\begin{aligned} \chi(y) &= 0 \quad \text{für} \quad y \leqslant 0, \\ &= 1 \quad \text{für} \quad y > 0. \end{aligned} \tag{9.A3}$$

Ganz allgemein gilt

$$\begin{aligned} F(-\infty) &= 0, \\ F(+\infty) &= 1. \end{aligned} \tag{9.A4}$$

Wir können weiters Momente von Wahrscheinlichkeitsverteilungen definieren. Das Moment $r$ter Ordnung ist gegeben durch

$$E\{x^r\} = \sum_{j=1}^{n} p_j x_j^r, \tag{9.A5}$$

was oft auch als m_r bezeichnet wird. $m_1 = E\{x\}$ ist der Mittelwert, $\sqrt{E\{x^2\}}$ der quadratische Mittelwert der Verteilung.

Man kann ebenso Momente $r$ter Ordnung in Bezug auf einen Punkt c definieren. Nimmt man $c = m_1$, so erhalten wir die zentrierten Momente μ_r, die somit geschrieben werden als

$$\mu_r = E\{(x - m_1)^r\} = \sum_{j=1}^{n} p_j (x_j - m_1)^r. \tag{9.A6}$$

Es gilt immer $\mu_1 = 0$. μ_2 wird oft als σ^2 geschrieben und Varianz genannt. σ selbst wird gewöhnlich als mittlere Abweichung der Variablen x von ihrem Erwartungswert bezeichnet und ist ein Maß für die Streuung bzw. Verteilung der „Zufallsvariablen“ x um ihren Mittelwert. (Wir merken an, daß wir im Hauptteil des Kapitels 9 zufolge Unterscheidung vom Meßfaktor $m(t)$ die statistischen Mittelwerte mit μ bezeichneten.)

Mit Hilfe der Verteilungsfunktion F können wir schreiben

$$m_r = \int_{-\infty}^{\infty} x^r \, dF(x) \tag{9.A7}$$

und

$$\mu_r = \int_{-\infty}^{\infty} (x - m_1)^r \, dF(x). \tag{9.A8}$$

In dem später behandelten Fall stetiger Wahrscheinlichkeitsverteilungen werden wir die Wahrscheinlichkeitsdichte $p(x)$ definieren. Der Vollständigkeit halber wollen wir dieses Konzept schon hier bringen, obwohl es im mathematisch strengen Sinne für diskrete Verteilungen nicht definiert ist:

$$p(x) = dF(x)/dx = \sum_{j=1}^{n} p_j\, \delta(x - x_j), \tag{9.A9}$$

wobei $\delta(x)$ die Diracsche Deltafunktion ist, welche definiert ist durch

$$\delta(x) = 0 \quad \text{für} \quad x \neq 0,$$

$$\int_{-\infty}^{\infty} \delta(x)\, dx = 1. \tag{9.A10}$$

Wir können somit Gl. (9.A7) und (9.A8) umformen zu

$$m_r = \int_{-\infty}^{\infty} x^r p(x)\, dx \tag{9.A11}$$

und

$$\mu_r = \int_{-\infty}^{\infty} (x - m_1)^r p(x)\, dx. \tag{9.A12}$$

Als weitere Definition führen wir den Erwartungswert einer Funktion $f(x)$ ein durch

$$E\{f(x)\} = \int_{-\infty}^{\infty} f(x)\, dF(x)$$

$$= \int_{-\infty}^{\infty} f(x) p(x)\, dx. \tag{9.A13}$$

Wir sehen auch, daß die Momente spezielle Formen von Erwartungswerten sind.

Stetige Wahrscheinlichkeitsverteilungen

Es gibt viele Arten von Zufallsvariablen, die nicht mehr nur diskrete Werte annehmen können, sondern alle Werte aus vorgegebenen Bereichen der reellen Zahlen. Wir definieren eine Verteilungsfunktion F für solche stetige Zufallsvariable in analoger Weise wie für diskrete Zufallsvariable wie folgt: Für jede reelle Zahl x_1 ist $F(x_1)$ die Wahrscheinlichkeit, daß $x < x_1$. Die Dichtefunktion ist hier mathematisch exakt definiert durch

$$p(x) = dF(x)/dx. \tag{9.A14}$$

Gl. (9.A4) gilt auch hier, ebenso wie die Definitionen nach Gl. (9.A7), (9.A8) und (9.A11)–(9.A13).

Gaußsche Verteilungen

Praktische Erfahrung hat gezeigt, daß viele bei Anwendungen vorkommende Störfunktionen durch Zufallsvariable mit Gaußscher Verteilung gut angenähert werden können. Gaußsche Verteilungen sind charakterisiert durch die Dichtefunktion

$$p_{\text{Gauß}}(x) = \frac{1}{\sqrt{2\pi}\sigma} \exp[-(x - m_1)^2/2\sigma^2], \tag{9.A15}$$

wobei m_1 der Mittelwert und σ^2 die Varianz sind. m_1 und σ^2 definieren somit eindeutig die Gauß-Verteilung. Charakteristische Eigenschaften von $p_{\text{Gauß}}(x)$ sind das Maximum bei $x = m_1$ und die Symmetrie um dieses Maximum (siehe Abb. 72). Wir erhalten den in der Statistik als Glockenkurve bezeichneten Verlauf.

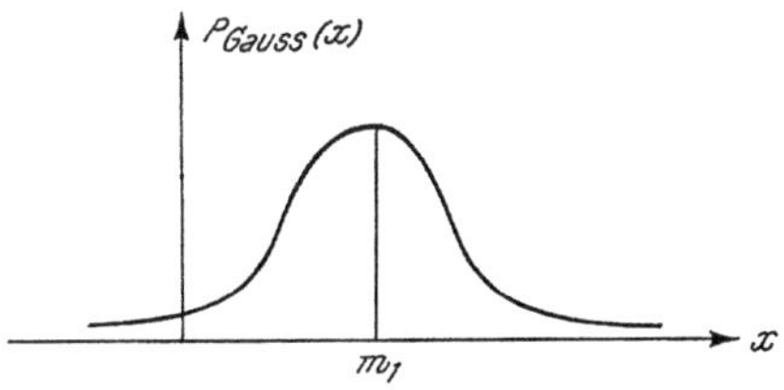

Abb. 72. Dichtefunktion für Gaußsche Verteilungen

Stochastische Prozesse

Wir betrachten jetzt zeitabhängige Zufallsvariable. Hier ist die Verteilungsfunktion somit verschieden für verschiedene Zeiten. Wir können nun annehmen, daß für jeden Zeitpunkt t eine Zufallsvariable x_t in Verbindung mit ihrer Verteilungsfunktion $F_t(x)$ derart gegeben ist, daß x_t und $F_t(x)$ in stetiger Weise von t abhängen. Als Alternative können wir annehmen, daß eine zweidimensionale Zufallsvariable (x, t) gegeben sei, wobei ein räumliches Verhalten durch x und ein zeitliches Verhalten durch t beschrieben sei. In beiden Fällen sagen wir, daß die zeitabhängige Zufallsvariable x_t einen stochastischen Prozeß beschreibt bzw. darstellt.

Die Dichtefunktion für den stochastischen Prozeß ist definiert durch

$$p(x, t) = \frac{\partial F(x, t)}{\partial x}. \tag{9.A16}$$

Für eine Funktion $f(x)$ wird der nunmehr zeitabhängige Erwartungswert definiert durch

$$E\{f(x)\}_t = \int_{-\infty}^{\infty} f(x) p(x, t)\, dx. \tag{9.A17}$$

Die Momente des stochastischen Prozesses x_t werden definiert durch

$$m_r(t) = \int_{-\infty}^{\infty} x_t{}^r p(x, t)\, dx \tag{9.A18}$$

und

$$\mu_r(t) = \int_{-\infty}^{\infty} [x_t - m_1(t)]^r p(x, t)\, dx. \tag{9.A19}$$

Im folgenden wollen wir nun die sogenannten Charakteristiken zweiter Ordnung einführen. Wir definieren eine Verteilungsfunktion zweiter Ordnung $F(x_t', x_s', t, s)$ als Wahrscheinlichkeit, daß $x < x_t'$ zur Zeit t und $x < x_s'$ zur Zeit s. Die Dichtefunktion zweiter Ordnung ist gegeben durch

$$p(x_t, x_s, t, s) = \frac{\partial^2}{\partial x_t\, \partial x_s} F(x_t, x_s). \tag{9.A20}$$

Der Erwartungswert einer Funktion $f(x_t, x_s)$ ist definiert als

$$E\{f(x_t, x_s)\} = \int_{-\infty}^{\infty}\int_{-\infty}^{\infty} f(x_t, x_s) p(x_t, x_s, t, s)\, dx_t\, dx_s. \tag{9.A21}$$

Die Momente sind hier

$$m_{q,r}(t, s) = \int_{-\infty}^{\infty}\int_{-\infty}^{\infty} x_t{}^q x_s{}^r p(x_t, x_s, t, s)\, dx_t\, dx_s \tag{9.A22}$$

und

$$\mu_{q,r}(t, s) = \int_{-\infty}^{\infty}\int_{-\infty}^{\infty} [x_t - m_{1,0}(t, s)]^q [x_s - m_{0,1}(t, s)]^r p(x_t, x_s, t, s)\, dx_t\, dx_s. \tag{9.A23}$$

Die Erwartungswerte, bzw. ihre spezielle Form als Momente, wie sie durch Gl. (9.A17)—(9.A19) und (9.A21)—(9.A23) gegeben sind, werden als Ensemblemittelwerte bezeichnet, um sie von den Zeitmittelwerten zu unterscheiden. Die Ensemblemittelwerte werden üblicherweise durch einen Querstrich gekennzeichnet:

$$E\{f(x_t, x_s)\} \equiv \overline{f(x_t, x_s)}. \tag{9.A24}$$

Spezialfälle

(a) *Stationäre Stochastische Prozesse.* Ein stochastischer Prozeß wird stationär genannt, falls (1) die Verteilungsfunktion $F(x, t)$ und somit auch die Dichtefunktion $p(x, t)$ unabhängig von t sind, und (2) die Verteilungsfunktion zweiter Ordnung

$F(x_t, x_s, t, s)$ von t und s nur über die Differenz $t - s$ abhängt. Wir können deshalb schreiben $F(x_t, x_s, \tau)$ und $p(x_t, x_s, \tau)$, wobei $\tau = t - s$.

(b) *Ergodische Stochastische Prozesse.* Ein stochastischer Prozeß wird ergodisch genannt, falls für jede Funktion $f(x)$ gilt:

$$\overline{f(x)} = \int_{-\infty}^{\infty} f(x)p(x)\,dx = \lim_{T\to\infty} \frac{1}{2T} \int_{-T}^{T} f[x(t)]\,dt, \tag{9.A25}$$

wobei der letzte Ausdruck den Zeitmittelwert der Funktion $f(x)$ darstellt. Somit ist für einen ergodischen Prozeß der Zeitmittelwert gleich dem Ensemblemittelwert. Diese Eigenschaft ist von großer praktischer Bedeutung, da sie es ermöglicht, die Charakteristiken eines stochastischen Prozesses durch Auswertung eines einzigen, zeitabhängigen Verlaufs des Prozesses zu gewinnen. Bei nichtergodischen Prozessen wäre die Auswertung des augenblicklichen Verhaltens des stochastischen Prozesses zu jedem Zeitpunkt notwendig oder, um dies meßtechnisch praktisch verwirklichen zu können, in hinreichend nahe aufeinanderfolgenden Zeitpunkten.

Korrelationsfunktionen

Die Autokorrelationsfunktion eines stochastischen Prozesses x_t mit dem Mittelwert $= 0$ ist definiert durch

$$\begin{aligned} \Phi_{xx}(t, s) &= E\{x_t x_s\} \\ &= \int_{-\infty}^{\infty} p(x_t, x_s, t, s) x_t x_s \, dx_t \, dx_s \\ &= m_{1,1}(t, s) = \mu_{1,1}(t, s). \end{aligned} \tag{9.A26}$$

Im stationären Fall wird dies

$$\Phi_{xx}(\tau) = \overline{x_t x_{t+\tau}} \tag{9.A27}$$

und, wenn x_t zusätzlich noch ergodisch ist,

$$\Phi_{xx}(\tau) = \lim_{T\to\infty} \frac{1}{2T} \int_{-T}^{T} x(t)x(t+\tau)\,dt. \tag{9.A28}$$

(Für Mittelwerte $\neq 0$ wäre in Gl. (9.A26) $(x_t - m_{1,0})(x_s - m_{0,1})$ statt $x_t x_s$ zu verwenden.) Die Kreuzkorrelationsfunktion für zwei stochastische Prozesse x_t und y_t ist, unter Beschränkung auf Prozesse mit dem Mittelwert null, gegeben durch

$$\Phi_{xy}(t, s) = \overline{x_t y_s}. \tag{9.A29}$$

Für stationäre x_t und y_t gilt

$$\Phi_{xy}(\tau) = \overline{x_t y_{t+\tau}} \tag{9.A30}$$

und weiters, falls x_t und y_t auch noch ergodisch sind,

$$\Phi_{xy}(\tau) = \lim_{T\to\infty} \frac{1}{2T} \int_{-T}^{T} x_t y_{t+\tau}\, dt. \tag{9.A31}$$

Weitere Einzelheiten findet der interessierte Leser z. B. in [3, 9, 18].

10. Adaptive Systeme

10.1 Einleitung

Die bisher in diesem Buch behandelten Kontrollmethoden sind, zumindest theoretisch, geeignet, Kontrollsysteme zu optimieren, wenn ein Gütekriterium entsprechend definiert werden kann. Es ist oft von Vorteil, das Gütekriterium mathematisch zu formulieren (siehe Kapitel 3). Praktische Überlegungen lassen es meist als notwendig erscheinen, die Struktur des Kontrollsystems, basierend auf vereinfachenden Annahmen oder auf ingenieurmäßiger, praktischer Erfahrung, als fest anzunehmen. Dies wurde schon in Kapitel 6 an Hand mehrerer Beispiele gezeigt. Es müssen sodann nur mehr die Parameter des Kontrollsystems optimiert werden.

Weiters müßten für eine mathematisch exakte Optimierung auch die auf das System während der ganzen in Betracht kommenden Zeit wirkenden Störungen bekannt sein, und es müßten die vollständigen, meist nichtlinearen und zeitabhängigen Differentialgleichungen des gesamten Systems behandelt werden. Es ist somit klar, daß die exakte Lösung fast immer unmöglich ist und daß die Störungen durch charakteristische Funktionen, wie Sprungfunktionen, Sinusformen oder Gaußsche Verteilungen, dargestellt werden; weiters werden nichtlineare Gleichungen in der Nähe des Arbeitspunktes linearisiert und zeitvariable Systeme in den betrachteten Zeitpunkten als zeitunabhängig angenähert.

Es ist einleuchtend, daß man immer versucht, die lineare[9] Optimierungstheorie so weitgehend wie möglich anzuwenden; für theoretische Untersuchungen bzw. praktische Projektierungen werden die oben erwähnten Näherungen vorgenommen; im praktischen Betrieb muß ein nichtlineares oder zeitvariables Arbeitsverhalten durch besondere Vorkehrungen, nämlich adaptive und/oder lernende[10] Systeme, auf lineares Verhalten reduziert werden.

In der Literatur findet man viele verschiedene Definitionen für adaptive und lernende Methoden bzw. Systeme. Wir wollen auf Grund der obigen Überlegungen eine eigene, auf die technische Anwendbarkeit zugeschnittene Definition ein-

---

[9] Hier schließen wir u. a. auch numerische Methoden und das Maximumprinzip ein. Erstere auf Grund der Linearisierungen in der Umgebung einer nominellen Trajektorie (siehe Kapitel 7), letzteres, da es, abgesehen von den Möglichkeiten, starre Begrenzungen zu berücksichtigen, im wesentlichen für lineare Systeme entwickelt wurde.

[10] Lernende Methoden werden in Kapitel 12 genauer behandelt; dort wird auch dargelegt, daß für praktische Anwendungen lernende Methoden als adaptive Methoden mit Erfahrungsspeicher aufgefaßt werden können.

führen: Adaptive Methoden sind Verfahren, die die Optimierung von nichtlinearen und/oder zeitvariablen Systemen (oder von Systemen, die bei erträglichem Aufwand für eine exakte Behandlung zu kompliziert sind) dadurch ermöglichen, daß sie das Verhalten dieser Systeme im praktischen Betrieb an jenes von optimalen linearen Systemen heranführen. Dies geschieht dadurch, daß die Veränderung von Systemparametern durch dauernde neue Optimierung der Kontrollparameter ausgeglichen wird.

Man kann somit auch sagen, daß adaptive Methoden die Anwendbarkeit der linearen Optimierungstheorie auf nichtlineare und/oder zeitvariable Systeme erweitern. Wenn also das linearisierte System mit Hilfe der linearen Theorie optimiert wurde, so liefert das adaptive Verhalten eine automatische Optimierung eben dadurch, daß das nichtlineare Verhalten im Effekt zu einem linearen gemacht wird und die Optimierung auf Grund der linearen Theorie somit für alle Arbeitsbereiche gilt.

Eine weitere Betrachtung läßt den Schluß zu, daß die linearen Optimierungsregeln sich mit der nichtautomatischen Optimierung durch optimale Auslegung vor Inbetriebnahme des Systems befassen. Adaptive (und lernende) Methoden betreffen dann die automatische Optimierung nach Inbetriebnahme des Kontrollsystems. Wenn wir annehmen, daß die Struktur der Kontrolle aus bereits mehrfach erwähnten Gründen fixiert ist, beschränken sich adaptive (und lernende) Methoden dann auf die Optimierung bestimmter Kontrollparameter, wie es in vorliegendem Kapitel an Hand zweier praktischer Beispiele erläutert werden wird.

Hier muß betont werden, daß jedes nichtlineare und/oder zeitvariable System gesonderte Behandlung in oft mehr praktischer, ingenieurmäßiger als rein mathematischer Weise erfordert. Dies läßt erkennen, daß für adaptive (und lernende) Systeme keine geschlossene mathematische Theorie existiert und wahrscheinlich auch nicht in für praktische Anwendungen brauchbarer Weise erstellt werden kann. Die meisten in der Literatur beschriebenen adaptiven Systeme, die wirklich angewandt wurden oder Aussicht auf Anwendung haben, beruhen in der Tat nur zum geringsten Teil auf theoretischen Überlegungen und sind hauptsächlich das Ergebnis von Experimenten oder Ingenieurkunst.

Es sind in der Literatur mehrere Versuche einer Klassifizierung der vorgeschlagenen adaptiven Systeme unternommen worden [1, 2, 3]. Ebenso existieren frühe Literaturübersichten in [4, 5]. Bei all jenen dort zitierten Systemen ist aber schwer zu sehen, ob eine Methode wirklich praktischen Erfolg hatte oder nur ein Vorschlag blieb. Wir wollen deshalb das vorliegende Kapitel auf zwei neue adaptive Methoden gründen, von denen die eine in umfangreicher Weise praktisch erprobt wurde [10], die andere begründete Aussichten hat, in nächster Zeit angewendet zu werden [6, 7]. Die linearisierten Systeme werden dabei im ersten Fall mit Hilfe der in Kapitel 6 besprochenen Methoden, im zweiten Fall mit Hilfe des Maximumprinzips optimiert. Nach Beschreibung dieser zwei adaptiven Methoden wollen wir andere charakteristische Verfahren aus der Literatur präsentieren.

Hier sind einige Worte über die historische Entwicklung adaptiver Systeme am Platze. Meist wird das System von DRAPER und LI [8] zur Zündzeitpunkt- und Gemischkontrolle für Benzinmotoren als erstes adaptives System bezeichnet. Ein älteres System dürfte aber mit der automatischen Verstärkungsregelung in Radioempfängern vorliegen. Man könnte auch so weit gehen und sagen, daß adaptive Kontrolle und Kontrolle überhaupt schon im Menschen und bei Tieren vorliegt und es sich daher hier um ein Naturphänomen handle, das der technischen Anwendung nutzbar gemacht wurde. Wir wollen deshalb nicht weiter auf die Geschichte eingehen und zur Definition und Klassifikation der Ziele und Methoden adaptiver Systeme gelangen.

10.2 Optimierungsziele bei adaptiven Systemen

Da, nach den obigen Erklärungen, adaptive Kontrollsysteme im Grunde eine Erweiterung linearer Kontrollsysteme darstellen, sind auch die Ziele der Optimierung adaptiver Kontrollsysteme dieselben wie bei linearen Kontrollmethoden (siehe Kapitel 1):

(1) Verhaltensoptimierung des geschlossenen Regelkreises und

(2) Sollwertoptimierung.

Für beide Arten wurden bereits in Kapitel 1 und auch später in diesem Buch genügend Beispiele gebracht, so daß wir uns hier auf diese kurze Zusammenfassung beschränken wollen.

10.3 Optimierungsmethoden bei adaptiven Systemen

Um die bei adaptiven Systemen angewandten Methoden zu klassifizieren, vergleichen wir das Prinzip der Adaption mit dem der Kontrolle selbst: Bei der Kontrolle (Steuerung bzw. Regelung) muß ein Sollwert erreicht und eingehalten werden; bei der Adaption wird der Sollwert durch den (optimalen) Wert eines Gütekriteriums ersetzt.

Wir können nun unmittelbar die für Adaption anwendbaren Strukturen klassifizieren:

10.3.1 Offene Adaption

Dem reinen Steuern, also der Kontrolle ohne Rückkopplung der kontrollierten Variablen, entspricht die auf Identifikation basierende Adaption. Als Identifikation wollen wir zusammenfassend die Bestimmung von Systemvariablen, Störgrößen, Sollwerten oder Parametern des zu kontrollierenden Systems verstehen. Während Systemvariable z. B. durch Temperaturen, Druckwerte etc. dargestellt werden, handelt es sich bei Parametern z. B. um Koeffizienten der das zu kontrollierende System beschreibenden Differentialgleichungen. In der Literatur wird oft nur letzterer Vorgang als Identifikation bezeichnet; Methoden zur Identifikation findet man in [1, 2, 26, 27, 28] und hier in Abschnitt 10.4.6.

Wie wir in diesem Kapitel an Hand von Beispielen sehen werden, existieren oft eindeutige Zusammenhänge zwischen der optimalen Kontrolleinstellung und

Systemvariablen, Parametern etc. In Anlehnung an die Bezeichnung offene Wirkungskette (oder auch: offener Regelkreis) wollen wir diese Methode als offene Adaption bezeichnen. Hier besteht also keine Rückkopplung von dem tatsächlich erreichten Kontrollverhalten auf die Einstellung der Kontrollparameter.

10.3.2 Geschlossene Adaption

Diese Form der Adaption entspricht dem geschlossenen Regelkreis. Hier finden wir nämlich eine Messung des Kontrollverhaltens (Gütekriterium) und eine Rückkopplung auf die Optimierung der Kontrolle. Den geregelten Variablen des geschlossenen Regelkreises entspricht das erreichte Kontrollverhalten und dem Soll-(Referenz-)Wert das optimale Kontrollverhalten. Manche Autoren bezeichnen diese Art der Adaption als Selbstadaption.

10.3.3 Vergleich und Zusammenwirken von offener und geschlossener Adaption

Beide Verfahren der Adaption haben je einen entscheidenden Vorteil, der sie je nach Anwendungsfall in der einen oder anderen Hinsicht dem anderen überlegen macht: Offene Adaption ermöglicht die unmittelbare Optimierung, während bei geschlossener Adaption eine prinzipielle Zeitverzögerung dadurch eintritt, daß für die Messung des Kontrollverhaltens das kontrollierte System immer eine gewisse Zeit beobachtet werden muß; dies ergibt sich aus dem Charakter der Gütekriterien (siehe Kapitel 3). Hingegen berücksichtigt die geschlossene Adaption das tatsächlich erreichte Kontrollverhalten, während bei offener Adaption durch den Einfluß nicht berücksichtigter oder nicht bekannter Größen das vorausbestimmte Optimierungsgesetz sich als in Wirklichkeit nicht optimal herausstellen könnte.

Da beide Methoden ihren eigenen großen Vorteil besitzen, ist es naheliegend, eine Kombination beider Verfahren anzustreben. Es wird daher die offene Adaption als erster Schritt zur Optimierung dienen; sodann wird mit Hilfe geschlossener Adaption überprüft werden, ob das erreichte Verhalten tatsächlich optimal ist, oder ob noch eine weitere (geschlossene) Optimierung vorgenommen werden muß. Die geschlossene Adaption vervollständigt somit die Optimierung und wirkt sozusagen in übergeordneter Weise.

Wie eine derartige Kombination der beiden Verfahren tatsächlich ausgeführt werden kann, ist detailliert in [10] beschrieben. Da die Anwendung aus [10] die Wirkungsweise offener und geschlossener Adaption und deren Kombination deutlich illustriert, wollen wir sie im folgenden kurz beschreiben.

10.4 Praktisches Anwendungsbeispiel offener und geschlossener Adaption und ihrer Kombination

Wir wollen hier ein praktisch ausgeführtes adaptives System beschreiben; dies scheint insbesondere deshalb wichtig, da es oft weder analytisch noch durch

Rechnersimulation mit erträglichem Aufwand möglich ist, Effekte wie Reibung, Hysterese etc. genau zu erfassen. Gerade aber solche Effekte, deren Einfluß immer wieder veränderlich ist, geben Anlaß zu laufender Nachoptimierung und daher zur Verwendung adaptiver Systeme. Auf der anderen Seite werden wieder manche von der Analyse her als wesentlich erscheinende Einzelheiten durch stets vorhandene Ungenauigkeiten praktischer Systeme in den Hintergrund gedrängt; dies trifft z. B. für die Genauigkeit der Messung von Systemvariablen zu, wie wir später sehen werden. Ferner kann gesagt werden, daß ab einem gewissen Umfang einer Rechnersimulation der praktische Aufbau eines maßstabsgetreuen Modells wirtschaftlicher ist. Wie dies geschehen kann, soll im folgenden am Beispiel einer Druckregelung beschrieben werden.

10.4.1 Das Druckregelsystem

Das für die praktische Erprobung adaptiver Systeme angewandte Druckregelsystem wurde durch die Druckregelungen im niederösterreichischen Erdgasnetz motiviert und an der Technischen Hochschule Wien aufgebaut [11]. Das Prinzip der Anordnung ist in Abb. 73 gezeigt.

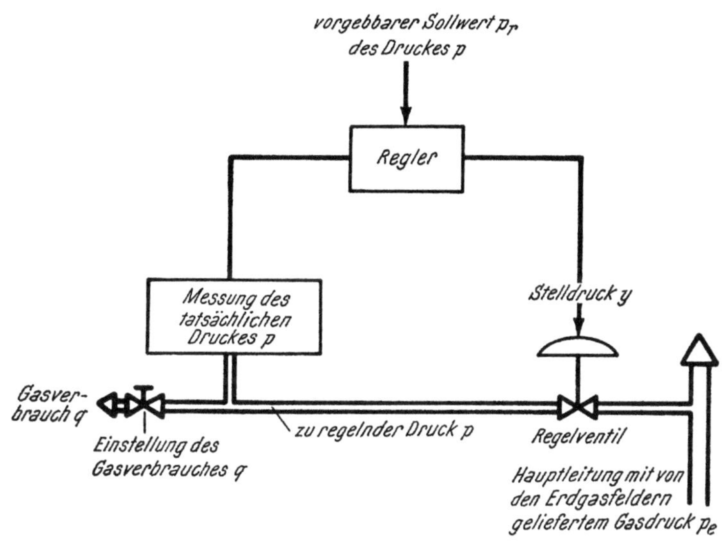

Abb. 73. Prinzipschaltbild einer Druckregelstation

Aus Abb. 73 ist ersichtlich, daß zwei Störgrößen, nämlich p_e und q, auf den zu regelnden Druck p einwirken. Die Untersuchungen ergaben, daß die Regelgüte bei Verwendung eines konventionellen Proportional-Integral-Reglers stark vom jeweiligen Arbeitspunkt abhängt [10]. Der Arbeitspunkt ist hiebei durch p_r, q und p_e definiert. Wird z. B. der Regler für einen bestimmten Wert $q = q_m$ derart optimiert, daß nach einer Veränderung von p_e minimale Ausregelzeit auftritt, so tritt bei höherem q unter sonst gleichen Voraussetzungen ein stark gedämpftes, kriechendes Arbeitsverhalten auf; bei kleinerem q wiederum erhält man schwächer gedämpftes und bei sehr kleinem q sogar instabiles Verhalten. Die Abhängigkeiten von p_e und p_r können ähnlich beschrieben werden: z. B. nach Optimierung für mittleres p_{em} tritt kriechendes Verhalten für niedrigeres p_e und schwach gedämpftes bzw. instabiles Verhalten für höheres p_e auf, wenn eine Änderung von q auftritt.

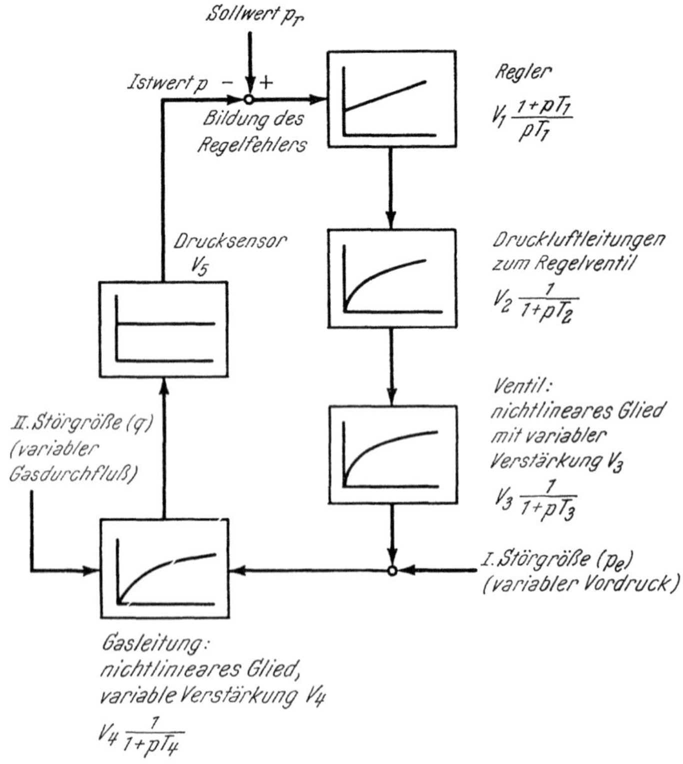

Abb. 74. Simulierung des Druckregelsystems am Analogrechner. Die einzelnen Elemente sind sowohl durch ihre Übertragungsfunktion als auch durch die Sprungantwort (Übergangsfunktion) charakterisiert. Nach [10]

Die Ursachen für dieses stark unterschiedliche Regelungsverhalten liegen in den nichtlinearen Charakteristiken der Strömungswiderstände in den Leitungen und in den Nichtlinearitäten des Regelventils (Hysterese, Reibung, die Regelkennlinie als Beziehung zwischen Ventilstellung und Druck p). Die Regelkennlinie des Ventils ist sowohl von q als auch von p_e abhängig.

Hiebei ist interessant zu bemerken, daß ähnliche Probleme des stark schwankenden Arbeitsverhaltens für andere Kontrollsysteme in [12], [13] und [14] beschrieben wurden. Die übliche Methode in der Prozeßkontrolle besteht darin, in solchen Fällen eben den Regler so einzustellen, daß immer stabiles Verhalten erreicht wird. Dies wird natürlich durch den Nachteil erkauft, daß in sehr vielen Arbeitsbereichen kriechendes Verhalten mit sehr langen Kontrollzeiten auftritt.

10.4.2 Simulation auf dem Analogrechner

Abb. 74 zeigt das Blockschema des Druckregelsystems nach Abb. 73. Hiebei sind die Einflüsse von Reibung und Hysterese vernachlässigt. Die anderen Nichtlinearitäten können durch Verstellung von V_3 und V_4 berücksichtigt werden.

Zum Vergleich des tatsächlichen aufgebauten Druckregelsystems und der Simulation werden die Schwingungsformen von p in Abb. 75 und Abb. 76 verglichen. Die Ergebnisse von Abb. 75 werden durch Veränderung des Arbeitspunktes durch q erreicht; für Abb. 76 wird das Produkt $V_3 \cdot V_4$ entsprechend eingestellt.

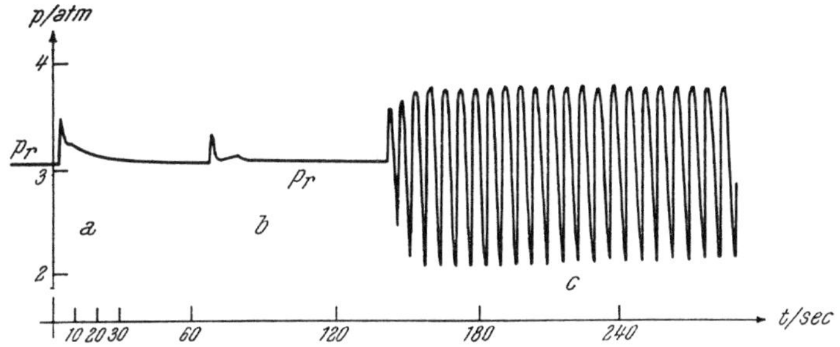

Abb. 75. Typisches Arbeitsverhalten für verschiedene Übergänge im Gasverbrauch q (in l/min)

	Ausgangswert	Endwert
a)	165	117
b)	117	93
c)	93	60

Hiebei ist stets $p_r = p_{rm} = 2$ atü, $p_e = p_{em} = 3$ atü

Dieselben Ergebnisse wurden auch mit einer Simulation am Digitalrechner erzielt [15].

10.4.3 Mathematische Beschreibung

Die Übertragungsfunktion des aufgeschnittenen Regelsystems nach Abb. 74 ist gegeben durch

$$F_0(p) = V_1 \frac{1 + pT_1}{pT_1} \cdot \frac{V_2}{1 + pT_2} \cdot \frac{V_3}{1 + pT_3} \cdot \frac{V_4}{1 + pT_4} V_5. \tag{10.1}$$

Nach Schließung des Regelkreises erhalten wir als Übertragungsfunktion zwischen dem Regelfehler $e = p_r - p$ und der Störung q

$$F_D(p) = V_4 \frac{1}{1 + pT_4} V_5 \frac{1}{1 - F_0(p)}. \tag{10.2}$$

Man könnte nun die Abhängigkeit von V_3 und V_4 bezüglich p_r, p_e und q bestimmen, wie dies auf experimentellem Wege in [10] geschehen ist, und die Verstärkung des Reglers nach Messung von p_r, p_e und q so nachstellen, daß immer lineares und optimales Verhalten erreicht wird. Wie in [10] ausführlich diskutiert, führt ein solches Vorgehen zu ziemlich komplizierten Systemen, die außerdem in jedem neuen Anwendungsfall die erneute Bestimmung der Nichtlinearitäten und deren Einfluß auf das Regelverhalten erforderten. Es soll daher in diesem Kapitel ein allgemein anwendbares System angegeben werden, das das Regelverhalten für alle Arbeitsbereiche automatisch optimiert.

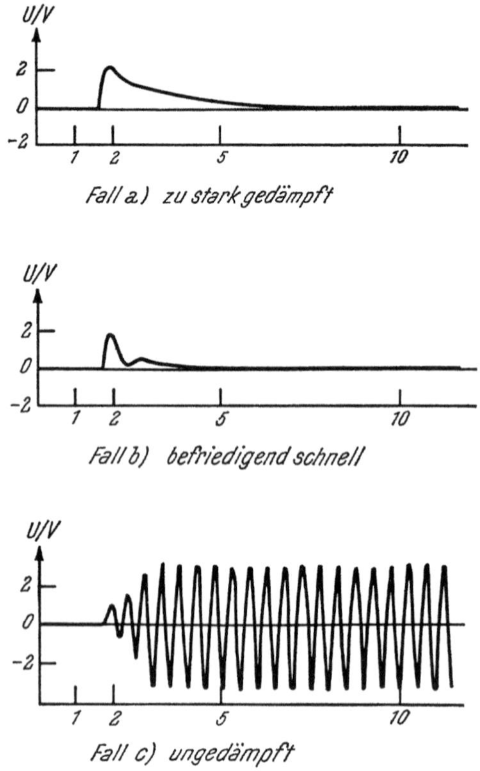

Abb. 76. Analogrechnersimulation der drei Fälle nach Abb. 75. Abszisse: *t*/sec des Analogrechners [10]

10.4.4 Verallgemeinerung des Optimierungsproblems

In der hier gewählten Anordnung wurde ein Proportional-Integral-Regler verwendet, wie dies nach [16] als aus praktischen Gründen optimal angesehen werden kann. Die Optimierung geschieht somit bei vorgegebener Struktur; auch letztere Annahme geschieht aus praktischen Erwägungen, wie bereits mehrfach begründet.

Um nun die allgemeine Bedeutung des hier vorliegenden Optimierungsproblems zu beleuchten, wollen wir die typische Form des Nyquist-Diagramms von in der Praxis meist vorkommenden Arten von Kontrollsystemen betrachten (siehe Abb. 77). Hiebei ist z. B. weniger interessant, auf welcher Achse die Ortskurven beginnen. Wesentlich ist vielmehr die sich mit der Verstärkung ändernde Lage der Ortskurven relativ zum kritischen Punkt.

Wie aus der Regelungstechnik bekannt, gibt die Lage des kritischen Punktes im Verhältnis zur Ortskurve an, ob Stabilität oder Instabilität herrscht. Für Stabilität muß bei Durchlaufen der Ortskurve im Sinne von wachsendem ω der kritische Punkt links liegen. Weiters ist es möglich, aus der Entfernung des kritischen Punktes von der Ortskurve auf die Dämpfung des Systems zu schließen [17], [18].

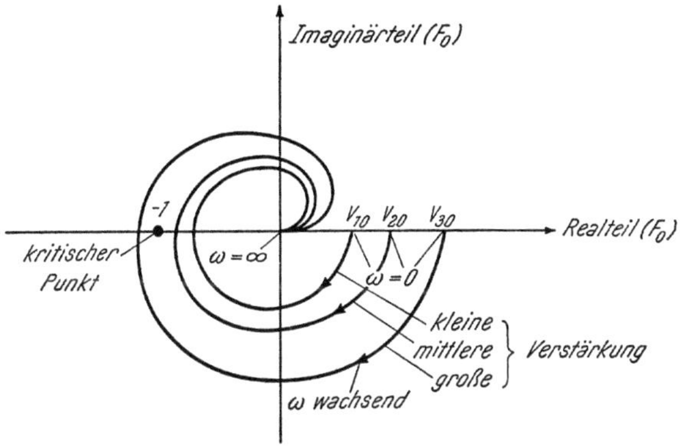

Abb. 77. Nyquist-Diagramm (für $F_0(j\omega)$) des aufgeschnittenen Regelkreises für übliche Systeme (prinzipiell)

Aus Abb. 77 ist zu erkennen, daß somit das Dämpfungsverhalten in erster Linie von der Verstärkung V_{i0} abhängig ist. Hiebei ist V_{i0} durch das Produkt der Verstärkungen der Einzelglieder gegeben. Dies ist auch der Grund, daß wir uns in dem hier gebrachten Beispiel auf die Optimierung der Verstärkung beschränken wollen.

10.4.5 Prinzipielle Auslegung des adaptiven Systems

Wie erläutert, wird das adaptive System am besten aus einer Kombination von offener und geschlossener Adaption bestehen. Die beiden Prinzipien sollen nun in ihrer grundsätzlichen Anwendung auf das Druckregelsystem beschrieben werden.

a) *Offene Adaption*

Bei dieser Art der Adaption wird das Kontrollsystem auf Grund von Messungen von Systemvariablen, -parametern und -störungen optimiert. In unserem Beispiel wurde eine Abhängigkeit des Systemverhaltens von p_r, p_e und q festgestellt. Wie erwähnt, ist ein direktes Optimieren auf Grund der Messung dieser Größen zwar prinzipiell möglich, aber sehr kompliziert zu realisieren und außerdem nur auf den jeweiligen Spezialfall zugeschnitten. Deshalb soll offene Adaption nur in Bezug auf die sich am häufigsten verändernde Variable, hier q, angewendet werden. In Kapitel 12 werden wir sehen, wie durch Anwendung von lernenden Systemen eine mehrdimensionale Abhängigkeit (hier von p_r, p_e und q, also dreidimensional) mit erträglichem Aufwand allgemein behandelt werden kann. Die

Optimierung erfolgt auch dort während des praktischen Arbeitens des Systems, benutzt aber zusätzlich einen Erfahrungsspeicher.

b) Geschlossene Adaption

Da bei dem in diesem Kapitel betrachteten System die offene Adaption nur eine Systemvariable, nämlich q, berücksichtigt, muß die Abhängigkeit der optimalen Einstellung von p_r und p_e über die Messung des Arbeitsverhaltens (d. h. des Kontrollverhaltens) erfaßt werden. Es sind somit Systeme zur Messung des Arbeitsverhaltens und zur entsprechenden Optimierung des Reglers vorzusehen. Ein solches System wurde in [10] ausführlich beschrieben und soll im folgenden kurz dargestellt werden.

10.4.6 Der Schwingungsanalysator, ein System zur Messung des Kontrollverhaltens

Umfangreiche experimentelle Untersuchungen an dem Druckregelsystem haben ergeben, daß in allen Arbeitsbereichen nach einem Sprung der Störgrößen bzw. des Sollwertes eine minimale Ausregelzeit T_{aus} von 4 sec erzielt werden kann. Wir wollen daher jene Reglereinstellung als optimal definieren, bei der $T_{\text{aus}} = 4$ sec erreicht wird. Es ist somit naheliegend, ein System zu entwerfen, welches das Schwingungsverhalten von p im Verhältnis zum optimalen Verhalten mißt. Zu diesem Zwecke werden Schwellwerte für $e = p_r - p$ eingeführt, wie sie in Abb. 78 zusammen mit den drei charakteristischen Schwingungsformen dargestellt sind.

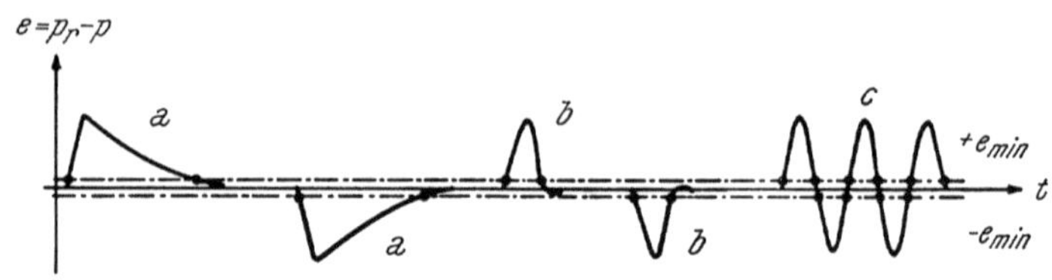

Abb. 78. Die drei typischen Schwingungsformen des Regelfehlers; die Punkte deuten die Durchlaufungen der Schwellwerte an

Wenn wir weiter eine Analysenzeit T_A in der Länge der minimalen Ausregelzeit (hier 4 sec) annehmen und entsprechend lange Intervalle aus den Verläufen nach Abb. 78 ausschneiden, so gelangen wir zu den Kurvenformen nach Abb. 79.

Im folgenden wollen wir zur Abkürzung die Bezeichnungen

Fall a) für zu stark gedämpft,

Fall b) für optimales Arbeitsverhalten und

Fall c) für zu schwach gedämpft, bzw. ungedämpft, verwenden.

Zur Charakterisierung der drei Fälle nach den Durchschreitungen der Schwellwerte ist zu sagen, daß das Durchschreiten infolge des Einschaltens des Schwingungsanalysators zu Beginn der Analyse berücksichtigt werden muß, nicht aber das Durchschreiten zufolge des Ausschaltens am Ende der Analyse. Nur unter diesen Voraussetzungen können die Fälle unterschieden werden. Auf Grund von

Abb. 79 können wir nämlich die verschiedenen Arbeitsweisen wie folgt charakterisieren, wobei wir uns immer auf die Analysendauer T_A, wie in Abb. 79 dargestellt, beziehen:

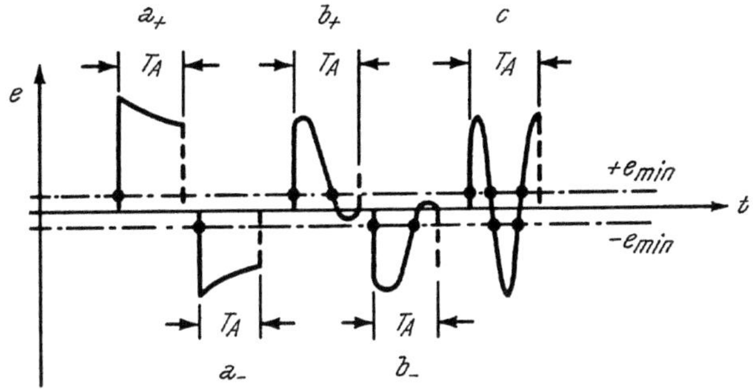

Abb. 79. Die durch Herausblendung der Analysenzeit T_A am Schwingungsanalysator auftretenden Kurvenformen, wie sie für die am Druckregelkreis vorkommenden Arbeitsbereiche typisch sind

Fall a): Im Fall a_+ wird $+ e_{\min}$ einmal in Richtung größer werdender Werte von e (im folgenden kurz „positive" Richtung genannt) durchlaufen. Im Fall a_- wird $- e_{\min}$ nur in negativer Richtung geschnitten.

Fall b): Im Fall b_+ wird $+ e_{\min}$ in positiver und negativer Richtung je einmal gekreuzt. Im Fall b_- wird $- e_{\min}$ je einmal in negativer und positiver Richtung geschnitten.

Zu Fall b wollen wir auch den ideal geregelten Fall ($e \equiv 0$) zählen, wo also keiner der Schwellwerte durchlaufen wird.

Fall c): Abhängig vom Anfangszeitpunkt der Analyse und von der Schwingungsfrequenz sind folgende Kombinationen des Schneidens von Schwellwerten möglich:

α) Wenn das Analysenintervall so beginnt, daß zunächst $+ e_{\min}$ in positiver Richtung gekreuzt wird, so müssen in der Folge $+ e_{\min}$ auch in negativer Richtung und $- e_{\min}$ ebenfalls in negativer Richtung durchlaufen werden. Ein darauffolgendes Schneiden von $- e_{\min}$ in positiver Richtung kann oder kann nicht stattfinden; dies ist durch die Schwingungsfrequenz und den Anfangszeitpunkt der Analyse gegeben.

β) Falls das Analysenintervall in einem Zeitpunkt beginnt, daß zuerst $- e_{\min}$ in negativer Richtung durchlaufen wird, dann muß $- e_{\min}$ auch in positiver Richtung ebenso wie $+ e_{\min}$ in positiver Richtung geschnitten werden. Für das Kreuzen von $+ e_{\min}$ in negativer Richtung, das stattfinden kann oder auch nicht, gilt Analoges wie bei α).

Wir wollen im folgenden das Schneiden der Schwellwerte durch logische Variable [19, 20] x_i ($i = 1, \ldots, 4$) bezeichnen: x_1 = Durchlaufen von $+ e_{\min}$ in positiver Richtung, x_2 = Durchlaufen von $+ e_{\min}$ in negativer Richtung, x_3 = Durchlaufen von $- e_{\min}$ in negativer Richtung, x_4 = Durchlaufen von $- e_{\min}$ in positiver Richtung.

Für die praktische Bestimmung der Kombination der x_i für jeden der drei Fälle wird ein Speicher verwendet, der zu Beginn der Schwingungsanalyse gelöscht ist. Während T_A werden die durch Schneiden der Schwellwerte entstehenden x_i gespeichert und am Ende von T_A deren Kombination ausgewertet. Zur Veranschaulichung und geeigneten Zusammenfassung der Kombinationen verwenden wir das Karnaugh-Schema [19], wie es in Abb. 80 für den hier behandelten Fall dargestellt ist. Jedes Feld des Karnaugh-Schemas entspricht einer bestimmten Kombination[11] der x_i und jeder Fall a, b oder c wird durch verschiedene Kombinationen dargestellt. Die den oben besprochenen Kombinationen entsprechenden Felder für die einzelnen Fälle a — c sind in Abb. 80 durch verschiedene Schraffur kenntlich gemacht.

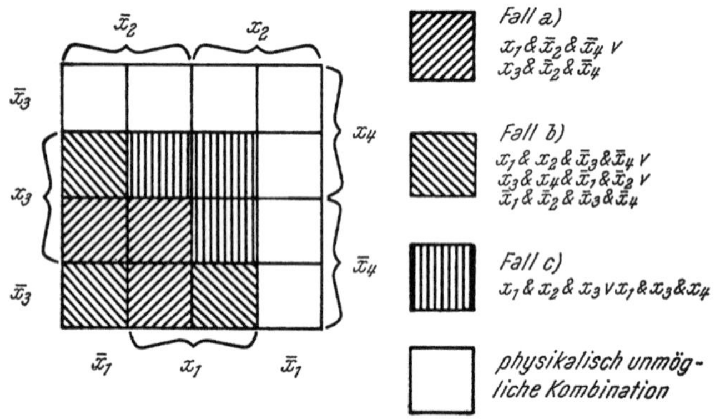

Abb. 80. Das Karnaughschema zur Charakterisierung der drei typischen Arbeitsbereiche. [10]

Der im vorigen beschriebene Ablauf der Schwingungsanalyse wird in Abb. 81 in der technischen Ausführung veranschaulicht. Die Schmitt-Multivibratoren dienen hiebei als Diskriminatoren für die Schwellwerte, als Speicherelemente werden bistabile Multivibratoren verwendet.

Das Ergebnis der Schwingungsanalyse wird nun zur Optimierung des Regelverhaltens verwendet, wie dies im folgenden gezeigt werden wird.

10.4.7 Optimierung

Das im folgenden beschriebene Verfahren einer Kombination aus offener und geschlossener Adaption hat sich auf Grund umfangreicher praktischer Untersuchungen als am geeignetsten erwiesen. Es optimiert die Regelung unter manchen Arbeitsbedingungen sofort, unter anderen Bedingungen innerhalb weniger Zyklen T_A, wie aus den in Abschnitt 10.4.8 gebrachten Beispielen ersichtlich wird.

[11] So stellt z. B. das Feld in der linken oberen Ecke die Kombination $\bar{x}_1 \& \bar{x}_2 \& \bar{x}_3 \& x_4$ dar. Hiebei bedeutet der Querstrich eine Negation, & die Und-Verknüpfung. v soll als Oder-Verknüpfung gelten [19, 20].

a) Offene Adaption

Auf Grund von Experimenten konnte für konstantes p_e und p_r für jedes q eine optimale Reglerverstärkung V_1 ermittelt werden. Es wurden nun die im praktischen Betrieb am häufigsten vorkommenden Werte $p_e = p_{em}$ und $p_r = p_{rm}$ eingestellt und dafür die optimale Verstärkung, die wir V_{1m} nennen wollen, als Funktion von q bestimmt. $V_{1m}(q)$ wird gespeichert und nach Veränderung von q sofort zur Neueinstellung des Reglers verwendet. Hier ist wichtig zu bemerken, daß eine Unterteilung des Gesamtbereiches von q (hier 0 bis 200 l/min) in 20 Intervalle vollkommen ausreicht, da eine feinere Unterteilung im Arbeitsverhalten der Regelung nicht meßbar ist. Dies ist für Anwendungen der Beachtung wert, da es erkennen läßt, wie wichtig das praktische Arbeiten mit Optimierungsmethoden ist: Oft zeigt sich nämlich, daß von der Theorie geforderte Genauigkeiten in der Praxis zu kaum meßbaren Verbesserungen des Arbeitsverhaltens führen; ferner läßt sich aus praktischem Arbeiten erkennen, daß echte Probleme oft mehr in den Meßsystemen als bei der eigentlichen Optimierung liegen, was wiederum die großen Anstrengungen auf dem Gebiet der optimalen Schätzung (Kapitel 9) verständlich macht.

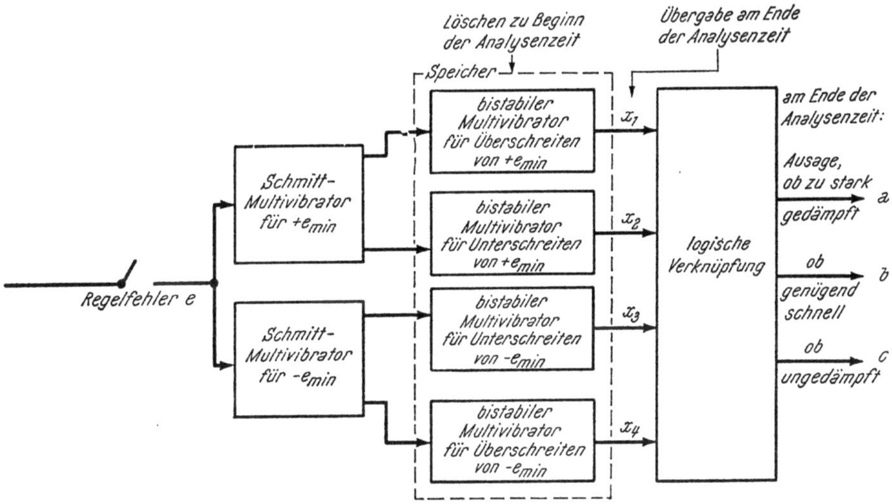

Abb. 81. Prinzipielles Schaltbild für den Schwingungsanalysator. [10]

b) Geschlossene Adaption

Die Berücksichtigung von Abweichungen von p_e und p_r gegenüber p_{em} bzw. p_{rm} wird auf iterativem Wege über die Messung des Regelverhaltens mit Hilfe des bereits beschriebenen Schwingungsanalysators durchgeführt. Hiebei wird stets mit dem durch offene Adaption erzielten $V_{1m}(q)$ begonnen. Wenn auf Grund der Schwingungsanalyse ein zu stark bzw. zu schwach gedämpftes Arbeitsverhalten festgestellt wird, muß die Reglerverstärkung herabgesetzt bzw. erhöht werden. Der genaue Algorithmus dafür wird im folgenden beschrieben und in Abb. 82 als logische Struktur dargestellt.

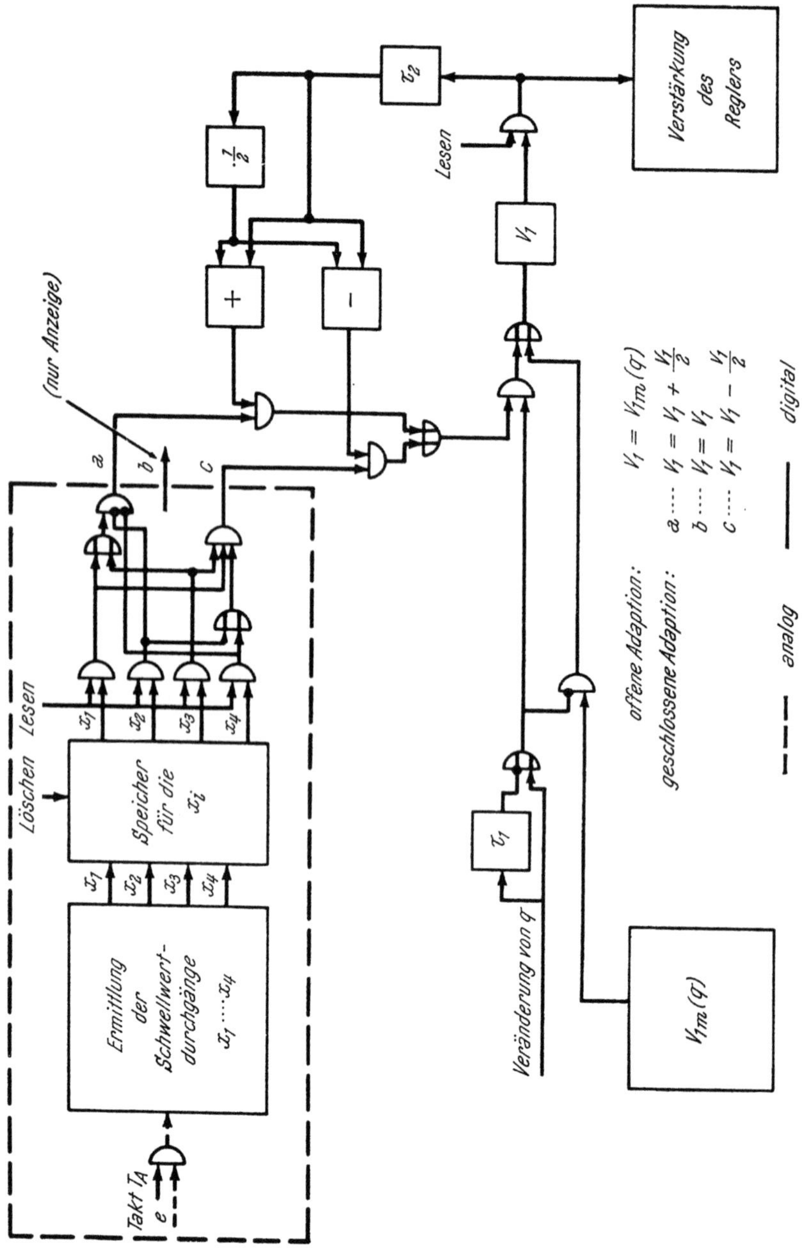

Abb. 82. Die logische Struktur des Optimierungssystems mit offener und geschlossener Adaption. τ_1, τ_2 = Verzögerungszeiten [10]. Die logischen Schaltsymbole nach dem Lesen (= Übergabe) stellen den Algorithmus aus Abb. 80 dar. Die Gleichheitszeichen bedeuten hier „wird ersetzt durch“

Der in Abb. 82 dargestellte Verlauf kann wie folgt zusammengefaßt werden:

α) Nach Veränderung von q derart, daß ein neues der insgesamt 20 für q vorgesehenen Intervalle erreicht wird, wird auf Grund der Messung von q

$$V_1 := V_{1m}(q) \tag{10.3}$$

eingestellt. Hiebei bedeutet das Zeichen := „wird ersetzt durch".

β) Das erreichte Arbeitsverhalten wird unmittelbar nach Einstellung des Reglers (nach Gl. (**10.3**)) bestimmt. Es folgt sodann der Vorgang der geschlossenen Adaption, wofür hinsichtlich Stabilität, Schnelligkeit der Optimierung und Einfachheit der Ausführung folgendes Gesetz auf Grund von Experimenten als am besten geeignet erkannt wurde:

im Fall a) (zu stark gedämpft):

$$V_1 := V_1 + \frac{V_1}{2}, \tag{10.4}$$

im Fall b) (optimales Verhalten):

$$V_1 := V_1, \tag{10.5}$$

im Fall c) (zu schwach gedämpft):

$$V_1 := V_1 - \frac{V_1}{2}. \tag{10.6}$$

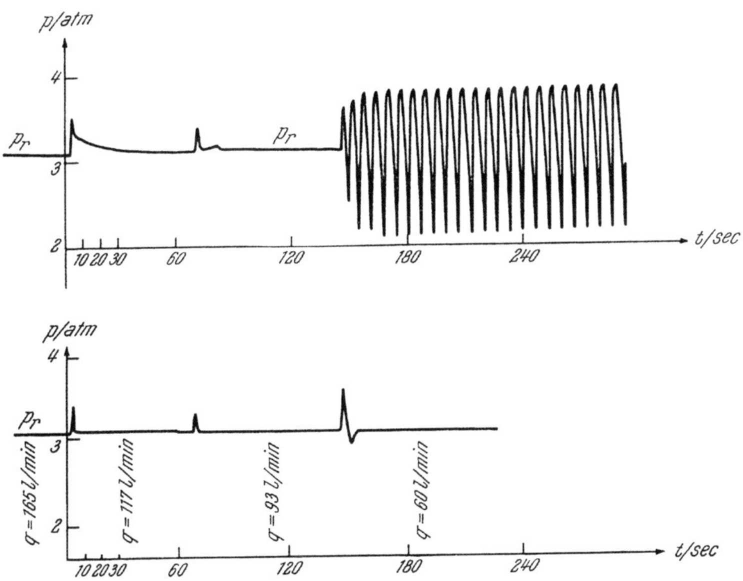

Abb. 83. Oben: Arbeitsverhalten des konventionellen Systems. Unten: Arbeitsverhalten bei offener Adaption. Hiebei sind die Werte $p_{rm} = 2$ atü und $p_{em} = 3$ atü vorausgesetzt. q springt in den Stufen wie bei Abb. 75 angegeben

In [10, 22, 23] ist detailliert dargestellt, wie der eben angeführte Algorithmus durch entsprechendes Ein- und Ausschalten binär gestufter Widerstände eines elektronischen Reglers sehr leicht realisiert werden kann.

10.4.8 Diskussion der Ergebnisse und Vergleich mit konventionellen Regelsystemen

Um die Vorteile des adaptiven Systems gegenüber konventionellen Systemen zu erkennen, soll deren Arbeitsverhalten verglichen werden. Ferner soll auch beleuchtet werden, wie offene Adaption allein und geschlossene Adaption allein sich im Vergleich zur kombinierten (offenen und geschlossenen) Adaption verhalten.

a) Offene Adaption

Für p_{em} und p_{rm} wird die optimale Reglerverstärkung nach Gl. (10.3) direkt auf Grund der Messung von q durch offene Adaption ermittelt. Dieser Fall wurde am Druckregelsystem eingestellt und die Ergebnisse in Abb. 83 denen des konventionellen Systems nach Abb. 75 gegenübergestellt.

b) Geschlossene Adaption

Um den Effekt der geschlossenen Adaption alleine zu zeigen, wurde die Wirkung der offenen Adaption eliminiert. Das heißt, daß die anfängliche Reglereinstellung auf Grund der Messung von q hier nicht angewendet wird. Für Abb. 84 wurde die maximal verfügbare Reglereinstellung gewählt und das Druckregelsystem einmal überhaupt ohne Adaption und sodann mit geschlossener Adaption alleine betrieben.

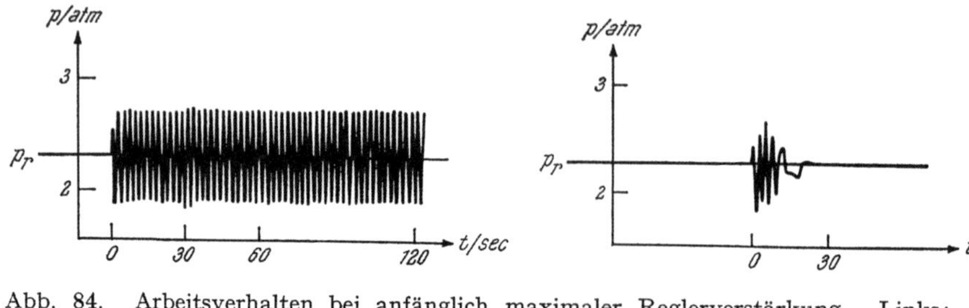

Abb. 84. Arbeitsverhalten bei anfänglich maximaler Reglerverstärkung. Links: ohne Adaption. Rechts: mit geschlossener Adaption

c) Kombinierte offene und geschlossene Adaption

In Abb. 83 wurde gezeigt, wie offene Adaption für $p_e = p_{em}$ und $p_r = p_{rm}$ arbeitet. Bei $p_e \neq p_{em}$ und $p_r \neq p_{rm}$ wird durch offene Adaption nicht mehr der exakte Wert der Reglerverstärkung eingestellt, was zum Verhalten nach Abb. 85 oben führt. Es muß demnach die Optimierung durch geschlossene Adaption vervollständigt werden (siehe Abb. 85 unten).

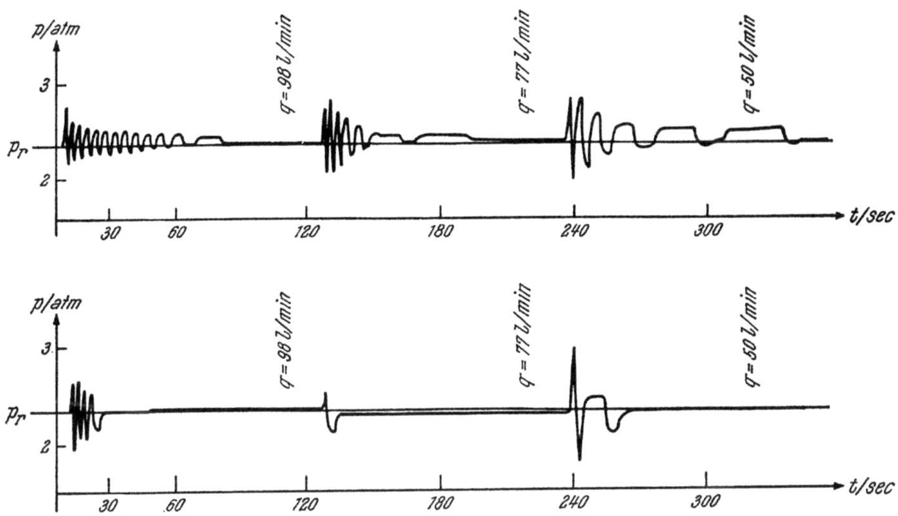

Abb. 85. Vergleich des Arbeitsverhaltens bei offener Adaption allein (oben) und kombinierter offener und geschlossener Adaption (unten). In beiden Fällen wurden dieselben Arbeitspunkte eingestellt. q ist zu Beginn 137 l/min und springt dann sukzessive auf 98, 77 und 50 l/min

10.4.9 Zusammenfassende Bemerkungen

Wir haben gesehen, daß die Kombination aus offener und geschlossener Adaption in manchen Fällen (d. h., wo offene Adaption unmittelbar zur Optimierung führt) sofortige Regleroptimierung ergibt, in anderen Fällen nach einigen Analysenintervallen. Offene Adaption liefert eine erste, bestmögliche Schätzung der optimalen Reglereinstellung; geschlossene Adaption hat eine kontrollierende Wirkung und liefert eine zusätzliche, iterative Optimierung für Fälle, bei denen offene Adaption nicht unmittelbar zur Regleroptimierung führt.

Geschlossene Adaption ist bei all den Anwendungen notwendig, wo offene Adaption allein z. B. mangels Meßmöglichkeiten von zu berücksichtigenden Systemvariablen nicht realisiert werden kann, oder wo, wie in dem eben gebrachten Beispiel, aus praktischen und wirtschaftlichen Erwägungen eine Kombination beider Methoden angebracht ist.

10.5 Verallgemeinerung des adaptiven Verfahrens

In Abschnitt 10.4 wurde die Anwendung offener und geschlossener Adaption an Hand eines praktischen Beispiels demonstriert. Weiters wurde in Unterabschnitt 10.4.4 gezeigt, daß das behandelte Problem von sehr allgemeiner Natur ist. Wir wollen deshalb mit Abb. 86 ein ganz allgemeines Schema für die Optimierung von Kontrollsystemen (Regelsystemen) mit Hilfe von offener und geschlossener Adaption angeben.

In Abb. 86 ist besonders die Optimierung des geschlossenen Regelkreises herausgearbeitet. Die Optimierung des Sollwertes ist dort nur angedeutet und genauer in den Kapiteln 4, 5, 7 und 11 behandelt. Sie ist sehr vom jeweiligen Problemkreis abhängig: in einem chemischen System muß der Sollwert jedes Einzelregelkreises derart optimiert werden, daß sich die gesamte chemische Anlage z. B. in wirtschaftlicher Hinsicht optimal verhält; bei einem Flugzeug kann es die Aufgabe sein, für jeden Einzelregelkreis (z. B. für Geschwindigkeit und Flughöhe bzw. Ruderausschläge) die Sollwerte derart vorzugeben, daß die Flugdauer zwischen zwei vorgegebenen Punkten minimisiert wird, wobei zusätzlich Beschränkungen im Treibstoffverbrauch einzuhalten sind [9]. Bei dem vorerwähnten chemischen System sind im Prinzip Suchmethoden anwendbar, d. h. jeder Einzelsollwert wird in Stufen derart verstellt, daß sich immer eine Verbesserung des Arbeitsverhaltens des Gesamtsystems, bis zur Erreichung des Optimums ergibt [1, 21]. Diese Methode ist natürlich nur bei solchen chemischen Verfahren anwendbar, die ungefährlich sind und wo durch unerwünschtes Variieren der Einzelsollwerte keine wirtschaftlichen Schäden auftreten können.

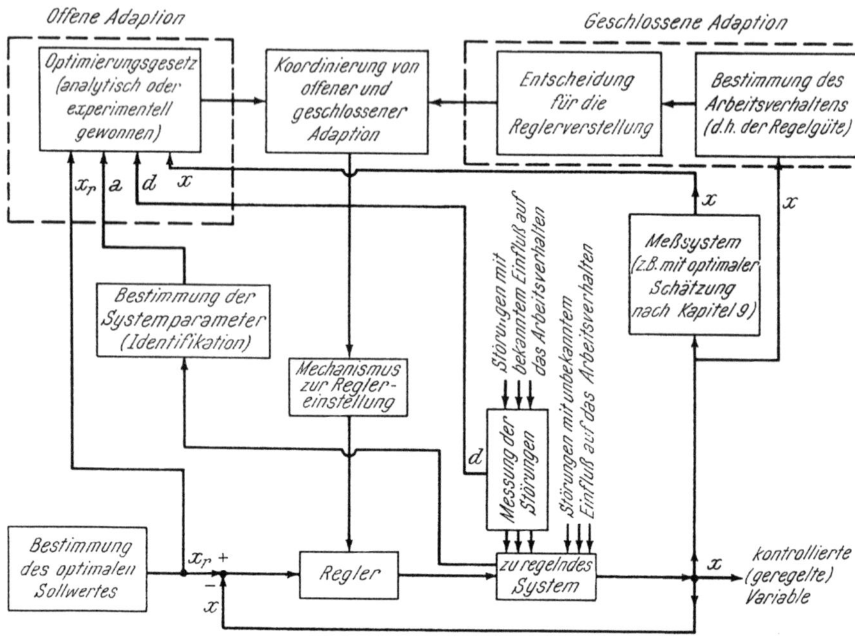

Abb. 86. Allgemeines Blockdiagramm zur Optimierung von Kontrollsystemen mittels offener und geschlossener Adaption. $\mathbf{d}$ = Störvektor, $\mathbf{a}$ = Vektor der Systemparameter, $\mathbf{x}_r$ = Sollwertvektor, $\mathbf{x}$ = Zustandsvektor

Aus Abb. 86 ist deutlich zu sehen, daß für geschlossene Adaption nur der Zustandsvektor $\mathbf{x}$ verwendet wird, während für offene Adaption im allgemeinen zusätzlich die Störungen (zusammengefaßt im Störvektor $\mathbf{d}$), die Systemparameter ($\mathbf{a}$) und der Sollwertvektor $\mathbf{x}_r$ gebraucht werden.

10.6 Analytische Formulierung des adaptiven Prinzips

Wir wollen nun das adaptive Prinzip etwas mehr von der mathematischen Seite her beleuchten und verwenden dazu ein Beispiel:

Gegeben sei ein Proportional-Integral-Differential-Kontrollgesetz mit

$$u(t) = K\left[e(t) + \frac{1}{T_I}\int_{t_0}^{t} e(t)\,dt + T_D\frac{de(t)}{dt}\right], \tag{10.7}$$

wobei $u(t)$ = Stellbefehl, Reglerausgang, $e(t)$ = Regelabweichung, K, T_I, T_D = Kontrollparameter.

In konventionellen Systemen sind K, T_I und T_D konstant. Bei offener Adaption werden diese Parameter abhängig von Zustandsvektor, Störvektor, Systemparametern, Sollwerten und eventuell von der Zeit, falls eine explizite Abhängigkeit gegeben ist. Bei geschlossener Adaption hängen die Parameter über die Messung des Arbeitsverhaltens in iterativer Weise vom Zustandsvektor und dessen Geschichte ab.

Wir können deshalb für kombinierte offene und geschlossene Adaption schreiben

$$K = K[\mathbf{x}(t), \mathbf{d}(t), \mathbf{a}(t), \mathbf{x}_r(t), t, P(t_0, t_0 + T_A, t_0 + 2T_A, \ldots, t_0 + kT_A)] \tag{10.8}$$

$$T_I = T_I[\mathbf{x}(t), \mathbf{d}(t), \mathbf{a}(t), \mathbf{x}_r(t), t, P(t_0, t_0 + T_A, t_0 + 2T_A, \ldots, t_0 + kT_A)] \tag{10.9}$$

$$T_D = T_D[\mathbf{x}(t), \mathbf{d}(t), \mathbf{a}(t), \mathbf{x}_r(t), t, P(t_0, t_0 + T_A, t_0 + 2T_A, \ldots, t_0 + kT_A)], \tag{10.10}$$

wobei $\mathbf{x}$, $\mathbf{d}$, $\mathbf{a}$ und $\mathbf{x}_r$ bereits definiert wurden; ferner ist P = Arbeitsverhalten, Regelgüte, t_0 = Zeit der ersten Messung von P, die für die geschlossene Adaption verwendet wird, T_A = Analysenzeit zur Bestimmung von P, $t_0 + kT_A$ = Zeit der letzten Messung von P, angewendet für die geschlossene Adaption. Aus den bisherigen Ausführungen ist leicht zu sehen, wie Gl. (10.8)—(10.10) für reine offene bzw. reine geschlossene Adaption spezialisiert werden können.

Wie in Abschnitt 10.4 gezeigt wurde, kann es vollkommen ausreichend sein, $\mathbf{d}$, $\mathbf{x}_r$ und P zur Adaption heranzuziehen. Die Systemparameter sind dabei implizit in der Messung von P enthalten. Wir werden aber später in diesem Kapitel auch adaptive Systeme besprechen, die auf direkter Messung von $\mathbf{a}$ basieren.

Bei Anwendung eines allgemeinen Kontrollgesetzes lautet dessen adaptive Form nun ganz allgemein

$$\mathbf{u} = \mathbf{u}[\mathbf{x}(t), \mathbf{d}(t), \mathbf{a}(t), \mathbf{x}_r(t), t, P(t_0, t_0 + T_A, t_0 + 2T_A, \ldots, t_0 + kT_A)], \tag{10.11}$$

wie sich aus einer Verallgemeinerung von Gl. (10.7)—(10.10) leicht ersehen läßt. $\mathbf{u}$ ist somit auch von P zu früheren Zeitpunkten abhängig; es wird somit für $\mathbf{u}$ die Vorgeschichte von P und daher Erfahrung verwendet. Dies leitet direkt über zu lernenden Systemen (Kapitel 12), wo Erfahrungswerte explizit gespeichert werden.

10.7 Adaptive Methoden angewandt auf mathematische Optimierungsverfahren

In den vorigen Abschnitten wurden adaptive Methoden auf konventionelle Kontrollsysteme angewendet und als Beispiel ein Proportional-Integral-Differential-Kontrollgesetz eingeführt. Die Anwendung auf Kontrollverfahren, die auf Grund mathematischer Methoden (wie z. B. auf Grund des Maximumprinzips) gefunden wurden, verlangt eine teilweise modifizierte Vorgangsweise. Wieder gilt, daß der Entwurf adaptiver Systeme stark vom jeweiligen Spezialfall abhängt, so daß wir uns hier mit einem typischen Beispiel begnügen werden, wobei wir uns auf eine Anwendung des Maximumprinzips spezialisieren.

Schon in Kapitel 5 wurde erwähnt, daß Lösungen auf Grund des Maximumprinzips nur für relativ einfache lineare Systeme exakt gefunden werden können. Da das Maximumprinzip zu Kontrollgesetzen führen kann, die von der Zustandsvariable des Systems abhängen und daher den Charakter des geschlossenen Regelkreises (wie bei dem eben behandelten Beispiel des Druckregelkreises) annehmen, scheint das Maximumprinzip speziell geeignet für die Erklärung adaptiver Erweiterungen.

Wir wollen nunmehr adaptive Verfahren anwenden, um das Maximumprinzip auch auf nichtlineare und komplexe lineare Systeme anwendbar zu machen. Als spezielle Beispiele sollen hier das Zeit-optimale und das Zeit-Treibstoff-optimale Kontrollgesetz genommen werden, wie es in Kapitel 5 für den harmonischen Oszillator abgeleitet wurde. Es soll nun gezeigt werden, wie diese Kontrollgesetze auf Systeme angewendet werden können, die die Gleichung $\ddot{x} + ax = u$ nur mehr angenähert erfüllen. Dieser Fall tritt z. B. bei der Lageregelung von Erdsatelliten auf [6, 7, 24, 25]. Für diesen Anwendungsfall ist das in Kapitel 5 abgeleitete Verfahren für große Lagewinkel direkt anwendbar [6, 7], bei kleinen Winkeln sind aber Kopplungen zwischen den Satellitenachsen und Nichtlinearitäten so stark spürbar, daß adaptive Methoden unerläßlich werden. Wie diese verwirklicht werden können, ist im folgenden gezeigt. Die zu erklärenden Prinzipien sind repräsentativ für all jene Probleme, wo optimale Kontrolle (entwickelt für vereinfachte, lineare Modelle) auf komplizierte lineare oder nichtlineare Systeme angewandt werden soll.

10.8 Beispiel: Anwendung adaptiver Kontrolle zur Optimierung der Lageregelung von Erdsatelliten

a) Offene Adaption

Die vereinfachte Bewegungsgleichung für die Winkellage von Erdsatelliten, die das Prinzip des Gravitäts-Gradienten [6, 7] anwenden, lautet

$$\ddot{x} + ax = u, \tag{10.12}$$

wobei x = Lagewinkel, a = Konstante, u = Kontrolleingang. Wollen wir Störeinflüsse d berücksichtigen, wozu wir auch Momente, die durch Kopplungen zu den anderen Satellitenachsen entstehen, zählen, so erhalten wir

$$\ddot{x} + ax = u + d. \tag{10.13}$$

u soll der Ungleichung

$$-k \leqslant u \leqslant +k \tag{10.14}$$

genügen. Weiters sei $|d| < k$, um Kontrollierbarkeit zu ermöglichen. Optimale Kontrollgesetze für Gl. (10.12) wurden in Abb. 29 bzw. 46 dargestellt. Die dort berücksichtigten Trajektorien formen Kreisbögen mit ihrem Mittelpunkt in $x = -k/a$, 0, bzw. k/a. Wie in Kapitel 5 für die rein zeitoptimale Kontrolle gezeigt wurde, ist bei Wirken von $d \neq 0$ eine Verschiebung dieser Mittelpunkte zu $(-k + d)/a$, d/a, bzw. $(k + d)/a$ gegeben. Da k und a als bekannt vorausgesetzt werden können, ist es leicht, aus zwei Paaren von $(x, \dot{x})$ auf d zu schließen, wie in Abb. 87 veranschaulicht ist. Wie ebenfalls in Kapitel 5 dargelegt, könnte die Kenntnis von d zur Konstruktion neuer Schaltkurven dienen. Da diese sich aber bei dauernd wechselndem d ebenfalls dauernd verändern würden und dies nach den Überlegungen des Kapitels 5 in der Praxis oft unbrauchbar ist, wollen wir die Schaltkurven für $d = 0$ beibehalten. Das heißt aber, daß $d \neq 0$ durch einen zusätzlichen Anteil im Kontrolleingang eliminiert werden muß. Es muß somit gelten

$$\bar{u} + d = u, \tag{10.15}$$

wobei $\bar{u}$ der neue Kontrolleingang ist und u nach wie vor der Ungleichung (10.14) genügt.

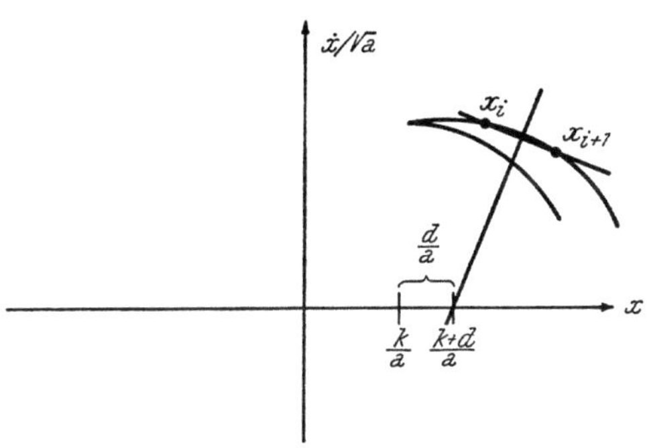

Abb. 87. Geometrische Bestimmung von d auf Grund von zwei zeitlich aufeinanderfolgenden Messungen $\mathbf{x}_i$ und $\mathbf{x}_{i+1}$ des Zustandsvektors

Wir haben somit einen typischen Fall offener Adaption vor uns, wo die Störung d ermittelt und gemäß Gl. (10.15) zur Modifizierung des Kontrolleingangs verwendet wird, um wieder die optimalen Schaltkurven nach Abb. 29 bzw. 46 anwenden zu können.

b) Geschlossene Adaption

Umfangreiche Simulationen der Lageregelung für den Gravitäts-Gradienten-Satelliten haben ergeben, daß die Hauptursache für unbefriedigendes Arbeitsverhalten bei kleinen Lagewinkeln durch zu großes $|u|$ hervorgerufen wird. Dies hat seine Ursache darin, daß immer Ungenauigkeiten im mathematischen Modell des Satelliten und in der Messung der Lagewinkel vorliegen, so daß großes $|u|$ ein Vorbeischießen des Zustandsvektors $\mathbf{x}$ am Sollwert $\mathbf{x}_r$ (im speziellen Fall $x_r = 0$, $\dot{x}_r = 0$) bewirken. Dies führt somit zu einem Oszillieren von $\mathbf{x}$ um $\mathbf{x}_r$ (siehe dazu auch [33]). Aus diesem Grunde ist es vorteilhaft, $|u|$ für $\mathbf{x}$ in der Nähe von $\mathbf{x}_r$ zu reduzieren. Um die Entfernung von $\mathbf{x}$ von $\mathbf{x}_r$ zu beurteilen, definieren wir einen Abstand Δ durch

$$\Delta = \sqrt{x^2 + \dot{x}^2/a}, \tag{10.16}$$

wobei ohne Beschränkung der Allgemeingültigkeit $\mathbf{x}_r = \mathbf{0}$ angenommen wurde. Weiters wählen wir einen Schwellwert S derart, daß für $\Delta < S$ k (wie es in Gl. (10.14) verwendet wurde) reduziert wird nach

$$k_\Delta = C_1 \frac{\Delta}{S} k. \tag{10.17}$$

C_1 und S werden auf Grund von Experimenten passend gewählt. Bei strikter Befolgung von Gl. (10.17) würde der Kontrolleingang bei $\mathbf{x} = \mathbf{x}_r$ zu null reduziert werden. Infolge von Störungen kann aber $\mathbf{x}$ jederzeit von $\mathbf{x}_r$ wieder weggebracht werden, woraus zu sehen ist, daß Gl. (10.17) insbesondere für $\mathbf{x} \approx \mathbf{x}_r$ nicht alleine gültig sein darf. Deshalb wird vorgeschlagen, Gl. (10.17) nur für Zustandsvektoren $\mathbf{x}$ zu verwenden, die sich $\mathbf{x}_r$ nähern, während bei sich entfernenden Zustandsvektoren $\mathbf{x}$ Gl. (10.17) ersetzt werden soll durch

$$k_\Delta' = C_2(\Delta_{i+1} - \Delta_i), \tag{10.18}$$

wobei Δ_i und Δ_{i+1} zwei zeitlich aufeinanderfolgende Werte von Δ sind, deren zeitlicher Abstand Δt z. B. durch einen vorgegebenen Abtastschritt bestimmt ist. $\Delta_{i+1} - \Delta_i$ kann natürlich auch durch einen entsprechenden Differentialquotienten ersetzt werden, wenn $\Delta t \to 0$ geht. Auch C_2 wird auf Grund von Experimenten optimal gewählt.

Wir sehen aus Gl. (10.17) und (10.18), daß es sich hier um einen Fall von geschlossener Adaption handelt: je nach Arbeitsverhalten, d. h. je nach Annäherung oder Entfernung von $\mathbf{x}$ gegenüber $\mathbf{x}_r$ und je nach Abstand bzw. dessen zeitlicher Differenz in aufeinanderfolgenden Abtastschritten wird ein anderes Kontrollgesetz verwendet. Praktische Untersuchungen haben ergeben, daß durch diesen Vorgang die Anwendung des Zeit-Treibstoff-optimalen und des rein Zeit-optimalen Kontrollgesetzes nach Kapitel 5 nunmehr auch für $\mathbf{x} \approx \mathbf{x}_r$, d. h. für kleine Regelfehler, anwendbar wird.

c) Kombination von offener und geschlossener Adaption

Wieder kann das beste Zusammenwirken zwischen offener und geschlossener Adaption nur an Hand des praktisch arbeitenden Systems oder einer exakten

Simulation ausgearbeitet werden. In diesem Fall wurde eine exakte Simulation am Digitalrechner verwendet [34] und folgendes Verfahren als optimal erkannt:

α) für $\Delta \geqslant S$ wird offene Adaption (Gl. (10.15)) verwendet,

β) für $\Delta \leqslant S$ wird geschlossene Adaption nach Gl. (10.17) bzw. (10.18) verwendet.

Sodann werden mit dem modifizierten k die optimalen Schaltkurven nach Abb. 29 bzw. 46 verwendet.

Zusammenfassend kann gesagt werden, daß durch die Anwendung offener und geschlossener Adaption das Maximumprinzip auch auf ein kompliziertes, nichtlineares System (nämlich hier als Beispiel auf die Winkellageregelung des Gravitäts-Gradienten-Satelliten) anwendbar wird, insbesondere durch Elimination von unkontrollierbarem Oszillieren um den Sollwert.

10.9 Weitere adaptive Systeme

In der Literatur wurden mehrere andere adaptive Systeme vorgeschlagen. Sie sind alle Einzellösungen und es gibt, wie in diesem Kapitel bereits begründet, keine geschlossene Theorie. Verschiedene Autoren ([1]—[5]) haben aber versucht, die bekannten Systeme nach verschiedenen Gesichtspunkten zu klassifizieren. Alle in [1]—[5] genannten Systeme lassen sich aber auch nach den in vorliegendem Kapitel angegebenen Kriterien (man beachte dazu speziell Abb. 86) einteilen, nämlich in Systeme

a) zur Optimierung des Sollwertes,

b) zur Optimierung der Arbeitsweise eines Kontrollsystems (Regelkreises) durch

α) offene Adaption,

β) geschlossene Adaption.

Da z. B. in [3] festgestellt wird, daß alle dort behandelten Systeme nur Vorschläge geblieben sind, wollen wir hier nur ein prinzipiell interessantes Verfahren aus [3] erwähnen und im übrigen auf die Literatur verweisen. Bei dem speziell erwähnenswerten Verfahren aus [3] handelt es sich um ein adaptives System basierend auf einem Modellvergleich. Dabei wird der Ausgang des zu kontrollierenden, realen (nichtlinearen) Systems mit dem Ausgang eines linearisierten Systemmodells verglichen, wobei dieses mit denselben Eingängen wie das zu kontrollierende, reale System beaufschlagt wird. Der Unterschied in den Ausgängen wird dazu verwendet, bestimmte Kontrollparameter zu verändern. Die Grundidee dabei ist, die Parameter so zu beeinflussen, daß das reale System linearisiert wird. Es können somit die linearen Optimierungstheorien verwendet werden.

Ferner sei erwähnt, daß sich verschiedene Symposien mit ausgewählten, i. a. theoretischen Aspekten der Adaption befassen [29—31]. Der speziell an Adaption bei Flugzeugregelungen interessierte Leser sei auf [32] verwiesen, wo viele in der Literatur vorgeschlagene Methoden zusammengefaßt werden.

Wir wollen uns nun wieder tatsächlich ausgeführten adaptiven Systemen zuwenden. Hiebei werden wir solche Verfahren außer acht lassen, die eine Systemidentifikation durch Einführung künstlicher Störungen verlangen, da dies im praktischen Betrieb meist unerwünscht ist. Von den restlichen Systemen scheinen uns zwei Methoden wegen ihrer offensichtlichen technischen Brauchbarkeit besonders erwähnenswert.

a) Methode nach Bakke [12]

Bakke hat speziell die Niveauregelung von Flüssigkeiten behandelt. Er fand dabei zwei Frequenzbereiche, die für die Regelung charakteristisch sind. Diese mögen als R_1 und R_2 bezeichnet werden. Die Messung der Übertragungsfunktion des zu kontrollierenden Systems für eine Frequenz f_1 aus R_1 und eine Frequenz f_2 aus R_2 kann zur Optimierung des Reglers verwendet werden. Es ist in [10] diskutiert, wie dieses Prinzip auf die in Abschnitt 10.4 behandelte Druckregelung angewendet werden könnte. Es ist aber unmittelbar zu sehen, daß das Verfahren für jeden Anwendungsfall verschiedene charakteristische Frequenzen f_1 und f_2 und auch verschiedene Optimierungsregeln ergibt. Deshalb wurde hier das allgemeinere automatische Optimierungsverfahren nach Abschnitt 10.4 beschrieben.

b) Methode nach Peinke [13]

Nach dieser Methode müssen die Störungen gemessen und für die Regleroptimierung verwendet werden. Dieses Verfahren arbeitet sehr gut, wenn nur eine Störgröße berücksichtigt werden muß; Berücksichtigung von mehreren Störgrößen würde wieder komplexe Beziehungen zu optimalen Reglereinstellungen erfordern, die außerdem stark an den jeweiligen Spezialfall gebunden sind.

Es ist leicht zu sehen, daß nach unserer Klassifikation beide Methoden a) und b) zur offenen Adaption gezählt werden müssen.

10.10 Zusammenfassung

Wir haben gesehen, daß adaptive Verfahren dann notwendig werden, wenn die lineare Optimierungstheorie entweder infolge von Nichtlinearitäten, Zeitabhängigkeiten oder zu großer Komplexität nicht mehr anwendbar ist oder zu nicht vertretbarem Aufwand führt. Adaptive Methoden haben mehr den Charakter einer Ingenieurkunst als einer mathematischen Wissenschaft. Dies erklärt, daß die bekannt gewordenen adaptiven Methoden nicht in Form einer geschlossenen Theorie verfügbar sind. Es ist aber möglich, die adaptiven Verfahren durch geeignete Klassifikation systematisch zu behandeln. Dies wurde hier durch Unterscheidung in eine Optimierung des Sollwertes und in eine Optimierung des Arbeitsverhaltens des Kontrollsystems durchgeführt. Ersterer Problemkreis wird z. B. in Kapiteln 4, 5, 7 und 11 näher behandelt, der zweite Problemkreis wurde in vorliegendem Kapitel in den beiden Untergruppen offene und geschlossene Adaption entwickelt, wobei neue Ergebnisse zur Demonstration praktischer Anwendbarkeit verwendet wurden.

Literatur

[1] Eveleigh, V. W.: Adaptive Control and Optimization Techniques. New York: McGraw-Hill. 1967.

[2] MISHKIN, E., und L. BRAUN, JR.: Adaptive Control Systems. New York: McGraw-Hill. 1961.

[3] GREENSITE, A. L.: Adaptive Control, Vol. XIII aus: Analysis and Design of Space Vehicle Flight Control Systems. NASA Contractor Report 832, Washington, D.C., August 1967.

[4] ASELTINE, J. A., A. R. MANCINI und C. W. SARTURE: A Survey of Adaptive Control Systems. IRE Trans. on Automatic Control, S. 102—108, Dezember 1958.

[5] STROMER, P. R.: Adaptive or Selfoptimizing Control Systems—A Bibliography. IRE Trans. on Automatic Control, S. 65—68, Mai 1959.

[6] ZACH, F.: Time Optimal Control of Gravity-Gradient Satellites with Disturbances. Journal of Spacecraft and Rockets 7, 1434—1440 (1970).

[7] ZACH, F.: Time and Fuel Optimal Control for Gravity Gradient Spacecraft. Report X-763-70-353, NASA Goddard Space Flight Center, Greenbelt, Maryland, September 1970.

[8] DRAPER, C. S., und Y. T. LI: Principles of Optimalizing Control Systems and an Application to the Internal Combustion Engine, Trans. A.S.M.E., New York, September 1951.

[9] TAYLOR, L. W., JR., H. J. SMITH und K. W. ILIFF: Experience Using Balakrishnan's ε-Technique to Compute Optimum Flight Profiles. J. Aircraft 7, 182—187 (1970).

[10] ZACH, F.: Die automatische Optimierung von Regelungssystemen. Wien: Verlag Notring. 1968.

[11] ZACH, F.: Elektronisch-pneumatisches Regelmodell für Druckregelungen von Erdgasleitungen. EuM 84 (1967).

[12] BAKKE, R. M.: Adaptive Gain Tuning Applied to Process Control. Preprint, Instrument Society of America Conference and Exhibit, New York, 1964.

[13] PEINKE, W.: Adaptiv-Steuerung der Reglereinstellung. Regelungstechnik 14, 274—277 (1966).

[14] KOCHENBURGER, R. J.: Self-Adaptive Method for Accomodating Variations of Plant Gain in Control Systems. Proceedings IFAC, Basel, 1963.

[15] RISAK, V., und F. ZACH: Untersuchung an einem elektronisch-pneumatischen Regelmodell. Regelungstechnik 16, 262—265 (1968).

[16] HARDERS, H., G. HELLER und P. R. LAURER: Computer Control of the Oxo-Synthesis Process, in: MILLER, W. E. (Hrsg.), Digital Computer Applications to Process Control. Proceedings of the First International Conference, IFIP, Stockholm 1964, S. 89—112. New York: Plenum Press. 1965.

[17] OPPELT, W.: Kleines Handbuch technischer Regelvorgänge, 4. Aufl. Weinheim: Verlag Chemie. 1964.

[18] PESTEL, E., und E. KOLLMANN: Grundlagen der Regelungstechnik, 2. Aufl. Brandenburg: F. Vieweg. 1968.

[19] ZEMANEK, H.: The Logics and Information Theory of Sequential Networks. Proceedings of the First International Congress of the IFAC (Moskau 1960), S. 845—852. London: Butterworths. 1961.

[20] TAKAHASHI, Y., M. J. RABINS und D. M. AUSLANDER: Control. Reading, Mass.: Addison-Wesley. 1970.

[21] WILDE, D. J.: Optimum Seeking Methods. Englewood Cliffs, N. J.: Prentice Hall. 1964.

[22] SCHÖBERL, H.: Digitale Rechenschaltung zur Berechnung der Parameter eines selbstadaptiven industriellen Kontrollsystems. Diplomarbeit, TH Wien, 1967.

[23] KRAINZ, G.: Schwingungsanalysator zur Charakterisierung der Regelgüte eines selbstadaptiven industriellen Kontrollsystems. Diplomarbeit, TH Wien, 1967.

[24] Isley, W. C.: Optimal Control Application for Electrothermal Multijet Systems on Synchronous Earth Spacecraft. Journal of Spacecraft and Rockets **5**, **1444** bis **1451** (1968).

[25] Zach, F., und D. L. Endres: Pulsed Plasma Microthruster Design Based on Time Optimal Spacecraft Acquisition. Report X-734-70-214, NASA Goddard Space Flight Center, Greenbelt, Maryland, Juni 1970.

[26] Balakrishnan, A. V.: Stochastic System Identification Techniques, in: Karreman, H. F. (Hrsg.), Stochastic Optimization and Control. New York: Wiley. 1968.

[27] Balakrishnan, A. V.: Techniques of System Identification. Universität Rom, 1968.

[28] Davies, W. D. T.: System Identification for Self-Adaptive Control. New York: Wiley. 1970.

[29] Proceedings of the First International Symposium on Optimizing and Adaptive Control, Rom 1962; publiziert von: Instrument Society of America, Pittsburgh, Pennsylvania.

[30] Theory of Self-Adaptive Control Systems. Proceedings of the 2nd IFAC Symposium, Teddington, England 1965; New York: Plenum Press. 1966.

[31] IEEE Proceedings of the Seventh Symposium on Adaptive Processes (UCLA 1968); publiziert von IEEE, New York, 1968.

[32] Hofmann, L. G., und J. J. Best: New Methods in Adaptive Flight Control. NASA Contractor Report 1152, Washington, D.C., September 1968.

[33] Flügge-Lotz, I.: Discontinuous and Optimal Control. New York: McGraw-Hill. 1967.

[34] Barrett, C. C.: The Development of a Mathematical Model and a Study of One Method of Orbit Adjust and Station Keeping Gravity-Oriented Satellites. TN D-3652, NASA, Washington, D.C., Nov. 1966.

11. Multivariable Systeme und Hierarchische Kontrolle

11.1 Allgemeine Überlegungen

Wir definieren Systeme als multivariabel, die mehr als einen Kontrolleingang haben, bei denen also der Kontrollvektor $\mathbf{u}$ mehrdimensional ist. Auf der anderen Seite wollen wir Systeme mit eindimensionalem $\mathbf{u}$, aber mehrdimensionalem Zustandsvektor $\mathbf{x}$ nicht als multivariabel bezeichnen; solche Systeme wurden in den vorigen Kapiteln bereits ausreichend behandelt.

Theoretisch sind multivariable Systeme ja z. B. mit Hilfe der Variationsrechnung und verwandter Methoden, wie dem Maximumprinzip, optimierbar. Allerdings zeigt die praktische Erfahrung und die einschlägige Literatur, daß schon die meisten Systeme mit eindimensionalem $\mathbf{u}$ kaum alleine durch analytische Methoden mit erträglichem Aufwand optimierbar sind. Eine der wenigen bekannten Lösungen für zweidimensionales $\mathbf{u}$ ist in [9] angegeben.

Multivariable Probleme können oft durch numerische Methoden (siehe Kapitel 7) oder praktische Optimierungsmethoden (Kapitel 6) gelöst werden. Speziell für solche Probleme müssen alle für Systeme mit eindimensionalem $\mathbf{u}$ anwendbaren Optimierungsmethoden durch Verfahren ergänzt werden, die sich mit Struktur- und Organisationsproblemen befassen: Diese Verfahren ermöglichen es häufig, ein multivariables System derart in Einzelkreise zu zerlegen, daß jeder Kreis zunächst getrennt als geschlossener Regelkreis bezüglich seines Arbeitsverhaltens optimiert werden kann; die Einzelregelkreise werden dann wieder durch für das Gesamtsystem optimale Wahl der Sollwerte gekoppelt.

Da aber auch hier keine allgemeine Theorie existiert [8], hängt es stark vom jeweiligen Anwendungsfall ab, welches Verfahren zur Zerlegung des Gesamtsystems in Einzelregelkreise verwendet wird; ebenso wie bei adaptiven Systemen überwiegen hier Ingenieurskunst, Intuition und Erfahrung. Wir wollen uns deshalb hier auf ein typisches Beispiel beschränken und den interessierten Leser für andere Beispiele auf die anwendungsorientierte Spezialliteratur verweisen.

11.2 Demonstration der Methoden für multivariable Systeme an Hand eines Beispiels: Lageregelung eines Erdsatelliten bei Berücksichtigung der Kopplungen

Wir wollen hier wieder auf die Winkellageregelung eines Erdsatelliten, bei dem das Prinzip des Gravitäts-Gradienten [13, 14] angewendet wird, zurückgreifen. Der Satellit habe weiters einen Dämpfungsmechanismus in Form eines Dämpferstabes (siehe Abb. 88). Für dieses Beispiel wurde in Kapitel 5 das Zeit-optimale und das Zeit-Treibstoff-optimale Kontrollgesetz für große Lagewinkel abgeleitet, wobei wir das Bewegungsgesetz für jede Satellitenachse vereinfacht durch $\ddot{x} + ax = u$ darstellten und alle Satellitenachsen als entkoppelt voraussetzten. In Kapitel 10 wurde dieses Gesetz sodann auf kleine Winkel durch Einführung adaptiver Methoden erweitert. Dies setzte immer noch die angenäherte Entkopplung der Satellitenachsen voraus. Nunmehr wollen wir die vollständigen Bewegungsgleichungen des Satelliten betrachten, der infolge eines Kontrolldrehmomentes T_c für jede der drei Achsen und der im Normalfall stets vorhandenen engen Kopplungen zwischen den drei Achsen als multivariables System gewertet werden muß. Entsprechend den in Abschnitt 11.1 gemachten Feststellungen sollen nun Methoden angegeben werden, wie die drei Satellitenachsen tatsächlich entkoppelt werden können.

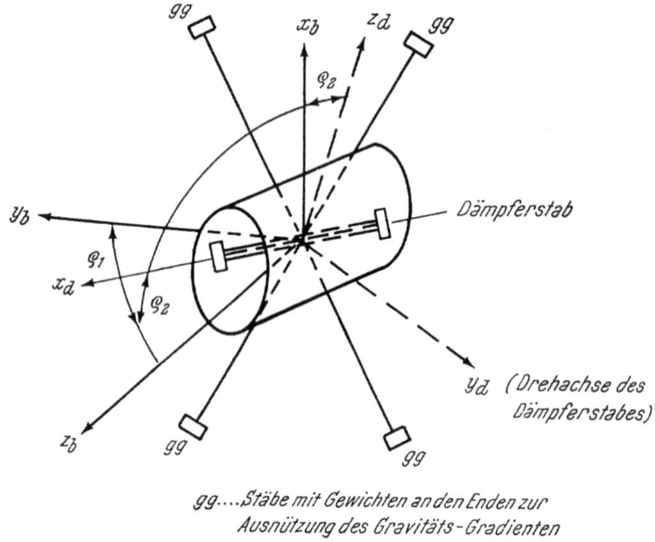

Abb. 88. Gravitäts-Gradienten-Satellit. x_b und y_b liegen in der Ebene der vier Stäbe gg

11.2.1 Die Bewegungsgleichungen

Zur Entwicklung der Bewegungsgleichungen müssen mehrere Koordinatensysteme verwendet werden. Alle sollen rechtwinkelig und rechtshändig sein und ihren Ursprung im Massenzentrum des Satelliten haben. Die folgenden Variablen bzw. Kurzbezeichnungen werden verwendet:

a_α, a_ϕ, a_ψ = Koeffizient des Gravitäts-Gradienten für Nickachse α, Rollachse ϕ, bzw. Gierachse ψ

C_1 = Dämpfungskoeffizient des Dämpferstabes

C_2 = Federkonstante für den Dämpferstab

d_i = normiertes Störmoment $(= T_{di}/I_{ii})$, $i = \alpha, \phi, \psi$

GG = Gravitätsgradient
GGS = Gravitäts-Gradient-Satellit
H_{jb} = Drall des Satelliten (ohne Dämpferstab) bezüglich eines Inertialsystems, gemessen in einem mit dem Satelliten fest verbundenen Koordinatensystem; $j = x, y, z$
I_l = Trägheitsmoment des Dämpferstabes um seine Drehachse
$[I]$ = Trägheitsmomententensor des Satelliten (ohne Dämpferstab)
r = Entfernung Erdmittelpunkt—Massenzentrum des Satelliten
t = Zeit
T_{ci} = Kontrollmomente, $i = \alpha, \phi, \psi$
T_{di} = Störmomente, $i = \alpha, \phi, \psi$
u_i = normierte Kontrollmomente $(= T_{ci}/I_{ii})$, $i = \alpha, \phi, \psi$
x_0, y_0, z_0 = Lage-Koordinaten-System (x_0 liegt in Richtung vom Erdmittelpunkt zum Massenmittelpunkt des Satelliten; y_0 liegt normal zu x_0 in der Bahnebene des Satelliten derart, daß die auf y_0 projizierte Bahngeschwindigkeit > 0 ist; z_0 vervollständigt das rechtshändige, rechtwinkelige System)
x_b, y_b, z_b = an den Satelliten fixiertes Koordinatensystem (x_b = Gierachse, y_b = Rollachse, z_b = Nickachse)
x_d, y_d, z_d = an den Dämpfungsstab fixiertes Koordinatensystem (s. Abb. 88)
α = Nickwinkel
μ = Gravitätskonstante der Erde
ξ_{jb} = Bahn-Winkelgeschwindigkeit, d. h. der Rotation des x_0, y_0, z_0-Systems bezüglich eines Inertialsystems, gemessen im x_b, y_b, z_b-System ($j = x, y, z$)
ρ_1, ρ_2 = Winkellage des Dämpferstabes bezüglich des x_b, y_b, z_b-Systems (siehe Abb. 88)
τ = Ausregelzeit für die Überführung von gegebenen Anfangslagewinkeln in ihre Sollwerte (Manövrierzeit)
ϕ = Rollwinkel
ψ = Gierwinkel
Ω_{jb} = Winkelgeschwindigkeit des Satelliten bezüglich eines Inertialsystems, gemessen im x_b, y_b, z_b-System ($j = x, y, z$)
ω_0 = Bahn-Winkelgeschwindigkeit bei kreisförmiger Erdumlaufbahn ($\omega_0 = \mu/r^3$).

Abb. 88 zeigt den allgemeinen Aufbau des Gravitäts-Gradienten-Satelliten. Die genaue Definition der Lagewinkel α, ϕ, ψ ist durch Abb. 89 gegeben.

Die Kontrollaufgabe ist, die drei Lagewinkel α, ϕ, ψ gleich vorgegebenen Sollwerten α_r, ϕ_r, ψ_r und $\dot{\alpha} = \dot{\phi} = \dot{\psi} = 0$ zu machen. Dies soll entweder in Zeit-optimaler oder Zeit-Treibstoff-optimaler Weise geschehen.

Im folgenden setzen wir einen starren Dämpferstab und starre Gravitäts-Gradienten-Stäbe *gg*, ebenso wie einen starren Satelliten überhaupt, voraus. Ferner soll angenommen werden, daß die Längsbewegung und die Rotationsbewegung des Satelliten voneinander unabhängig sind, wie dies angenähert immer gilt [2].

Der Dämpferstab soll in einer zum Satelliten festen Ebene rotieren. Somit bildet das System Satellit-Dämpferstab ein System mit sieben Freiheitsgraden (je drei für Translation und Rotation des Satelliten und einer für die relative Winkellage des Dämpferstabes).

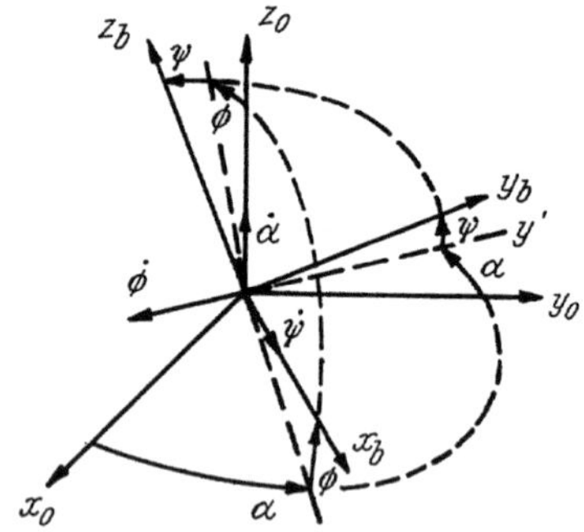

Abb. 89. Satellitenfestes Koordinatensystem x_b, y_b, z_b und Lage-Koordinatensystem x_0, y_0, z_0 zur Definition der Lagewinkel α, ϕ, ψ. α, ϕ, ψ stellen die Eulerwinkel zwischen den beiden Koordinatensystemen dar

Die Bewegungsgleichungen für die Rotation des Satelliten lauten [2]

$$[I]\begin{pmatrix}\dot{\Omega}_{xb}\\ \dot{\Omega}_{yb}\\ \dot{\Omega}_{zb}\end{pmatrix} = \begin{pmatrix}\delta_{xb}\\ \delta_{yb}\\ \delta_{zb}\end{pmatrix}, \tag{11.1}$$

wobei

$$\delta_{xb} = M_{xb} + M_{xd}\sin\rho_2 + M_{zd}\cos\rho_2 - (\Omega_{yb}H_{zb} - \Omega_{zb}H_{yb}) - P\cos\rho_2 + T_{cx} + T_{dx},$$

$$\delta_{yb} = M_{yb} + M_{xd}\cos\rho_2\cos\rho_1 + M_{SD}\sin\rho_1 - M_{zd}\sin\rho_2\cos\rho_1 - (\Omega_{zb}H_{xb} - \Omega_{xb}H_{zb}) + P\sin\rho_2\cos\rho_1 + T_{cy} + T_{dy}$$

und

$$\delta_{zb} = M_{zb} + M_{xd}\cos\rho_2\sin\rho_1 - M_{SD}\cos\rho_1 - M_{zd}\sin\rho_2\sin\rho_1 - (\Omega_{xb}H_{yb} - \Omega_{yb}H_{xb}) + P\sin\rho_2\sin\rho_1 + T_{cz} + T_{dz}. \tag{11.2}$$

Die Drehmomente M_{ib} und M_{id} werden durch den Gravitäts-Gradienten des Erdanziehungsfeldes verursacht und lauten [2, 4]:

a) für den Satelliten ohne Dämpferstab

$$M_{xb} = -\frac{3\mu}{r^3}[(I_{yy} - I_{zz})a_2a_3 + I_{xy}a_1a_3 - I_{xz}a_1a_2 + I_{yz}(a_3^2 - a_2^2)],$$

$$M_{yb} = -\frac{3\mu}{r^3}[(I_{zz}-I_{xx})a_1a_3 - I_{xy}a_2a_3 + I_{xz}(a_1{}^2 - a_3{}^2) + I_{yz}a_1a_2]$$

und

$$M_{zb} = -\frac{3\mu}{r^3}[(I_{xx}-I_{yy})a_1a_2 + I_{xy}(a_2{}^2 - a_1{}^2) + I_{xz}a_2a_3 - I_{yz}a_1a_3]; \tag{11.3}$$

b) für den Dämpferstab

$$M_{xd} = 0,$$

$$M_{yd} = -\frac{3\mu}{r^3}I_l b_1 b_2,$$

$$M_{zd} = \frac{3\mu}{r^3}I_l b_1 b_3. \tag{11.4}$$

Die in Gl. (11.2) verwendeten Größen P und M_{SD} sind gegeben durch

$$P = I_l\Omega_{xd}(\Omega_{yd} - \dot{\rho}_2),$$

$$M_{SD} = C_1\rho_2 + C_2\dot{\rho}_2,$$

wobei M_{SD} das auf den Dämpferstab von einem Feder-Dämpfungs-Mechanismus ausgeübte Rückführmoment darstellt. P wird für Abkürzungszwecke verwendet.

Die in Gl. (11.3) und (11.4) verwendeten Terme a_i und b_i, die die Gravitäts-Gradienten-Momente in Beziehung zu den Lagewinkeln setzen, sind

$$a_1 = \cos\alpha\cos\phi,$$

$$a_2 = \cos\alpha\sin\phi\sin\psi + \sin\alpha\cos\psi,$$

$$a_3 = -\cos\alpha\sin\phi\cos\psi + \sin\alpha\sin\psi,$$

$$b_1 = a_1\sin\rho_2 + a_2\cos\rho_2\cos\rho_1 + a_3\cos\rho_2\sin\rho_1,$$

$$b_2 = -a_2\sin\rho_1 + a_3\cos\rho_1,$$

$$b_3 = a_1\cos\rho_2 - a_2\sin\rho_2\cos\rho_1 - a_3\sin\rho_2\sin\rho_1. \tag{11.5}$$

Für die Bewegungsgleichung des Dämpferstabes erhält man

$$\ddot{\rho}_2 = -\dot{\Omega}_{yb}\sin\rho_1 + \dot{\Omega}_{zb}\cos\rho_1 - \Omega_{zd}\Omega_{xd} - \frac{M_{yd}+M_{SD}}{I_l}. \tag{11.6}$$

Integration von Gl. (11.1) und (11.6) liefert Ω_{xb}, Ω_{yb}, Ω_{zb} und ρ_2.

Die zeitlichen Ableitungen der Lagewinkel können durch Subtraktion von $\boldsymbol{\xi}_b$, der Bahn-Winkelgeschwindigkeit (welche die Winkelgeschwindigkeit der Rotation des x_0, y_0, z_0-Systems bezüglich eines Inertialsystems, gemessen im x_b, y_b, z_b-System, ist), von $\boldsymbol{\Omega}_b$ erhalten werden. Man erhält

$$\dot{\alpha} = \frac{1}{\cos\phi}\left[(\Omega_{yb} - \xi_{yb})\sin\psi + (\Omega_{zb} - \xi_{zb})\cos\psi\right],$$

$$\dot{\phi} = -(\Omega_{yb} - \xi_{yb})\cos\psi + (\Omega_{zb} - \xi_{zb})\sin\psi,$$

$$\dot{\psi} = \Omega_{xb} - \xi_{xb} - \dot{\alpha}\sin\phi. \tag{11.7}$$

Gl. (11.1)—(11.7) bestimmen nun die Rotationsbewegung des Satelliten. Wegen der Komplexität der Gleichungen muß die Lösung durch numerische Integration auf einem Digitalrechner erfolgen. Ein dazu geeignetes Programm wurde in [2] angegeben und für die Überprüfung der in diesem Buch abgeleiteten einschlägigen Kontrollgesetze angewendet.

11.2.2 Approximation durch die Bewegungsgleichungen eines linearen Satelliten

Um die komplizierten Bewegungsgleichungen des Gravitäts-Gradienten-Satelliten (*GGS*) der Behandlung durch optimale Kontrolltheorie zugänglich zu machen, müssen offenbar starke Vereinfachungen durchgeführt werden. Dies soll im folgenden durch Einführung eines linearen Satelliten geschehen; zur Überprüfung der Gültigkeit der Näherungen müssen dann die optimalen Kontrollgesetze (die, wie wir sehen werden, für den linearen Satelliten bereits in Kapitel 5 bzw. 10 entwickelt wurden) sowohl auf den *GGS* als auch auf den linearen Satelliten angewendet und die Ergebnisse verglichen werden.

Für den linearen Satelliten wird kein Dämpferstab angenommen; ferner seien I_{yy} und I_{zz} von derselben Größenordnung und

$$I_{yy}, I_{zz} \gg I_{xx}. \tag{11.8}$$

Gl. (11.1) und (11.2) ergeben nun

$$I_{xx}\dot{\Omega}_{xb} = (I_{yy} - I_{zz})\Omega_{yb}\Omega_{zb} + T_{cx} + T_{dx} + M_{xb}, \quad \text{(a)}$$

$$I_{yy}\dot{\Omega}_{yb} = (I_{zz} - I_{xx})\Omega_{zb}\Omega_{xb} + T_{cy} + T_{dy} + M_{yb}, \quad \text{(b)}$$

$$I_{zz}\dot{\Omega}_{zb} = (I_{xx} - I_{yy})\Omega_{xb}\Omega_{yb} + T_{cz} + T_{dz} + M_{zb}. \quad \text{(c)} \tag{11.9}$$

Gl. (11.3) wird zu

$$M_{xb} = -\frac{3\mu}{r^3}(I_{yy} - I_{zz})a_2a_3,$$

$$M_{yb} = -\frac{3\mu}{r^3}(I_{zz} - I_{xx})a_1a_3,$$

$$M_{zb} = -\frac{3\mu}{r^3}(I_{xx} - I_{yy})a_1a_2,$$

$$M_{xd} = M_{yd} = M_{zd} = 0. \tag{11.10}$$

Für kleine Lagewinkel können Gl. (11.9) und (11.10) angenähert werden durch [6]:

Gierachse: $$\ddot{\psi} + \omega_0{}^2 \frac{I_{zz} - I_{yy}}{I_{xx}} \psi - \frac{I_{zz} - I_{yy} - I_{xx}}{I_{xx}} \omega_0 \dot{\phi} = \frac{T_{cx} + T_{dx}}{I_{xx}}, \quad (11.11a)$$

Rollachse: $$\ddot{\phi} + 4\omega_0{}^2 \frac{I_{zz} - I_{xx}}{I_{yy}} \phi + \frac{I_{zz} - I_{xx} - I_{yy}}{I_{yy}} \omega_0 \dot{\psi} = \frac{T_{cy} + T_{dy}}{I_{yy}}, \quad (11.11b)$$

Nickachse: $$\ddot{\alpha} + 3\omega_0{}^2 \frac{I_{yy} - I_{xx}}{I_{zz}} \alpha = \frac{T_{cz} + T_{dz}}{I_{zz}}, \quad (11.11c)$$

wobei $\omega_0{}^2 = \mu/r^3 \approx \xi_{zb}^2$ und $\xi_{xb} \approx \xi_{yb} \approx 0$ für angenähert kreisförmige Erdumlaufbahn. Es muß bemerkt werden, daß die Vorzeichen der Momente in Gl. (11.11b) gegenüber jenen in (11.9b) vertauscht wurden, um die Symmetrie der Gl. (11.11) herzustellen. Dies kann leicht durch eine entsprechende Definition positiven Drehmomentes für die Rollachse (ϕ) berücksichtigt werden.

11.2.3 Optimale Kontrolle für den entkoppelten Fall

Wir sehen aus Gl. (11.11), daß Gier- und Rollachse miteinander verkoppelt sind, während die Bewegung der Nickachse unabhängig von ϕ und ψ ist. Gl. (11.11c) hat die Form $\ddot{x} + ax = u + d$, weshalb die entsprechenden Ergebnisse aus Kapitel 5 und 10 unmittelbar angewendet werden können.

Die Lösungen der gekoppelten Gl. (11.11a) und (11.11b) scheinen exakt mit erträglichem Aufwand nicht möglich zu sein. Versuche in dieser Richtung wurden in [5] und [15] angestellt. Aus [15] ist zu ersehen, daß Schaltkurven in der Zustandsebene jeder Achse von den Anfangsbedingungen abhängen. Deshalb können keine eindeutigen Schaltkurven angegeben werden und es ist daher naheliegend, die Entkopplung von Gl. (11.11a) und (11.11b) zu versuchen. Dies kann erreicht werden mit

$$I_{zz} \approx I_{yy} + I_{xx}, \quad (11.12)$$

einer Bedingung, die durch entsprechende Konstruktion des Satelliten leicht zu erfüllen ist und z. B. auch beim ATS-D- und ATS-E-Satelliten der NASA erfüllt wurde [16]. Gl. (11.11) können nun angenähert werden durch

$$\ddot{\psi} + a_\psi \psi = u_\psi + d_\psi, \quad (11.13)$$

$$\ddot{\phi} + a_\phi \phi = u_\phi + d_\phi \quad (11.14)$$

und

$$\ddot{\alpha} + a_\alpha \alpha = u_\alpha + d_\alpha, \quad (11.15)$$

wobei

$$a_\psi = \omega_0{}^2 \frac{I_{zz} - I_{yy}}{I_{xx}},$$

$$a_\phi = 4\omega_0{}^2 \frac{I_{zz} - I_{xx}}{I_{yy}},$$

$$a_\alpha = 3\omega_0^2 \frac{I_{yy} - I_{xx}}{I_{zz}}, \tag{11.16}$$

$$u_\psi = \frac{T_{cx}}{I_{xx}}, \quad u_\phi = \frac{T_{cy}}{I_{yy}}, \quad u_\alpha = \frac{T_{cz}}{I_{zz}},$$

$$d_\psi = \frac{T_{dx}}{I_{xx}}, \quad d_\phi = \frac{T_{dy}}{I_{yy}} \quad \text{und} \quad d_\alpha = \frac{T_{dz}}{I_{zz}}. \tag{11.17}$$

Es ist nun unmittelbar zu sehen, daß alle drei Satellitenachsen entkoppelt sind und ihre Lagewinkel der Gleichung $\ddot{x} + ax = u + d$ gehorchen, wodurch die Ergebnisse aus Kapitel 5 und 10 anwendbar werden. Simulationen am Digitalrechner mit dem vollständigen Programm nach [2] für den *GGS* und für den linearen Satelliten ergaben auch sehr gute Übereinstimmung der Trajektorien in den Zustandsebenen, wodurch die Gültigkeit der Näherung ebenfalls untermauert wird.

11.2.4 Synchronisierung der drei Satellitenachsen

Trotz der mathematischen Trennung der drei Satellitenachsen muß beachtet werden, daß bei Anwendung von Zeit-Treibstoff-optimaler Kontrolle dennoch eine Kopplung in ökonomischer Hinsicht besteht. Dies erklärt sich daraus, daß es mehr Treibstoff kostet, wenn zwei Lagewinkel früher zu ihrem Sollwert gebracht werden als der dritte, und weniger, wenn alle drei Lagewinkel sich nach der am langsamsten reagierenden Achse richten und gleichzeitig bei ihren Sollwerten eintreffen. Das bedeutet, daß wir nur für die langsamste Achse einen Leerlaufwinkel γ (siehe Abb. 44) frei vorgeben können. Die Leerlaufwinkel der beiden schnelleren Achsen müssen dann so gewählt werden, daß die drei Lagewinkel gleichzeitig ihre Sollwerte erreichen.

Dies kann z. B. so durchgeführt werden, daß die entsprechenden Manövrierzeiten für jede Achse in Abhängigkeit von den Anfangswinkeln und den Sollwerten durch Vorausberechnung mit Hilfe einer Simulation bestimmt werden. Dies erfordert aber auch eine Variation der Leerlaufwinkel der beiden schnelleren Achsen so lange, bis alle Manövrierzeiten gleich lang sind, somit eine iterative Prozedur. Deshalb ist die Entwicklung einer Näherungsformel von Vorteil. Nach [14] gilt für die Manövrierzeiten τ_α, τ_ϕ, bzw. τ_ψ für die Winkel α, ϕ, bzw. ψ angenähert

$$\tau_\alpha : \tau_\phi : \tau_\psi = \frac{1}{\sqrt{a_\alpha}} : \frac{1}{\sqrt{a_\phi}} : \frac{1}{\sqrt{a_\psi}}, \tag{11.18}$$

wenn die gleichen Kontrollmomente und Anfangsbedingungen für jede Achse angenommen werden und weiters die Leerlaufwinkel und die Sollwerte für jede Achse null sind. (Wir wollen uns auch im weiteren auf Sollwerte $= 0$ spezialisieren.)

Für ungleiche Anfangsbedingungen ist zu beachten, daß eine lineare Beziehung zwischen Manövrierzeit und Anfangswinkel eine gute Näherung darstellt [14]. Nennen wir den Anfangswinkel θ_0 (für $\theta = \alpha, \phi, \psi$) und die Manövrierzeit τ_θ, so erhalten wir angenähert

$$\tau_\theta = c_1 \theta_0, \tag{11.19}$$

wobei c_1 eine Konstante ist, die vom Kontrollmoment und der Konstante a_θ ($\theta = \alpha, \phi, \psi$) abhängt. Hiebei ist $\dot{\theta}_0 = 0$ angenommen. Eine Erweiterung auf $\dot{\theta}_0 \neq 0$ wäre durch Berücksichtigung der benötigten Zeit bis zum nächsten Nulldurchgang von $\dot{\theta}$ in der Phasenebene (siehe z. B. Abb. **29** oder **46**) leicht möglich.

Um weiters eine Beziehung für die Abhängigkeit vom Leerlaufwinkel γ_θ zu erhalten, erinnern wir daran, daß einerseits $\gamma_\theta = 0$ durch Gl. (11.18) und (11.19) behandelt wurde und daß andererseits $\gamma_\theta = 180°$ unendlich lange Manövrierzeiten bringt, da dann die Wirkungsdauer des Kontrollmoments zu null wird. Weitere Überlegungen nach [14] zeigen, daß der Zusammenhang

$$\tau_\theta = \frac{c_2}{180° - \gamma_\theta} \tag{11.20}$$

eine gute Näherung darstellt. Hiebei ist c_2 abhängig von θ_0, a_θ und dem Kontrollmoment T_θ. Die Kombination von Gl. (11.18)—(11.20) gibt

$$\tau_\theta = \frac{c}{\sqrt{a_\theta}} \cdot \frac{\theta_0}{180° - \gamma_\theta}, \tag{11.21}$$

wobei c auf Grund der Simulation spezieller Fälle leicht bestimmt werden kann. Aus Gl. (11.21) kann γ_θ für jede Achse derart berechnet werden, daß für alle Achsen (angenähert) gleiche Manövrierzeit auftritt.

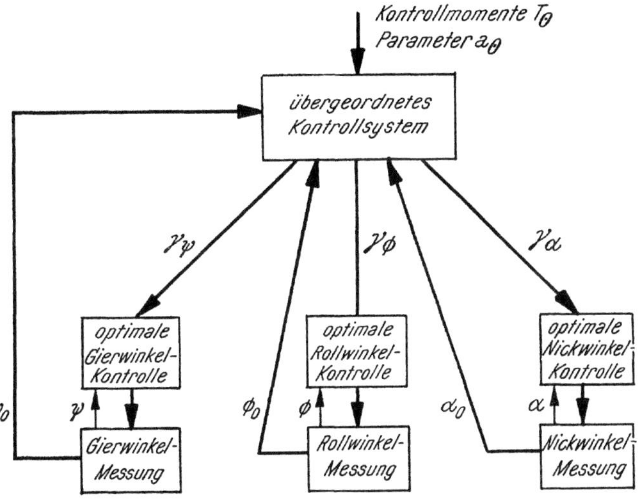

Abb. **90.** Hierarchische Struktur zur optimalen Kontrolle der Lagewinkel eines Gravitäts-Gradienten-Satelliten. γ_θ = Leerlaufwinkel, θ_0 = Anfangswerte der Lagewinkel, $\theta = \alpha, \phi, \psi$ = Lagewinkel

Wir haben hier einen typischen Fall einer hierarchischen Kontrollstruktur vor uns: jede Satellitenachse wird für den Entwurf des (Zeit-Treibstoff-optimalen) Kontrollgesetzes als von den beiden anderen unabhängig betrachtet. Es muß aber eine übergeordnete Kopplung der drei Einzelkreise wegen der notwendigen Synchronisation über die Leerlaufwinkel γ_θ bestehen. Das heißt also, daß die γ_θ für jeden Einzelkreis durch ein übergeordnetes (koordinierendes) Kontrollgesetz bereitgestellt werden müssen. Wir betrachten die Einzelkreise als in der unteren Ebene, das koordinierende Kontrollgesetz in der oberen Ebene einer hierarchischen Kontrollstruktur liegend, wie dies in Abb. 90 veranschaulicht wird. Wie dort angedeutet, muß nicht nur die untere Ebene Informationen von der oberen Ebene erhalten, sondern der Informationsfluß geht auch in umgekehrter Richtung. Letzterer gibt selektive Daten der unteren Ebene an die obere Ebene, und zwar im gegenständlichen Fall die Anfangswerte α_0, ϕ_0, ψ_0 der Lagewinkel.

11.3 Allgemeine Betrachtungen zu hierarchischen Kontrollsystemen

Industrielle Anlagen, wie chemische Werke, Elektrizitätswerke, Stahlwerke etc., können fast immer in eine Anzahl von Einheiten geteilt werden. Jede Einheit dient einer eigenen Aufgabe, ist aber mit den anderen Einheiten der Anlage mehr oder weniger stark verkoppelt. Derartige Aufgaben auf der untersten, ersten Ebene sind z. B. das Konstanthalten vorgegebener Temperatur- oder Druckwerte an charakteristischen Stellen der Anlage; diese Aufgaben werden meist von Einzelregelkreisen ausgeführt.

Die Arbeitsweise der Einzelkreise wird aber meist koordiniert, und zwar auf zweiter Ebene durch entsprechende Vorgabe von Sollwerten derart, daß eine ganze Einheit der Anlage möglichst ökonomisch arbeitet und sonst ebenfalls alle anderen Spezifikationen erfüllt. Eine höhere, dritte Ebene zur Anlagenkontrolle kann z. B. durch das Anlagen-Management repräsentiert sein: es hat darauf zu achten, daß die gesamte Anlage möglichst ökonomisch zusammenarbeitet, wobei Nebenbedingungen, wie Auftragslage, gelagerte Rohstoffe etc., berücksichtigt werden müssen.

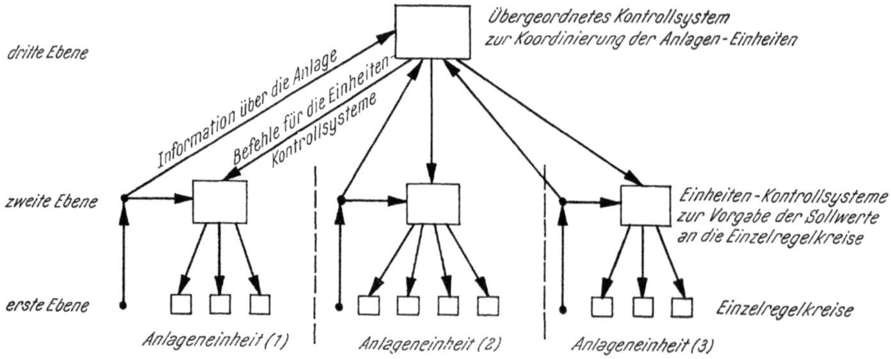

Abb. 91. Hierarchische Kontrollstruktur

Die vorstehenden Überlegungen führen zur hierarchischen Struktur [3, 8] nach Abb. 91, wie sie für viele Anlagen der Industrie typisch ist. Diese Struktur umgeht die meist unüberwindlichen Schwierigkeiten, die aufträten, wenn in jedem Einzelregelkreis gleichzeitig alle anderen Zustandsvariablen der gesamten Anlage berücksichtigt werden müßten.

Es muß betont werden, daß die Struktur nach Abb. 91 auf praktischer Erfahrung basiert. Theoretisch müßte optimale Kontrolle auf Grund des mathematischen Modells des Gesamtprozesses entwickelt werden (siehe z. B. [3, 7, 10] für Verfahren zur Gewinnung mathematischer Modelle industrieller Anlagen). Allerdings treten fast immer große Abweichungen zwischen den aus mathematischen Modellen und aus der tatsächlichen Anlage gewonnenen Ergebnissen auf. Dies hat seinen Hauptgrund darin, daß mathematische Modelle immer auf vereinfachten Annahmen beruhen, um den analytischen Aufwand in erträglichen Grenzen zu halten. Darüberhinaus wären auch mit diesen Vereinfachungen bei vielen Anlagen eine Unzahl von Variablen (z. B. bei Destillationskolonnen in typischen Fällen 120) zu berücksichtigen. Dies zeigt unmißverständlich die Bedeutung des Entwurfes einer geeigneten Kontrollstruktur nach dem Vorbild von Abb. 91.

Es ist weiters interessant zu bemerken, daß hierarchische Kontrollstrukturen den Management- bzw. Gesellschaftsstrukturen jeder menschlichen Organisation (wie private Betriebe, Kirche, Regierung etc.) entspricht. Es wäre auch hier im Prinzip günstig, wenn jeder Einzelne über alle Details der gesamten Organisation informiert wäre. Da dies natürlich unmöglich ist, muß eine hierarchische Struktur mit selektivem Informationsfluß gewählt werden. Dasselbe gilt auch für den Kommandofluß. Zusammenfassend soll betont werden, daß hierarchische Strukturen infolge der praktischen Begrenzung der Möglichkeiten von Informations- und Kommandofluß sowohl in menschlichen Organisationen als auch in Kontrollsystemen großer Anlagen, d. h. multivariabler Systeme, auf Grund von praktischer Erfahrung als optimale Strukturen zu bezeichnen sind.

11.4 Optimierung der Sollwerte

Bereits in Kapitel 1 wurde auf die zwei großen Aufgabengruppen der Optimierung hingewiesen, nämlich die Optimierung der Sollwerte und die Optimierung des Arbeitsverhaltens von Kontrollsystemen. Letzterer Problemkreis wurde schon ausführlich in vorliegendem Buch behandelt. Wir wollen uns deshalb hier noch etwas mit der Optimierung von Sollwerten in multivariablen Systemen beschäftigen.

Die Aufgabe, die Sollwerte der Einzelregelkreise einer Anlageneinheit derart zu bestimmen, daß die ganze Anlageneinheit optimal arbeitet, kann im Prinzip auf die Bestimmung des Extremwertes einer Funktion mehrerer Variabler zurückgeführt werden. Für nicht zu komplizierte Fälle können klassische analytische Methoden angewendet werden. Für kompliziertere Probleme müssen dann numerische Methoden (siehe Kapitel 7 und [1, 11, 12]) angewendet werden.

Falls aber keine mathematische Gesetzmäßigkeit zwischen den Sollwerten der Einzelregelkreise und dem Arbeitsverhalten der ganzen Anlageneinheit gefunden werden kann, können in manchen Fällen Suchmethoden angewandt werden. Dabei werden die Sollwerte von Einzelregelkreisen so lange variiert, bis sich das Optimum der ganzen Anlageneinheit einstellt. Die Variation der Sollwerte kann nach verschiedenen Vorschriften (siehe z. B. [4]) erfolgen, hat aber immer den Charakter des Probierens. Es kann kaum allgemein positiv entschieden werden, ob man bei so kritischen Problemen, wie dem Verändern von Sollwerten in chemischen oder anderen industriellen Anlagen oder bei Flugzeugen und Raketen, rein mathematische Überlegungen (einschließlich der Probierverfahren) solchen experimentell-praktischer Natur vorziehen soll; aus diesem Grunde wollen wir uns hier nicht weiter mit theoretischen Ausführungen befassen und dieses Gebiet dem in der Praxis stehenden Ingenieur überlassen, bzw. den Leser auf die entsprechende anwendungsorientierte Spezialliteratur verweisen.

11.5 Zusammenfassung

Wir haben festgestellt, daß es im allgemeinen unmöglich ist, Methoden der optimalen Kontrolltheorie unmittelbar auf multivariable Systeme anzuwenden. Deshalb müssen geeignete Strukturen gefunden werden, um multivariable Systeme zu entkoppeln. Die diesbezüglichen Verfahren sind organisatorischer Natur und außerdem stark vom jeweiligen Spezialfall abhängig. Wir haben deshalb ein typisches Beispiel zur Illustration hierarchischer Strukturen und weiters allgemeine Konzepte gebracht.

Es wurde auf die Analogien zu menschlichen Strukturen hingewiesen: auch hier werden Aufgaben geringerer Bedeutung lokal durchgeführt, während bei wichtigeren Problemen eine Rückkopplung über höhere Ebenen erfolgen muß.

Abschließend wurden Methoden diskutiert, um die Sollwerte von Einzelregelkreisen im Hinblick auf das Arbeiten von ganzen Anlageneinheiten bzw. der ganzen Anlage zu optimieren. Hiebei wurde auf die klassische Extremwertrechnung bzw. auf die in Kapitel 7 behandelten numerischen Methoden und auf Suchmethoden bei nicht vorliegenden mathematischen Zusammenhängen hingewiesen.

Literatur

[1] Balakrishnan, A. V.: On a New Computing Technique in Optimal Control and Its Application to Minimal-Time Flight Profile Optimization. Journal of Optimization Theory and Applications **4** (1969).

[2] Barrett, C. C.: The Development of a Mathematical Model and a Study of One Method of Orbit Adjust and Station Keeping Gravity-Oriented Satellites. NASA Technical Note D-3652, Washington, D.C., November 1966.

[3] Bertele, H.: Industrielle Elektronik und Automation. Braunschweig: R. C. Schmidt & Co. 1965.

[4] Eveleigh, V. W.: Adaptive Control and Optimization Techniques. New York: McGraw-Hill. 1967.

[5] Flügge-Lotz, I., und A. J. Craig: Investigation of Optimum Control with a Minimum-Fuel Consumption Criterion for a Fourth-Order Plant with Two Control Inputs; Synthesis of an Efficient Suboptimal Control. Trans. ASME, Journal of Basic Engineering **1965**, 39—57.

[6] FRICK, R. H.: Perturbations of a Gravity Gradient Stabilization System. Report AD 623279, The Rand Corporation, Santa Monica, California, September 1965.

[7] HARDERS, H., G. HELLER und P. R. LAURER: Computer Control of the Oxo-Synthesis Process, in: MILLER, W. E. (Hrsg.), Digital Computer Applications to Process Control. Proceedings of the First International Conference, Stockholm, 1964, S. 89–112. New York: Plenum Press. 1965.

[8] MESAROVIC, M. D., D. MACKO und Y. TAKAHARA: Theory of Hierarchial, Multi-level Systems. New York: Academic Press. 1970.

[9] PONTRYAGIN, L. S., V. G. BOLTYANSKII, R. V. GAMKRELIDZE und E. F. MISCHENKO: The Mathematical Theory of Optimal Processes (Original in Russisch; englische Übersetzung von BROWN, D. E.). Oxford: Pergamon Press. 1964.

[10] SAVAS, E. S.: Computer Control of Industrial Processes. New York: McGraw-Hill. 1965.

[11] TAYLOR, L. W., JR., H. J. SMITH und K. W. ILIFF: Experience Using Balakrishnan's ε-Technique to Compute Optimum Flight Profiles. J. Aircraft 7, 182–187 (1970).

[12] WILDE, D. J.: Optimum Seeking Methods. Englewood Cliffs, N. J.: Prentice-Hall. 1964.

[13] ZACH, F.: Time/Fuel Optimal and Adaptive Control for Gravity Gradient Spacecraft, in: BALAKRISHNAN, A. V. (Hrsg.), Techniques of Optimization, S. 261–276. New York: Academic Press. 1972.

[14] ZACH, F. C.: Time Optimal Control of Gravity-Gradient Satellites with Disturbances. Journal of Spacecraft and Rockets 7, 1434–1440 (1970).

[15] ZACH, F. C.: Time and Fuel Optimal Control for Gravity Gradient Spacecraft. Report X-763-70-353, NASA Goddard Space Flight Center, Greenbelt, Maryland, September 1970.

[16] ATS-5 Data Book, NASA Goddard Space Flight Center, Greenbelt, Maryland, 1969.

12. Lernende Systeme für die Optimierung von Kontrollsystemen

12.1 Einleitung

In der Literatur sind mehrere Versuche bekannt geworden, das Prinzip des Lernens auf die Computer-orientierte Automation anzuwenden [1, 6]. Lernen ist eine wichtige Fähigkeit des Menschen und der Tiere; es ist daher einleuchtend, daß diese Fähigkeit höherer Lebewesen als Basis für lernende Systeme in technischen Anwendungen herangezogen wird. Man hat sich im speziellen viel mit Funktionsmodellen des menschlichen Gehirns beschäftigt [1]. Wir wollen aber hier betonen, daß Lernen nur ein, wenn zwar wesentlicher, Teilaspekt der Fähigkeiten des menschlichen Gehirns darstellt und daß wahrscheinlich nur solche Teile der menschlichen Natur technisch nachgebildet werden können, die ihrem Wesen nach physikalisch, logisch oder durch andere naturwissenschaftliche Methoden erklärt werden können.

Die Erforschung des Phänomens des Lernens wurde in den Gebieten der Biologie, Psychologie und Technik unternommen, wobei die Resultate zu einem Großteil ähnlich sind. Allerdings bestehen auch einige wesentliche Unterschiede, die infolge unexakter Nomenklatur häufig kaum zu erkennen sind [6]. Wir wollen uns hier nur mit den technischen Aspekten des Lernens beschäftigen und hiebei wieder auf jene Gebiete spezialisieren, die auf die Optimierung von Kontrollsystemen anwendbar sind.

Es ist deshalb zunächst notwendig, eine Klassifikation der verschiedenen Typen des Lernens anzugeben, wie dies im folgenden Abschnitt durchgeführt wird.

12.2 Klassifikation der Lernprinzipien nach Zemanek

Unsere Methode der Klassifikation basiert auf den Ergebnissen von Zemanek [6]. Sie gründet sich auf den Lernprozeß des Menschen und lautet wie folgt:

(0) *Vorstufe*: *Klassifizieren*

Klassifizieren ist eine Vorstufe für den Lernprozeß, da das (Kontroll-)System immer den augenblicklichen Zustand der Umgebung (und zwar von selbst) erkennen muß. Lernen erfordert nämlich notwendigerweise ein Wechselspiel des Systems mit seiner Umgebung. Diese Vorstufe des Lernens ist zwar ganz wesentlich für das Gebiet der Zeichenerkennung [2, 4]; wir wollen sie aber hauptsächlich zum Gebiet der Informationsverarbeitung rechnen und uns daher mit Literaturhinweisen [2, 4, 6] begnügen. Das Erkennen des Umweltzustandes möge für unsere Anwendungen durch Meßmethoden, die in kritischen Fällen durch optimale Schätzmethoden nach Kapitel 9 verbessert werden können, befriedigend gelöst sein.

(A) Lernen durch eigenen Fortschritt

(A1) Lernen durch Speichern. Dieser Typ des Lernens tritt insbesondere dann in Erscheinung, wenn bestimmte Merkmale, Geschehnisse oder anderes Material im Gedächtnis (bei Menschen) bzw. im Kontrollsystem (bei technischen Anwendungen) behalten werden sollen, um später sofort verfügbar zu sein. Bei Anwendung von Elektronenrechnern für Kontrollsysteme wird diese Stufe repräsentiert durch das Einspeichern von Kontrollgesetzen, Optimierungsgesetzen und von anderen relevanten Programmen und Daten.

(A2) Lernen durch bedingten Reflex. Bei Menschen und Tieren bestehen bedingte und unbedingte Korrelationen. Ein Beispiel für unbedingte Korrelationen ist der Knie-Reflex. Bedingte Reflexe wurden am besten durch physiologische Experimente bei Tieren bekannt, wie z. B. durch Pavlovs Versuche mit Hunden. Diese bedingten Reflexe bestehen hauptsächlich aus Reaktionen, die bei Vorhandensein gewisser Zustände der Umgebung auftreten. Für unsere technischen Anwendungen ist es ausreichend, diese Stufe durch die bedingte (IF-)Rechnerinstruktion verwirklicht zu betrachten.

Die bisher gebrachten Stufen des Lernens befaßten sich — soweit die Optimierung von Kontrollsystemen betroffen ist — hauptsächlich mit der Bestimmung von Zuständen der Umgebung und des Kontrollsystems (Klassifizieren) und mit herkömmlichem Computer-Programmieren. Wir wollen nun zu Stufen des Lernens übergehen, die direkt mit der Optimierung von Kontrollsystemen verwandt sind.

(A3) Lernen durch Erfolg. Diese Stufe des Lernens beruht darauf, daß erfolgreiche bedingte Korrelationen den nicht erfolgreichen vorzuziehen sind. Eine prinzipielle Möglichkeit, erfolgreiche bedingte Korrelationen zu finden, ist durch einfaches Probieren gegeben. Dies entspricht einem grundlegenden Mechanismus lebender Organismen, daß Probieren dann angewendet wird, wenn die gespeicherte Erfahrung nicht ausreicht, eine gegebene Situation zu bewältigen. Bei Anwendungen auf Kontrollsysteme müssen allerdings Vorkehrungen getroffen werden, um durch Probiermethoden nicht in ungünstige und möglicherweise gefährliche Arbeitsbereiche zu kommen.

(A4) Lernen durch Optimierung. Diese Stufe besteht in einer höheren Organisation der Stufe (A3). Wie schon der Name andeutet, werden nicht alle erfolgreichen, sondern nur die besten, schnellsten oder am einfachsten zu realisierenden Methoden gespeichert. Wir wollen hier besonders auf Zemaneks Definitionen optimaler Methoden hinweisen: neben Optimierungszielen wie „schnellstens" und „bestens" wird sich in vielen praktischen Anwendungen die einfachste Methode als die beste durchsetzen. Dies entspricht den an anderen Stellen in diesem Buch gemachten Bemerkungen über die Struktur optimaler Kontrollsysteme.

Der Term „Optimierung“ verlangt eine arithmetische Definition des Erfolges; solche Definitionen wurden in Kapitel 3 für Kontrollsysteme angegeben. Lernen durch Erfolg allein verlangt nur eine logische Entscheidung (Erfolg oder kein Erfolg).

(*B*) *Lernen mit äußerer Einwirkung*

Bisher wurden Lernprozesse betrachtet, die auf dem eigenen Fortschritt des lernenden Menschen bzw. Kontrollsystems in Wechselwirkung (im Falle des Kontrollsystems) mit dem zu kontrollierenden System basieren. Nunmehr wollen wir weitere Stufen des Lernens besprechen, wo der Lernprozeß selbst z. B. durch menschliche Einwirkung beeinflußt wird.

(*B1*) *Lernen durch Imitation.* Diese Art des Lernens bezieht sich bei menschlichem Lernen z. B. auf die Beobachtung von Mitmenschen und nachfolgender Imitation, wie dies vor allem beim Lernen im Kindesalter vorkommt.

(*B2*) *Lernen durch Belehrung.* Dieses Lernprinzip unterscheidet sich von den vorhergehenden insofern, als jene in erster Linie nur die eigene Aktivität des lernenden Menschen bzw. Kontrollsystems voraussetzten. Nun ist die Aktivität eines Lehrers unerläßliche Bedingung. Für die Optimierung von Kontrollsystemen bedeutet dies, daß der mit dem System befaßte Wissenschaftler den Lernprozeß durch geeignete Schritte beeinflußt, um den Lernprozeß zu verbessern. Dies kann z. B. durch das künstliche Hervorrufen von Situationen geschehen, die zu einer Beschleunigung des Lernens beitragen.

(*C*) *Lernen durch Erfassung*

Einige Lernprinzipien bei Menschen können nicht durch die bisher gebrachten Stufen beschrieben werden. Das ist der Fall, wenn bereits ein derart verfeinertes Modell der Umwelt (bzw. des kontrollierten Systems) existiert, daß die Mehrzahl der Auswirkungen geplanter Handlungen voraussagbar wird. Dann wird der Lernprozeß auch nicht mehr nach außen sichtbar. Solche Formen des Lernens finden sich in den höchsten Ebenen menschlichen Lernens.

Es wurden nun die Formen des Lernens beim Menschen und teilweise auch bei Tieren klassifiziert und Parallelen zu möglichen Lernvorgängen in der Automation, speziell bei der Optimierung von Kontrollsystemen, gezogen. Eine ähnliche Klassifizierung, die auf lernenden Maschinen aufbaut, findet sich in [3]. Es kann gezeigt werden, daß beide Klassifikationsschemen eng verwandt sind [1, 6]. In [6] sind weiters Lernmaschinen besprochen, die gewisse Aspekte des Lernens bei Tieren (bzw. grundlegende Aspekte menschlichen Lernens) simulieren.

In diesem Buch wollen wir uns nun vornehmlich jenen Bereichen des Lernens zuwenden, die für die Optimierung von Kontrollsystemen nützlich sind. Es erscheint daher zweckmäßig, hier einen typischen Lernprozeß zu analysieren und dessen Analyse zum stufenweisen Aufbau für lernende Kontrollsysteme zu verwenden. Sodann soll an Hand zweier praktischer Beispiele gezeigt werden, wie lernende Kontrollsysteme aufgebaut werden können.

12.3 Analyse eines typischen Lernprozesses

Um eine weitere Beziehung zur Optimierung von Kontrollsystemen zu erhalten, soll hier ein Beispiel eines menschlichen Lernprozesses gebracht werden, wo der Mensch sozusagen als Kontrollsystem fungiert, und zwar beim Lenken eines Kraftfahrzeuges. Wir wollen das Erlernen des Lenkens auch deshalb wählen, weil es besonders klar zeigt, welche Mechanismen und Instrumente für die Automation des Lernprozesses notwendig sind.

Der erste Schritt findet hier üblicherweise in einem Lehrgang statt, wo Verkehrsregeln und Fakten über das Kraftfahrzeug im großen und ganzen nur auswendig gelernt werden. Dies entspricht grundsätzlich dem Programmieren des Kontrollsystems, bzw. eines zur Kontrolle verwendeten Computers.

Der zweite Schritt besteht im praktischen Erlernen des Kraftfahrzeuglenkens, wo eine Verhaltens- bzw. Reaktionsoptimierung durch Lernen stattfindet, wobei das Wechselspiel mit der Umwelt besonders deutlich zu Tage tritt. Zu diesem Zweck ist es notwendig, jede Verkehrssituation erkennen zu können (Klassifikation) und eine geeignete Reaktion zu finden. Die Verkehrssituation zusammen mit dem eigenen Kraftfahrzeug entspricht beim Kontrollproblem den Zustandsvariablen, Störungen, Sollwerten und Systemparametern; der Reaktion entspricht der Kontrollvektor $\mathbf{u}$.

Verkehrssituationen werden genauso wie die entsprechenden Reaktionen im Gedächtnis behalten; Reaktionen bei gleichen Situationen werden stets verbessert, und zwar durch entsprechende, im vorigen Abschnitt beschriebene Lernmethoden. Angewandt auf die Optimierung von Kontrollsystemen bedeutet dies, daß unter denselben Bedingungen (wie sie durch Messung des Zustandsvektors, der Störungen, Systemparameter und Sollwerte bestimmt werden) das Kontrollverhalten desto besser wird, je länger das Kontrollsystem, meist im praktischen Betrieb, dem Lernprozeß unterworfen war.

12.4 Notwendige Elemente einer Lernstruktur zur Optimierung von Kontrollsystemen

Als Voraussetzung wollen wir annehmen, daß grundlegende Regeln und Vorschriften vorgegeben werden, z. B. durch Programmieren eines im Kontrollsystem enthaltenen Computers. Dies entspricht dem Lernen von Verkehrsregeln etc. (siehe den vorigen Abschnitt). Nur in Ausnahmefällen wäre ein Lernprozeß ohne Vorhandensein von Grundinstruktionen erfolgreich.

Für das nachfolgende Lernen unter praktischen Verhältnissen, d. h. bei einem Wechselspiel mit der Umgebung, sind die folgenden Elemente Voraussetzung:

(1) Ein Meßsystem zur Bestimmung des Zustandsvektors, der Störungen, Systemparameter und Sollwerte (Klassifikation). Wir wollen alle diese Begriffe im folgenden als Gesamtzustand zusammenfassen.

(2) Ein Auswahlsystem, um für jeden Gesamtzustand das geeignete Kontrollgesetz auszusuchen. Man könnte bei oberflächlicher Betrachtung meinen, daß

auch hier schon bei wenigen Variablen, ähnlich wie beim dynamischen Programmieren, die Zahl der zu unterscheidenden Gesamtzustände rasch anwachsen würde. Daß dies im allgemeinen nicht zu befürchten ist, wird durch das Beispiel des Lenkens eines Kraftfahrzeuges veranschaulicht: Dort ist es z. B. bei Beurteilung des Straßenzustandes neben Kenntnis des Straßenbelages nur wesentlich zu wissen, ob die Fahrbahn trocken oder feucht ist, bzw. Eis oder Schnee aufweist. Hingegen ist von untergeordneter Bedeutung, wie dick z. B. eine Eisdecke oder wie stark die eine Feuchtigkeit verursachende Regendichte ist. Praktische Experimente mit Kontrollsystemen haben gezeigt [5], daß dort ebenfalls meist eine sehr grobe Quantisierung des Gesamtzustandes genügt.

(3) Ein Speicher für die Bereitstellung der Kontrollprozeduren für jeden Gesamtzustand. Wir erinnern daran, daß diese Kontrollprozeduren ganz am Anfang vorgegeben werden sollen und dann während des praktischen Betriebes verbessert bzw. schließlich optimiert werden.

(4) Eine Methode zur Bestimmung des Arbeitsverhaltens des Systems. Dies setzt natürlich die Definition des optimalen Arbeitsverhaltens voraus (siehe Kapitel 3).

(5) Methoden zur Optimierung bzw. stufenweisen Verbesserung des Kontrollgesetzes. Diese Methoden setzen entweder eine gründliche Kenntnis des Gesamtsystems voraus, oder stützen sich auf Probierverfahren: es muß entweder bekannt sein, oder durch Probieren bestimmt werden, in welche Richtung z. B. die Kontrollparameter eines geschlossenen Regelkreises oder dessen Sollwerte verändert werden müssen, um das Arbeitsverhalten des Systems zu verbessern. Diese Aufgabe wird grundsätzlich von adaptiven Systemen ausgeführt, wie in Kapitel 10 gezeigt wurde.

Wenn man die vorstehenden Ausführungen betrachtet, so sieht man, daß viele der erwähnten Eigenschaften bzw. Methoden schon im adaptiven Prinzip enthalten sind. Tatsächlich können wir für unsere Zwecke sagen, daß hinsichtlich der Optimierung von Kontrollsystemen lernende Verfahren wie adaptive Verfahren arbeiten, aber zusätzlich die Erfahrungen speichern, d. h., daß ein lernendes Kontrollsystem ein adaptives Kontrollsystem ist, bei dem Resultate der Adaption gespeichert und als Basis für zukünftige Adaptionen verwendet werden.

Es ist offensichtlich, daß, je länger der lernende (und adaptive) Prozeß andauert, das Kontrollsystem umso näher an das optimale Verhalten für jeden Gesamtzustand kommt. Ein Wort der Vorsicht erscheint jedoch am Platze: es kann Systemvariable, Parameter oder Störungen geben, die zwar das Arbeitsverhalten beeinflussen, aber einer Messung nicht zugänglich sind. In diesem Fall kann bezüglich dieser Größen kein Lernprozeß stattfinden, da wiederkehrende Gesamtzustände hinsichtlich dieser Größen nicht erkannt werden können. Bezüglich dieser Größen muß dann geschlossene Adaption (siehe Kapitel 10) angewendet werden.

Es erscheint nun angebracht, zwei Beispiele zu bringen, um die praktische Anwendung des Lernens auf die Optimierung von Kontrollsystemen zu illustrieren und die in vorliegendem Abschnitt angeführten Elemente anschaulich zu erklären.

12.5 Praktische Beispiele

Es sei angenommen, wir hätten ein lernendes Kontrollsystem für den Druckregelkreis nach Abb. 73 zu finden. Wir haben vorhin festgestellt, daß hinsichtlich der technischen Anwendung lernende Kontrollsysteme als adaptive Kontrollsysteme angesehen werden können, wo vorausgehende Adaptionen als Erfahrung bei wiederkehrenden Gesamtzuständen verwendet werden. Es ist deshalb nur notwendig, das in Kapitel 10 entwickelte adaptive System zu nehmen, durch einen Speicher für die Erfahrungswerte zu ergänzen und eine Koordination zwischen Adaption und vorausgegangener Erfahrung herzustellen. Zu diesem Zweck müssen die in Abschnitt 12.4 beschriebenen Elemente von Lernstrukturen bereitgestellt werden.

Bei dem Druckregelkreis nach Abb. 73 wird der Gesamtzustand bestimmt durch den Sollwert p_r und die Störgrößen p_e und q. Wir schlagen nun folgende Methode zur Verwirklichung eines lernenden Kontrollsystems vor:

Die drei Größen p_r, p_e und q werden gemessen, um den das Arbeitsverhalten bestimmenden Gesamtzustand zu erhalten. Hiebei genügt es, den Gesamtbereich jeder der drei Größen in $2^4 = 16$ Intervalle zu unterteilen; Experimente haben nämlich gezeigt [5], daß eine feinere Unterteilung keine meßbare Verbesserung des Arbeits- bzw. Optimierungsverhaltens mehr bringt. Wir erhalten somit $2^{12} = 4096$ unterscheidbare Gesamtzustände und müssen die gleiche Anzahl an Speicherplätzen vorsehen, von denen jeder eine dem jeweiligen Gesamtzustand entsprechende Kontrollvorschrift (oder nur Kontrollparameter) enthält.

Ein Vergleich mit Abschnitt 12.4 zeigt, daß wir somit Punkte (1) und (3) erfüllt haben. Punkt (2), die Auswahleinrichtung, ist leicht anzugeben, da sie nur in der Anwahl von Speicherplätzen besteht. Für Punkt (4), die Bestimmung des Arbeitsverhaltens, verweisen wir auf Abschnitt 10.4.6, wo ein entsprechendes System beschrieben ist. Es soll somit nun der noch fehlende Punkt (5), das Verfahren zur stufenweisen Verbesserung bzw. Optimierung der Kontrollvorschrift (bzw. der Kontrollparameter) für jeden unterscheidbaren Gesamtzustand entwickelt werden. Solange das System einen unterscheidbaren Gesamtzustand beibehält, wird das Arbeitsverhalten gemessen und durch geschlossene Adaption (siehe Kapitel 10) verbessert bzw. schließlich optimiert. Wir wollen bemerken, daß die Optimierung so viel Zeit erfordern könnte, daß inzwischen ein anderer unterscheidbarer Gesamtzustand eingenommen wird und deshalb die Optimierung im vorigen Gesamtzustand erst dann weiterverfolgt werden kann, bis dieser wieder eingenommen wird. Auf jeden Fall wird aber dann auf den vorhergehenden Optimierungsschritten aufgebaut.

Zur Zeit der ersten Inbetriebnahme des Systems werden aller Wahrscheinlichkeit nach in allen (oder zumindest den meisten) der 4096 Speicherplätze nichtoptimale Kontrollparameter (bzw. -strategien) vorhanden sein. Nach Inbetriebnahme wird früher oder später jeder der unterscheidbaren Gesamtzustände auftreten und es werden so nach hinreichend langer Zeit in allen 4096 Speicherplätzen optimale Parameter bzw. Strategien enthalten sein. Die hier entworfene Methode wird in Abb. 92 veranschaulicht; weitere Details betreffend das kontrollierte System, das Kontrollgesetz, die Optimierungsstrategie und die Messung des Arbeitsverhaltens finden sich in Kapitel 10.

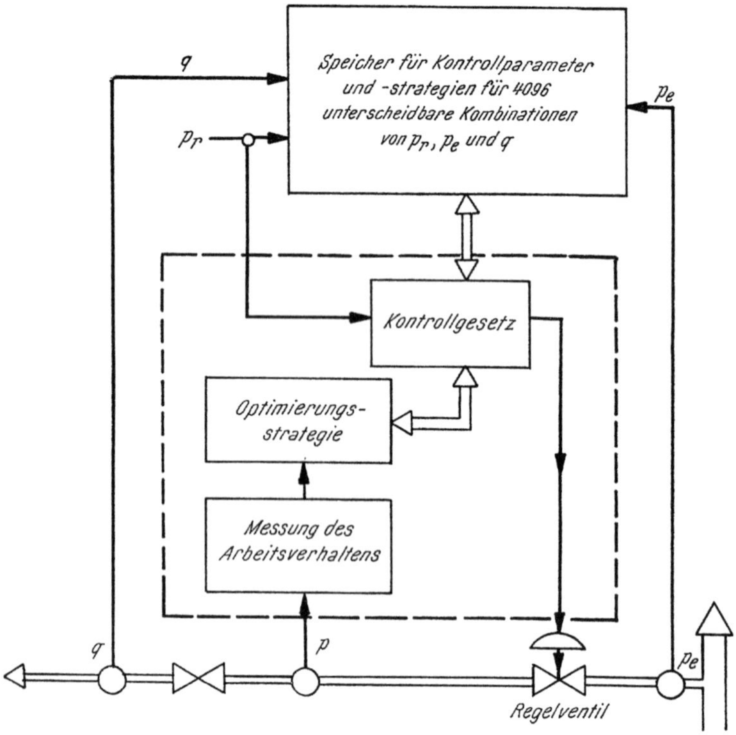

Abb. 92. Blockdiagramm eines sich automatisch optimierenden Kontrollsystems mit Lernfähigkeit (angewendet auf das Druckregelproblem nach Abb. 73). Die Größen p, p_e, p_r und q sind in Kapitel 10 definiert

Das in Abb. 92 skizzierte System läßt sich leicht praktisch verwirklichen [5]. Die damit erzielten Verbesserungen im Arbeitsverhalten gegenüber konventionellen Systemen sind per definitionem derart, daß nach entsprechend langem Betrieb in allen Arbeitsbereichen optimales Verhalten auftritt.

Wir wollen nun kurz ein zweites lernendes System beschreiben, das im Prinzip eine Variante des eben besprochenen ist und zwischen diesem und den rein adaptiven Systemen liegt. Wir sehen, daß bei dem eben beschriebenen System bei Vorhandensein von vielen das Arbeitsverhalten bestimmenden Größen auch die Zahl der benötigten Speicherplätze rasch steigt. Wird diese Zahl hinsichtlich einer praktischen Realisierbarkeit zu hoch, so müssen entweder die Bereiche der bestimmenden Größen in gröbere Intervalle unterteilt werden, oder die Messung weniger wichtiger Größen muß unterbleiben. Letzteres gilt ja auch für den Fall, daß einzelne Größen nicht meßbar sind. Es muß dann also ein Kompromiß zwischen den adaptiven Systemen des Kapitels 10 und den oben beschriebenen lernenden Systemen ausgearbeitet werden. Lernen wird nun bezüglich der wichtigsten (und meßbaren) Größen vorgenommen, während die Optimierung bezüglich der verbleibenden Größen durch Adaption verwirklicht wird.

Für den Fall des Druckregelproblems (Abb. 73) wurde in [5] ein System vorgeschlagen, das diese Ausführungsform illustriert. Dort sind nur q und p_e (siehe Abb. 73 bzw. 92) als wichtige, das Arbeitsverhalten beschreibende Größen angenommen, wodurch gegenüber dem System nach Abb. 92 der Speicherbedarf auf 256 Speicherplätze gesenkt werden kann. Die Annahme, daß p_r eine weniger wichtige Größe ist, kann damit begründet werden, daß p_r in praktischen Anwendungen kaum verändert wird. Das System kann somit für das spezifizierte p_r für alle 256 verbleibenden unterscheidbaren Gesamtzustände durch Lernen zu optimaler Kontrolle gelangen. Sollte p_r tatsächlich einmal so verändert werden, daß das neue p_r neue unterscheidbare Gesamtzustände verursacht, so muß der Lernprozeß zu modifizierter optimaler Kontrolle für alle 256 neuen unterscheidbaren Gesamtzustände führen. Ein Blockdiagramm mit weiteren Details ist in [5] angegeben; da es aber im Prinzip mit Abb. 92 eng verwandt ist, wollen wir dieses Diagramm hier nicht wiederholen.

12.6 Schlußbemerkungen

Wir haben die Schritte zur Anwendung lernender Systeme auf die Optimierung von Kontrollsystemen aufgezeigt, wobei wir uns auf Parallelen zu Lernmechanismen des Menschen und der Tiere stützten. Wir konnten feststellen, daß es für die Anwendung ausreichend ist, lernende Kontrollsysteme als adaptive Kontrollsysteme mit Erfahrungsspeicher zu definieren. Wenn alle das Arbeitsverhalten bestimmenden Größen gemessen und für den Lernprozeß verwendet werden können, so wird nach hinreichend langem Betrieb das Arbeitsverhalten des Kontrollsystems für alle Arbeitsbereiche optimiert sein; andernfalls ergibt sich eine Zwischenstufe zwischen den adaptiven Systemen nach Kapitel 10 und den lernenden Systemen. Schließlich wurde an Hand von zwei Beispielen gezeigt, wie lernende Systeme realisiert und praktisch angewendet werden können.

Literatur

[1] Brauser, K. J.: Die Systemphilosophie lernender Automaten in der Anwendung auf Autopiloten. München: Oldenbourg. 1966.

[2] Nilsson, N. J.: Learning Machines. New York: McGraw-Hill. 1965.

[3] Steinbuch, K. (Hrsg.): Taschenbuch der Nachrichtenverarbeitung, 2. Aufl. Berlin-Heidelberg-New York: Springer. 1967.

[4] WATANABE, S. (Hrsg.): Methodologies of Pattern Recognition. New York: Academic Press. **1969**.

[5] ZACH, F.: Die automatische Optimierung von Regelungssystemen. Wien: Verlag Notring. **1968**.

[6] ZEMANEK, H.: Lernende Automaten, S. **1418–1480** in [3].

Wichtige Formelzeichen und Symbole

Anmerkung: Die Funktionsargumente werden nur erwähnt, wenn zur Definition wesentlich.

Skalare Größen

a	Rückführungskoeffizient des harmonischen Oszillators (Kapitel 5)
b	Koeffizient zur Berücksichtigung von w (Kapitel 9)
b_i	Gewichts-(Kontroll-)Parameter; $i = 0, 1, 2, \ldots$ (Abschnitt 6.8)
c_i	Kontrollparameter; $i = 0, 1, 2, \ldots$ (Abschnitt 6.8)
d	Störung
$D(s)$	Laplacetransformierte von d
e	Regelfehler (Kontrollfehler)
e_k	Schätzfehler (Kapitel 9)
e_{st}	stationärer Regelfehler
$E(s)$	Laplacetransformierte von e
f	abhängige (Zeit-)Funktion (bzw. f_i; $i = 1, 2, \ldots, n$)
F	Funktional (S. 40ff); Störungs-Übertragungsfaktor (S. 120ff.)
$F(x)$	Verteilungsfunktion von x
$F_D(s)$	Übertragungsfunktion für Störungen
$F_P(s)$	Übertragungsfunktion des zu regelnden Systems
$F_r(s)$	Übertragungsfunktion eines Regelkreises zwischen Sollwert $x_r(t)$ und Ausgang $x(t)$
$F_R(s)$	Übertragungsfunktion des Reglers
$F_S(s)$	Übertragungsfunktion für Sollwertveränderung
$F_0(s)$	Übertragungsfunktion der Reihenschaltung Regler und zu regelndes System
$g(t)$	Beitrag zu P auf der optimalen Trajektorie ab dem Zeitpunkt t (Kapitel 8); optimales $G(t, \tau)$ (Kapitel 9)
$g(\mathbf{x})$	Beitrag zu P auf der optimalen Trajektorie ab dem Systemzustand $\mathbf{x}$
g_ν	Beitrag zu P für die verbleibenden ν Zeitabschnitte
G	Beitrag zu P (S. 35)
$G(t, \tau)$	Impulsantwortsfunktion (Gewichtsfunktion; S. 199)
$G_{(i)}$	Gewichtsfaktor zur optimalen Schätzung
H	Hamiltonfunktion (Hilfsfunktion des Maximumprinzips)
$i(t)$	Strom
k	Begrenzung des Kontrolleinganges u
K	Reglerverstärkung
L	Integrand von P (S. 35, 133); Funktional (S. 39)
m	Meßfaktor (Kapitel 9); Dimension von $\mathbf{y}$; Dimension von $\mathbf{x}(t)$ (Abschnitt 6.8)
m_r	Moment $r$ter Ordnung
n	Dimension von $\mathbf{x}(t)$
$n(t)$	Drehzahl (Kapitel 6); zeitabhängiger Störungskoeffizient (S. 198ff.)
p	zu regelnder Gasdruck (Kapitel 10)

$p(t)$	Hilfsfunktion für $g(t)$ (Gl. (9.61))
$p(x)$	Wahrscheinlichkeitsdichte
p_e	angelieferter Gasdruck (Eingangsdruck)
p_{em}	mittlerer angelieferter Gasdruck
p_i	Multiplikatoren des Maximumprinzips (den Lagrangemultiplikatoren λ_i der Variationsrechnung entsprechend)
p_j	Wahrscheinlichkeit
p_r	Sollwert (Referenzwert) des Gasdrucks
p_{rm}	mittlerer Sollwert des Gasdrucks
P	Gütekriterium („performance index“)
$P(x_i, y_i)$	Punkte einer Kurve $y = f(x)$ bzw. $y = g(x)$
P_{mf}	mittlere quadratische Regelfläche
P_{IAE}	„integral of absolute value of error“-Kriterium
P_{ISE}	„integral squared error“-Kriterium
P_{ISTSE}	„integral of squared time multiplied by squared error“-Kriterium
P_{ITAE}	„integral of time multiplied by absolute value of error“-Kriterium
P_{ITSE}	„integral of time multiplied by squared error“-Kriterium
P_+, P_-	Trajektorien
q	Gasverbrauch
q_m	mittlerer Gasverbrauch
r	Dimension von u
s	komplexe Frequenz bei Laplace-Transformierten ($s = \sigma + j\omega$)
S	Schwellwert (S. 240f.)
t	Zeit
t_a	Anfang eines betrachteten Zeitintervalls
t_e	Ende eines betrachteten Zeitintervalls
t_{einm}	maximale Einschaltdauer
T	Zeitintervall
T_{an}	Anregelzeit
T_{aus}	Ausregelzeit
T_i	Zeitkonstanten, $i = 1, 2, \ldots$
T_t	Totzeit
T_v	Verzögerungszeit
T_A	Analysenzeit
T_D	Differentiationszeitkonstante eines Reglers
T_I	Integrationszeit eines Reglers
T_M	Zeit bis zum Erreichen des ersten Maximums
u	Stellbefehl, Kontrolleingang (auch u_i mit $i = 1, 2, \ldots, r$)
u^*	optimaler Stellbefehl, optimale Kontrolle
$\ddot{u}$	Überschwingweite
v	Meßstörung
V_i	Verstärkungen ($i = 1, 2, \ldots$)
V_{1m}	optimale (Regler-)Verstärkung
w	Störung
x	Ausgang; = kontrollierte (geregelte, gesteuerte) Variable; = Zustandsvariable; = Regelgröße (auch x_i mit $i = 1, 2, \ldots, n$)
x_i	logische Variable (Kapitel 10; $i = 1, 2, \ldots$)
$\bar{x}_i$	negierte logische Variable ($i = 1, 2, \ldots$)
x_r	Sollwert (Referenzwert) bzw. dessen Veränderung vom stationären Wert*

* Analoges gilt, wie in der Regelungstechnik üblich, auch für Größen wie $x(t)$, $u(t)$ etc.

x_0	alternativ für P (S. 54ff.)
$\hat{x}$	optimal geschätzte Zustandsvariable
$X(s)$	Laplacetransformierte von x
$X_r(s)$	Laplacetransformierte von x_r
y	gemessene Zustandsvariable (auch y_i mit $i = 1, 2, \ldots, m$); Stelldruck (Kapitel 10)
β	Kontrollwinkel
γ	Leerlaufwinkel
Γ_+, Γ_-	Trajektorien bzw. Schaltkurven
δ	halber Toleranzbereich (S. 27, 29); Schwellwert (Kapitel 5)
$\delta(t)$	Diracsche Delta-Funktion
Δ	Abstand vom Koordinatenursprung
ε	Hilfsgröße zur Beschränkung von $\delta\mathbf{u}$ (Kapitel 7)
ζ	Dämpfungsparameter
θ	Zustandsvariable (Abschnitt 6.8)
θ_r	Soll-(Referenz-)Wert (Abschnitt 6.8)
λ	Gewichtsfaktor
λ_f	Treibstoff-Gewichtsfaktor
λ_i	Eigenwerte; $i = 1, \ldots, n$ (Kapitel 2); Lagrange-Multiplikatoren (Kapitel 4)
λ_t	Zeit-Gewichtsfaktor
λ_u	Energie-Gewichtsfaktor
λ_x	Regelfehler-(Kontrollfehler-)Gewichtsfaktor
λ_ε	Lagrangeoperator (Definition s. S. 137)
λ^*	Lagrangemultiplikator (S. 144ff.)
Λ_+, Λ_-	Schaltkurven
μ_r	zentriertes Moment $r$ter Ordnung
μ_x	Mittelwert (einer statistischen Größe)
$\nu_\mu{}^*$	Lagrangemultiplikatoren; $\mu = 1, 2, \ldots, M$ (S. 144ff.)
$\xi(t)$	nichtoptimale Werte von $x(t)$
σ_x	quadratischer Mittelwert der statistischen Größe x (mittlere Abweichung vom Erwartungswert, S. 213)
σ^2	Varianz
$\Sigma\Gamma_+$, $\Sigma\Gamma_-$	(vollständige) Schaltkurven
τ	Zeit
τ_1, τ_2	Verzögerungszeiten
Φ_{xx}	Autokorrelationsfunktion
Φ_{xy}	Kreuzkorrelationsfunktion
ψ_μ	funktionelle Beschränkungen am Endpunkt einer optimalen Trajektorie; $\mu = 1, 2, \ldots, M$
$\Psi(t)$	Hilfsfunktion (S. 200f.)
ω_0	Eigenfrequenz
Ω	Bedingung für die Beendigung eines iterativen Rechenganges

Vektoren

$\mathbf{a}$	Vektor der Systemparameter
$\mathbf{b}$	Vektor der Gewichts-(Kontroll-)Parameter (Abschnitt 6.8)
$\mathbf{c}$	Vektor der Kontrollparameter
$\mathbf{d}$	Störvektor
$\mathbf{f}$	n-dimensionale Vektorfunktion
$\mathbf{p}$	adjungierter Vektor (costate vector)

$\mathbf{r}$	Hilfsvektor (Definition s. Gl. (7.28))
$\mathbf{r}_{\psi\mu}$	Hilfsvektoren (Definition s. Gl. (7.66))
$\mathbf{r}_{\Omega}$	Hilfsvektor (Definition s. Gl. (7.68))
$\mathbf{u}$	Kontrollvektor
$\mathbf{v}$	Meßstörungsvektor
$\mathbf{w}$	Störungsvektor
$\mathbf{x}$	Zustandsvektor
$\mathbf{x}_r$	Sollwertvektor
$\mathbf{y}$	Meßwertvektor
$\delta\boldsymbol{\gamma}$	Hilfsvektor (Definition s. Gl. (7.110))
$\delta\boldsymbol{\psi}_{\Sigma}$	Hilfsvektor (Definition s. Gl. (7.100))
$\boldsymbol{\eta}_{\mu}$	Hilfsvektor (Definition s. Gl. (7.97); $\mu = 1, \ldots, M$)
$\boldsymbol{\lambda}$	Gewichtsvektor für Gütekriterien (Kapitel 3ff.)
$\boldsymbol{\lambda}_p$	Hilfsvektor zur Berücksichtigung der Auswirkungen von $\delta\mathbf{u}$ bzw. $\delta\mathbf{x}(t_a)$ auf P (Gl. (7.38))
$\boldsymbol{\lambda}_{\psi\mu}$	Hilfsvektor zur Berücksichtigung der Auswirkungen von $\delta\mathbf{u}$ bzw. $\delta\mathbf{x}(t_a)$ auf die Beschränkungen ψ_μ (S. 142)
$\boldsymbol{\lambda}_{\Omega}$	Hilfsvektor zur Berücksichtigung der Auswirkungen von $\delta\mathbf{u}$ bzw. $\delta\mathbf{x}(t_a)$ auf Ω (S. 142)
$\boldsymbol{\mu}$	Vektor statistischer Mittelwerte
$\boldsymbol{\nu}^*$	Vektor der ν_μ^* ($\mu = 1, \ldots, M$)
$\boldsymbol{\xi}$	Hilfsvektor (Definition s. Gl. (7.97))
$\boldsymbol{\omega}$	Winkelgeschwindigkeitsvektor (S. 184)

Matrizen

$\mathbf{A}$	Systemmatrix ($n \times n$-dimensional); Übergangsmatrix (bei diskreten Systemen, $n \times n$-dimensional, Kapitel 9); vollständige Übergangsmatrix für geschlossenen Regelkreis ($(m + 1) \times (m + 1)$-dimensional, Abschnitt 6.8)
$\mathbf{B}$	Kontrollmatrix
$\mathbf{C}$	Transformationsmatrix für $\mathbf{x}$ bei Messung des Systemausganges (Gl. (2.20)); Gewichtsmatrix für Regelfehler (Gl. (8.61))
$\mathbf{D}$	Transformationsmatrix für $\mathbf{u}$ bei Messung des Systemausganges (Gl. (2.20))
$\mathbf{G}_{(k)}$	Gewichtsfaktormatrix
$\mathbf{H}$	Hilfsmatrix (Abschnitt 6.8)
$\mathbf{I}$	Einheits-(Identitäts-)Matrix
$\mathbf{M}$	Meßmatrix
$\bar{\mathbf{M}}$	Matrix zur Feststellung der Kontrollierbarkeit
$\mathbf{N}$	Hilfsmatrix für $g(t)$ (Gl. (8.74)); Matrix zur Berücksichtigung des Störbeitrages (Kapitel 9)
$\mathbf{P}$	Kovarianzmatrix (S. 194)
$\mathbf{Q}$	Kovarianzmatrix (S. 194); Gewichtsmatrix für Regelfehler
$\mathbf{R}$	Kovarianzmatrix (S. 194); Energie-Gewichtsmatrix; Bereich der zulässigen Kontrollvektoren (S. 53f.)
$\mathbf{U}$	Hilfsmatrix zur Beschränkung von $\delta\mathbf{u}$ (S. 137ff.); Bereich der zulässigen Werte von $\mathbf{u}$
$\mathbf{Y}_{(k)}$	Satz von Meßwertvektoren
$\mathbf{Z}$	Matrix, notwendig zur Beurteilung der Beobachtbarkeit
$\boldsymbol{\Gamma}$	Systemmatrix ($m \times m$-dimensional; Abschnitt 6.8)
$\boldsymbol{\Xi}$	Übergangsmatrix für $\mathbf{u}$ (Gl. (8.20))

Übergangsmatrix für $\mathbf{x}$
Übergangsmatrix für adjungierte Gleichungen

der Matrixschreibweise mit strichlierten Linien siehe S. 179.

Variationen der Anfangsbedingungen (initial conditions) betreffend
bezeichnet den Zeitpunkt; z. B. $x_k = x(kT)$ (Abschnitt 6.8)
Optimalwert
Referenzwert, Sollwert
Variationen von t_e betreffend
Variationen von u betreffend
Gesamtwert

ormelzeichen und Operatoren

Transponierung von $\mathbf{A}$
Inversion von $\mathbf{A}$
area sinus hyperbolicus
Determinante
Erwartungswert von x
größte ganze Zahl $\leqslant x$
Laplace-Operator
inverser Laplace-Operator
$= 1$ für $x \geqslant 0$, $= -1$ für $x < 0$
Wert von x bei $t = t_1$
optimaler Schätzwert von x
$x(t_e) - x(t_a)$
Norm von $\mathbf{x}$ (S. 180)
Ensemblemittelwert von $x(t)$ und $y(\tau)$
Variation von x
Gradientenoperator
ungefähr gleich
„wird ersetzt durch“

Atmosphären
Liter pro Minute
Sekunde(n)

eziell in Kapitel 11 benötigten Variablen sind auf S 246f. definiert. Zwecks weitgehender Konformität mit in der Literatur üblichen Bezeichnungen ereinzelt Symbole in verschiedenen Kapiteln verschiedene Bedeutung haben; echslung ist durch den jeweiligen Zusammenhang ausgeschlossen.

Namen- und Sachverzeichnis

MIX
Papier aus verantwortungsvollen Quellen
Paper from responsible sources
FSC® C105338

If you have any concerns about our products,
you can contact us on
ProductSafety@springernature.com

In case Publisher is established outside the EU,
the EU authorized representative is:
Springer Nature Customer Service Center GmbH
Europaplatz 3, 69115 Heidelberg, Germany

Printed by Libri Plureos GmbH
in Hamburg, Germany